ANQUAN KEXUE DAOLUN

安全科学导论

罗云 主编

中国质检出版社
中国标准出版社
北京

图书在版编目(CIP)数据

安全科学导论/罗云主编. —北京:中国质检出版社, 2013.12(2022.7 重印)
“十二五”普通高等教育规划教材
ISBN 978－7－5026－3888－7

Ⅰ.①安…　Ⅱ.①罗…　Ⅲ.①安全科学—理论研究　Ⅳ.①X9

中国版本图书馆 CIP 数据核字(2013)第 219373 号

内 容 提 要

本书是基于科学学及安全学阐述安全科学的基础性、理论性的专业著作。在安全科学的基础性科学方面，本书重点论述了安全科学的基本概念、学科建设的理论、学科发展、学科体系等内容：在安全科学理论方面，主要论述了安全哲学、安全原理、安全定量科学、安全基本理论等内容。本书全面综合地反映了安全科学的基础与基本、宏观与微观、原理与理论、定量与定性的知识体系。

本书是安全工程专业本科学生的必修课教材，是非安全工程专业学生攻读安全科学与工程研究生学位的必读著作，也可作为政府安全监管人员和企业安全工程师及专业人员的业务理论学习资料。

中国质检出版社
中国标准出版社 出版发行
北京市朝阳区和平里西街甲 2 号（100029）
北京市西城区三里河北街 16 号（100045）
网址：www. spc. net. cn
总编室：（010）64275323　发行中心：（010）51780238
读者服务部：（010）68523946
中国标准出版社秦皇岛印刷厂印刷
各地新华书店经销

*

开本 787×1092　1/16　印张 17.75　字数 461 千字
2013 年 12 月第一版　　2022 年 7 月第三次印刷

*

定价：38.00 元

如有印装差错　由本社发行中心调换

审 定 委 员 会

本书编委会

主　　编　罗　云（中国地质大学，北京）

副 主 编　方东平（清华大学）

　　　　　许　铭（中国地质大学，北京）

编　　委　陈国华（华南理工大学）

　　　　　冠丽萍（中国公安大学）

　　　　　宫运华（中国石油大学）

　　　　　程五一（中国地质大学，北京）

　　　　　樊运晓（中国地质大学，北京）

　　　　　李　季（华北科技学院）

　　　　　陈　芳（天津民航学院）

　　　　　张宏涛（河南理工大学）

　　　　　裴晶晶（中国地质大学，北京）

　　　　　黄玥诚（中国地质大学，北京）

　　　　　郝　豫（河南理工大学）

序　言

众所周知，安全是构建和谐社会的基础。安全生产事关人民群众生命和国家财产安全，是保护和发展社会生产力、促进社会和经济持续健康发展的基本条件，是社会文明与进步的重要标志，也是提高国家综合国力和国际声誉的具体体现。在全面建设小康社会、加快推进社会主义现代化、实现中华民族伟大复兴的进程中，安全生产在国家安全、经济和社会发展中占据越来越重要的地位。安全工程则是指在具体的安全存在领域中，运用的种种安全技术及其综合集成，以及保障人体动态安全的方法、手段、措施。安全工程的实践，为使人们在生产和生活中，生命和健康得到保障，身体及其设备、财产不受到损害，提供直接和间接的保障。安全工程专业是培养适应社会主义市场经济发展的需要，掌握安全科学、安全技术和安全管理的基础理论、基本知识、基本技能，具备一定的从事安全工程方面的设计、研究、检测、评价、监察和管理等工作的基本能力和素质，德、智、体全面发展的高级专业人才。随着现代工业生产规模日趋扩大，生产系统日益复杂，加之高新技术的不断引入，生产过程中涉及的环境、设备、工艺和操作的危险因素变得更加复杂、隐蔽，产生的风险越来越大，事故后果也越来越严重。因此，社会对安全工程专业人员的要求越来越高，安全工程专业的人才市场需求也越来越大。

安全工程专业的本科教育是我国培养安全工程专业高级人才的重要途径，也是确保安全科学与技术能够蓬勃发展的重要基础。如何培养能适应现代科学技术发展，满足社会需要的安全科学专门人才，是安全工程高等教育的核心问题。为此，教育部和国务院学位委员会对安全工程专业作出了调整，将“安全科学与工程”升级为一级学科，下设“安全科学”、“安全技术”、“安全系统工程”、“安全与应急管理”、“职业安全健康”等5个二级学科。而教育部高教司给出的安全工程（本科）专业的培养目标是“培养能够从事安全技术及工程、安全科学与研究、安全监督与管理、安全健康环境检测与监测、安全设计与生产、安全教育与培训等方面复合型的高级工程技术人才”。

我国绝大多数高校的安全工程专业都是为适应市场需求而于近些年开设的，其人才培养的硬件、软件和师资等都相对较弱，在安全工程专业课程体系的构成上缺乏共识，各高校共性核心的内容少，而且应用性课程多，理论性课程少；工具性课程多，价值性课程少。课程设置的差异，导致安全工程专业的教材远不能满足本专业教学的需要和学科发展的需要，为此，中国质检出版社根据教育部《“十二五”普通高等教育本科教材建设的基本原则》，组织北京交通大学、中国地质大学、沈阳航空航天大学、南京工业大学、河北科技大学、东北林业大学、西安石油大学等多所相关高校和科研院所中具有丰富安全工程实践和教学经验的专家学者，编写出版了这套以公共安全为方向，既有自身鲜明特色又体现国家和学科自身发展需要的系列教材，以进一步提高安全科学与工程类专业的教学水平，从而培养素质全面、适应性强、有创新能力的安全技术人才。该套教材从当前社会生产的实际需要出发，注重理论与实践相结合，满足了当前我国培养合格安全工程专业人才的迫切需要。相信该套教材的成功出版发行，必将会推动我国安全工程类高等教育教材体系建设的逐步完善和不断发展，对国家新世纪应用型人才培养战略的成功实施起到推波助澜的作用。

教材审定委员会

2013 年 7 月

前 言

• FOREWORD •

安全是人类生存的基本需要，是社会经济发展的基础和前提；安全是生命存在之本，是生产发展之基，是生活幸福之魂；安全的保障水平和能力应该而且必须成为社会进步、国家富强、经济发展的出发点和最终归宿。因为，安全承载的第一目标就是人的生命安康，而生命是智慧、力量和情感的唯一载体，生命是实现理想、创造幸福的根本和基石；生命是民族复兴和创建和谐的源泉和资本。总之，重视和加强安全科学技术的发展，无论从政治、经济、文化的角度，还是针对国家、社会和家庭，都是事关重大的问题。

安全是人类古老的命题，从安全常识到安全科学，从安全工作到安全科技，从安全生产到安全发展，人类经历了漫长的年代。古代的民居安全、部族安全、劳作安全，近代的工业安全、生产安全、劳动保护，现代的公共安全、职业安全、职业健康，已伴随着创世纪以来人类文明社会的生活与生产走过了千百年。安全技术、安全工程、安全系统的概念已有近百年历史，而安全科学的概念的出现仅有30年。

近百年来，人类从安全规制到安全立法，从安全管理到安全科技，从安全科学到安全文化，针对自然灾害、事故灾难、公共卫生事件、社会安全事件等现代社会日益严重的安全问题，推进了安全科学技术的发展与进步。从20世纪初，我们看到了人类冲破“亡羊补牢”的陈旧观念和改变了仅凭经验应付的低效手段，给予世界全新的安全理念、思想、观点、方法，给予人类安全生产与安全生活的知识、策略、行为准则与规范，以及生产与生活事故的防范技术与手段，通过把人类“事故忧患”的颓废情绪变为安全科学的缜密；把社会的“生存危机”的自扰认知变为实现平安康福的动力，最终创造人类安全生产和安全生存的安康世界。这一切，靠的是科学的安全理论与策略、高超的安全工程和技术、有效的安全立法及管理，以及系统的技术与方法。安全硬科学与安全软科学的结合，为人类的安全活动提供了精神动力、智力支持、理论指导、策略引领和方法保障。

科学水平能够体现人类认识事物规律的深度与高度，安全科学发展水平反映了人类认识安全规律的成熟度。安全科学以研究安全风险为对象，涉及人因、物因（技术）、环境、信息（管理）等要素，由于安全风险因素的复杂性，使得安全科学属于交叉、综合性的学科。本书是对安全科学基本的规律和原理、根本的思想和观念、精典的理论和方法进行全面、系统、精准的论述。

本书是基于科学学及安全学阐述安全科学的基础性、理论性的专业教材。在安全科学的基础性科学方面，重点论述了安全科学的基本概念、学科建设的理论、学科发展、学科体系等内容；在安全科学理论方面，主要论述了安全哲学、安全原理、安全定量科学、安全基本理论等内容。全书全面综合地反映了安全科学的基础与基本、宏观与微观、原理与理论、定量与定性的知识体系。

本书是安全科学技术专业学生的必修课程，被定位于安全工程本科专业主干基础课程之一。通过本课程学习，使学生对“安全科学”的基本知识与内容有全面和系统的了解，能树立正确的安全观，运用正确的安全理论方法指导开展安全领域的研究、学习与工作，并在安全活动实践中能够遵循“本质安全、科学防范、系统保障”的科学原则，为安全工程专业的深入学习奠定理论性、引领性的基础。

本书是“普通高等教育“十二五”安全工程专业规划教材”之一，其大纲的设计、编制及其与相关内容的划定，业经教材编委会及其专家审定。编撰按照“普通高等教育‘十二五’安全工程专业规划教材”的编写要求，结合参与编写高校教师多年的教学经验，以及相关安全科学理论和学术研究的成果，并参考了多种“安全原理”、“安全科学”相关的著作。全书共分7章，包括：第1章 安全科学术语及定义，第2章 安全科学的发展，第3章 安全科学的科学学，第4章 安全科学的哲学，第5章 安全科学的基本原理，第6章 安全科学的定量，第7章 安全科学基本理论。本书在内容选材和文字叙述上力求做到概念清晰、原理明确、深入浅出和通俗易懂，以便于学生学习和掌握。

本书在编写过程中参阅了大量的文献资料，在参考文献一并列出，在此谨对原作者表示最诚挚的谢意。

由于编者水平有限，书中疏漏和错误在所难免，敬请读者不吝指正。

编　者

2013年11月

目　录

• CONTENTS •

第1章 安全科学术语及定义

● 本章知识框架

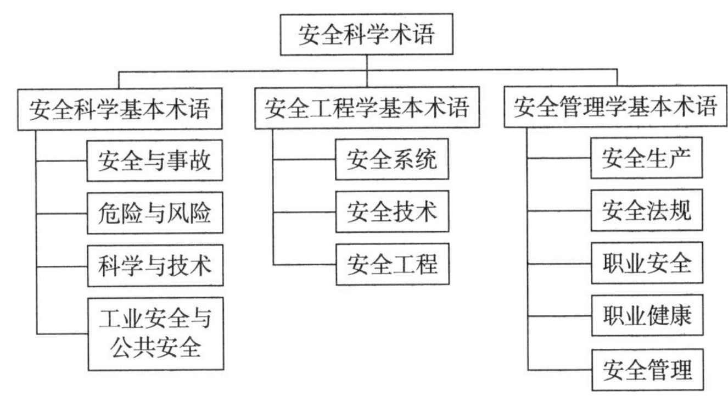

● **知识引导**

安全科学是一门新兴的边缘科学，涉及社会科学和自然科学的多门学科，涉及人类生产和生活的各个方面。术语是在特定学科领域用来表示概念的称谓的集合。安全科学名词术语是安全生产工作和安全科学研究的重要基础，是安全科技交流和传播的载体。因此，本章在介绍了术语学以及安全科学名词术语发展的基础上，在安全科学、安全工程学以及安全管理学领域分别列举了部分重点核心名词术语，对其定义及内涵外延给予了介绍。

● **重点提示**

学习本章有如下提示：

重点：安全科学基本术语、安全工程学基本术语、安全管理学基本术语的定义及内涵。

核心概念：安全与事故、危险与风险、科学与技术、工业安全与公共安全、安全系统、安全技术、安全工程、安全生产、安全法规、职业安全、职业健康、安全管理、安全监察等。

● **主要需要思考的问题**

通过本章的学习，需要思考如下问题：

1. 安全科学的基本概念对于掌握安全科学技术知识的重要性？
2. 安全科学术语对安全科学研究的基础性指导作用？
3. 安全科学重要的术语有哪些？

● **相关的阅读材料**

学习阅读术语学、科学学、管理学等相关资料。

● **学习目标**

1. 了解术语学及安全科学名词术语的发展与现状。
2. 掌握安全科学基本术语的定义及内涵。
3. 掌握安全工程学基本术语的定义及内涵。

4. 掌握安全管理学基本术语的定义及内涵。

1.1 安全科学术语的研究与发展

1.1.1 术语学基础

术语(terminology)是在特定学科领域用来表示概念的称谓的集合,在我国又称为名词或科技名词(不同于语法学中的名词)。术语是通过语音或文字来表达或限定科学概念的约定性语言符号,是思想和认识交流的工具。根据国际标准,“术语”一词仅指“文字指称”。

术语是随着科学技术的发展而逐步丰富起来的,它标志着一定的科学发展水平。任何一门科学发展到比较成熟的阶段,都需要制定必要的术语,把本学科的研究成果用术语的形式表达出来,使之规范化、标准化。对术语的研究已发展成为一门专门的学科,称为“术语学”。术语学是介于自然科学与语言、词语、词汇学及逻辑学等之间的边缘学科,是关于术语概念、理论构造、方法统一的科学。安全科学需要安全术语学作为了解和掌握专业知识的基础,同时,也是安全科学理论及安全工程方法得以交流的前提条件。

术语的特征主要有以下几个方面。

(1)专业性。术语是表达各个专业的特殊概念的,所以通行范围有限,使用的人较少。

(2)科学性。术语的语义范围准确,它不仅标记一个概念,而且使其精确,与相似的概念相区别。

(3)单义性。术语与一般词汇的最大不同点在于它的单义性,即在某一特定专业范围内是单义的。有少数术语属于两个或更多专业,如汉语中“运动”这个术语,分属于政治、哲学、物理和体育 4 个领域。

(4)系统性。在一门科学或技术中,每个术语的地位只有在这一专业的整个概念系统中才能加以规定。

1.1.2 安全科学术语学的研究与发展

安全科学名词术语是安全科学研究、安全科技人才培训、安全生产工作实践的重要基础,是安全科技交流和传播的基本载体。安全科学是一门综合性、交叉性的学科,安全工程专业课程体系涉及知识面宽、学科综合复杂,安全工程专业人才适应的行业宽泛,安全技术和安全管理工作实践对象全面、复杂,因此,需要规范的术语来统一概念。规范系统的安全科学常用术语是安全科学技术发展的需要,是有效开展安全生产工作的现实要求,是实现安全发展战略的基础性、导引性的工作。我国安全科学术语的发展经历了从国际到国内、从分散到系统完整的发展历程。

早期的安全科学技术专业术语是分散于各个专业学科的,完整系统的研究和发布到 20 世纪 80 年代才出现。标志性的进展主要有:

- 1993 年国际劳工组织(ILO)职业安全健康情报中心(International Occupational Safety and Health Information Centre,CIS)出版《职业安全健康术语》,规范了职业安全健康专业术语 2600 条。国际标准化组织、国际电工委员会、欧盟委员会等也相继颁布了一系列与安全有关的术语标准。Willie Hammer 等出版的《职业安全管理与工程》(第五版)(Occupational Safety Management and Engineering, Fifth Edition)共辑录了1915个专业术语,涵盖了安全管理的25个主题。

• 1985年国务院成立了全国科学技术名词审定委员会,至今已按学科建立了71个分委员会,审定公布了75种科技名词。1987年3月原国家劳动部组织开展了《安全科学技术词典》的编撰工作,此项工作组织了75名专家,历时4年半,于1991年12月正式出版。《安全科学技术词典》共收常用词条2945个,分安全管理、工厂安全、矿山安全、劳动卫生工程和锅炉压力容器安全5个部分,由中国劳动出版社出版。

• 我国1994年颁布GB/T 15236—1994《职业安全健康术语》标准,规定了37个术语的内容。2008年颁布了修订版GB/T 15236—2008《职业安全健康术语》标准,将术语扩大到71个,分为一般术语、事故及其相关主题、测试与评估、应急与防护措施、职业医学与职业病、工作条件与人机工程6个主题。

• 我国有关行业部门也开展了相关名词术语的规范工作。1983年航空工业部门组织74个单位编撰了《航空工业科技词典》,共收词目13大类7000余条,其中收录了一部分航空领域的安全术语。汪旭光院士等于2005年编撰了《工程爆破名词术语》,共收词目10大类3150条。

• 1989年《中国图书分类法》第三版第一次正式将"劳动保护科学(安全科学)"与环境科学并列,取得"X9安全科学类"一级类目。1999年,中图法第四版本将"劳动保护(安全科学)"正式更名为"安全科学",其词目包括中英文对照的280多个安全科学主题词,形成了基本的安全科学术语体系。

鉴于国内外与安全生产相关的基本概念、名词术语的发展和变化,针对目前我国规范的安全生产名词术语少,没有广泛吸收国外相关领域的新理念和新名词,不能满足安全生产事业和安全科学技术的发展需要,2009年国家安监总局组织开展了"安全生产常用名词术语释义研究",通过借鉴国内外权威部门,公认标准对名词术语、概念的定义和解释,将一些关键名词术语和概念的解释在安全生产领域规范化。该项目由中国安全生产科学研究院承担,国家安监总局有关部门参与。收录的名词术语主要取自我国现行安全生产法律法规、标准规范、政策等文件,有关词典、百科全书等大型工具书,国外工业化国家、国际组织和权威研究机构的相关出版物,以及教材、著作和论文等。项目重点对安全管理类的常见术语进行了释义研究,内容包括术语的定义、内涵、发展变化、相似术语之间的关系等。初步分类为"基础术语"、"制度与管理"、"职业危害"、"应急救援与防灾减灾"4个部分。

2013年"中国安全科学百科全书"编撰工作启动,该项目由国家安监总局中国安全生产科学研究院和中国人力资源社会保障出版集团组织实施,"中国安全科学百科全书"将进一步规范安全科学术语,促进我国安全科学术语的研究,完善学科的术语体系。

1.2 安全科学基本术语

安全科学是一门新兴科学,具有跨学科、交叉性、横断性、跨行业等特点,涉及人类生产和生活的各个方面。安全科学术语定义,是指对安全专业术语本质特征的内涵和界限的逻辑规定。正确的安全术语定义对认识安全事物规律有重要意义,它是认识安全活动规律的基础,反映了安全事物的固有属性及本质属性。因此,为了更好地认知和理解安全科学的知识体系,首先须对安全科学基本术语的定义及内涵有明确的了解。

1.2.1 安全与事故

1. 安全(safety)

“安全”是人们最常用的词汇,从汉语字面上看,“安”指“无危则安”,不受威胁、没有危险等;“全”指“无损则全”,完满、完整、齐备或指没有伤害、无残缺、无损坏、无损失等。显然,“安全”通常指人和物在社会生产生活实践中没有或不受或免除了侵害、损坏和威胁的状况。

定义1:安全泛指没有危险、不受威胁和不出事故的状态。

来源:安全科学技术百科全书.北京:中国劳动社会保障出版社,2003。

定义2:安全指没有危险、不受威胁、不出事故,即消除能导致人员伤害,发生疾病、死亡,或造成设备财产破坏、损失,以及危害环境的条件。

来源:安全科学技术词典.北京:中国劳动出版社,1991。

定义3:安全是指导致损伤的危险程度在容许的水平,受损害的程度和损害概率较低的通用术语。

来源:安全专业术语词典.美国安全工程师学会(ASSE),1987。

定义4:指消除能导致人员伤害、疾病或死亡,或引起设备、财产或经济破坏和损失,或危害环境的条件。“无危则安,无损则全”是安全的定性内涵。安全的定量表达则用“安全性”或“安全度”来反映,其数值表达为$0\leqslant S\leqslant 1$。

来源:注册安全工程师手册.北京:化学工业出版社,2008。

定义5:安全指免除了不可接受的损害风险的状态。

来源:GB/T 28001—2001《职业健康安全管理体系 规范》。

目前,关于安全概念的理解可以分为两大类,即绝对的安全观和相对的安全观。绝对安全观认为:安全就是无事故、无危险,指客观存在的系统,无导致人员伤亡、疾病,无造成人类财产、生命及环境损失的条件。这一观点在相当长的历史时期内很盛行,目前仍有一部分生产管理人员、科研人员和工程技术人员的思想上有着深刻的烙印。在早期出版的一些典籍和教科书中也同样表明安全就是“无危险、无风险”的观点。绝对安全观表达了人们的一种愿望,从现实情况看,是很难实现的。

相对安全观认为:安全是指客体或系统对人类造成的可能的危害低于人类所能允许的承受限度的存在状态,美国哈佛大学的劳伦斯教授认为,安全就是被判断为不超过允许限度的危险性,也就是指没有受到伤害或危险,或损害概率低的通常术语。也有人认为,安全是相对于危险而言的,世界上没有绝对的安全。还有学者认为,安全是指在生产、生活过程中,能将人员和财产损失(害)控制在可以接受水平的状态。也就是说,安全即意味着人员和财产遭受损失(害)的可能性是可以接受的。如果这种可能性超过了可以接受的水平,即被认为是不安全的。

安全的本质是反映人、物以及人与物的关系,并使其实现协调运转。安全是事物遵循客观规律运动的表现形式、状态,是人按客观规律要求办事的结果;事故、灾害则是事物异常运动(隐患)经过量变积累而发生质变的表现形式,是人违背客观规律或不掌握客观规律而受到的惩罚、付出的代价。人们通过改变、防止事物异常运动的努力可以控制、预防事故或灾害的发生,使事物按客观规律运动,从而保证安全。然而,由于人类对危险的认识与控制受到许多社会、自然或自身条件的限制,所以,安全是一个相对的概念,其内涵和标准随着人类社会发展而变化。在不同的时代,人类面临的安全问题是不一样的,安全的内涵不断地演变。在人类社会的不同历史发展阶段，人类对安全内涵的理解和安全标准存在很大差异。总之，安全是一个相对的概念，是认识主体在某一限度内受到损伤和威胁的状态。

安全内涵及其扩展包括3个方面的内容：(1)安全是指人的身心安全(含健康)，不仅仅是人的躯体不伤、不病、不死，而且还要保障人的心理的安全与健康。(2)安全涉及的范围超出了生产过程、劳动的时空领域，拓展到人能进行活动的一切领域。(3)随着社会文明、科技进步、经济水平、生活富裕程度的发展，对安全需求的水平和质量具有不同的内容和标准。

2. 事故(accident)

在人们的生产或生活过程中，总会发生某些不期望、无意的，造成人的生命丧失、生理伤害、健康危害、财产损失或其他损害和损失的意外事件，这就是事故。研究安全科学的最终目标就是要控制事故风险，消除事故事件，因此，需要认识事故的概念。

定义1：事故是指造成死亡、疾病、伤害、损坏或其他损失的意外情况。

来源：GB/T 28001—2001《职业健康安全管理体系　规范》。

定义2：事故是指个人或集体在为实现某一目的而进行活动的过程中，由于突然发生了与人意志相反的情况，迫使原来的行为暂时或永久地停止下来的事件。

来源：安全工程师手册. 成都：四川人民出版社，1995。

定义3：事故是以人体为主，在与能量系统有关的系列上，突然发生的与人的希望和意志相反的事件。事故也可以定义为：个人或集体在时间的进程中，为了实现某一意图而采取行动的过程中，突然发生了与人的意志相反的情况，迫使这种行动暂时地或永久地停止的事件。

来源：劳动保护技术全书. 北京：北京出版社，1992。

定义4：广义上的事故，指可能会带来损失或损伤的一切意外事件，在生活的各个方面都可能发生事故。狭义上的事故，指在工程建设、工业生产、交通运输等社会经济活动中发生的可能带来物质损失和人身伤害的意外事件。

来源：苑茜，周冰，沈士仓等主编. 现代劳动关系辞典. 北京：中国劳动社会保障出版社，2000。

定义5：事故是指个人或集体在时间进程中，为实现某一意图而采取行动的过程中，突然发生了与人的意志相反的情况，迫使这种行动暂时地或永久地停止的事件。事故是以人体为主，在与能量系统关联中突然发生的与人的希望和意志相反的事件。事故是意外的变故或灾祸。

来源：安全科学技术百科全书. 北京：中国劳动社会保障出版社，2003。

通常，我们把“事故”定义为：造成死亡、疾病、伤害、损坏或其他损失的意外情况。事故的损坏作用主要表现在3个方面：对人的生命与健康造成损害；对社会、企业、家庭的财产造成损失；对环境造成损坏。后果非常轻微或未导致不期望后果的“事故”称为“险肇事故”或“未遂事故”。认真分析，查找原因，采取切实有力的措施将存在的薄弱环节予以消除或进行监控，防止事故发生。

因统计、研究、管理等不同目的，可将事故分为不同类别。比如按事故对象可划分为“设备事故”和“伤亡事故”或“工伤事故”，按事故责任范围可划分为“责任事故”和“非责任事故”等。

事故的基本特征主要包括：事故的因果性、偶然性和必然性。

(1)事故的因果性

因果，即原因和结果。因果性即事物之间，一事物是另一事物发生的根据，这样一种关联性。事故是许多因素互为因果连续发生的结果，一个因素是前一个因素的结果，而又是后一因素的原因。也就是说，因果关系有继承性，是多层次的。

事故的因果性决定了事故的必然性。事故是一系列因素互为因果、连续发生的结果。事故因素及其因果关系的存在决定事故或迟或早必然要发生。其随机性仅表现在何时、何地、因什么意外事件触发产生而已。

掌握事故的因果关系，砍断事故因素的因果连锁，就消除了事故发生的必然性，就可能防止事故的发生。

（2）事故的偶然性

从本质上讲，伤亡事故属于在一定条件下可能发生、也可能不发生的随机事件。就一特定事故而言，其发生的时间、地点、状况等均无法预测。

事故是由于客观存在不安全因素，随着时间的推移，出现某些意外情况而发生的，这些意外情况往往是难以预知的。因此，掌握事故的原因，可减少事故的概率。掌握事故的原因是防止事故发生的必要条件。但是，即使完全掌握了事故原因，也不能保证绝对不发生事故。

事故的偶然性还表现在事故是否产生后果（人员伤亡、物质损失），以及后果的大小如何都是难以预测的。反复发生的同类事故并不一定产生相同的后果。事故的偶然性决定了要完全杜绝事故发生是困难的，甚至是不可能的。

（3）事故的必然性

事故的必然性中包含着规律性。既为必然，就有规律可循。必然性来自因果性，深入探查、了解事故因果关系，就可以发现事故发生的客观规律，从而为防止发生事故提供依据。应用概率理论，收集尽可能多的事故案例进行统计分析，就可以从总体上找出带有根本性的问题，为宏观安全决策奠定基础，为改进安全工作指明方向，从而做到“预防为主”，实现安全生产的目的。

由于事故或多或少地含有偶然的本质，因而要完全掌握它的规律是困难的。但在一定范畴内，用一定的科学仪器或手段却可以找出它的近似规律。从外部和表面上联系，找到内部决定性的主要关系也是可能的。

从偶然性中找出必然性，认识事故发生的规律性，变不安全条件为安全条件，把事故消除在萌芽状态之中，这就是防患于未然、预防为主的科学根据。

1.2.2 危险与风险

1. 危险（hazard）

危险和事故在逻辑上有一定关联，都会导致人员伤亡或疾病，或导致系统、设备、社会财富损失、损坏或环境破坏，但是危险并不等于事故，它是导致事故的潜在条件，危险是事故的前兆，只有在一些触发事件刺激下，危险才可能演变成事故。危险在一定的条件下可以转变成为事故，危险与事故在逻辑上具有因果关系。

定义1：危险是指有遭到不幸或造成灾难的可能；不安全。

来源：莫衡等主编．当代汉语词典．上海：上海辞书出版社，2001。

定义2：危险是指具有威胁性的事件或在给定时间和地区范围内潜在的破坏性现象发生的概率。

来源：黎益仕等．英汉灾害管理相关基本术语集．北京：中国标准出版社，2005。

定义3:危险(Dangers),并非指已造成实际的损害,而是指极有可能造成损害,是对受害人人身和财产很可能会造成损害的一种威胁。

来源:江伟钰,陈方林主编. 资源环境法词典. 北京:中国法制出版社,2005。

定义4:危险是指未来灾害损失的不确定性。包括发生与否,发生的时间、后果与影响的不确定性。

来源:戴相龙,黄达主编. 中华金融辞库. 北京:中国金融出版社,1998。

危险含有危险因素(Hazardous Element,HE)、触发机理(Initialing Mechanism,IM)和威胁目标(Target and Threat,T/T)属性。危险因素属性是促进危险产生的根源,如导致爆炸的危险的能量;触发机理属性是指触发事件导致危险发生,从而将危险转变为事故;威胁目标属性是指人或设备面对伤害、损坏的脆弱性,它反映了事故的严重度。表1-1给出几个危险属性的例子。

表1-1　危险属性实例

危险因素	触发机理	威胁目标
弹药	没有标识	爆炸,死伤
高压储罐	储罐破裂	爆炸,死伤
燃料	油料泄漏且遇火源	火灾、系统损坏或死伤
高电压	因暴露而触摸	触电,死伤

安全和危险在所要研究的系统中是一对矛盾,它们相伴存在。安全是相对的,危险是绝对的。危险的绝对性表现在事物一诞生危险就存在。中间过程中危险势可能变大或变小,但不会消失,危险存在于一切系统的任何时间和空间中。不论我们的认识多么深刻,技术多么先进,设施多么完善,危险始终不会消失,人、机和环境综合功能的残缺始终存在。

安全和危险是一对矛盾的统一体。一方面,双方互相反对,互相排斥,互相否定,安全度越高危险势就越小,安全度越低危险势就越大;另一方面,安全与危险两者互相依存,共同出于一个统一体中,存在着向对方转化的趋势。安全与危险的矛盾转化过程具有阶段性,具有从量变到质变的属性,质变的结果表现为危险导致事故发生或安全的状态得以无限延长。安全与危险这对矛盾在不同时期有各自不同的特殊性,这就使安全的发展呈现过程性和阶段性。

2. 风险(risk)

谈及风险,人们可能更多地将这个概念与金融、财务联系在一起,生产安全领域风险的概念与它们是一致的,风险是指某危害性事件发生的可能性(probability)与其引起的伤害的严重程度(severity)的结合。它体现的是由于生产过程中的不安全而产生的事故对企业造成的损失,又称为事故风险(mishap risk)。按风险来源,风险可分为自然风险、社会风险、经济风险、技术风险和健康风险5类。

定义1:目标的不确定性产生的结果。

注1:这个结果是与预期的偏差——积极和/或消极。

注2:目标可以有不同方面(如财务、健康和安全,以及环境目标),可以体现在不同的层面(如战略、组织范围、项目、产品和流程)。

注3:风险通常被描述为潜在事件和后果,或它们的组合。

注 4:风险往往表达了对事件后果(包括环境的变化)与其可能性概率的联合。

来源:ISO 31000:2009 风险管理 - 原则与实施指南(第一版 2009 - 11 - 15)。

定义 2:风险是指对于给定地区及指定时间段,由特定危险而造成的预期(生命、人员受伤、财产受损和经济活动中断)损失。按数学计算,风险是特定灾害的危险概率与易损性的乘积。

来源:黎益仕等. 英汉灾害管理相关基本术语集. 北京:中国标准出版社,2005。

定义 3:风险是指可能发生的危险。

来源:莫衡等主编. 当代汉语词典. 上海:上海辞书出版社,2001。

定义 4:事故风险(Accident Risk)从定性上说,指某系统内现存的或潜在的可能导致事故的状态,在一定条件下,它可以发展成为事故。从量上说,事故风险指由危险转化为事故的可能性,常以概率表示。事故风险通常被用来描述未来事件可能造成的损失,就是说它总涉及不可靠性和不能肯定的事件。

来源:苑茜,周冰,沈士仓等主编. 现代劳动关系辞典. 北京:中国劳动社会保障出版社,2000。

定义 5:风险是指发生某种不利事件或损失的各种可能情况的总和。

来源:刘诗白,邹广严,向洪等主编. 新世纪企业家百科全书. 北京:中国言实出版社,2000。

通常人们用 $R=S\times P$ 或 $R=S\cdot P$ 来表示风险,其中:R 表示风险;S 表示损失;P 表示发生概率;“×”和“·”是指逻辑相乘,并非一般数学意义上的“相乘”。

风险的概念表明:风险是由两个因素确定,既要考虑后果,又要考虑其发生概率。例如乘坐交通工具有出现交通事故的可能,因而说乘坐交通工具有危险,但是乘坐飞机和乘汽车哪一个风险更小呢?需要从风险两个维度综合比较。由此也说明,风险虽有大小、高低之分,但任何时候风险都不可能为零。因而风险具有绝对性。

基于风险的概念,人们将安全定义为:“免除了不可接受的伤害或损害风险的状态。”

什么程度的风险是可接受的呢?以死亡风险为例,通常认为,只要生产活动中的死亡风险不高于人类的自然死亡率,就认为是安全的,是可以接受的。评价风险程度并确定其是否在可承受的范围的过程称为风险评价,也称为安全评价。

现在一般采用 ALARP(As Low As Reasonable Practice)原则作为风险可接受原则。

生产活动是动态变化的,因此安全状态也是动态变化的,即昨天的安全可能变为今天的危险,今天的危险也可能转化为明天的安全,因此要适时进行风险评价。通过风险评价,对存在的较高风险要从降低可能性和减轻严重度两方面进行风险管理活动。要减轻严重度就需要针对危险源采取措施,如限制危险物质的储量、存量,减小管道尺寸、压力,为危险源设置多重防护层等。要降低可能性就需要针对隐患采取措施,提高不安全状态的检测、监测能力,加强安全管理,提升人员技术素质,建设优良安全文化等。应急救援后也要及时进行风险评价,吸取经验教训,促进日常安全管理,提高应急救援能力。

1.2.3 科学与技术

1. 科学(science)

科学是人类运用范畴、定理、定律等思维形式反映现实世界各种现象的本质和规律的知识体系。人们普遍认为,科学是人类认识和揭示客观事物的本质和运动及其变化规律的过程并形成自己的系统知识和理论，最终目的是解释事物是什么或为什么的道理，是社会意识形态之一。

科学是人类文明伟大的发现。“科学”这个词，源于中世纪拉丁文“Scientia”，原意为“知识”、“学问”。科学是人类认识客观世界的知识，但至今仍没有对科学下一个世人所能公认的定义。1888 年，达尔文曾给科学下过一个定义：“科学就是整理事实，从中发现规律，做出结论”。达尔文的定义指出了科学的内涵，即事实与规律。科学要发现人所未知的事实，并以此为依据，实事求是，而不是脱离现实的纯思维的空想。至于规律，则是指客观事物之间内在的本质的必然联系。因此，科学是建立在实践基础上，经过实践检验和严密逻辑论证的，关于客观世界各种事物的本质及运动规律的知识体系。

定义 1：科学是关于自然界、社会和思维的知识体系，它是为适应人们生产斗争和阶级斗争的需要而产生和发展的，是人们实践经验的结晶。

来源：《辞海》1979 年版。

定义 2：科学是运用范畴、定理、定律等思维形式反映现实世界各种现象的本质的、规律的知识体系。

来源：《辞海》1999 年版。

定义 3：科学首先不同于常识，科学通过分类，以寻求事物之中的条理。此外，科学通过揭示支配事物的规律，以求说明事物。

来源：法国《百科全书》。

定义 4：科学是人类活动的一个范畴，它的职能是总结关于客观世界的知识，并使之系统化。“科学”这个概念本身不仅包括获得新知识的活动，而且还包括这个活动的结果。

来源：前苏联《大百科全书》。

定义 5：科学是如实反映客观事物固有规律的系统知识。

来源：《现代科学技术概论》。

科学包括自然科学、社会科学和思维科学等。自然科学是研究自然界不同对象的运动、变化和发展规律的科学。社会科学是研究人类社会不同领域的运动、变化和发展规律的科学。哲学也是一门科学，它是关于世界观的学说，是自然科学和社会科学知识的概括和总结，也是自然界、社会和思维的最一般的规律。1952 年，我国著名桥梁工程专家、教育家茅以升教授就指出：“科学是关于发现真理，运用规律，经过长期积累而成的，有组织有系统的知识，也是对事物观察与分析，用归纳和假设的方法，来建立可验证的客观规律的一门学问。”“科学是看不见的，是用文字、图画和符号表达的，其内容包括：对自然规律的认识；对自然规律认识过程的系统化；应用规律时的指导。”他还强调：“近代所谓科学这个名词有两个意义，一是真理，是科学的本质，可用各种形式表达；二是学科，是科学的形式，只是反映本质的一种方法而已。”

科学是特殊的社会历史现象，在其发展的不同历史阶段有不同的性质和特点。20 世纪以来，由于科学的迅猛发展和科学研究的规模日益扩大，现代科学已不仅仅是单一的知识体系。它同时又是一种社会活动，即生产知识的社会活动。这种特殊的社会生产形式，现已逐步发展为国家规模和跨国规模，使“科学是一种建制”的界说成为人们的共识。因此，我们不应把科学理解为仅仅是知识本身，也不能看成是单一的社会活动。前苏联科学家契科夫认为：“科学是关于现实本质联系的客观真知的动态体系。这些客观真知是由于特殊的社会活动而获得和发展起来的，并且由于其应用而转化为社会的直接实践力量。”科学既是历史发展总过程的产物，又是推动人类历史进步的巨大动力。

2. 技术(technology)

技术是解决问题的一种方法、手段和措施,它是解决怎样做,而科学是解决问题是什么或者为什么的问题。目前我们所说的技术通常泛指根据生产实践经验和自然科学原理而发展成的各种工艺操作方法与技能,是解决人类所面对的生产、生活问题的方式、方法、手段。而关于技术的科学定义就是通过改造环境以实现特定目标的特定方法。

关于技术的定义表述,归纳起来,大致有以下几种观点:

(1)技能说。亚里士多德首先把技术定义为人类活动的技能。在17~18世纪的欧洲,技术泛指各种与生产过程和活动相联系的全部技能。这是技术的早期定义,至今仍被沿用。

(2)技能、装置说。随着机器和工业应用占统治地位,技能逐渐演变为制造和利用机器的过程,于是技术便有了两个含义,一是活动方式本身(技能);另一个是代替人完成由人指定的操作的装置。

(3)方法、技能说。《辞海》把技术定义为:根据生产实践经验和自然科学原理而发展成的各种工艺操作方法和技能。广义地讲,技术还包括相应的生产工具和其他物质设备,以及生产的工艺过程或作业程序、方法。

(4)知识总和说。如把技术定义为指导物质生产过程或工艺知识,这种知识能清楚明白地解释全部操作及其原因和结果。

技术定义中包含了条件性、抽象性、目的性3个要素。首先,技术的条件性。技术是有条件的,或者说是有前提的,或者说是有特定环境要求的。一种技术必然是在一个或者几个明确的或默示的条件规定下的特定环境内有效的方法。因为世界是客观的,科学规律是客观的、有条件的,技术必须符合科学规律才能发挥作用,显然要受到客观环境的制约,只有在特定条件下才能起作用。技术的条件性要求我们在应用技术时认真考察我们的目标环境是否符合这项技术的应用。其次,技术的抽象性。技术是总结出来的一种方法,不是活动,而是一种抽象。源于实践活动又高于实践活动。技术对环境的要求是随着人们的认识深入而变化的。在一个生产活动中,一种技术的应用只考虑环境中的一个或几个特定变量,而其他环境变量被忽略了,这是必然的。这些被忽略的环境因素也可以影响技术发挥作用,人们对技术的认识需要一个过程。技术抽象性要求我们在应用技术时必须有意识地把技术和实际联系起来,并注意到任何总结出来的技术都不是一成不变的,有待我们进一步完善。再次,技术的目的性。技术之所以不用于科学就在于技术是为了满足人的需要的人的行动方法。技术是有目的的,是以人为本的,技术的价值也在于此。没有目的,技术就不成为技术了。比如在地上挖一条沟,如果不告诉我们为什么要挖这条沟,那么这个行为就没有技术的意义。如果挖这条沟是为了修水渠灌溉,或者准备引水当护城河,或是排水设施,或是为了种地、种树、埋东西、挖东西。总之,必须有目的,一种行为方法才会有技术意义。技术的目的性要求我们在应有技术时要认识到我们应用这种技术除了造成我们想要的结果还会有一些我们不在意的结果,而这些结果产生的影响可能对我们有间接的意义。另外,相同或相似的技术方法可以在不同的目的中。这提示我们技术的可迁移性,灌溉时总结的技术方法很可能在排水时也有用,我们在解决特定问题时可以到其他活动的技术方法中寻求灵感。技术涵盖了人类生产力发展水平的标志性事物,是生存和生产工具、设施、装备、语言、数字数据、信息记录等的总和。

现代技术有两个显著特点:(1)多元性。即技术可以表现为有形的物质实体,如机器、设备等,也可以表现为无形的知识、经验、方法、智力等,还可以表现为虽不是物质实体,但却是技术载体的信息、资料、图像等。(2)中介性。技术是人和自然的中介,也是科学到生产或生产到科学的中介。科学转化为生产力,往往要通过技术中介;由生产经验上升为科学知识,往往也要通过技术中介。

从技术的特点出发,可以对技术进行不同的分类,如从技术的应用范围出发,现代技术可以分为生产技术和非生产技术。生产技术是技术的最基本部分,是生产力发展水平的重要标志,如机器、工具、工艺过程的装置、生产用建筑物、运输和通信设备等;非生产技术是指除生产技术外,适应社会其他需要而产生的技术,如军事技术、公共安全技术、实验技术、文教技术等。从技术的性质出发,现代技术又可以分为硬技术和软技术,前者是以各种物质手段表现出来的技术,后者则是运用各种物质手段的知识、方法、技能,如预测技术、评估技术等。

技术与科学既有区别又有联系。从形态来看,技术主要表现为物化形态,同时也表现为知识形态;而科学基本上表现为知识形态。就知识形态而言,科学知识和技术知识在内容和逻辑结构方面的区别是很大的。另外,技术与科学的直接目的、评价标准、管理方式等也是不相同的。但是,现代科学和技术相互渗透、相互促进的趋势正在不断加强。实践表明,当某一项技术有重大突破时,可以推动一项新的科学研究,而后者又可能反过来导致另一项技术的发展,如此循环反复。在这种循环发展过程中,技术科学应运而生。它在科学和技术之间起着十分重要的媒介和桥梁作用,它要把科学转化为技术,又要把技术知识提高到理论高度成为科学,并且具有认识自然和改造自然的双重职能。生产是科学的社会职能之一。科学是生产力,但它本身并不是直接的生产力。科学转化为生产力还需要通过技术这个环节。在科学、技术、生产的相互关系中,技术处于枢纽地位。但在不同时期、国家、地区和不同的行业和部门,三者所起的作用各不相同。技术与发明、研制的关系也极为密切。我国把有关对产品、方法或对其改进所提出的新技术方案,列为发明的内容。

技术的职能,从根本上说在于提高劳动生产率,改善人们的物质、文化条件,促进社会进步。科学技术现代化是社会现代化的重要标志之一。不管技术的发展对社会、对人本身产生多大的影响,人毕竟是技术的主人。对技术的未来应按下列原则判断:(1)技术的属性问题不可能在一国范围内得到解决;(2)既需要有研究技术机构,也需要有研究社会的机构;(3)技术人员和非技术人员都必须接受适当教育;(4)技术必须为人类服务。

1.2.4 工业安全与公共安全

1. 工业安全(industrial safety)

工业安全是随着工业化发展产生的概念,其基本范畴包括生产安全和生活安全。工业安全主要是基于技术发展造成的风险问题。在我国工业安全主要指生产安全,如果以安全为主体,也称为安全生产。

随着中国经济不断快速发展和工业制造水平不断提高,工业生产所需的机器设备越来越先进,生产过程的自动化程度大幅度提高,从而大大提高了生产效率,这就使得生产工艺和设备变得复杂,因而设备的安全性也变得极为重要,以避免工作人员在操作性中发生人机事故,保障人员的生命安全。“工业安全”作为并不陌生的词汇,越来越广泛地引起人们的重视。

工业安全是指:工业化社会或工业生产过程的安全。工业安全的目标是致力于维护工业生产过程作业人员的安全与健康,消除、避免或控制意外事故的发生。

现代工业安全的研究内容包括:机械安全、电气安全、压力容器安全、电力安全、交通运输安全、消防安全等。具体涉及机械加工、机械设备运动部分的防护、物料搬运、用电安全、防火、防爆、防毒、防辐射、噪声的测试与隔音、污水污物和废气的处理、个人防护、急救处理、高空作业、密闭环境作业、危害检测、工程安全、作业安全、工业企业安全管理、安全评价、安全监督、安全法制等。这些研究内容可应用于机械、电子、石油、化工、冶金、有色、地勘、矿山、建筑、航空、航天、交通、运输、电力、农机等领域。

工业安全对生产及经济建设有着极其重要的作用。因为,各种意外事故的发生,轻者造成机器设备及工时的损失、人身的伤痛,重者生命的丧失和家破人亡。所以说工业安全是工业发展过程中的重大问题。

“生产安全”与“工业安全”有着相似的含义。在《注册安全工程师手册》中给了“生产安全”如下解释:“生产安全是保障和维护生产经营过程的基本前提和条件。生产安全的基本目的是保障生产作业人员生命安全和健康,避免和减少生产资料损害和经济损失,促进社会经济健康持续和快速发展。生产安全涉及工业、农业和服务业生产经营安全,各类交通运营安全,公共消防安全,特种设备、设施安全等与生产经营相关的安全。”

2. 公共安全(public safety)

公共安全是国家安全的重要组成部分,是经济和社会发展的重要条件,是人民群众安居乐业与建设和谐社会的基本保证,是保障国家、社会和人民安全的基本要件。当前我国正处于经济发展的关键时期,人民内部矛盾渐有加剧,但公共安全事业发展还处于小、散、低的初级阶段,从事公共安全的主体除政府外数量少、规模小,缺乏核心技术和品牌产品;公共安全防范技术空心化,核心部件依靠进口,重要的应急信息平台、决策指挥平台、监测预警技术等还没有取得突破或形成标准。

对于公共安全问题,国外、国内学者有各自不同的看法。

根据联合国的界定,公共安全主要包括以下 4 个方面:(1)自然灾害,又可分为地质方面、水文气象方面、生物学方面等;(2)技术灾难,来自技术或工业事故;(3)环境恶化,人类行为导致的环境和生物圈的破坏;(4)社会安全,包括战争和社会动乱等。其级别分为 4 级:Ⅰ级(特别重大)、Ⅱ级(重大)、Ⅲ级(较大)和Ⅳ级(一般)。影响公共安全的因素主要有:自然因素、卫生因素、社会因素、生态因素、环境因素、经济因素、信息因素、技术因素、文化因素、政治因素、国防因素。

由三大国际标准化组织 ISO、TEC 和 ITU 领导的公共安全顾问组(Strategy Advisory Group – Security,SAG – S)将“公共安全”的概念定义为广义的,包含 IT、国土安全、自然灾害等宽泛的含义。这里的国土安全是指包括突发事件管理或灾害应急、关键基础设施保护、核生化威胁应对、海事安全等;自然灾害是指包括水旱灾害、气象灾害、地震灾害、地质灾害、海洋灾害、生物灾害和森林灾害等。ISO/TC 223 认为,公共安全更多的是侧重于社会领域的安全,范畴包括危机管理能力(持续改进)、技术方法的可操作性以及所有安全利益相关方的认识。

郭济在《政府应急管理实务》一书中认为:“公共安全在国际上通常有广义和狭义之分,广义上的公共安全是指不特定多数人的生命、健康、重大公私财产以及社会生产、工作生活安全。它包括整个国家、整个社会和每个公民一切生活方面的安全(从国防安全、环境安全到社会福利保障等),自然也包括免受犯罪侵害的安全。狭义的公共安全主要包括来自自然灾害、治安事故(如交通事故、技术性事故等)和犯罪的侵害三个部分。”

夏保成在其编著的《西方公共安全管理》一书中，将公共安全界定为“人类正常的生活和生产秩序状态”，它是由政府及社会提供的预防各种重大事件、事故和灾害的发生，保护人民生命财产安全、减少社会危害和经济损失的基础保障。

罗云《注册安全工程师手册》一书中认为：公共安全是保障国家、社会和人民安全稳定基本条件。公共安全是由政府及社会提供的预防各种重大事件、事故和灾害的发生、保护人民生命财产安全、减少社会危害和经济损失的基础保障，是政府加强社会管理和公共服务的重要内容。公共安全涉及的各种重大事件、事故和灾害分为地球演化过程中对人和社会造成的各种灾害、人类生活和经济运行过程中发生的各种事故、社会运转过程中产生的违法犯罪、经济全球化过程中的外来有害物质和生物入侵、国内外极端势力(分子)制造的各种恐怖事件等方面。公共安全体现在食品安全、生产安全、防灾减灾、核安全、火灾安全、爆炸安全、社会安全、突发事件和反恐防恐及国境检验检疫等社会实践方面。

邓国良认为：“公共安全危机事件是指自然灾害事故、人为事故和由社会对抗引起的社会冲突行为，危害公共安全，造成或可能造成严重危害后果和重大社会影响的事件。”

吴爱明认为：“公共安全是指社会公众享有安全和谐的生活和工作环境以及良好的社会秩序，公众的生命财产、身心健康、民主权利和自我发展有安全的保障，最大限度的避免各种灾难的伤害。”中国社会科学院研究员白钢认为：“公共安全问题属于公共产品范畴，是运用公共权力的政府必须向公民提供的服务。严格意义上的公共安全问题，大致可以划分为生产领域的公共安全问题和非生产领域的公共安全问题。”

张维平认为：“公共安全是指公众享有安全和谐的生活和工作环境以及良好的社会秩序，最大限度地避免各种灾难的伤害；其生命财产、身心健康、民主权利和自我发展有着安全保障。公共安全是一门科学，它关系一种伦理道德，反映一种文化，是一门管理艺术和操作技术；它可以产生最大的效益，安全问题主要是指故意或者过失实施危害或足以危害特定和不特定人的生命、健康、公私财产安全和法定其他公私利益的安全。安全问题由自然因素、生态环境、公共卫生、经济、社会、技术、信息等多重侧面所组成。”

影响公共安全的因素主要有：(1)自然因素，包括地质灾害，如地震、滑坡、崩岸、塌陷、泥石流等；气象灾害，如暴雨、洪涝、旱灾、风灾、雹灾、雪灾、霜冻、雷击、雾凇、雨凇、寒潮、沙尘、海浪、海啸等。(2)卫生因素，包括人体卫生安全，如各类传染病、流行病、职业病、突发病、中毒等；动物防疫安全；水生物防疫安全，如鱼、虾、蟹、贝等。(3)社会因素，包括刑事安全，如打、砸、抢、盗、杀、烧、炸、绑架、毒品等；社会动乱，如暴乱、非法集会游行、非法宗教活动等。(4)生态因素，包括海洋生态安全，如赤潮、海岸带侵蚀、海水入侵、海水污染、渔业生态失衡、海岸工程毁坏等；自然生态安全，如动植物群及物种保护、生物多样性保护、农作物与树林病虫灾、森林火灾、水土流失等。(5)环境因素，包括废气、废水、废渣、噪声、毒气、腐蚀性物质、光化学雾、放射性危害等。(6)经济因素，包括生产安全，如爆炸、各类事故等；金融安全，如信贷、外汇、股市等；交通运输安全，如铁路、公路、航空、海运、管道、索道、重要桥梁等；能源安全，如煤、油、电、气、水、火、热等。(7)信息因素，包括国家机密、计算机信息、网络信息、核心技术、商业秘密等。(8)技术因素，包括重要公共技术设施保护，如电视台、电台、通讯等重要信息枢纽等；高新技术的负面危害，如克隆技术、转基因技术等。(9)文化因素，包括民族矛盾、文化冲突等。(10)政治因素，包括政治动乱、国家分裂、政治斗争等。还有国防因素，包括外敌入侵、主权危害等。可见，公共安全是一个可以从多角度、多侧面进行分析研究的复杂系统和体系。

1.3 安全工程学基本术语

安全工程学是运用安全学和安全技术科学直接服务于安全工程的技术方法，包括安全的预测、设计、施工、运转、监控等工程技术。安全工程学需要对人、物以及人与物关系进行与“安全”相关的分析与研究，最终形成安全工程设计、施工、安全生产运行控制、安全检测检验、灾害与事故调查分析与预测预警、安全评估、认证等的技术理论及其实施方法的工程技术体系。下面介绍安全工程学方面基本术语的概念及内涵。

1.3.1 安全系统(safety system)

1. 系统(system)的概念

钱学森将系统定义为：由相互作用和相互依赖的若干组成部分结合成的具有特定功能的有机整体。斋藤嘉博则定义：由若干部件或子系统相互间有机地结合起来可完成某一功能的综合体。一般来讲，系统应具有如下4个属性：

(1)整体性。系统是由至少两个或两个以上的要素(元件或子系统)所组成，它们构成了一个具有统一性的整体——系统。要素之间不是简单的组合，而是组合后构成了一个具有特定功能的整体。换句话说，即使每个要素并不都很完善，但它们可以综合、统一成为具有良好功能的系统。反之，即使每个要素是良好的，但构成整体后并不具有某种良好的功能，也不能称之为完善的系统。

(2)相关性。系统内各要素之间是有机联系和相互作用的，要素之间具有相互依赖的特定关系。例如，对于电子计算机系统来说，各种运算、储存、控制、输入输出装置等各个硬件和操作系统、程序等软件都是子统，它们之间通过特定的关系，有机地结合在一起，就形成了一个具有特定功能的计算机系统。

(3)目的性。所有系统都是为了实现一定的目标，没有目标就不能称之为系统。不仅如此，设计、制造和使用系统，最后都是希望完成特定的功能，而且要达到效果最好。这就是所谓的最优计划、最优设计、最优控制和最优管理与使用。

(4)环境适应性。任何一个系统都处于一定的物质环境之中，系统必须适应外部环境条件的变化，而且在研究系统的时候，必须重视环境对系统的作用。

系统按其组成性质，分为自然系统、社会系统、思维系统、人工系统、复合系统等，按系统与环境的关系分为孤立系统、封闭系统和开放系统。

2. 安全系统的概念

定义：安全系统是由人员、物质、环境、信息等要素构成的，达到特定安全标准和可接受风险度水平的，具有全面、综合安全功能的有机整体。安全系统要素相互联系、相互作用、相互制约，具有线性或非线性的复杂关系。其中：人员涉及生理、心理、行为等自然属性，以及意识、态度、文化等社会属性；物质包括机器、工具、设备、设施等方面；环境包括自然环境、人工环境、人际环境等；信息包涵法规、标准、制度、管理等因素。

安全系统要素的内涵见图1-1，安全系统要素的结构关系见图1-2。

显然，安全系统是实现系统安全、功能安全的基础和条件。根据安全系统的线性及非线性特性，涉及7个子系统：人因子系统、机器子系统、环境子系统、人-机子系统、人-环子系统、机－环境子系统、人－机－环境子系统。上述7个子系统是安全科学研究的基本对象。换言之，安全科学就是揭示上述7个子系统的安全规律、安全特性、安全理论、安全方法的科学，以实现系统或技术的安全功能和安全目标。

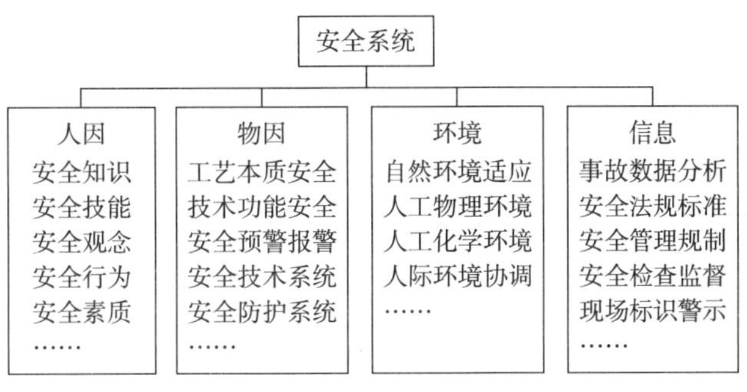

图1－1　安全系统要素的内涵

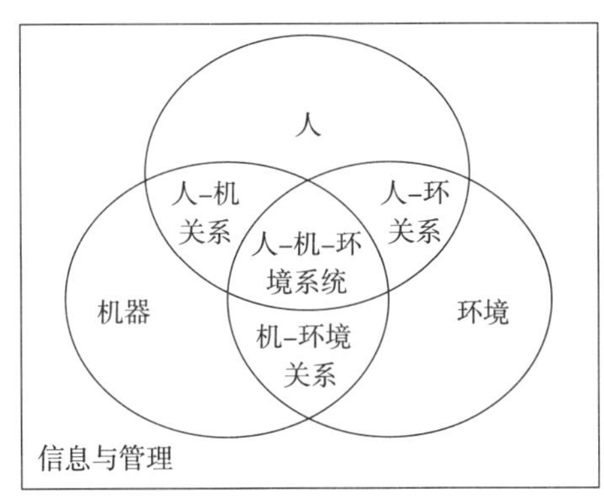

图1－2　安全系统要素的结构关系

安全系统要素相互影响、相互依存、相互关联、相互作用，它们之间的关系是动态变化的，随着时间和空间的变化而变化，因而安全系统是一个十分复杂的巨系统、复合系统。人们期望了解和掌握安全系统的变化规律和状态现实，因此，首先需要认识如下安全系统的属性。

(1)安全系统的客观性。在人们一般、惯性的思维方式中，客观性一般表现为物质性。安全系统作为一个抽象的系统，其客观性的表现就只能通过把观念性的东西转化为物质性、实体性的东西。概念性的东西是不会自动表现出其物质特性的，只能通过特定的条件，转化为物质的东西，才会表现出其客观性。例如：当消除了一次事故隐患，或者避免了一次事故时，人们才能体会到某些安全技术条件或安全规程存在的必要。这正是安全系统的构成要素。当事故频发的时候，面对这窘迫的现实，人们才体会到安全问题是个系统工程问题，即只有用系统工程的理论和方法才能解决好安全问题。

(2)安全系统的本质性。根据是否具有物理模型，可将系统区分为本征性系统和非本征性系统。本征性系统一般是不具有物理模型的客观抽象的系统，如经济系统、农业系统、生态系统等。从安全系统的定义可以看出，安全系统是本征性系统。对于本征性系统的研究，一般是采用某种观念、某种逻辑思维、某种推导等进行研究的。因此，安全系统的一切研究的出发点就只能以安全这一抽象、相对、综合性的思维进行定义、判断和推演。

(3)安全系统的目的性。任何系统都有其功能和目的要求,没有目的的系统是不存在的,安全系统同样也具有目的性。安全系统的目的就是保证与系统时空条件下相适应的安全度。所谓安全度可解释特定时间、空间条件下可接受的或满意的安全程度。具体地说,安全系统的目的性就是针对保护系统的要求和标准,通过与之相适应、相协调的各种安全措施或方式,实现保护系统和子系统的安全性。

安全系统在具有一般系统共有的目的性的同时,其目的性还具有其独特的性质,即综合性和模糊性。其综合性表现在安全系统所追求的目标是整体的安全,而不是局部的、片面的安全,用一般的安全指标难以反映出系统的整体安全。其模糊性则在于安全系统本身具有动态性和灰色性,动态的安全系统决定其目标必然具有模糊性和变化的特性。

(4)安全系统的环境性。在研究安全系统时,必须指出安全系统所界定的范围。安全系统之所以具有特殊性,就是安全系统把某些特定的环境因素纳入其系统范围之内,即安全系统是由人、机、环境组成的。既然安全系统把环境作为其组成部分,是否可以说,安全系统作为一个系统,就不需要跟外界进行物质、能量、信息的交换?答案是否定的。所谓“外界”,指相对于安全系统的外部环境或相关系统。所以说安全系统仍是出于更广义的“环境”之内,或相邻系统之中,只是“环境”不是安全系统所含的环境,而是出于安全系统之外的环境。安全系统的环境是相对的,随着人类社会的发展,安全系统所研究的环境将越大,必然会使安全系统处于一个更大的环境之内。

(5)安全系统的结构性。安全系统能否完成其整体安全的功能,往往取决于安全系统的结构。不同等级的安全系统结构决定其具有的完成整体安全功能的能力。安全系统是个多因素、多层次的复杂系统,其结构性必然表现在安全系统因素和层次的有机组合,从而具有一定的功能水平。

安全系统的功能将随着安全系统结构等级的不同而具有相应的功能水平,结构等级越高,相应的安全功能越强大,系统就越安全,反之则越危险。而且,随着结构的破坏,安全系统的事故风险水平将增强。

可以说,安全科学技术学科的任务就是为了实现安全系统的优化和安全水平的最大化。特别是安全信息和管理,更是控制人、机、环境三要素,以及协调人－机、人－境、人－机－环关系的基础和载体。

一个重要的认识是,不仅要从安全系统的单个要素出发,研究和分析系统的元素,如安全教育、安全行为科学研究和分析人的要素;安全技术、职业健康研究物的要素。更有意义的是要从整体出发研究安全系统的结构、关系和运行过程等,系统安全工程、安全人机工程、安全科学管理等则能实现这一要求和目标。

3. 安全系统与系统安全的关系

安全系统以安全为主体,系统为客体;系统安全以系统为主体,安全为客体。安全系统的实质是安全技术,系统安全实质是技术安全。安全系统的具体化,表现为安全功能(safe function),如安全电气、安全交通、安全化工、安全矿山、安全建筑、安全工程等;系统安全的具体化,表现为功能安全(functional safety),如电气安全、交通安全、化工安全、矿山安全、建筑安全、工程安全等。安全科学研究的主体是安全系统,技术科学研究的是系统安全。针对一个技术系统或生产系统,系统安全是目的,安全系统是手段,安全系统与系统安全之间存在必然和复杂的联系,具有互为依存的辨证关系。在一个具体的行业或企业中,安全工程师要解决安全系统问题,技术工程师担当解决系统安全问题,分工合作,共同目标。因此,提出了安全“人人有责”的概念,需要建立全面的“安全责任体系”,共为安全,共享安全。

系统安全要求建立系统安全工程学科,其研究范畴包括:(1)系统安全辨识;(2)系统安全分析;(3)系统安全控制;(4)系统安全评价;(5)系统安全可靠性;(6)系统安全决策和优化;(7)安全信息系统和数据库;(8)安全系统的仿真等。系统安全工程的任务是从全局的观点出发,充分考虑有关制约因素,在系统开发、建设、运营各阶段,运用科学原理、工程技术及有关准则,识别潜在危险及事故发生发展规律;研究安全系统的动态变化和有关因素的依存关系,提出消除、控制危险的(包括安全工程设施、管理、教育训练等综合措施)最佳方案。

安全系统要求建立安全系统工程学科,其任务是运用系统科学的理论和定量与定性的方法,对安全保障系统进行预先分析研究、策划规划、方案设计、制度管理、工程实施等,使各个安全子系统和保障条件综合集成为一个协调的整体,以实现安全系统功能与安全保障体系最优化的工程技术。安全系统工程是安全工程方面应用的系统工程,是安全科学、安全工程技术、现代安全管理、计算机和网络信息等技术密切结合的体现,广泛用于各级政府安全监管、各类组织的公共安全管理、各行业的安全生产管理、各种工矿企业的安全保障体系建设等领域。

安全系统工程作为一门综合性的管理工程技术,除以系统论、控制论、信息论、突变论、协同学作为理论基础外,还涉及应用数学(如最优化方法、概率论、网络理论等)、系统分析技术(如可行性分析技术、人机工程、系统模拟、系统仿真、信息技术等),以及管理学、行为学、心理学等多种学科。

1.3.2 安全技术(safety technology)

技术是指根据生产实践经验和自然科学原理而发展成的各种工艺操作方法与技能,是解决人类所面对的生产、生活问题的方式、方法、手段。那么对于安全技术这个概念,不同的资料有不同的说法。

定义1:安全技术指为保证职工在生产过程中的人身设备安全,形成良好的劳动条件与工作环境所采用的技术,由于行业、工种及作业环境、劳动条件的不同,安全技术的内容是很广泛的。例如防护、保险、检修、通风、除尘、降温、防火、防爆、防毒等技术。

来源:郑大本,赵英才主编. 现代管理辞典. 沈阳:辽宁人民出版社,1987。

定义2:安全技术是指在人们从事生产的过程中,为预防和消除人身和设备事故,保障生产者及其他人员安全的技术措施。

来源:武广华,臧益秀,刘运祥等主编. 中国卫生管理辞典. 北京:中国科学技术出版社,2001。

定义3:安全技术是指为防止有害生产因素对操作人员造成危害而建立的技术措施、设置、系统和组织措施。它针对生产中的不安全因素,采用控制措施,以预防伤亡事故的发生。

来源:苑茜,周冰,沈士仓等主编. 现代劳动关系辞典. 北京:中国劳动社会保障出版社,2000,460-461。

定义4:安全技术是在生产过程中为防止各种伤害,以及火灾、爆炸等事故,并为职工提供安全、良好的劳动条件而采取的各种技术措施。

来源:中国大百科全书(经济学卷)。

定义5:安全技术指在生产过程中,为了防止和消除伤亡事故,保障职工安全,企业根据生产的特点和各个生产环节的需要而采取的各种技术措施。采取安全技术的目的,在于消除生产环境、机器设备、工艺过程、劳动组织和操作方法等方面的不安全因素,以避免发生人身或设备事故,保证企业生产的正常进行。

来源:黄汉江主编. 建筑经济大辞典. 上海:上海社会科学院出版社,1990,275。

安全技术的任务有:①分析造成各种事故的原因;②研究防止各种事故的办法;③提高设备的安全性;④研讨新技术、新工艺、新设备的安全措施。各种安全技术措施,都是根据变危险作业为安全作业、变笨重劳动为轻便劳动、变手工操作为机械操作的原则,通过改进安全设备、作业环境或操作方法,达到安全生产的目的。

安全技术措施的内容很多,例如,机器设备的传动部分或工作部分装设安全防护装置;升降、起重机械和锅炉、压力容器等装设保险装置和信号装置;电气设备安装防护性接地和防止触电的设备;为减轻繁重劳动或危险操作而采取的辅助性机械设施;为防止坠落而设置的防护装置等等。安全装置的作用,在于一旦出现操作失误时,仍能保证劳动者的安全。

安全技术措施必须针对具体的危险因素或不安全状态,以控制危险因素的生成与发展为重点,以控制效果作为评价安全技术措施的唯一标准。其具体标准有如下几个方面:

(1)防止人失误的能力。是否能有效地防止工艺过程、操作过程中,导致产生严重后果的人失误。

(2)控制人失误后果的能力。出现人失误或险情,也不致发生危险。

(3)防止故障或失误的传递能力。发生故障、出现失误,能够防止引起其他故障和失误,避免故障或失误的扩大与恶化。

(4)故障、失误后导致事故的难易程度。至少有两次相互独立的失误、故障同时发生,才能引发事故的保证能力。

(5)承受能量释放的能力。对偶然、超常的能量释放,有足够的承受能力,或具有能量的再释放能力。

(6)防止能量蓄积的能力。采用限量蓄积和溢放,随时卸掉多余能量,防止能量释放造成伤害。

在当代,由于工业的迅猛发展,在安全技术上,安全系统工程、人机工程(ergonomics)等,在许多国家中已得到了迅速发展,事故预测和事故控制技术也得到了广泛的应用。

1.3.3 安全工程(safety engineering)

从学科的角度,安全工程是跨门类、多学科的综合性技术科学;从技术的角度,安全工程主要包括安全防护技术、事故预测预警技术、事故控制技术、安全检测检验技术、应急救援技术;从管理工程的角度,安全工程包括职业安全管理工程、职业健康管理工程等。

安全工程是个不断发展的学科。因而,当前还没有一致的、公认的定义。

《注册安全工程师》手册中给了"安全工程"如下解释:"安全工程是对各种安全工程技术和方法的高度概括与提炼,是防御各种灾害和事故过程中所采用的、以保证人的身心健康和生命安全以及减少物质财富损失为目的的安全技术理论及专业技术手段的综合学问。在安全学科技术体系结构中,安全工程是包括消防工程、爆炸安全工程、安全设备工程、安全电气工程、安全检测与监控技术、部门安全工程及其他学科在内的安全科学的技术科学学科体系。安全工程的研究范围遍及生产领域(安全生产及劳动保护方面)、生活领域(交通安全、消防安全与家庭安全等)和生存领域(工业污染控制与治理、灾变的控制和预防)。它的研究对象是研究上述领域普遍存在的不安全因素,通过研究与分析,找出其内在联系和规律,探寻防止灾害和事故的有效措施,以求控制事故、保证安全之目的。安全工程学需要对人、物以及人与物关系进行与'安全'相关的分析与研究,最终形成安全工程设计、施工、安全生产运行控制、安全检测检验、灾害与事故调查分析与预测预警、安全评估、认证等的技术理论及其实施方法的工程技术体系。安全工程应用领域包括:火灾与爆炸灾害控制、设备安全、电气安全、锅炉压力容器安全、起重与搬运安全、机电安全、交通安全、矿山安全、建筑安全、化工安全、冶金安全等部门安全工程技术。"

在《安全科学技术词典》中曾提到:"安全工程是指为保证生产过程中人身与设备安全的工程系列的总称。安全工程是跨门类、多学科的综合性技术科学。主要包括伤亡事故预防预测技术、安全检测检验技术、应急救援技术、安全管理工程,以及特殊环境中应用高技术解决安全问题等。"

"安全工程"在《保险大辞典》中被定义为:"安全工程指对人、材料、设备与环境等整个系统的安全性加以分析、研究、改进、协调和评价,使人和财产得到最安全保护的评价与论证活动。"

在《系统安全工程能力成熟度模型(SSE - CMM)及其应用》中提出安全工程要达到以下一些目标:

(1)获取与一个企业相关的安全风险的理解;

(2)建立一套与已标识的安全风险相平衡的安全需求;

(3)将安全需求转变为安全指导,并将安全指导集成到一个项目所使用的其他学科行为中,以及一个系统配置或操作的描述中;

(4)建立对安全机制的正确性和有效性的信心或信任度;

(5)确定因一个系统所残留的安全弱点而导致的操作影响或者操作是可以接受的(可接受的风险);

(6)集成所有工程学科和专业的成果,从而形成对一个系统可信赖度的综合认识。

1.4 安全管理学基本术语

安全管理学是安全科学技术体系中重要和实用的二级学科,它包括安全信息系统、安全生产管理、风险分析、事故管理、工业灾害控制等分支学科。安全管理工程是企业安全生产的最基本的安全保障手段,因此了解安全管理学中的基本术语是学习安全管理工程的基础。

1.4.1 安全生产(safety production)

安全生产是以人为本的体现,是安全发展战略的基本要求,是保证经济建设持续、稳定、协调发展和创建和谐社会的基本条件,是社会进步与文明的重要标志。保护生产作业过程从业人员职业安全健康和发展生产力的一项重要工作,是一个长期性战略性问题,必然贯穿我国国民经济和社会主义现代化建设全过程。

安全生产既指为达到安全而采取的各种措施,也指实施这些措施的活动。

安全与生产是统一的,一方面指生产必须安全,安全是生产的前提条件,不安全就无法生产;同时安全促进生产,抓好安全可以更好地调动职工的生产积极性,才能促进生产。对"安全生产"有多种角度的解释。

定义1:安全生产,是指生产要在良好的劳动环境和工作秩序下进行,以杜绝人身设备事故的发生,使劳动者的个人安全和生产过程的安全得到保障。

来源:李放主编. 经济法学辞典. 沈阳:辽宁人民出版社,1986。

定义2:安全生产是指生产活动在保证劳动者生命安全、身体健康和国家财产不受损坏的前提下顺利进行,是现代企业管理的一项重要任务,是劳动保护的重要组成部分。

来源:苑茜,周冰,沈士仓等主编. 现代劳动关系辞典. 北京:中国劳动社会保障出版社,2000,460。

定义3:安全生产指企事业单位在劳动生产过程中的人身安全、设备和产品安全,以及交通运输安全等。

来源:安全科学技术词典. 北京:中国劳动出版社,1991。

定义4:安全生产是指为预防在生产过程中发生人身伤亡、设备事故,保护公私财产和人员在生产中的安全而采取的各种措施。

来源:安全科学技术百科全书. 中国劳动社会保障出版社,2003。

定义5:安全生产是指通过人－机－环的和谐运作,使社会生产活动中危及劳动者生命和健康的各种事故风险和伤害因素始终处于有效控制的状态。

来源:GB/T 15236—2008《职业安全健康术语》。

我国安全生产的内容包括:制定安全生产法规和安全生产制度(包括有关安全生产的奖惩条例),采取各种安全技术和工业卫生方面的技术组织措施,以及对职工进行经常性的安全生产教育。安全生产的内容涉及生产经营活动的各个方面,包括了生产经营活动安全、交通运输安全等行业和领域。广义上,安全生产也包涵了职业危害预防。

我国政府一贯重视劳动安全工作,制定了一系列有关安全生产的政策法令,规定了安全生产责任制、安全技术措施计划、安全生产教育、定期检查和伤亡事故的调查处理。在实践中总结出企业实现安全生产的10项具体原则和措施:

(1)消除隐患。即采取安全技术和组织管理两方面的措施消除生产中的一切不安全因素,做到本质安全。

(2)预防为主。生产过程中进行危险危害因素和危险源的辨识和评价,进行超前预防和控制,在开始生产作业之前应采取有效的事故预防性措施。

(3)减弱措施。在无法消除和预防的情况下,可采取减弱危害的措施,如用低毒物质代替高毒物质。

(4)隔离措施。在无法消除、预防和减弱的情况下,将操作人员和有害因素隔离开来。

(5)联锁装置。当操作者误动作或因其他原因使机器处于危险状态时,通过联锁装置停止机器运转,如起重机械的行程开关和超负荷限制器。

(6)设置薄弱环节。如在压力设备上设泄压膜,电路中安装熔断丝,有些易爆场所采用轻质屋顶。

(7)增加强度。如机器的关键安全部件需加大安全系数,起重机械的吊钩和钢丝绳的安全系数应比一般部件大一些。

(8)合理布置。对同一平面的设备和厂房要科学布置;对多层次的立体作业场所更应合理安排。

(9)减少工作时间。对繁重体力劳动和严重有毒有害作业的工人,实行缩短工时和提前退休制度。

(10)用机械化、自动化代替人工操作。

做好安全生产工作的基本方法是用科学的分析、评价和控制人、机、环境可能引起的事故,使生产的各个环节都达到最佳安全状态。

1.4.2 安全法规(safety regulations)

法规是法律、法令、条例、规则、章程等法定文件的总称,安全法规则是指根据宪法规定的原则制定的有关安全生产和劳动保护方面的法律、政策、技术标准、规程和规范的总称。

安全法规不是从来就有的,它是人类社会发展到一定阶段出现和存在的历史现象。安全法规是一种社会规范,是任何社会存在和发展的内在需要。社会是一个由各种复杂的社会关系组成的动态系统,为了保证这个动态系统有秩序的运行并向前发展,必须要求一种有力量、有效应的手段来调整各种社会关系,以维持一定的安全状态,这就是法。安全法规是法的一类,是法的一个组成部分。.

安全生产法规是指安全生产法律法规的简称,指调整在生产活动中产生的同劳动者或生产人员的安全与健康,以及生产资料和社会财富安全保障有关的各种社会关系的法律规范的总和。安全生产法规是国家法律体系中的重要组成部分。人们通常说的安全生产法律法规是指对有关安全生产的法律、规程、条例、规范的总称。例如,全国人大和国务院及有关部委、地方政府颁发的有关安全生产、职业安全健康、劳动保护等方面的法律、规程、决定、条例、规定、规则及标准等,均属于安全生产法规范畴。

安全生产法规有广义和狭义两种解释。广义的安全生产法规是指我国保护劳动者、生产者和保障生产资料及财产安全的全部法律规范。这些法律规范都是为了保护国家、社会利益和劳动者、生产者的利益而制定的,例如:关于安全生产技术、安全工程、职业卫生工程、生产合同、工伤保险、职业技术培训、工会组织和民主管理等方面的法规。狭义的安全生产法规是指国家为了改善劳动条件,保护劳动者在生产过程中的安全和健康,以及保障生产安全所采取的各种措施的法律规范,例如:安全生产法、矿山安全法、职业安全健康规程,对女工和未成年工劳动保护的特别规定,关于工作时间、休息时间和休假制度的规定,关于安全生产的组织、管理、培训制度等规范。安全生产法规的表现形式是国家制定的关于安全生产的各种规范性文件,它可以表现为享有国家立法权的机关制定的法律,也可以表现为国务院及其所属的部、委员会发布的行政法规、决定、命令、指示、规章,以及地方性法规等,还可表现为各种劳动安全卫生技术规程、规范和标准。

安全生产法规体系是国家法规系统的一部分,因此它具有法的一般特征。我国安全生产法规具有以下特点:

(1)保护的对象是企业生产作业人员、生产技术资料和国家财产等;

(2)安全生产法规具有强制性和权威性的特征;

(3)安全生产法规涉及自然科学和社会科学领域,因此,安全生产法规具有政策性特点,又具有科学技术性特点。

安全生产法律法规是党和国家的安全生产方针政策的集中表现,是上升为国家和政府意志的一种行为准则。它以法律的形式规定人们在生产过程中的行为准则,规定什么是合法的,可以去做;什么是非法的,禁止去做;在什么情况下必须怎样做,不应该怎样做等,用国家强制性的权力来维护企业安全生产的正常秩序。因此,有了各种安全生产法律法规,就可以使安全生产工作做到有法可依、有章可循。谁违反了这些法律法规,无论是单位或个人,都要负法律责任。

安全生产法规的作用主要表现在以下几个方面:

1. 为保护作业人员的安全健康提供法律保障

我国的安全生产法规是以搞好安全生产、职业健康、保障员工在生产中的安全、健康为目的的。它不仅从管理上规定了人们的安全行为规范,也从生产技术上、设备上规定实现安全生产和保障职工安全健康所需的物质条件。多年安全生产工作实践表明,切实维护劳动者安全健康的合法权益,单靠思想政治教育和行政管理不行,不仅要制定出各种保证安全生产的措施,而且要强制人人都必须遵守规章,要用国家强制力来迫使人们按照科学办事,尊重自然规律、经济规律和生产规律,尊重群众,保证劳动者得到符合安全卫生要求的劳动条件。

2. 加强安全生产的法制化管理

安全生产法规是加强安全生产法制化管理的章程,很多重要的安全生产法规都明确规定了各个方面加强安全生产、安全生产管理的职责,推动了各级领导特别是企业领导对劳动保护工作的重视,把这项工作摆上领导和管理的议事日程。

3. 指导和推动安全生产工作的发展,促进企业安全生产

安全生产法规反映了保护生产正常进行、保护劳动者安全健康所必须遵循的客观规律,对企业搞好安全生产工作提出了明确要求。同时,由于它是一种法律规范,具有法律约束力,要求人人都要遵守,这样,它对整个安全生产工作的开展具有用国家强制力推行的作用。

4. 促进生产力的提高,保证企业效益的实现和国家经济建设事业的顺利发展

安全生产是企业十分关切、关系到其切身利益的大事,通过安全生产立法,使从业人员的安全健康有了保障,职工能够在符合安全健康要求的条件下从事劳动生产,这样必然会激发他们的劳动积极性和创造性,从而促使劳动生产率的大大提高。同时,安全生产技术法规和标准的遵守和执行,必然提高生产过程的安全性,使生产的效率得到保障和提高,从而提高企业的生产效率和效益。

安全生产法律、法规对企业生产过程的安全条件提出与现代化建设相适应的强制性要求,这就迫使企业领导在生产经营决策上,以及在技术、装备上采取相应措施,以改善劳动条件、加强安全生产为出发点,加速技术改造的步伐,推动社会生产力的提高。

在我国现代化建设过程中,安全生产法规以法律形式,协调人与人之间、人与自然之间的关系,维护生产的正常秩序,为从业人员提供安全、健康的劳动条件和工作环境,为生产经营者提供可行、安全可靠的生产技术和条件,从而产生间接生产力作用,促进国家现代化建设的顺利进行。

1.4.3 职业安全(occupational safety)

在我国,职业安全是进入 21 世纪才强调的一个概念,之前我们常用的概念是劳动安全。职业安全是以防止职工在职业活动过程中发生各种伤亡事故为目的的工作领域及在法律、技术、设备、组织制度和教育等方面所采取的相应措施。

在《中国法学大辞典》(劳动法学卷)中提到:“劳动安全又称‘职业安全’,指为保护劳动者在生产劳动过程中的安全、防止或消除伤亡事故所采取的各种安全措施。主要包括厂院和工作场所的安全措施、机器设备的安全措施、电器设备的安全装置、锅炉和压力容器的安全措施、个人防护措施等。”

在《安全科学技术词典》中给出了职业安全即劳动安全的定义:“劳动安全是指为贯彻劳动保护政策和安全生产方针所实施的安全卫生法规标准、技术措施、监督检查制度。广义的劳动安全包括劳动安全与卫生。劳动安全内容是依靠技术进步和科学管理提高企业的安全生产条件,改善劳动条件;采取措施消除人 - 机 - 环境系统中危及安全生产和劳动者健康的不安全因素和不安全行为,防止伤亡事故和职业病;实行国家劳动安全监察制度。”

在现实生活中,职业安全常与职业卫生一起用,职业卫生是以职工的健康在职业活动过程中免受有害因素侵害为目的的工作领域及在法律、技术、设备、组织制度和教育等方面所采取的相应措施。职业安全健康是为保护劳动者在职业活动中的安全和健康所制定的法律规范和采取的各项措施的总称,又称劳动安全卫生。在我国职业安全健康是指除特种行业矿山安全卫生、核工业安全卫生及特种设备锅炉压力容器安全以外的一切与职业有关的安全卫生。

在《现代劳动关系辞典》中曾写到:“劳动安全卫生是劳动者在劳动场所、劳动过程中的安全与卫生。所谓劳动安全,一般指防止中毒、触电、机械外伤、车祸、坠落、塌陷、爆炸、火灾等危及劳动者人身安全的事故发生。劳动卫生指对有毒有害物质危害劳动者身体健康或者引起职业病的发生而采取的保护措施。”

职业安全健康工作主要内容包括:(1)实行安全生产方针,对机器设备、动力设备、电器设备、厂房建筑以及矿山井下设施和作业等采取安全措施,防止各类事故的发生;(2)防止粉尘、有毒气体和液体、噪声、强光刺激、中暑和受冻,保持工作环境清洁卫生和合理照明等;(3)严格遵守各种安全生产规章制度,禁止和抵制违章指挥、违章作业,认真落实为防止伤亡事故的发生而采取的各种措施;(4)对发生的事故认真进行调查、分析和处理,总结经验教训,采取改进措施。

职业安全的规定是安全生产法的重要内容,是改善劳动条件的主要措施之一,也是一个国家应有的基本政策。我国为保护劳动者的安全卫生,制定了一系列的劳动安全卫生技术标准、操作规程和劳动安全卫生法规,并为此制定了监察制度,在各级劳动行政管理部门内设立了专门的监察机构和监察人员,以进行宣传教育和执法监督。此外,工会也具有行使、执行有关法规的监督检查权力。

1.4.4 职业健康(occupational health)

“职业健康”,国外有些国家称之为“工业卫生”,有些国家称之为“劳动卫生”,目前较多国家倾向于使用“职业卫生”这一术语。

我国自新中国成立以来曾称这门科学为“劳动卫生”、“职业卫生”,国家标准《职业安全健康术语》(GB/T 15236—1994)中明确指出,劳动卫生与职业卫生是同义词。2001 年 12 月,原国家经贸委、国家安全生产局修订《职业安全健康管理体系试行标准》时,将“职业卫生”一词修订为“职业健康”,并正式发布了《职业安全健康管理体系指导意见》和《职业安全健康管理体系审核规范》。目前,我国劳动卫生、职业卫生、职业健康 3 种叫法并存、内涵相同。国家安监局统一采用职业安全健康一词,简称职业健康。

职业健康是研究并预防因工作导致的疾病,防止原有疾病的恶化,主要表现为工作中因环境及接触有害因素引起人体生理机能的变化。定义有很多种,最权威的是1950年由国际劳工组织组织和世界卫生组织联合职业委员会给出的定义:职业健康应以促进并维持各行业职工的生理、心理及社交处在最好状态为目的;并防止职工的健康受工作环境影响;保护职工不受健康危害因素伤害;并将职工安排在适合他们的生理和心理的工作环境中。

由于"职业健康"与"劳动卫生"和"工业卫生"有着相似的含义,我们可以通过"劳动卫生"和"工业卫生"的定义来帮助理解"职业健康"。在《安全科学技术词典》中曾给出"劳动卫生"的定义:劳动卫生是指在生产劳动中为保卫劳动者的健康消除职业危害和预防职业病所采取的各种卫生措施。劳动卫生主要内容是:进行劳动场所的劳动卫生调查;开展对企业的劳动卫生监督;职业病的管理;制定和评价改善劳动条件与预防职业病的措施;开展劳动卫生宣传教育和技术培训;开展科学研究,为劳动卫生标准的制定提供科学依据。

在《保险大辞典》中给出了"工业卫生"的定义:工业卫生指工矿企业里所进行的卫生保健工作。从卫生学的观点出发,提出改善劳动条件,预防职业病发生的综合性措施。改善和创造良好的劳动条件,保护和增进职工居民健康,控制和防止职业病发生,以提高劳动生产率,促进生产发展。

事实上,职业健康与我们在生活中常说的"劳动保护"同样有着相似的内涵,就是保护劳动者在劳动过程中的安全和健康。中华人民共和国宪法规定:"国家通过各种途径,创造劳动就业条件,加强劳动保护,改善劳动条件。并在发展生产的基础上,提高劳动报酬和福利待遇。"劳动保护是国家劳动政策的一个重要组成部分,也是宪法规定的劳动者的一项基本权利和义务。各级政府机关、经济管理部门和企事业单位都要贯彻我国宪法的有关规定和"安全第一,预防为主"的方针,采取各种措施,为劳动者提供良好的劳动条件和劳动环境,防止由于劳动过程中存在的危险因素或致病因素而使劳动者受到人身伤害。劳动者在安全生产方面享有符合法律规定的劳动安全卫生条件的权利,有法定休息和休假的权利,有获得安全卫生教育的权利,女职工和未成年工享有特殊劳动保护的权利,以及在特殊情况下根据法律规定劳动者拒绝冒险操作的权利;同时劳动者也应履行遵守劳动卫生的法律和规章制度的义务,在法律规定的时间内进行劳动并遵守劳动纪律的义务和学习安全卫生知识的义务。

1.4.5 安全管理(safety management)

关于管理的概念,有各种不同的提法。最通行的是被称为"法国经营管理之父"的法约尔(Henri Fayol,1841—1925)所提出的,他认为管理就是"计划、组织、指挥、协调、控制"。根据法约尔的提法,可以把管理的定义完整地叙述如下:管理就是管理者为了达到一定的目的,对管理对象进行得计划、组织、指挥、协调和控制的一系列活动。据此可得到安全管理这一概念,安全管理,主要是组织实施企业安全管理规划、指导、检查和决策,同时,又是保证生产处于最佳安全状态的根本环节。

定义1:安全管理是企业管理的一个重要组成部分,它是以安全为目的,进行有关安全工作的方针、决策、计划、组织、指挥、协调、控制等职能,合理有效地使用人力、财力、物力、时间和信息,为达到预定的安全防范而进行的各种活动的总和,称为安全管理。

来源:安全科学技术百科全书. 北京:中国劳动社会保障出版社,2003。

定义2:安全管理是指为保护劳动者在生产过程中的安全和健康,在法律上、体制上和组织上所采取的各种方法、手段和行动。如安全生产的立法，安全生产的监察监督，各种安全生产规章制度措施计划的贯彻执行，现代化科学管理方法的推广，伤亡事故的调查处理，安全生产设施的检查验收，个人防护用品和保健食品的发放，安全生产方面的宣传教育考核等。安全管理是一项政策性技术性较强的工作，是企业管理的一个重要组成部分。

来源：简明工会学辞典．沈阳：辽宁人民出版社，1988，138。

定义3：安全管理是指为防止意外事故，保障安全生产而制定的一套组织管理措施。包括建立健全安全管理机构，执行安全法规，落实安全生产责任制，编制安全措施计划，进行安全教育培训和安全检查，写伤亡事故报告等。

来源：苑茜，周冰，沈士仓等主编．现代劳动关系辞典．北京：中国劳动社会保障出版社，2000，464－465。

定义4：安全管理是指管理者运用行政、经济、法律、法规等各种手段，发挥决策、教育、组织、监督、指挥等各种职能，对人、物、环境等各种被管理对象施加影响和控制，排除不安全因素，以达到安全生产目的的活动。

来源：田雨平主编．电力安全技术与管理手册．北京：中国电力出版社，2003，3－4。

安全管理学是一门综合性的系统科学。安全管理的对象是生产中一切人、物、环境的状态管理与控制，安全管理是一种动态管理。安全管理的基本观点有以下几点：

(1)系统的观点。安全管理是一项综合性的管理工作，必须运用安全系统工程的理论和方法，开展全员、全方位、全过程的安全管理。

(2)预防的观点。安全管理必须以预防为主，除检查监督、严格把关外，必须认真落实各项安全措施，实行有效控制，把事故消灭在发生之前。

(3)强制的观点。安全生产的法律、法规是安全管理工作的依据和保证。实践证明，安全将逐步走上法制的轨道。安全管理必须依法监管，用法律手段来约束人们的行为，使人们自觉遵章守法。

(4)科学的观点。安全生产必须遵从客观规律，安全管理也必须采用现代化的科学手段，和国际先进管理模式和管理体系接轨，实行有效的、超前预防和控制手手段及方法。

安全工作的根本目的是保护广大职工的安全与健康，防止伤亡事故和职业危害，保护国家和集体的财产不受损失。为了实现这一目的，需要开展三方面的工作，即：安全管理、安全技术、劳动卫生。而这三者之中，安全管理起着决定性的作用，其重要意义主要体现在以下几个方面：

(1)搞好安全管理是防止伤亡事故和职业危害的根本对策；

(2)搞好安全管理是贯彻“安全第一，预防为主”为主的基本保证；

(3)安全技术和劳动卫生措施要靠有效的安全管理，才能发挥应有的作用；

(4)在技术、经济力量薄弱的情况下，为了实现安全生产，更加需要突出安全管理的作用；

(5)搞好安全管理，有助于改进企业管理，全面推进企业各方面工作的进步，促进经济效益的提高。

1.4.6 安全监察(safety inspection)

安全监察是安全生产和安全法制的一个重要方面。国家安全监察是企业生产发展到一定阶段的必然产物，是保证企业安全生产的法律保障。

安全监察具有国家监察、外部监察、法律监察和专业监察 4 种基本属性。

(1)国家监察。国家安全监察就是在国家赋予的职权范围内，监察监督企业及其主管部门贯彻执行安全生产方针和安全法规。

(2)外部监察。国家安全监察机构或人员与被监督的企业必须无隶属关系和直接的利害冲突，这在形式上表现为外部监察。

(3)法律监察。国家安全监察的性质、职权和任务是由国家法律规范所确定。

(4)专业监察。按照国家安全监察的职权，对企业生产的关键环节和技术实行专门监督。

安全监察的任务就是监督安全生产和安全法规的贯彻执行，保护劳动者在生产过程中的安全、健康，保护国家和社会财产，促进企业的生产发展。

安全监察的工作方法可按生产过程或工作方式来制定。

(1)按生产过程其工作方法可分为：前期监督，即在生产活动开始前的监督活动，也叫基础监督、同期监督，即与生产活动同时进行的监督。同期监督的对象主要是制度的执行、设备的运转、设施的使用、有害因素的控制；后期监督，是指对生产活动造成的事故后果的监督。

(2)按工作方式可分为：发布有关安全的规定、办法和文件，并通过各种手段强制执行；监督企业管理部门制定贯彻国家安全生产法规的落实细则、行业安全规程和安全管理制度。监督企业管理部门制定行业安全技术规划和发展规划；对现场进行监察，实施全面监察、专业监察和重点监察。

安全生产监察程序是指监察活动的步骤和顺序，包括以下几个方面：

(1)监察准备。指对监察对象和任务进行的初步调查了解，是监察过程的开始。监察准备包括：确定检查对象，查阅有关法规和标准；了解检查对象的工艺流程、生产和安全卫生情况；制定检查计划；安排检查内容、方法、步骤；编写安全检查表或检查提纲，挑选和训练检查人员等。

(2)听取汇报。深入被监察企业听取企业领导对执行国家职业安全健康法规标准的情况和存在的问题及改进措施的汇报。

(3)现场调查。实地了解作业状况，包括生产工艺、技术装备、防护措施、原材料等方面存在的问题。同时，采访工人并听取职工意见和建议，尤其在安全管理和改善劳动条件方面的问题和建议。

(4)提出意见或建议。向用人单位负责人或有关人员通报检查情况，指出存在问题，提出整改意见和建议，指定完成期限。

(5)发出《职业安全健康监察指令书》或《职业安全健康处罚决定书》。根据监察情况，把监察指令书(或通知书)下达给企业执行，限期整改。违法情节严重的，发出处罚决定书。

国家安全生产监督监察是指国家法律法规授权行政部门设立的监督机构，具有法律形式的监督管理，国家安全生产监督管理是以国家机关为主体实施的，以国家名义并运用国家权力，对企业、事业和有关机关履行安全职责和执行安全生产法律、法规、政策和标准的情况，依法进行监督、监察、纠正和惩戒的工作。

安全生产监察在安全生产法制建设中占有重要地位。安全生产监察具有重要意义表现在如下方面：

(1)加强和完善安全生产法制建设，强化安全生产法律意识。不仅可以保证法律得以切实的贯彻执行，也可以在监察中及时发现实际工作中存在的新情况、新问题，从而有利于进一步完善立法。同时,通过全方位的安全生产监察,纠正不当行为、惩处违法行为,强制生产经营单位遵守《安全生产法》,使生产经营单位认识到法的权威性和强制力,认识违法行为的后果,切实体会《安全生产法》的重要性和必要性,强化其安全生产法律意识,提高从业人员的安全素质。

(2)保护人民生命财产安全,保护安全生产环境,促进经济发展。生产事故的发生,不仅给企业发展带来不利影响,更对劳动者生命和健康带来危害。安全生产监督管理部门依法行政,加强监督管理,严格安全生产的市场准入制度,依法规范生产经营单位的安全生产工作,对违法行为及时制裁,有利于预防和减少生产事故的发生,有效地遏制重、特大伤亡事故的发生,保护人民生命财产安全,保护安全生产环境,使生产有序、安全地进行,从而促进经济发展。

(3)保障社会稳定,实现社会和谐与公正。安全生产不仅在社会经济生活中占有重要地位,而且在社会政治生活中也占有重要地位。生产事故的频繁发生,职业危害病的蔓延,会造成重大经济损失和严重社会影响,必将危及劳动者的生存,危及企业的生存,甚至有可能危及社会的稳定,因此安全生产问题也是重要的社会政治问题。通过安全生产监察,督促企业加强安全生产、劳动保护工作,严格安全资质条件,强化安全监管力度,落实安全措施,从而维护劳动者的权利,这对保障社会稳定,实现社会和谐与公正有重要的意义。

复习思考题

1. 请简述危险、事故、风险以及安全之间的相互关系。
2. 事故的基本特征是什么?
3. 什么是危险?什么是危险的三要素?
4. 观察你周围的生活,分析你的生活环境中都存在哪些危险,请按表1-1的方式列出危险的属性。
5. 科学与技术有哪些区别和联系?
6. 请简述影响公共安全的主要因素有哪些。
7. 什么是安全系统?请简述安全系统的属性。
8. 简述安全系统与系统安全的关系。
9. 请简述安全法规的特点。
10. 职业安全与职业健康的基本概念是什么?
11. 安全管理的基本观点有哪些?有何意义?
12. 安全生产监察程序包括哪些方面的内容?

第2章　安全科学的发展

● 本章知识框架

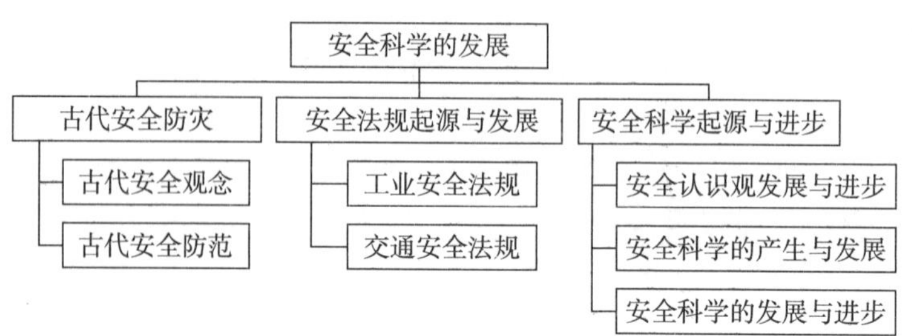

● 知识引导

安全科学是一门新兴的交叉科学，涉及社会科学和自然科学的多门学科，以及人类生产和生活的各个方面。本章从古代的安全观念出发，介绍了古代消极和积极方面的安全观念，并追溯了人类矿山、火灾、水灾、地震几个方面的风险防范起源；介绍了工业和交通方面安全法规的起源与发展，以此引出了安全科学的概念；介绍了安全认识观的发展和进步，对安全科学技术发展的4个阶段做了详细讲解，在我国安全科学技术的发展中列出了一些新的发展。

● 重点提示

学习本章有如下提示：

重点：工业安全法规的起源与发展；交通安全法规的起源与发展；安全认识观的发展和进步；安全科学技术发展的历史阶段。

难点：安全法规的发展和我国安全科学的发展的关系；安全科学发展的基础，以及过去、现状与未来。

● 主要需要思考的问题

通过本章的学习，需要思考如下问题：

1. 如何摒弃与传承古代的安全观？
2. 古代传统安全领域的防范方法有何特点？
3. 国内外安全科学技术的发展进步历程。
4. 安全科学发展的现状与趋势。

● 相关的阅读材料

学习阅读古籍农业、水利、防灾等典著作，以及近代工业安全和安全法规论著。

● 学习目标

1. 了解古代的消极安全观念和积极安全观念。
2. 了解现代的安全观念及安全方法论。
3. 了解人类安全法规的起源与发展现状。

4. 了解我国安全科学的发展与进步。
5. 掌握安全认识观的发展和现代的安全观念体系。
6. 学习和掌握安全科学的产生和发展的基本规律。

2.1 古代的安全防灾

2.1.1 古代安全观念

观念，是指人们认识事物的基本理念，是思想的基础和行为的准则。古老的中华民族有着悠久的历史，其流动于民族文明长河中的安全观念，具有两面性，即负面消极的和正面积极的。显然，归纳和总结古代安全观念，对现代人有着重要的指导和借鉴作用。

1. 古代的消极安全观念

● 天命无常：古语有云："死生有命，富贵在天"；"万般皆由命，半点不由人"；"万事不由人计较，一生都是命安排"；"万事分已定，浮生空自忙"；"命中若有终须有，命里无时莫强求"；"有福不用忙，无福跑断肠"。

● 乐知天命：《周易·系辞》中有记载"乐天知命，故不忧。"中国人乐知天命的表现之一是安于现状，老子有云"知其不可奈何而安之若命，德之至也。"中国人乐天知命的第二种表现是生活中常常巧妙地用"命中注定"4 个字告慰自己的心灵。中国人乐知天命的表现之三是做任何事情的时候，心怀"只知耕耘，不问收获"的勤勉、踏实的态度。

● 时来运转：表现之一是命运轮流定律，古语有云："天无百日雨，人无一世穷"；"三十年风水轮流转"；"三十年河东，三十年河西"。表现之二是祸福依伏定律，古语有云："塞翁失马，焉知非福"；"富极是招灾本，财多是惹祸因"；"财多惹祸，树大招风"。表现之三是善恶有报定律，俗语说："善有善报，恶有恶报，不是不报，时辰未到"。

● 谋事在人，成事在天："尽人事，听天命"，《菜根谭》中有记载："君子不言命，养性即所以立命；亦不言天，尽人自可以回天。"谋事在人，成事在天，一方面是指尽量去做自己力所能及的事，然后听凭天命的发落；另一方面也包含着中国人天命观中道德选择的思想。

这些观念反映的是早期的安全宿命观，古代人们对待安全的认识具有宿命论的特点，总是被动的承受事故与灾难。"听天由命"的安全观念的产生与时代特点有关。远古时期，生产力水平低下，科技水平尚处在初始阶段，人们面对天灾人祸无能为力，表现出人们的一种无奈、无知和软弱，因而只能听天由命。一方面，宿命论所强调的服从命运的主张具有消极的一面；另一方面，它强调人要适应自然，要按照自然规律改造自然。从历史过程来看，相对于大自然，人的力量毕竟是有限的，所以无论到何时，人都要顺应自然，这样才能实现安全。

2. 古代的积极安全观念

1) 墨子的国家安全观

墨子是一位伟大的思想家、哲学家、教育家、科学家，从墨子思想体系中可以发掘国家安全的观念：

● "兼相爱"和"非攻"的安全观念：墨子生活在春秋战国时代，这是一个臣不朝君的时代，各诸侯国相互征伐，战争不断，民不聊生，社会矛盾十分尖锐。面对这样的社会矛盾，墨子提出"兼相爱"的思想，这是墨子的核心思想之一，是墨子一生所追求的理想境界。墨子说："若使天下兼相爱，国与国不相攻，家与家不相乱，盗贼无有，君臣父子皆能孝慈，若此则天下治。”他主张诸侯之间应遵循“兼相爱、交相利”的原则，所谓“利”，不是一国的私利，而是天下的公利，就是要互惠互利；所说的“爱”不是自爱，而是互相尊重，就是使“天下之人皆相爱，强不执弱，众不劫寡，富不侮贫，贵不傲贱”。墨子宣传的“兼相爱”是无等级差别的，它与人类所追求的没有剥削压迫的(共产主义)理想社会相似。墨子的另一核心思想则在国家安全方面，是“兼相爱”在国家安全层面上的体现，就是“非攻”。他认为，诸侯征战是一种具有极大破坏性的活动，兴师征伐必然毁人城郭，夺民之用，废民之利，涂炭生灵，这是基本的事实。他批评那些好战君王，自恃强大，以坚甲利兵攻伐无罪小国，并认为非此不足以扬名得利。其实从长远看，这种战争并不能为战争发动者带来好处，其结果只能四面树敌，得恶名，招灾祸。虽然他主张“兼爱”反对压迫和战争，可是作为一个思想家，他知道自己不可能回避现实。因此，在“非攻”中首先阐明了反对不义战争的思想，但是反对不义战争，不能只凭空谈，必须靠正义的战争反对不义战争。“兼爱”和“非攻”是墨子国家安全观的思想基础，也是墨子一切思想的根本。墨子对这样一种看似理想、难以实现的哲学赋予了很多现实的解释，使其有现实的可用性。这一点在墨子的军事思想中充分体现出来，这部分也是墨子对国家安全的各种观点的精华所在。

- “重备防患”的国家安全观。墨子军事思想主要针对大国进攻小国，强国欺凌弱国而设计的，他认为小国和弱国必须积极地防御，打败敌人的进攻，保卫国家的独立与安全，他提出“有备无患”的防御策略。墨子认为，一个国家的安全和防御是一个长远的全局性的国策问题，国君在和平年代就要在粮食、武器装备、城防、防御计划、内政、外交等各方面做好准备。墨子在《七患》一文中作了详尽的分析：第一患是“城郭沟池不可守而治宫室”，强调了军事建设的重要性；第二患是“边国至境，四邻莫救”，说明了外交结盟在战乱时期的重要作用；“先尽民力无用之功，赏赐无能之人，民力尽用于无，财宝虚于待客，三患也”，提出储备国力，积攒力量，应付战争；第四患是“仕者持禄，游者爱佼，君修法讨臣，臣慑而不敢拂”，指做官的人只想保住自己的俸禄，游学的人只注重交游，国君修订法律讨伐大臣，大臣害怕不敢违背君主之命。揭示了国家在公共管理、教育、立法方面存在的隐患；“君自以为圣智而不问事，自以为安强而无守备，四邻谋之不知戒，五患也”，国家领导人的无能也是国家安全的大患；第六患是“所信不忠，所忠者不信”国君信任的人对他不忠诚，忠诚的人他又不信任，不会用人，小人当道，贤才不尽其用也是国家安全的危害；最后一患是“畜种菽粟不足以食之，大臣不足以信事之，赏赐不能喜，诛伐不能威”，养的牲畜和种的粮食不够吃，大臣对国事不能胜任，奖赏了也不喜欢，责罚也不能让人畏惧，一方面说明了粮食储备是国家的生命线，要用贤能之人理政，也强调了统治权威的重要性和人心的向背。墨子最后说到：“以七患居国，必无社稷；以七患守城，敌至国倾。七患之所当，国必有殃。”《七患》一文不仅是墨子军事思想的浓缩概括，也是墨子国家安全观的基本体现。墨子重视防守，重视储备，强调全方位的备战。著名的“止楚攻宋”便是墨子以守为攻的成功战例。墨子还在另一篇《备城门》等文中提出了 14 个守城的条件，除了军事备战外，强调了内政、外交、经济和财力在防御中的重要作用，这种防御的国家安全观不仅在古代战争中是行之有效的，在现代战争中也是必不可少的。因为战争的胜败取决于国家综合实力的强弱。此外，墨子还提出要建立有效的防御指挥系统，军队要有严明的组织纪律性和奖惩制度。

2)古代的安全观

在我国的悠久历史流源中，很多成语、谚语中反映了古人诸家的安全观念。

- “千里之堤，溃于蚁穴”：语出先秦·韩非《韩非子·喻老》：“千丈之堤，溃于蚁穴，以蝼蚁之穴溃；百尺之室，以突隙之烟焚。”一个小小的蚂蚁洞，可以使千里长堤溃决。比喻小事不慎将酿成大祸。在安全生产中同样如此，有时候忘戴一次安全帽，少拧一个小螺丝，都可能酿成大的事故。所以，凡事要从大处着眼，小处入手，不能放过任何一个细节。当发现不安全的隐患后，必须迅速进行整改，避免问题积累，浅水沟里翻船。

●“螳螂捕蝉黄雀在后”：语出《庄子·山木》：“睹一蝉，方得美荫而忘其身，螳螂执翳而搏之，见得而忘其形；异鹊从而利之，见利而忘其真。”螳螂正想要捕捉蝉，却不知道黄雀在它后面正要吃它。指人目光短浅，没有远见，只顾追求眼前的利益，而不顾身后隐藏的祸患。在现代的安全生产中人们在追求眼前利益时，往往容易忽视后面隐藏着的危险；在生产经营过程中，往往容易追求生产速度，而忽视生产的运行状态；在生产投入和安全投入上，往往容易考虑生产上加大投入去追逐效益最大化，而忽视安全投入。

●“差之毫厘，谬以千里”：语出《礼记·经解》：“《易》曰：‘君子慎始，差若毫厘，谬以千里’。”形容开始时虽然相差很微小，结果会造成很大的错误。在生产中，若做好应有的安全防护，安全教育，在生产中发生事故的可能性就会降低。

●“前车之覆，后车之鉴”：语出《荀子·成相》：“前车已覆，后未知更何觉时。”《大戴礼记·保傅》：“鄙语曰：……前车覆，后车诫。”汉刘向《说苑·善说》：“《周书》曰：‘前车覆，后车戒。’盖言其危。”后以“前车之鉴”、“前车可鉴”或“前辙可鉴”比喻以往的失败，后来可以当作教训。这是事故预防的有效的对策。

千百年来，我国智慧的民族总结出了许多优秀的安全观念：

观念之一：居安思危，有备无患——出于《左传·襄公十一年》：“居安思危，有备无患。”“安不忘危，预防为主。”孔子说：“凡事预则立，不预则废。”即安全工作预防为主的方针。

观念之二：防微杜渐——源于《元史·张桢传》：“有不尽者亦宜防微杜渐而禁于未然。”这就是我们常说的从小事抓起，重视事故苗头，使事故或灾害刚一冒出就能及时被制止，把事故消灭在萌芽状态。

观念之三：未雨绸缪——出于《诗·豳风·鸱》“适天之未阴雨，遮彼桑土，绸缪牖户。”尽管天未下雨，也需要修好窗户，以防雨患。这也体现了安全的本质论重于预防的基本策略。

观念之四：长治能久安——出自《汉书、贾谊传》：“建久安之势，成长治之业。”只有发达长治之业，才能实现久安之势。这不仅对于国家安定是这样，生活与生产的安全需要这一重要的安全策略。

观念之五：有备才无患——出于《左传、襄公十一年》：“居安思危，思则有备，有备无患。”只有防患未然时，才能遇事安然，成竹在胸，泰然处之。能说不是重要的安全方略吗？

观念之六：亡羊须补牢——出自《战国策、楚策四》：“亡羊而补牢，未为迟也。”尽管已受损失，也需想办法进行补救，以免再受更大的损失。古人云：“遭一蹶者得一便，经一事者长一智。”故曰：“吃一堑，长一智。”；“前车已覆，后来知更何觉时。”谓之：“前车之鉴。”这些良言古训，虽是“马后炮”，但不失为事故后必须之良策。

观念之七：曲突且徒薪——源自《汉书、霍洌传》：“臣闻客有过主人者，见其灶直突，傍有积薪。客谓主人，更为曲突，远徒其薪，不者则有火患，主人嘿然不应。俄而家果失火，……”只有事先采取有效措施，才能防止灾祸。这是“预防为主”之体现，是防范事故的必遵之道。

2.1.2 古代安全风险防范

研究我国古代的风险防范认识观和方略，对于现代人类的生产和生活仍放射着现实意义的光辉。

来自于生产和生活中的风险伴随着人类的进化和发展。在远古时代，原始人为了提高劳动效率和抵御野兽的侵袭，制造了石器和木器，作为生产和安全的工具。早在六七千年前半坡氏族就知道自己居住的村落周围，开挖沟壕来抵御野兽的袭击。

图 2－1 古代南方挖煤通风防毒方式

1. 矿山风险防范

在生产作业领域，人类有意识的风险防范活动可追溯到中世纪的时代，当时人类生产从畜牧业时代向使用机械工具的矿业时代转移，由于机械的出现，人类的生产活动开始出现人为事故。随着手工业生产的出现和发展，生产中的风险问题也随之而来。风险防护技术随着生产的进步而发展。

在公元七八世纪我们的祖先就认识了毒气，并提出测知方法。公元 610 年，隋代方巢著的《诸病源侯论》中记载：“……凡古井冢和深坑井中多有毒气，不可辄入……必入者，先下鸡毛试之，若毛旋转不下即有毒，便不可入。”公元 752 年，唐代王涛著的《外台秘要引小品方》中提出，在有毒物的处所，可用小动物测试，“若有毒，其物即死”。千百年来，我国劳动人民通过生产实践，积累了许多关于防止灾害的知识与经验。

我国古代的青铜冶铸及其风险防范技术都已达到了相当高的水平。从湖北铜绿山出土的古矿冶遗址来看，当时在开采铜矿的作业中就采用了自然通风、排水、提升、照明以及框架式支护等一系列安全技术措施。在我国古代采矿业中，采煤时在井下用大竹杆凿去中节插入煤中进行通风，排除瓦斯气体，预防中毒，并用支板防止冒顶事故等。1637 年，宋应星编著的《天工开物》一书中，详尽地记载了处理矿内瓦斯和顶板的“安全技术”：“初见煤端时，毒气灼人，有将巨竹凿去中节，尖锐其末。插入炭中，其毒烟从竹中透上”，见图 2－1，采煤时，“其上支板，以防压崩耳。凡煤炭去空，而后以土填实其井”。

公元 989 年北宋木结构建筑匠师喻皓在建造开宝寺灵感塔时，每建一层都在塔的周围安设帷幕遮挡，既避免施工伤人，又易于操作。

2. 水灾风险防范

大禹治水和都江堰工程更是我国劳动人民对付水患的伟大创举。

大约 4000 多年前，我国的黄河流域洪水为患，尧命鲧负责领导与组织治水工作。鲧采取“水来土挡”的策略治水。鲧治水失败后由其独子禹主持治水大任。禹接受任务后，首先就带着尺、绳等测量工具到全国的主要山脉、河流作了一番周密的考察。他发现龙门山口过于狭窄，难以通过汛期洪水；他还发现黄河淤积，流水不畅。于是他确立了一条与他父亲的“堵”相反的方针，叫作“导”，就是疏通河道，拓宽峡口，让洪水能更快地通过。禹采用了“治水须顺水性，水性就下，导之入海。高处就凿通，低处就疏导”的治水思想。根据轻重缓急，定了一个治的顺序，先从首都附近地区开始，再扩展到其他各地。

公元前256年秦昭襄王在位期间，蜀郡郡守李冰率领蜀地各族人民创建了都江堰这项千古不朽的水利工程。都江堰水利工程充分利用当地西北高、东南低的地理条件，根据江河出山口处特殊的地形、水脉、水势，乘势利导，无坝引水，自流灌溉，使堤防、分水、泄洪、排沙、控流相互依存，共为体系，保证了防洪、灌溉、水运和社会用水综合效益的充分发挥。最伟大之处是建堰2000多年来经久不衰，都江堰工程至今犹存。随着科学技术的发展和灌区范围的扩大，从1936年开始，逐步改用混凝土浆砌卵石技术对渠首工程进行维修、加固，增加了部分水利设施，古堰的工程布局和“深淘滩、低作堰”，“乘势利导、因时制宜”，“遇湾截角、逢正抽心”等治水方略没有改变，都江堰以其“历史跨度大、工程规模大、科技含量大、灌区范围大、社会经济效益大”的特点享誉中外、名播遐方，在政治上、经济上、文化上，都有着极其重要的地位和作用。都江堰水利工程成为世界最佳水资源利用的典范。都江堰水利工程充分体现了古人在水灾风险防范方面的智慧。

3. 火灾风险防范

防火技术是人类最早的风险防范技术之一。早在公元前700年，周朝人所著的《周易》中就有“水火相忌”、“水在火上既济”的记载。据孟元老《东京梦华集》记述，北宋首都汴京的消防组织就相当严密：消防的管理机构不仅有地方政府，而且由军队担负执勤任务；“每坊卷三百步许，有军巡铺一所，铺兵五人”负责值班巡逻，防火又防盗。在“高处砖砌望火楼，楼上有人卓望，下有官屋数间，屯驻军兵百余人。乃有救火家事，谓如大小桶、洒子、麻搭、斧锯、梯子、火叉、火索、铁锚儿之类”；一旦发生火警，由军弛报各有关部门。

我国古代也有很多防火法规。早在周朝，《周礼·夏官司徒》有记载：“凡失火，野焚莱，则有刑罚。”这是我国自有文字以来，最早的刑罚条文。春秋战国时期，一些著名的思想家、政治家如孔子（孔丘）、荀子（荀况）、管子（管仲）、墨子（墨翟）、韩非子（韩非）等，对火政关系国富民安等问题作过精辟的论述。西晋和南北朝的《晋律》和《大律》中均有“水火”篇。在“以法治火”的思想指导下，我国消防法制在秦朝初具雏型，唐代《永徽律》中有关消防的法规已相当完备。宋朝《营造法式》（成书于1099年）就相当于建筑防火标准，保证了建筑防火的严格落实。

《永徽律》是我国古代最早保存完备的消防法典，是经唐高祖、唐太宗、唐高宗三代酝酿，历时33年于651年颁布。唐律中有关火灾的条款列在“杂律篇”，在《唐率律疏议》中共有7条，包括对违犯防火、救火法令、失火、放火等各种行为据性质、情节和危害程度量刑的处理规定。另外对“见火起不告救”者、火灾责任人都有相应的处罚规定。可见唐代关于火灾的防范意识是非常强的，朝廷在法律处罚外还实行行政处罚，完备了火灾法律、法规的建设，可作为后世的楷模。宋朝沿用唐律，因为奉行“乱世用重典”的政策，为了治理宋代严重的火灾（南宋尤盛）加强了对火灾的法制，严格处理火灾肇事者；加强了用火管理；改善建筑防火条件。元代继承宋代以法治火的传统，有关消防治理的条文主要体现在《元史·刑法制·禁令》之中，这些条文即是对违法行为处罚的规定，又是对防火和灭火责任的规定。而且其常比照强盗杀人劫财来处罚，可见处罚很严厉。明代的刑律较前代更加完备，明确区分了失火罪和放火罪，《大明律》

中有详细记载。清代初期颁发的《大清律例》中有关火灾的刑罚内容和刑罚办法，与《大明律》基本相同。

4. 地震风险防范

公元132年，张衡发明的地动仪，为人类认识地震作出了可贵贡献。

为了减少和避免地震造成的伤亡和破坏，采取防震和抗震措施是很重要的。我国先民在这一方面累积了不少的经验。

在房屋抗震方面，我国先民曾经得到很多的切身经验。台湾是中国地震最频繁的一省，古代台湾的中国先民在兴建城市时，就已注意到“台地（指台湾地区）罕有终年不震”这个特点，而采取一定的抗震措施。例如在淡水，有的城墙便是用竹子和木头等材料建成。用竹木建城，不但就地取材，经济方便，更重要的是竹木性质柔韧、质轻、耐震性能高，是很好的抗震建筑材料。其他震区的中国先民也有这种经验，例如云南经常发生地震的地方，常采用荆条、木筋草等材料编墙，也是根据这个道理加以选择的。

我国先民在动土兴工，建造房屋、桥梁、高塔、寺庙时，为了要经久耐用和安全可靠，一般很注意地基牢固、建筑物结实，整体性好。特别在多震地区，他们更注意到地震的威胁，慎重考虑这些问题。由我国古代建筑物的考察，我们可以看出我国先民在这一方面的杰出智慧，他们对抗震设计和施工有很丰富的知识。例如，建于宋代的天津蓟县独乐寺观音阁，山西应县高达60多公尺的木塔，和建于隋代的河北赵县，横跨洨水的赵州桥，距今都有1000年左右的历史了。它们都位于地震较多的华北地震区，经过多次不同程度的地震震撼，到现在还巍然屹立，不仅可证明我国先民在建筑技术上的卓越成就，而且也可供作今人研究建筑物抗震性能之用。

大震之后，房屋有的倒塌，有的遭遇到破坏，而且余震不停，生命财产继续受到威胁。在这种情形之下，怎样防震抗震呢？这也是很重要的问题。古书上也记载了不少中国先民的办法，大致是：多以木板、席、茅草等物搭棚造屋或趋避空旷地方，以减免伤亡和损失。这方面的记载，最早见于宋代，宋代之后也有很多记载，例如：‘居者惧覆压，编茅为屋’、‘于场圃中，戴星架木，铺草为寝所’、‘于居旁隙地，架木为棚，结草为芦’等等。这些办法在防震抗灾中，确实曾经发挥了有效作用。在史书上也有明确的记载，例如清宣宗道光十年（西元1830年）四月二十二日，河北磁县发生7.5级大震，震后余震不止，到五月初七又发生了一次强余震，‘所剩房屋全行倒塌，幸居民先期露处或搭席棚栖身，是以并未伤毙人口（故宫档案）。’由于这些防震抗震的措施，简易安全，行之有效，所以一直沿用至今。

古代中国先民不但有很多震前震后的防震、抗震知识，而且在强震发生来不及跑出屋外的危急时刻，怎样采取应变措施，避免伤亡，也有很宝贵的经验。明世宗嘉靖三十五年（西元1556年）一月二十三日，陕西华县发生8级大震，这一次大震的生还者秦可大，根据他亲身经验和耳闻目睹的事实，写了一本重要著作——‘地震记’，提出了地震应变措施。他说：

“……因计居民之家，当勉置合厢楼板，内竖壮木床榻，萃然闻变，不可疾出，伏而待定，纵有覆巢，可冀完卵；力不办者，预择空隙之处，当趋避可也。”

在地震预报技术还不理想的今天，地震突然发生，来不及跑出屋外，就躲在坚实的家俱下，以免砸伤压毙，这在今日防震抗震中，仍然是一件重要的措施。可见400多年前，秦可大所提出的这个办法很有价值。

2.2 安全法规的起源与发展

2.2.1 工业安全法规的起源与发展

1. 人类最早的工业安全健康法规

1765 年,从瓦特发明蒸汽机开始,引起了工业革命,人类从家庭手工业走入了社会化工业。从此,工业事故不断升级,生产安全问题日益突出。当时,常常发生的锅炉爆炸事故,成了社会的很大难题。1815 年,伦敦发生了惨重的锅炉爆炸事故,为此,英国议会进行了事故原因调查,之后开始制定了有关的法规,并创建了锅炉专业检验公司。但是,这还不是人类最早的安全法规。

由于工业革命最先是从纺织工业的改革运动发起的,当时世界上最发达的资本主义国家英国,其政府对经济生产实行不干涉主义,因此 18 世纪对工业的立法几乎没有。直到 19 世纪初,随着工业的发展,问题的日益严重,并出于所谓"温情主义"的传统,于 1802 年,英国制定了最早的工厂法,称为《学徒健康与道德法》。当时,作为工业先进的的国家——英国,劳动者工作日竟延长到每昼夜 14 小时、16 小时,甚至 18 小时。18 世纪末期至 19 世纪初期,无产阶级反对资产阶级的斗争由自发性的运动发展到了有组织和自觉的运动,工人群众强烈要求颁布缩短工作时间的法律。1802 年英国政府终于通过了一项规范纺织工厂童工工作时间的法律。这一法律规定,禁止纺织工厂使用 9 岁以下学徒,并且规定 18 岁以下的学徒其劳动时间每日不得超过 12 小时和禁止学徒在晚 9 时至次日凌晨 5 时之间从事夜间工作。该法被认为是资本主义工业革命后,资本主义国家为了巩固资本主义生产关系而颁布的一系列有关调整劳动关系的法律,是资产阶级"工厂立法"的开端,是一部最早的关于工作时间的立法,从此揭开了劳动立法史的新的一页。

《学徒健康与道德法》同时规定了室温、照明、通风换气等标准。这一法规虽然不是以安全专门命名的,但实质上是一个以工厂安全为主的法规。后来,工厂所用的动力由水力逐渐为蒸汽机所代替,工厂法为了适应实际生产的要求而不断修改完善,1844 年,英国制定了对机械上的飞轮和传动轴进行防护的安全法。

今天,安全法制手段已成为世界各国管理职业安全健康、生活安全和社会安全的主要手段措施。因而,安全法规体系建设成为人类安全活动的重要一环。当前在我国面临安全法制建设的新时期,追析古今中外安全法规的发展及历史演变,从中吸取其精华,具有重要的现实意义。

2. 世界工业安全法的发展

世界大部分工业发达国家的职业安全健康法始建于 19 世纪的工业革命初期。最初的劳动保护法之一是英国 1802 年通过的《学徒健康与道德法》;1845 年德国批准了《普鲁士工业经营的活动命令》,该法规定,禁止无许可证下的危险工业活动;比利时于 1888 年通过了《有害与危险企业法令》,在这本法规文件中,将各种生产类型分为 2 个危险等级。

到了 20 世纪,安全生产法形成的进程迅速加快,不管是在各国的、还是国际性的法令中,都对生产中的安全生产问题给予了关注。1919 年出现了国际劳工组织。该组织从成立之日起就把安全生产问题视为自己活动的重点。在前半个世纪的 1929 年,国际劳工组织通过了《生产事故预防公约》,1937 年通过了《建筑工程安全技术》,1929 年和 1932 年通过了《码头工人不幸事件中的赔偿》等文件。

第二次世界大战之后，随着一些大型工伤事故的出现，迫使政治家和工业发达国家需要重新审查自身对工业安全问题的态度。特别是以欧美为代表的工业发达国家，从 20 世纪 70 年代起，逐步颁布了工业安全或职业安全健康方面的法律。

• 美国 1970 年颁布了《职业安全健康法》，1952 年制定《煤矿安全法》，1977 年发布《矿山安全健康修正法》。

• 日本 1972 年制定 1988 年修改《日本劳动安全健康法》，1949 年发布《矿山保安法》，1977 年发布《日本尘肺法》。

• 西德 1885 年发布《事故保险法》，1968 年制定《矿山管理条例》，1968 年发布《职业病法令》。

• 英国 1833 年就制定了《工厂法》。1974 年颁布了《劳动卫生安全法》，1954 年颁布《矿山与采石场安全健康法》。

• 加拿大 1979 年第一次颁布，1990 年修订《职业安全健康法规》。

• 欧共体在 1989 年 11 月 30 日发布了《工作场所最低安全健康要求》。

• 法国 1922 年颁布了《农业事故法》，1947 年颁布了《工业事故与职业病法》，1948 年颁布了《工业事故法》。

• 意大利 1904 年颁布了《职业事故法》，1926 年颁布了《工业事故法令》。

• 摩洛哥在 1927 年颁布了《工业事故法令》，1947 年又进行了修改。

• 瑞士 1930 年颁布了《预防事故法规(建筑行业)》。

• 西班牙 1932 年颁布了《工业事故预防条例》。

• 希腊 1937 年颁布了《预防事故法令》。

• 前苏联 1918 年通过《苏俄劳动法典》，1970 年修订；1986 年公布《劳动保护检查条例》，1982 年实施《工业安全生产与矿山监察条例》。

• 印度 1948 年发布最新《工厂法》，1952 年发布《矿山法》，1986 年公布《职业安全健康法》。

• 中国香港 1954 年通过《工厂及工业经营条例》和《矿山条例》。

• 中国台湾 1974 年通过《劳工安全健康法》，1973 年公布《矿场安全法》。

• 中国大陆 2001 年颁布实施《安全生产法》，2013 年颁布《特种设备安全法》。

3. 国际劳工组织公约的发展

创建于 1919 年的国际劳工组织，其创始的主要目的就是制定并采用国际标准来应对包括不公正、艰难、困苦的劳工条件问题。国际劳工公约和建议书是国际劳工标准的基本表现形式。自 1919 ~ 2002 年，国际劳工大会已通过 185 个公约和 194 个建议书，其中绝大多数是涉及职业安全健康方面的内容，包括如下 3 类：

(1)第一类公约。用来指导成员国为了达到安全健康的工作环境，保证工人的福利与尊严制定方针和措施，包括对危险机械设备安全使用程序的正确监督。这类的标准主要包括：①职业安全健康公约，1981，(No. 155)；②职业卫生设施公约，1985，(No. 161)；③重大工业事故预防公约，1993，(No. 174)等。

(2)第二类公约。该类公约针对特殊试剂(白铅、辐射、苯、石棉和化学品)、职业癌症、机械搬运、工作环境中的特殊危险而提供保护。主要包括：①石棉公约，1986，(No. 162)；②苯公约,1971,(No. 136);③职业癌症公约,1974,(No. 139);④辐射保护公约,1960,(No. 115);⑤化学品公约,1990,(No. 170);⑥机械防护公约,1963,(No. 119);⑦(航运包装)标识重量公约,1929,(No. 27);⑧最大重量公约,1967,(No. 127);⑨工作环境(空气污染、噪声、振动)公约,1977,(No. 148)等。

(3)第三类公约。本类公约是针对某些经济活动部门,如建筑工业、商业和办公室及码头等提供保护。主要包括:①卫生(商业和办公室)公约,1964,(No. 120);②职业安全健康(码头工作)公约,1979,(No. 152);③建筑安全卫生公约,1988,(No. 167);④矿山安全卫生公约,1995,(No. 176)等。

2001 年 4 月 ILO 召开专家会议审核、修订并一致通过了 OHSMS 技术导则(职业安全健康管理体系导则)。2001 年 6 月,在 ILO 第 281 次理事会会议上,ILO 理事会(ILO 执行机关)审议、批准印发 OSHMS 导则。2001 年 5 月,中国政府、工会和企业家协会代表在吉隆坡参加了 ILO 举办的促进亚太地区推广应用 OSHMS 导则的地区会议。会后,中国政府向国际劳工局提交了双边在该领域的技术合作建设书。

2.2.2 交通安全法规的起源与发展

1. 人类最早的交通安全法规

交通的出现是与车的使用密切相关的。人类最早的车据考证是出现于我国的夏代,而我们现在能够看到的最早的车的形象是商代的:在商周时期的墓葬里,其车子的遗残物,表现为双轮、方形或长方形车箱,独辕。通过复原看到的古代车形,与当时的甲古文、表青铜器铭文中车字的形象相似。古埃及和亚述(古代东方的奴隶制国家,公元前 605 年灭亡)是外国最早有车的国家。在西方,16 世纪前车辆并不发达,仅有少量的载物用车,直到 17 世纪以后,西方才普遍使用车辆。

人类交通工具的第一次革命,是汽车的发明。谁第一个发明汽车?法国人和德国人一直争执不下。从引擎的研制来看,似乎法国人较先。法国人雷诺于 1860 年发明了汽车引擎,而德国人奥多则于 1886 年才发明汽油混合燃料引擎。但德国第一部汽车于 1886 年正式注册,它是由卡尔、本茨制造并取得专利权的。汽车的出现表明:人类几千年来依靠兽力拉车的时代行将结束。

在早期人类用人力或畜力作为交通动力时,交通安全问题并不突出。但是,到了汽车时代,情况就大为不同了。汽车的出现,使人类的交通与运输进入了高效与文明时代。但是,伴随的汽车交通事故成为人类社会人为事故最为严重的方面。因此,在汽车应用一开始,交通安全法规就成为必不可少的“保护神”。

据考证,世界上最早的交通法规是美国交通学专家威廉·菲尔普斯·伊诺制定的。

1967 年的一天,9 岁的伊诺在马车里目睹了纽约市一个十字路口交通堵塞达 30 分钟之久,留下了很深的印象。以后他常跟家里人到欧美去旅行,每到一处,就观察当地的交通秩序,考察交通事故问题,并写下了大量的笔记。1880 年,他在报刊上发表了两篇颇有见地的论文,从而引起人们的重视,之后纽约市的警察局决定请他出面制定交通法规。

他在整理自己考察笔记的基础上,起草了世界上第一部交通法规——《驾车的规则》,其条文 1903 年在美国正式颁布,由此把美国的汽车交通带入高效安全的世界。从此,世界各国积极仿效。交通法规随着交通事业的发展而发展,其法规体系日益完善和趋于合理。

2. 我国交通安全法规的演变

我国是世界上城市形成最早、发展最快的国家。公元800年(唐贞元十六年),当时的长安有80万人口,居世界首位;公元1500年(明弘治十三年),当时的北京有672000人,也居世界第一。由于城市的发展,城市交通也随之发展起来。为了适应交通发展的需要,道路交通管理法规也随之产生。

早在公元前221年秦始皇统一中国后,就对车辆的轴距作了统一规定,即"辆轨"。此后行人、车辆在道路上行走实行了"男子由右,妇女由左,车从中央"的规定。这个"法"看起来是一种礼法,实际上是在法律上规定了车辆、行人分道行驶这个交通管理的基本原则。

至明朝初期,由于马车增多,在交通管理上也采取了一些相应的措施。如明朝的京都北京,宫廷公布了各城门进出车辆的规定:前门行驶皇宫御车,崇文门行驶酒车,朝阳门行驶粮车,德胜门行驶军车,东直门行驶木材车,安定门行驶粪便车,西直门行驶水车,阜城门行驶煤气车,宣武门行驶刑车。这大概是我国实行禁线交通法的雏形。

到了近代,随着机动车的出现,交通管理法规也有了新的发展。1903年,清政府在天津设立了管交通的警察,上海开始发给自动车执照。到20世纪20年代末,上海、北平、广州、青岛、南京先后制定了汽车的管理规定。30年代末期在各大城市主要地点设置了交通标志。1932年由全国经济委员会筹备处首先在汽车较多的华东地区倡导组成交通委员会,负责联络贯通江苏、安徽、浙江三省和南京、上海二市的交通运输管理工作,并制定了《五省汽车互通章程》。同年在全国经济委员会建制内成立公路处,公路处会同原五省市及福建、江西、湖南、湖北、河南等省逐渐发展成全国公路交通委员,负责规划全国交通管理工作。并先后制定了《汽车驾驶人执照统一办法》、《汽车驾驶人考验规则》、《人力、兽力车辆道行公路管理、公路交通标志号设置保护规则》、《公路安全须知》以及汽车肇事报告先有关规章,颁发各省实施。为统一全国交通管理法奠定了基础。

1943年,由内务部统一制定了《陆上交通规则》,可称是我国第一部正式交通法。1940年,由交通部公路总局管理处汽车牌照所先后制定了《汽车管理规则》、《汽车驾驶人管理规则》以及《汽车技工管理规则》等,以后又制定了《全国公路行车规则》并由政府公布执行。1945年,抗日战争胜利后,交通部公路总局监理处根据战后的交通管理工作需要,制定了《收复区各种车辆临时登记及领照办法》、《收复区驾驶人及技工临时登记办法》。此二法规定了全国汽车总检、驾驶员牌证。1946年是交通法规制定最多的一年,一共制定了11个法规:《公路汽车监理实施细则》、《公路交通安全措施》、《公路交通安全须知》等。这些规章内容尽管受当时政治的影响,有一定的局限性,但它的体制较系统完整,对以后制定交通法规影响很大,就是我们现在立法也值得借鉴。

1955年我国颁布了《城市道路交通规则》,1955年8月1日开始实施《道路交通管理条例》。1988年3月9日国务院发布了《中华人民共和国道路交通管理条例》。目前,我国实行的是2003年10月28日第十届全国人民代表大会常务委员会通过的《中华人民共和国道路交通安全法》和2004年4月30日发布的《中华人民共和国道路交通安全法实施条例》。

2.3 安全科学的起源与进步

安全生产、安全劳动是人类生存永恒的命题,已伴随着创世纪以来人类文明社会的生存与生产走过了数千年。进入21世纪,面对社会、经济、文化高速发展和变革的年代,面对全面建设小康社会的历史使命,我们需要思考中国安全生产、人类公共安全的发展战略,而这种战略首先是建立在历史的基石之上的。为此,我们需要对安全科学技术的起源与发展作一回顾。

20世纪是人类安全科学技术发展和进步最为快速的百年。从安全立法到安全管理,从安全技术到安全工程,从安全科学到安全文化,针对生产事故、人为事故、技术灾害等工业社会日益严重的问题,劳动安全与劳动保护活动为人类的安全生产、安全生存,以及人类文明创造了闪光的、不可磨灭的一页。

在20世纪,我们看到了人类冲破"亡羊补牢"的陈旧观念,改变了仅凭经验应付的低效手段,给予世界全新的劳动安全理念、思想、观点、方法,给予人类安全生产与安全生活的知识、策略、行为准则与规范,以及生产与生活事故的防范技术与手段,通过把人类"事故忧患"的颓废情绪变为安全科学的缜密;把社会的"生存危机"的自扰认知变为实现平安康乐的动力,最终创造人类安全生产和安全生存的安康世界。这一切,靠的是科学的安全理论与策略、高超的安全工程和技术、有效的安全立法及管理。

2.3.1 安全认识观的发展和进步

1. 从"宿命论"到"本质论"

我国很长时期普遍存在着"安全相对、事故绝对"、"安全事故不可防范,不以人的意志转移"的认识,即存在有生产安全事故的"宿命论"观念。随着安全生产科学技术的发展和对事故规律的认识,人们已逐步建立了"事故可预防、人祸本可防"的观念。实践证明,如果做到"消除事故隐患,实现本质安全化,科学管理,依法监管,提高全民安全素质",安全事故是可预防的。这种观念和认识上的进步,表明在认识观上我们从"宿命论"逐步地转变到了"本质论"。落实"安全第一,预防为主"方针具备了认识观的基础。

2. 从"就事论事"到"系统防范"

我国在20世纪80年代中期从发达国家引入了"安全系统工程"的理论,通过近20年的实践,在安全生产界"系统防范"的概念已深入人心。这在安全生产的方法论层面表明,我国安全生产界已从"无能为力,听天由命"、"就事论事,亡羊补牢"的传统方式逐步地转变到现代的"系统防范,综合对策"的方法论。在我国的安全生产实践中,政府的"综合监管"、全社会的"综合对策和系统工程"、企业的"管理体系"无不表现出"系统防范"的高明对策。

3. 从"安全常识"到"安全科学"

"安全是常识,更是科学",这种认识是工业化发展的要求。从20世纪80年代以来,我国在政府层面建立了"科技兴安"的战略思想;在学术界、教育界开展了安全科学理论研究,在实践层面上实现了按"安全科学"办学办事的规则。学术领域的"安全科学技术"一级学科建设(代码),高等教育的"安全工程"本科、硕士、博士学历教育,社会大众层面的"安全科普"和"安全文化",都是安全科学发展进步的具体体现。

4. 从"劳动保护工作"到"现代职业安全健康管理体系"

建国以来的很长一段时期,我国是以"劳动保护"为目的的工作模式。随着改革开放进程,在国际潮流的影响下,我们引进了"职业安全健康管理体系"论证的做法,这使我国的安全生产、劳动保护、劳动安全、职业卫生、工业安全等得到了综合协调发展,建立了安全生产科学管理体系的社会保障机制,并逐步得到推广和普及。

5. 从“事后追责处理”到“安全生产长效机制”

长期以来，我国完善了事故调查、责任追究、工伤鉴定、事故报告、工伤处理等“事后管理”的工作政策和制度。随着安全生产工作发展和进步，预防为主、科学管理、综合对策的长效机制正在发展和建立过程之中。这种工作重点和目标的转移，将为提高我国的安全生产保障水平发挥重要的作用。

2.3.2 安全科学的产生和发展

安全科学技术是研究人类生存条件下人、机、环境系统之间的相互作用，保障人类生产与生活安全的科学和技术，或者说是研究技术风险导致的事故和灾害的发生、发展规律，以及为防止意外事故或灾害发生所需的科学理论和技术方法，它是一门新兴的交叉科学，具有系统的科学知识体系。

追溯安全科学技术发展历史，人类经历了4个阶段的发展，见表2－1。

表2－1 安全科学技术发展的历史阶段

阶段	时代	技术特征	认识论	方法论	安全科学技术的特点
自发认识阶段	工业革命前	农牧业及手工业	宿命论	无能为力	人类被动承受自然与人为的灾害和事故，对安全现象的认识仅限于一些零碎而互不联系的感性知识
局部认识阶段	第一次工业革命	蒸汽机时代	局部安全	亡羊补牢，事后型	建立在事故与灾难的经验上的局部安全意识
系统认识阶段	第二次及第三次工业革命	电气化时代、信息化时代	系统安全	综合对策及系统工程	建立了事故系统的综合认识，认识到人、机、环、管综合要素
本质预防阶段	第三次工业革命	信息化时代	安全系统	本质安全化，预防型	从人与机器和环境的本质安全入手，建立安全的生产系统

1. 自发认识阶段

在远古狩猎时代，人类通过采集捕捞等简单劳动，从大自然获取和繁衍种族的生活资料，面临着野兽的袭击、森林天然大火、洪水、雷电等自然灾害的威胁。于是，怎样避免伤害，保护人类自身的安全，就成了最早的劳动安全问题。我们的祖先就在制造石器、木器生产工具的同时，逐渐学会利用天然的自卫工具，而后又学会制造各种自卫工具。

进入农业时代，大部分人口以农业为主；矿业开始也是农业的一项副业，采量很小。矿产能源都深埋在地下，只有埋在地下不深的煤炭，才被偶尔掘出作燃料。运载工具还很原始，从矿区把煤运出，由于道路荒芜，受到很大阻碍。在能源贫乏的时代，还谈不上有连续工序的企业。制造业主要还是手工操作，或只用最简单的技术辅助工具操作。随着手工业生产的出现和发展，生产中的安全问题也随之而来，安全防护技术随着生产的进步而发展。例如，湖北铜绿山古铜矿遗址的发现和发掘有力地说明，早在春秋时期，我国古代采冶作业中就采用了自然通风、排水、提升、照明以及框架式支护等一系列安全技术措施。中国古代的一些书籍对采矿、建筑设计防震、建筑施工中的防止坠落、防火灭火等措施做了不少扼要的记载。例如，宋代孔平仲在《谈苑》中记载了开采铜矿过程中防止有害气体的办法:"地中变怪至多,有冷烟气,中人即死。役夫掘地而入,必以长竹筒端置火先试之,如火焰青,即是冷烟气也,急避之,勿前乃免。"这里所谈及的冷烟气就是一氧化碳。宋应星编著的《天工开物》一书中详细记载了煤矿开采过程中矿井支护和用竹筒排除有害气体的方法:"初见煤端时,毒气灼人。有将巨竹凿去中节,尖锐其末,插于炭中,其毒烟从竹中透上";"其上支板,以防压崩耳。凡煤炭取空而后,以土填实其井"。英国早在 12 世纪就颁布了"防火法令",17 世纪颁布了"人身保护法",从法律上确定了安全管理的社会性。这说明在人类早期的生产活动中,我们的祖先就在技术和组织上积累了许多安全生产的宝贵经验。但是,由于生产力水平低下,那时人类对自然界的认识还仅仅停留在表面现象,对安全现象的认识只是一些零碎而互不联系的感性知识,属于安全科学技术的自发认识阶段。

这一阶段反映的是早期的安全宿命观,人类对于安全问题的认识具有宿命论和被动承受型的特征。所谓安全宿命观,简单地说就是"听天由命"。安全宿命观的产生与时代特点有关。远古时期,生产力水平低下,科技水平尚处在初始阶段,人们面对天灾人祸无能为力,表现出人们的一种无奈、无知和软弱,因而只能听天由命。一方面,宿命论所强调的服从命运的主张具有消极的一面;另一方面,它强调人要适应自然,要按照自然规律改造自然。从历史过程来看,相对于大自然,人的力量毕竟是有限的,所以无论到何时,人都要顺应自然,这样才能实现安全。

2. 局部认识阶段

以纺织机械与蒸汽动力为代表的第一次工业革命推动人类社会从农业时代进入工业时代,工业取代农业成为人类文明发展的强大物质基础和推动力量。1769 年瓦特的蒸汽机以及阿克赖特的纺纱机同时获得专利。蒸汽机的发明使社会生产的技术基础出现了质的飞跃,机械动力取代人力、畜力、水力、风力等自然力成为生产的主要动力,蒸汽动力机械代替手工成为人类社会基本生产工具,使手工作坊转变为工厂。焦炭工艺的发明使得冶炼厂用焦炭代替木炭。煤与铁的结合构成开创工业化道路的支柱之一。对煤日益增长的需要,吸引资本雄厚的商人投资于新的矿山设备,矿工的人数以及煤的采运量年年上升。蒸汽机制造厂、纺织机械厂、炼铁厂以及其他生产部门迅速增加,向工业提供标准机器。工业不仅为需要生产,也为工业本身生产。机器生产从棉纺织业逐步发展到采掘、冶金、机器制造、运输部门。当机器本身品种增多并大规模投产使用时,它的效果在成倍地增长。总之,第一次工业革命把人类从手工劳动中解救出来,促进了煤炭、冶金、机器制造、交通运输等现代化工业部门的兴起与发展。劳动生产率空前提高,人类不到 100 年的时间里创造了比人类社会几千年还要多的物质财富。

但是,随着蒸汽锅炉广泛应用于航海、纺织、铁路和矿山,锅炉爆炸、燃煤的有害气体等工业生产中的安全问题突出起来。1865 年 4 月 27 日,美国田纳西州孟菲斯附近密西西比河上,一艘美国蒸汽机船"苏丹女眷号"在运载 2000 多名前联邦战俘北上的时候,船上 4 个锅炉中的 3 个发生爆炸。这次事故导致 1800 人丧生。工业动力锅炉、人类生命之源的"水"开始引起一系列爆炸事故,人类开始认识到闪耀着迷人光彩的科学技术在造福人类的时候,也会带来许多人们不愿意看到的灾祸。惨痛的事故灾难激励着安全科学的先行者自发地进行安全工程探索。人们针对某类生产过程或某种机器设备的局部问题,采取安全技术方法去解决(例如锅炉装设安全阀、矿山采用通风技术等),并成为生产不可缺少的组成部分,推动生产技术的发展,从而形成解决局部安全问题的专门技术。安全科学技术发展到局部认识阶段。

这一阶段体现了人们的安全经验论与安全知命观。由于技术的发展,使得人们的安全认识论提高到经验论水平,在事故的策略上有了"事后弥补"的特征。这种由被动变为主动、由无意识变为有意识的活动,不能不说是一种进步。安全知命观,其中的"命"说的是天命,反映了人们开始依据经验,把握安全的特点和规律。人们通过自己的实践活动,总结积累事故的经验教训,从而得出与某事相关联的"命运"的好坏和安全活动的局部预知。到了欧洲工业革命时代,人类在生产活动中又总结了农业、工业、工程技术和管理的相关安全经验,掌握了保护自身安全的技术、防护方法和措施,人们也就成了安全生产活动的预知者。安全知命观具有时代特点,因为经验在不断总结、不断升华。经验始终是指导安全工作的宝贵财富,人们常说的吸取事故教训以指导安全工作就是安全知命观的具体体现。

3. 系统认识阶段

(1)系统认识的初期阶段——经验型的事故统计研究

从19世纪下半叶到20世纪初,以电力和内燃机为主要标志的第二次工业革命使人类社会进入到电气化时代。人类的生产工具从蒸汽机转变为发电机、电动机,电力、电气技术推动重工业内部的技术革命,内燃机技术推动交通运输行业的快速发展,新兴产业和新的产品不断出现和迅速成长,拉动相关能源和材料工业的发展,从而使产业结构发生迅速转换和升级,进而形成了以重工业、新兴工业和化学工业为主导的新的工业体系,相继出现了汽车、化工、新兴冶炼等一系列工业部门。由于技术的不断发展,流水线装配作业和互换型标准化大生产使生产规模不断扩大,重工业在世界中开始占重要地位,美国、英国、德国等成了以重工业为主导的工业国。此次科学技术革命又一次推动了社会生产力的巨大发展。

随着人类社会的发展,科技对生产力和经济社会发展的推动作用越来越显著,科学技术推动工业化向纵深发展。科学技术的进步在很大程度上改变了灾害的原有属性,使许多自然灾害成为人为灾害。例如,煤矿开采导致的地表沉陷、上体滑坡,地下采矿过程中发生的顶板灾害、冲击地压、煤与瓦斯突出、瓦斯爆炸、矿井突水、煤层自燃等给采矿工作者造成了沉重的伤害。更为重要的是,伴随着资源开发的加强,资源消耗速率超过资源的再生速率,产生的废弃物数量和毒性增长;同时化工等新技术的快速发展与广泛应用也带来了一些新的危险因素。在石油化学工业生产中,一些原料或设备具有毒害性、易燃易爆性,如果技术失控就会酿成如火灾、爆炸、剧毒物质大量泄漏等各类重大安全事故。1884年3月18日,美国新泽西州吉布斯敦附近的杜邦炸药工厂,1吨硝化甘油在处理硝化器中发生失控反应。由于爆炸本身和它所产生的破碎,5名现场人员在事故中丧生。1917年12月6日,加拿大新斯科舍省(Nova Scotia)的哈利法克斯港,由于误解了信号,比利时运送救济物资的一艘货船撞上了"蒙特布兰克号"法国货船,后者正装载着用于战争的5000吨炸药(苦味酸和TNT)。撞击产生的火花引燃了货舱内可燃的液体和炸药,爆炸摧毁了哈利法克斯北部区域。这次事故造成1635人死亡,其中包括船员和哈利法克斯居民。1921年5月21日,德国奥帕BASF化肥厂发生化肥堆爆炸事故,一堆硝酸铵和硫酸铵的混合物由于日晒雨淋而板结了很厚的一层外壳,工人们用爆破的方法从中取下一部分。在此之前工人们已经使用过15000次这种办法,都没有发生过事故。然而这一次化肥堆发生了爆炸,摧毁了工厂,并造成561人死亡。

残酷无情的技术灾害使人们深刻认识到现代科学技术是一把"双刃剑"。一方面,安全高效地利用技术能够给人类带来现代文明和巨大财富;另一方面,技术失控或失策也可能导致前所未有的各种灾难。

资本主义初期，在相当长的时期内，资本所有者为了获得最大利润率，把保障工人安全、舒适和健康的一切措施视为不必要的浪费，甚至通过压低工人的生存条件节约不变资本，以此作为提高利润的手段。当时的机械设计很少甚至根本不考虑操作的安全和方便，几乎没有什么安全防护装置。工人们在极其恶劣的生产条件下长时间工作，生产过程中人身安全毫无保障，伤亡事故频繁发生。根据美国宾夕法尼亚钢铁公司的资料，在 20 世纪初的 4 年间，该公司 2200 名职工竟有 1600 人在事故中受到了伤害。工人恶劣的生存条件引起了社会进步人士的关注，激起了工人们的反抗。另外，工业事故的灾难性日益突出，不仅危害工人的人身安全，而且带来较大的财产损失，使得工业生产难以为继。工人的斗争、社会舆论的压力和大生产的实际需要，迫使西方各国先后颁布劳动安全方面的法律和改善劳动条件的有关规定，强制资本所有者重视安全工作，在技术、设备上采取措施，保障工人的人身安全，改善工人的劳动条件，保证生产的顺利进行。许多国家先后出现了防止生产事故和职业病的保险基金会等组织，并赞助建立了无利润的科研机构，例如 1863 年德国建立了维斯特伐利亚采矿联合保险基金会；1887 年建立了公用工程和事故共同保险基金会；1871 年德国建立了研究噪声与振动、防火与防爆、职业危害防护理论与组织等内容的科研机构；1890 年荷兰国防部支持建立了研究爆炸预防技术与测量仪器，以及进行爆炸性鉴定的实验室。到 20 世纪初，许多西方国家建立了与安全科学有关的组织和科研机构，形成了安全科学研究群体，进行了大量的资料总结和事故统计，研究工业生产中事故预防技术和方法，相继发明了各种防护装置、保险设施、信号系统以及预防性机械强度检验等。这些经验型的事故统计研究与安全技术发展为安全科学的兴起和发展创造了必要的条件。

（2）系统全面认识阶段

以原子能、电子计算机和信息技术、生物技术、新型材料技术、新能源技术、海洋开发技术等新技术为主要标志的第三次工业革命发生于20 世纪40 年代末至50 年代初。通信技术推动通信设备制造业的快速发展，使人类社会发生了重大变革。电子计算机的发明和应用，不仅给人类带来了生产自动化、科学实验自动化、信息自动化，生产效率成百倍地增长，而且开辟了使用机器代替人类脑力劳动的新时代。通过机械与电子的结合实现对机械的自动指挥和调节，进而带动其他传统产业的改造和升级，并使得工业生产规模日益大型化，工业生产过程日益连续化。在第三次工业革命的推动下，战后出现了一个人类历史中罕见的生产大发展时期，大大加速了现代化的世界进程。

进入 20 世纪中叶以来，科技进步与经济社会发展使得工业灾难发生的环境及现象日趋复杂。第二次世界大战以后，现代化学工业、高能技术、航空航天技术、核工业的发展以及规模装置和大型联合装置的出现，使技术密集性、物质高能性和过程高参数性更为突出，工业生产潜在的风险无论在数量上还是在能级上均成指数倍地增长，即使微小的技术缺陷对于现代装置和系统也往往成为灾难性隐患。许多大型企业，特别是石油化工、冶金、交通、航空、核电站等，一旦发生事故，将会造成巨大的灾难，不仅会使企业本身损失严重，而且还会殃及周围居民，造成公害。经济全球化扩大了技术影响范围，使当代工业生产、科学探索、经济运行过程中的事故更具突发性、灾难性、社会性。这种状况使得技术带来的利益与恶果之间的矛盾越来越激烈和尖锐，从而产生一系列的安全和可持续发展的问题。

石油化学工业的快速发展为人类生产生活提供越来越多的产品。目前，在已知的 1100 万种化学品中，有 10 万种上了工业生产线，并且每年有 1000 种新的化学品投入市场。在2500 种批量生产的化学品中,有近85%的年生产量超过1000吨。然而,随着危险化学品的生产、运输、使用和排放单位急剧增加,化学品的失控性反应、爆炸、火灾、泄漏和喷出事故不断地给人类带来灾难。迄今人类历史上最严重的化学事故是博帕尔灾难。1984年12月3日凌晨1时许,印度博帕尔市北郊的一家专门制造农药杀虫剂的美国大型化工厂,存储MIC(异氰酸甲酯)气体罐的自动安全阀门失灵,约18000升的MIC毒气全部泄出,很快在工厂上空形成一团蘑菇状的气团。这些致命的毒气笼罩了约40平方公里的地区,波及11个居民区。惨案发生3年后,因这场事故死亡的人数达2850人,5万多人的眼睛受到损伤,1000多人双目失明,12.5万人不同程度地遭到毒害,约有10万人终身致残。

原子能的和平利用引起了动力革命,为人类提供了新型能源。用反应堆生产的各种放射性同位素,也广泛应用于工业、农业、医疗等方面。核武器的杀伤力是毁灭性的,民用核反应堆和同位素容器,一旦发生事故,泄漏出放射性物质,同样可以造成致命的后果。由于设计上的问题或违反操作规程,世界上已经发生过10次核电站事故。1979年美国三里岛核事故尽管没有导致伤亡,却因拟定10多万人的疏散计划,引起极大的恐慌。事故的经济损失严重,仅二号反应堆的总清理费用就高达10亿美元。迄今最大的核事故是1986年乌克兰切尔诺贝利事故。1986年4月26日凌晨,由于工人违章操作,苏联乌克兰境内的切尔诺贝利核电站发生大爆炸,反应堆泄漏出的大量锶、铯、钚等放射性物质冲向空中,2000℃的高温和高达每小时1万R(伦琴)的放射剂量,吞噬了现场的一切。燃烧产生的浓烟和蒸发的核燃料迅速渗入到大气层中,在周围地区造成了强烈的核辐射,继而被风刮到很远的地方。事故造成7000多人死亡,经济损失120亿美元。这场灾难对生态环境、居民健康以至社会发展都产生了难以估量的严重影响。彻底消除核事故危害已成为一个涉及诸多因素的综合性问题。

汽车、火车、船舶、飞机等交通工具在为人类带来巨大经济效益和许多生活便利的同时,航空事故、车祸和海难造成人数众多的死亡事故,也给人类带来难以愈合的伤痛和更多的思索。自1886年世界上第一部汽车问世的100多年以来,迅猛发展的道路交通工具极大地推进了现代文明的发展,然而也带来了巨大的灾难。至今全球已有3000余万人死于交通事故,远远超过第二次世界大战的死亡人数。目前,全世界每年有50万人死于交通事故,虽然我国汽车保有量只占全世界的1.9%,但事故死亡人数却占全世界的15%左右,每年有10多万人因交通事故死亡。1912年4月14日晚23时40分,世界上最大的客轮、号称“永不沉没”的英国银星公司超级远洋客轮“泰坦尼克号”在其驶往纽约的处女航途中撞上一座冰山,次日凌晨2时20分沉入洋底,出事地点在纽芬兰的大浅滩以南95公里。除了695人(多为妇女和儿童)爬上救生艇得以生还外,1513名乘客与船员葬身大海。1992年11月24日,中国南方航空公司一架波音737型2523号飞机,从广州白云机场起飞,执行3943航班飞往桂林的任务,约于7时54分在广西阳朔县杨堤乡土岭村后山粉碎性解体,机上133名乘客和8名机组人员全部遇难。1961年4月21日,第一艘载人宇宙飞船飞上太空,开始了人类航天新纪元。然而,人类在实现飞天梦想、挑战天空的科学探索中付出了沉重的代价。1986年“挑战者”号航天飞机失事,舱内7名宇航员全部遇难,直接经济损失达12亿美元。

人类在创造20世纪辉煌文明巅峰的同时,也让难以抗拒的惨重灾难在人们心中留下了挥之不去的巨大阴影。社会生产活动中发生的无数次火灾、爆炸、空难、海难、交通事故、中毒事故等所带来的严重后果和社会效应已超过了事故本身,灾难性事故已经成为社会生活、经济发展中的一个十分敏感的问题。安全已经成为当代经济系统、生产运行系统的前提条件,安全问题已经成为重大经济技术决策的核心问题。人们逐渐认识到局部安全缺陷,传统的建立在事故统计的基础上的经验型的安全工作方法和单一的安全技术已经远不能满足现代化生产与科技研究的要求,必须以一种全新的方法来取代或至少补充传统的被动式反应方法。尤为关键的是在技术系统设计一开始就应采取正确的针对性措施,变事后归纳整理为事前演绎预测;变被动静态受制为主动动态控制。因此,保障安全、预防灾害事故从孤立的、低层次的研究,逐步发展到系统的、综合的、较高层次的理论研究,从多学科分散研究各领域的安全技术问题发展到系统地综合研究安全基本原理和方法,从一般的安全工程应用研究提高到安全科学理论研究,逐步建立安全科学的学科体系,发展了本质安全、过程控制、人的行为控制等事故控制理论和方法,最终导致了安全科学的诞生。人类安全科学技术发展到系统认识阶段。

这一阶段反映了人类的安全认识论进入了系统论阶段,形成系统安全观。系统论的提出及其在高端武器系统中的成功应用,给安全工作者提供了一个非常重要的技术手段,解决了安全工作者凭经验不能完全解决的事故预测问题,并树立了事故是可以预知的科学的事故预测观,推动了传统产业和技术领域安全手段的进步,完善了人类征服意外事故的手段和方法。系统安全观摆脱了宿命观和知命观以命(天命)为主导的对天灾人祸因果关系的原始认识,认为事故的发生和发展是有规律、有先兆的,因而用科学的方法可以预知。它对事故的预测是按照事故的特点和规律提出预测模型和解析结果。由于事故的发生具有随机性,所以目前事故预测给出的大多是事故发生的概率大小。

4. 本质预防阶段

随着系统安全分析方法和安全工程学的广泛应用和发展,人们逐渐认识到局部安全缺陷,从多学科分散研究各领域的安全技术问题发展到系统地综合研究安全基本原理和方法,从一般安全工程技术应用研究,提高到安全科学理论研究,逐步建立了安全科学的学科体系,发展了本质安全、过程控制、人的行为控制等事故控制理论和方法。1978 年英国化工安全专家 Trevor Kletz 提出"本质安全"的新理念。

本质安全是从根源上减少或消除危险,而不是通过附加的安全防护措施来控制危险。通过采用没有危险或危险性小的材料和工艺条件,将风险减小到忽略不计的安全水平,生产过程对人、环境或财产没有危害威胁。本质安全方法通过设备、工艺、系统、工厂的设计或改进来减少或消除危险,安全功能已融入生产过程、工厂或系统的基本功能或属性。当然,采用本质安全方法并不能做到绝对安全,或者说绝对安全是不存在的。本质安全是对于生产系统中的某一种危险或几种危险,通过本质安全方法的处理使系统不断地趋向最安全的状态。

随着科技与经济社会发展,现代安全威胁日益多元化。安全问题涉及自然灾害、事故灾难、公共卫生、社会安全等四大领域。其中,自然灾害包括地震、外来物种侵害、台风、滑坡、洪水、泥石流、飓风等引起的事故。这类事故在目前条件下受到科学技术知识不足的限制还不能做到完全防止,只能通过研究预测、预报技术尽量减轻灾害所造成的破坏和损失。灾难事故包括火灾、矿山事故、建筑事故、交通事故、危险化学品事故;公共卫生安全问题包括突发疫情、突发的食品安全事件、突发的检测检疫事件;社会安全包括高科技犯罪、信息技术犯罪、经济犯罪、黑社会集团犯罪、恐怖活动等。

现代科技发展增加了人类面临的不确定性,产生新的安全问题,例如,生物基因工程、转基因技术的出现和滥用对人类健康、生物秩序和自然生态构成现实的威胁。食品安全、生态安全、能源安全、流行性传染病、金融危机、信息安全、恐怖主义等人为制造出来的风险层出不穷。

例如,1997 年亚洲金融危机、2001 年美国“9·11”恐怖袭击、2003 年 SARS 的突然袭击、2005 年禽流感病毒的传播、2008 年由美国次贷危机引发的金融风暴等突发性安全事件对社会安全、社会稳定和经济发展构成了重大威胁,这类被制造出来的风险取代了自然灾害、工业事故灾害占据主导地位,日益成为公众关注的焦点,给一国或地区乃至世界政治、经济、外交、军事等诸多方面带来了广泛而深刻的影响,成为威胁国家安全的组成部分。

随着科技进步与经济社会不断发展,社会各组成单元之间的依赖性日益加强;城市化的发展使得越来越多的人们工作和生活在道路纵横、管网密布、复杂设备和高技术严密包裹的环境中;经济全球化发展促使高度依存的世界体系正逐步形成,不同国家与地区经济单元间依赖性日益增强,产业链环节增多并趋于庞大。人类面临的安全问题越来越多元化,安全问题已经延伸到生产、生活、环境、技术、信息等社会各个领域,社会风险的构成及其后果趋于更加复杂,自然灾害、工业事故、卫生防疫、社会安全之间没有截然的分界线,相互依赖的加强和时空距离的缩短加剧了事故的扩散效应,某一风险的发生往往会引发其他风险,综合风险日益突出。

人类如何在这个复杂的瞬息万变而又充满危险的时代确保国泰民安、民族生生不息,已成为各国政府和人民高度关注的问题。当代社会安全问题呈现的新特点,引发人们对传统安全观的再思考,传统的安全理论与认识视角已日益显示出其狭隘之处,人类开始超越传统安全研究的视野与方法,将关注目光拓展到更广阔的领域。这样,构建一种适应国际安全现实的新的安全观念,科学地认知新的安全现象成为安全研究领域的一个新的讨论热点,人类对安全的认识进入了本质预防阶段。

从 1871 年德国建立研究噪声与振动、防火防爆、职业危害防护的科研机构起,到 20 世纪初,英、美、法、荷兰等发达资本主义国家普遍建立了安全技术研究机构。

20 世纪 70 年代以来,科学技术飞速发展,随着生产的高度机械化、电气化和自动化,尤其是高技术、新技术应用中潜在危险常常突然引发事故,使人类生命和财产遭到巨大损失。因此,保障安全,预防灾害事故从被动、孤立、就事论事的低层次研究,逐步发展到系统的综合的较高层次的理论研究,最终导致了安全科学的问世。1974 年美国出版了《安全科学文摘》;1979 年英国 W. J. 哈克顿和 G. P. 罗滨斯发表了《技术人员的安全科学》;1984 年西德 A. 库尔曼发表了《安全科学导论》;1983 年日本井上威恭发表了《最新安全工学》;1990 年“第一届世界安全科学大会”在西德科隆召开,参加会议者多达 1500 人。由此可见,安全科学已从多学科分散研究发展为系统的整体研究,从一般工程应用研究提高到技术科学层次和基础科学层次的理论研究。

安全科学技术是一门新兴的边缘科学,涉及社会科学和自然科学的多门学科,涉及人类生产和生活的各个方面。从学科角度上看,安全科学技术研究的主要内容包括:①安全科学技术的基础理论,如灾变理论、灾害物理学、灾害化学、安全数学等;②安全科学技术的应用理论,如安全系统工程、安全人机工程、安全心理学、安全经济学、安全法学等;③专业技术,包括安全工程、防火防爆工程、电气安全工程、交通安全工程、职业卫生工程(除尘、防毒、个体防护等)、安全管理工程等。安全科学技术横跨自然科学和社会科学领域,近十几年来发展很快,直接影响着经济和社会发展。随着安全科学学科的全面确立,人们更深刻地认识安全的本质及其变化规律,用安全科学的理论指导人们的实践活动,保护职工安全与健康,提高功效,发展生产,创造物质和精神文明,推动社会发展。

2.3.3 我国安全科学的发展与进步

中国对安全的研究具有悠久的历史。翻开《考工记》、《左传》、《汉书》、《元史》、《战国策》、《四库全书》等古籍，很容易发现许多安全的思想和方略。但有关中国古代的安全史研究还基本为空白，还有待安全科学研究者的努力。可喜的是，近年有一些学者开始研究安全史学，例如，孙安弟先生著的《中国近代安全史》，该书描述了从1840年鸦片战争到中华人民共和国成立之间的109年里，中国近代劳动安全卫生产生和发展的历史。鸦片战争后，随着中国工业的发展，大量的伤亡事故和职业疾病产生，为遏制和减少伤亡，中国劳动安全卫生事业不断发展，安全规章制度法律法规也经历了从无到有再到不断完善的过程。新中国成立以后，中国就开始了安全科学技术的研究发展，我国“安全科学与工程”学科是从劳动保护学科逐渐发展起来的。

在过去的数十年里，我国安全科学的基础理论研究多表现为分散状态。安全科学技术专家、医学家、心理学家、管理学家、行为学家、社会学家和工程技术专业人员等从各自的研究立场出发，以各自的分析方法进行研究，在安全科学的研究对象、研究起点、研究前提、基本概念等方面缺乏一致性，以至于安全科学理论至今也没有形成一个完整的体系。安全科学基础理论的研究是近几年才开始重视，虽然发展比较缓慢，但也取得了一定成果。2000年以来，《中国安全科学学报》就发表了许多关于安全科学新理念、安全生产新观点、安全科学学科建设及其拓展、安全科学发展观、科学安全生产观、安全为天与安全发展、安全哲学、安全思维学、安全心理学、安全伦理学、安全行为学、安全经济学、安全法学、现代安全管理、安全性评价理论及新方法、安全文化及企业安全文化建设等方面的理论和实践成果的论文。近年来，安全系统工程思想和安全科学与工程学科体系模型、大安全观等得到安全学术界的广泛认同和全面实践。学术界、科研界、教育界、产业界、政府职能部门都把“科学发展观”、“安全发展”作为推动安全科学、安全生产、公共安全、安全文化、全面小康建设和理论创新的巨大精神动力和智力支持。

我国安全科学技术的发展大致可分为4个阶段：

1. 劳动保护工作阶段

建国初期至70年代末期，国家把劳动保护作为一项基本政策实施，安全工程、卫生工程作为保障劳动者的重要技术措施而得到发展。

这一时期我国最重要标志是“劳动保护”事业发展和“安全第一”方针提出。

人类“劳动保护”的观点最早是恩格斯1850年在《十小时工作制问题》的论著中首次提出。进入20世纪，1918年俄共《党章草案草稿》中把劳动保护列为党纲第10条；在我国，首次提出劳动保护是在1925年5月1日召开的全国劳动代表大会上的决议案中。劳动保护作为安全科学技术的基本目标和重要内容，将伴随人类劳动永恒。

“安全第一”口号的提出来源于美国，1901年在美国的钢铁工业受经济萧条的影响时，钢铁业提出“安全第一”的公司经营方针，致力于安全生产的目标，不但减少了事故，同时产量和质量都有所提高。百年之间，“安全第一”已从口号变为安全生产基本方针的重要内容，成为人类生产活动的基本准则。1952年，第二次全国劳动保护工作会议首先提出劳动保护工作必须贯彻“安全生产”方针，1987年，全国劳动安全监察工作会议正式提出安全生产工作必须做到“安全第一，预防为主”。

我国这一阶段安全科学技术的发展还表现为：一是作为劳动保护工作一部分而开展的劳

动安全技术研究，包括机电安全、工业防毒、工业防尘和个体防护技术等。二是随着生产技术发展起来的产业安全技术。如矿业安全技术，包括顶板支护、爆破安全、防水工程、防火系统、防瓦斯突出、防瓦斯煤尘爆炸、提升运输安全、矿山救护及矿山安全设备与装置等都是随着采矿技术装备水平的提高而提高的。冶金、建筑、化工、石油、军工、航空、航天、核工业、铁路、交通等产业安全技术都是紧密与生产技术结合，并随着产业技术水平的提高而提高的。

2. 劳动安全卫生阶段

20 世纪 70 年代末至 90 年代初，随着改革开放和现代化建设的发展，我国安全科学技术也得到迅猛发展，在此期间已建成了安全科学技术研究院、所、中心 40 余个，尤其是 1983 年 9 月中国劳动保护科学技术学会正式成立后，加强了安全科学技术学科体系和专业教育体系建设工作，全国共有 20 余所高校设立安全工程专业。

这一阶段最为重要的发展标准是综合性的安全科学技术研究已有初步基础。一方面为劳动保护服务的职业安全健康工程技术继续发展，另一方面开展了安全科学技术理论研究。在系统安全工程、安全人机工程、安全软科学研究方面进行了开拓性的研究工作。如事故致因理论、伤亡事故模型的研究，事件树（ETA）、故障树（FTA）等系统安全分析方法在厂矿企业安全生产中推广应用。在防止人为失误的同时，把安全技术的重点放在通过技术进步、技术改造，提高设备的可靠性、增设安全装置、建立防护系统上。

(1)事故致因理论把安全事故作为一种工业社会的现象，研究其致因的规律，这是美国工业安全专家海因里希 20 世纪 30 年代的贡献。他提出的事故致因理论，至今还指导着当代事故预防的实践，我国 20 世纪 80 年代在安全科学界掌握了这一理论的体系，对事故预防发挥了重要作用。

(2)安全系统工程的理论和方法是二次大战后期，军事工业的发展和电气化生产方式的出现，以及系统科学的诞生，在安全工程领域得到了发展。我国在 20 世纪 80 年代中期随着改革开放得以引入。其中，以故障树（FTA）分析技术为代表的安全系统工程理论和方法最为突出。安全系统理论和方法对人类的工业安全理论作出巨大贡献，特别是安全的定量分析理论与技术，安全系统分析独树一帜，丰富了安全科学理论体系。

(3)以保障劳动者安全健康和提高效率为目的而开展的安全人机工程的研究。在研究改进机械设备、设施、环境条件的同时，研究预防事故的工程技术措施和防止人为失误的管理和教育措施。

(4)产业安全技术得到发展。传统产业如冶金、煤炭、化工、机电等都建立了自己的安全技术研究院（所），开展产业安全技术研究，高科技产业如核能、航空航天、智能机器人等都随着产业技术的发展而发展。国家把安全科学技术发展的重点放在产业安全上。核安全、矿业安全、航空航天安全、冶金安全等产业安全的重点科技攻关项目列入了国家计划。特别是我国实行对外开放政策以来，随着成套设备和技术的引进，同时引进了国外先进的安全技术并加以消化。如冶金行业对宝钢安全技术的消化，核能产业对大亚湾核电站安全技术的引进与消化等取得显著成绩。

这一阶段我国的劳动保护工作和劳动安全卫生科技开始走上科学化的轨道。1988 年，劳动部组织全国 10 多个研究所和大专院校近 200 名专家、学者完成了《中国 2000 劳动保护科技发展预测和对策》的研究。这项工作使人们对当时我国安全科技的状况有了比较清晰的认识，看到了我国安全科技水平与先进国家差距，对进一步制定安全科学技术发展规划、计划提供了依据。

3. 职业安全健康阶段

20 世纪 90 年代至 2005 年前后，我国安全科学技术进入了新的发展时期。突出的标志一是国际职业安全健康管理体系（OHSMS）的引入，二是我国安全生产管理体制转变。

这一阶段正处于跨世纪时期，我国的安全科学得以深化和扩展。安全科学技术和安全科学管理加速发展。特别是现代安全管理体系的引入，逐步实现了：变传统的纵向单因素安全管理为现代的横向综合安全管理；变事故管理为现代的事件分析与隐患管理（变事后型为预防型）；变被动的安全管理对象为现代的安全管理动力；变静态安全管理为现代的安全动态管理；变过去只顾生产效益的安全辅助管理为现代的效益、环境、安全与卫生的综合效果的管理；变被动、辅助、滞后的安全管理程式为现代主动、本质、超前的安全管理程式；变外迫型安全指标管理为内激型的安全目标管理（变次要因素为核心事业）。

我国的安全管理体制从 20 世纪的八九十年代的"企业负责，行业管理，国家监察，群众监督"的管理体制转变为安全生产管理新格局："政府统一领导，部门依法监管，企业全面负责，社会监督支持"。几个层面互相关联，互相作用，共同构成市场经济条件下安全生产工作的监督体系，对安全生产的监督管理更加规范。

这一阶段还有如下新的进展：

• 1983 年在天津成立了中国劳动保护科学技术学会。

• 1984 年在我国高等教育专业目录中第一次设立了"安全工程"本科专业。

• 1987 年国家劳动部首次颁发"劳动保护科学技术进步奖"。

• 1986 年以来实现了"安全技术及工程"专业本、硕、博三级学位教育。

• 1989 年国家颁布的《中长期科技发展纲要》中列入了安全生产专题。在中国图书馆分类法第三版，安全科学与环境科学并列为 X 一级类目，名称初定为"劳动保护科学（安全科学）"，第四版更名为"安全科学"，同时按学科分类调整了内容。

• 1990 颁布了安全科学技术发展"九五"计划和 2010 年远景目标纲要。

• 1991 年中国劳动保护科学技术学会创办了《中国安全科学学报》。

• 1992 年 11 月 1 日，在国家技术监督总局颁布的国家标准《学科分类与代码》中，"安全科学技术"被列为一级学科（代码 620）。其中，包括"安全科学技术基础、安全学、安全工程、职业卫生工程、安全管理工程"5 个二级学科和 27 个三级学科。

• 1993 的发布的《中国图书分类法》中以 X9 列出劳动保护科学（安全科学）专门目录。

• 1997 年 11 月 19 日，人事部和劳动部联合颁发了《安全工程专业中、高级技术资格评审条件（试行）》。

• 2002 年国家经贸委发布了《安全科技进步奖评奖暂行办法》，并进行了首届"安全生产科学技术进步奖"的评奖工作。

• 2002 年人事部、国家安全生产监督管理局发布了《注册安全工程师执业资格制度暂行规定》和《注册安全工程师执业资格认定办法》。

• 2003 年科技部的中长期发展规划中，将"公共安全科技问题研究"列为我国 20 个科技重点发展领域之一。

• 2004 年原国家安全生产监督局根据《教育部关于委托国家安全生产监督管理局管理安全工程学科教学指导委员会的函》，组建了全国高等学校安全工程学科教学指导委员会。

• 2006 年国家教育部、国家发改委、国家财政部和国家安全生产监督管理总局联合下发了

《关于加强煤矿专业人才培养工作的意见》。

4. 公共安全体系阶段

2005 年以来,我国的安全科学出现了所谓“大安全”的公共安全概念。尽管这一概念的内涵和体系至今还未有清晰和统一,但以建立公共安全科学体系的呼声日益强烈。

这一阶段重要发展有两个重要标志,一是安全科学学科体系的建设,二是安全文化建设的提出。

对于安全科学的学科建设,1990 年在德国召开了第一届世界安全科学大会,同时成立了世界安全联合会。从此,人类将安全科学作为一门独立学科进行研究和发展。我国在 20 世纪 90 年代初也将安全科学技术列为一级学科。重要发展标志还有:

- 2007 年,15 所高校的安全工程专业被列为国家级特色专业。
- 2008 年,安全工程专业成为我国工程教育认证的 10 个试点认证专业之一。
- 2010 年,我国开办安全工程本科专业的高校达到 127 所,拥有安全技术及工程(矿业工程一级学科名下)二级学科博士点高校 20 所、硕士点高校约 50 所,拥有安全工程领域工程硕士点高校 50 所。
- 2011 年,国务院学位委员会新修订学科目录,将“安全科学与工程”(代码 0837)增设为研究生教育一级学科。
- 2012 年,经国家民政部批准,在北京成立了“公共安全科学技术学会”。

在安全文化方面,1986 年,国际原子能机构在面对原苏联切尔诺贝利灾难性核泄漏事故的背景下,对人为工业事故追根求源,得到的认识归根结底是“人的因素”,而“人因”的本质是文化造就的。因此,1989 年在核工业界首先提出了“核安全文化建设”的概念、方法和策略。从此,在工业安全领域,安全文化建设的理论、方法、实践作为人类安全生产与安全生活的一种战略和对策,不断的研究、探讨和深化。我国 2009 年发布了国家标准《企业安全文化建设导则》(AQ/T 9004—2008);2010 年国家安监总局推行《安全文化建设示范企业评价标准》。

这一阶段我国引入、创新和发展的安全观念及理论方法还有:安全发展观、安全公理、安全定理、安全定律、本质安全化、安全战略思维、基于风险的管理(RBS:Risk - based supervision)、基于风险的检验(RBI:Risk - based indpection)、安全保护层、全过程监管等先进的安全理论方法。

复习思考题

1. 古代有哪些安全观念?
2. 古代有哪些风险防范方法、方式?
3. 除了本文介绍的几个方面的风险防范,你还能找出其他行业的古代风险防范吗?
4. 对现代的风险防范与古代的风险防范进行比较分析,有何启示?
5. 最早的工业安全法规和交通安全法规都有哪些?
6. 安全认识观有哪些发展和进步?
7. 安全科学技术发展分为哪几个阶段?请进行简单描述。
8. 系统认识阶段分为哪几个阶段?
9. 我国安全科学技术分为哪几个发展阶段?请进行简单描述。
10. 我国安全科学技术进入新的发展时期,有哪些新的进展?

第3章　安全科学的科学学

● 本章知识框架

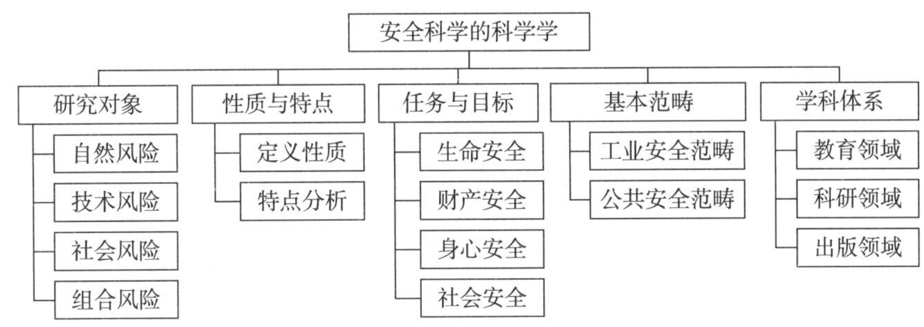

● 知识引导

安全科学学是研究安全学科的科学,本章以自然风险、技术风险、社会风险、组合风险为研究对象,安全科学的目的在于达到生命安全、财产安全、身心安全和社会安全。通过对安全科学的特点与性质的分析,确立了安全科学在教育领域的学科体系,还从科研领域和出版领域探讨了安全科学的学科体系。在对安全科学范畴的介绍中从工业安全和公共安全两个方面进行了界定。

● 重点提示

学习本章有如下提示:

重点:安全科学以及安全科学学的概念;安全科学的性质与特点;安全科学的研究对象;安全生产与公共安全的范畴;科学研究与人才培训规范的安全科学体系。

难点:对工业安全和公共安全范畴的界定,以及安全生产与公共安全的关系。

核心概念:科学学、学科体系、工业安全、公共安全、安全生产等。

● 主要需要思考的问题

通过本章的学习,需要思考如下问题:

1. 安全科学的发展对人类社会发展的贡献和作用。
2. 安全科学研究对象及研究目的。
3. 从不同角度理解安全的本质。

● 相关的阅读材料

学习科学学、灾害科学、火灾科学等学科相关知识。

● 学习目标

1. 了解安全科学的学科体系。
2. 掌握安全科学的基本范畴。
3. 掌握安全科学的性质特点、研究对象、研究内容和任务等。
4. 认识安全科学对个人、企业、国家的价值和意义。

科学学是研究科学的学科，科学学是以科学为研究对象，认识科学的性质特点、结构关系、运动规律和社会功能，并在认识的基础上研究促进科学发展的一般原理、原则和方法。安全科学学是研究安全学科的科学，安全科学学以安全学科为研究对象，研究目的在于认识安全学科的性质特点、结构关系、运动规律和社会功能等，创立新的安全学科分支和体系，并研究促进安全科学发展的一般原理、原则和方法。

3.1 安全科学的研究对象

对于安全科学的研究对象，目前有4种认知：

一是“事故说”，这是针对安全目的的学说。显然，安全的目的是为了防范事故灾难，因此，“事故说”认为安全科学的研究对象是“事故”。

二是“要素说”，这是针对安全系统要素的学说。安全系统的要素是由人－机－环境3个要素构成。因此，“要素说”认为安全科学的研究对象是“人机环”。

三是“本质说”，这是针对安全的本质的学说。根据安全是指可接受的风险的定义，以及安全性＝1－风险度的定量表述，可以推知安全的实质是风险，或称安全风险。因此，“本质说”认为安全科学的研究对象是“风险”。

四是“本原说”，这是针对安全风险的本原或根源的学说。人类面对的安全风险，根据其本原，可分为来自自然的、技术的、社会的，以及自然－技术－社会组合的4种本原。因此，“本原说”认为安全科学的研究对象是自然的、技术的、社会的安全风险，它们都有自身不同的机理、特征和规律。

“事故说”是人类早期的安全认知，由于事故是安全的表象或形式，不是安全的内涵和本质，相反，后三种学说从不同侧面揭示、探究了安全的本质和内涵，同时也能包涵和反映“事故说”本意，因此，下面主要从安全的实质、安全的要素和安全的本原3个角度来分析探讨安全科学的研究对象。

3.1.1 安全的实质

安全的实质是一个复杂的、深奥的课题，目前学术界还处于探索的过程中。客观地讲，从不同的角度，对安全实质具有不同的诠释。

从政治的角度，安全以社会、他人、公共的安全为原则，表现出“需要就是安全，为了社会或他人的安全可以牺牲自己的安全”。对于国家安全、公共安全的捍卫者和保卫者，常常需要从政治的角度讲安全、理解安全、认识安全。

从文化的角度，安全取决于信仰、观念、意识和认知，因此，对于不同意识水平或具有认知偏差的人，常常对安全的感受或接受的水平有较大的差别。

从经济的角度，经济基础决定安全投入，也就决定了安全的条件或标准，经济水平决定安全水平，温饱型与小康型社会或人群对安全要求具有不同的敏感性，自然就会提出不同的安全标准或水平；不同经济发展基础的国家，社会、公众提出的安全要求和客观可实现的安全标准或能力是不同的。

从技术的角度，理想的状态要求“无危则安，无损则全”，从哲理上讲，技术系统最低的安全标准就是“人为的技术环境或条件造成的风险低于自然环境的风险就是安全”。

除上述理解外，安全工程专业人员更重要的是应该从科学的角度来认识安全的本质。

1. 定性地认识安全的实质

安全涉及生产力和生产关系两个方面，其基本属性具有自然属性和社会属性的双重特性，见图 3 - 1。

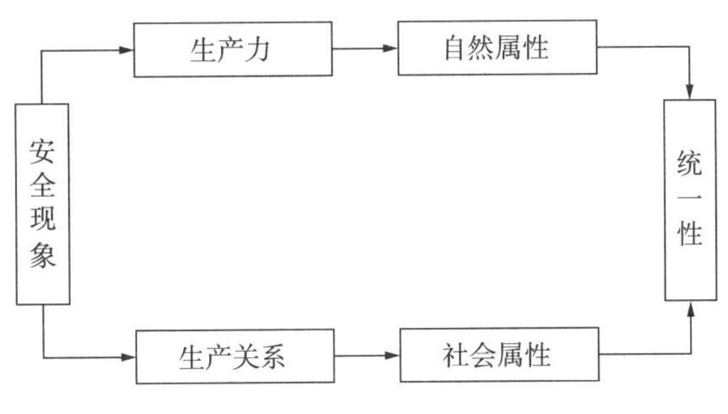

图 3 - 1　安全的性质

从安全的社会属性角度，安全具有相对性特征，遵循比较优势原理，安全没有绝对真理，安全就是可接受的风险，安全是发展的、动态的、变化的，安全取决于认知能力和态度观念，素质决定安全。对于安全管理、安全制度执行、安全检查、安全责任、安全成本、安全文化，以及安全的重视程度、安全责任心、系统的安全性、技术的危险性、风险指数等，都是安全社会属性的特征和规律。

从安全的自然属性角度，安全具有绝对真理，但是，仅仅限于物理、化学、力学、电学等自然科学范畴。显然，材料的安全强度、电学的安全电压、毒物的安全限度、有毒有害气体的安全标准等都具有绝对标准。

安全与风险是事物的核心，具有互补的关系，它们之间的演变过程是从客观的危险源(点)→隐患→危险→危机→事件→事故，如图 3 - 2 所示。

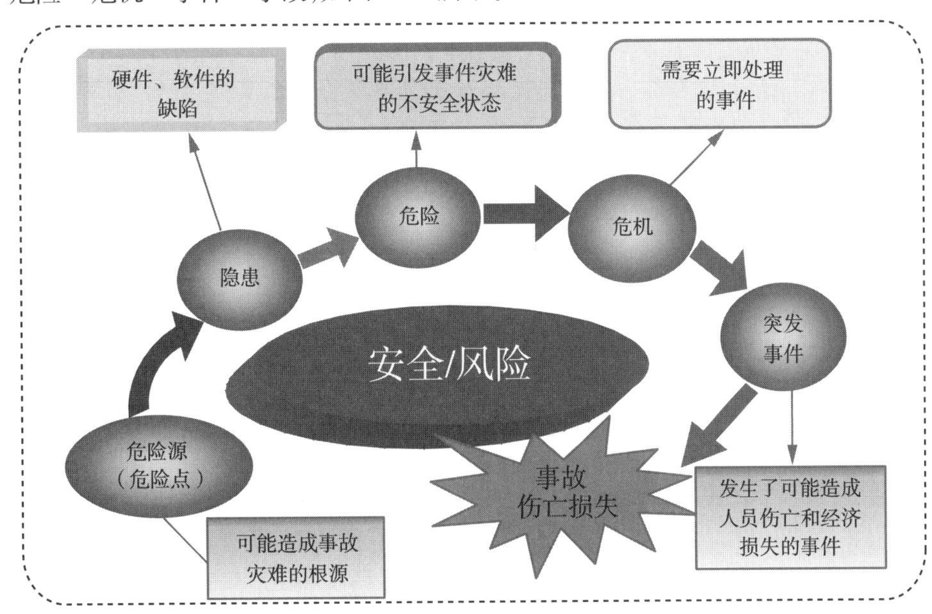

图 3 - 2　安全与风险演变关系图

2. 定量地认识安全的实质

从定量的角度定义安全,具有基本数学模型:

$$安全性 = 1 - 风险度 = 1 - R = 1 - f(p,l) \qquad (3-1)$$

式中:p——事故发生的可能性或概率;

l——事故后果的严重程度或严重度。

而

$$事故概率函数\ p = F(人因,物因,环境,管理) \qquad (3-2)$$

$$事故后果严重度函数\ l = F(时机,危险性,环境,应急) \qquad (3-3)$$

式中:时机——事故发生的时间点及时间持续过程;

危险性——系统中危险的大小,由系统中含有能量、规模决定;

环境——事故发生时所处的环境状态或位置;

应急——发生事故后应急的条件及能力。

由上述风险函数及其概率和严重度函数可知,风险的影响因素,或称风险的变量,同时也是安全的基本影响因素,涉及人因、物因、环境、管理、时态、能量、规模、环境、应急能力等,其中人、机、环境、管理是决定安全风险概率的要素。

安全是可接受的风险,因此,从定量的角度,安全科学的实质就是要确定风险可接受水平。

1)风险可接受水平

风险可接受水平泛指社会、组织、企业或公众对行业风险或对特定事件风险水平可接受的程度。风险可接受水平是连接风险评价与风险管理的重要技术环节。风险可接受标准在安全管理方面的要求通常比较普遍,对于风险可接受的定性概念通常包括以下方面:(1)工业活动不应该强加任何可以合理避免的风险;(2)风险避免的成本应该和收益成比例;(3)灾难性事故的风险应该占总风险的一小部分。

根据以上定性的概念可以为风险可接受的定量化提供理论依据。风险可接受水平并不是一个简单的数值,而是一个综合的体系。其根据不同的条件和对象,提出不同的参考值,来辅助风险管理的实施。风险的可接受水平与社会背景和文化背景等密切相关,世界各国由于自然环境、社会经济水平、科学技术条件及价值取向的差异,个人和社会对风险的心理承受能力不同,因此各个国家对各类灾害可接受风险水平是有所差异的。下面从个人、社会两个方面来考虑风险的可接受性。这两个方面侧重点不同,相互之间存在着一定的联系。个人风险可接受水平是风险可接受体系的基础;社会风险可接受水平在这一基础上增加考虑了风险的社会性和规模性。

风险可接受水平的表达并不唯一,有时也表达成其他的方式,例如容许风险等,但都是风险是否可以接受的衡量标准。除了名称的表达不同外,采用的指标也各不相同,根据文献资料统计,全世界大约有25种可接受风险标准的表达方式,其中比较有影响的是:个人风险、社会风险,*FN*曲线等(J. K. Vrijling,2002)。经过几十年的不断发展和完善,目前国外已经完善了各种行业的风险可接受标准。

英国健康和安全委员会(HSE)根据其丰富的经验,考虑"广泛的社会利益",制定了风险可接受标准:可忽略风险水平与人们日常生活中所面对的微不足道的风险水平大致一样,相对于每年10^{-2}的生命风险,10^{-6}是一个很低的风险水平,故可以将10^{-6}作为公众和员工的可忽略风险标准;可容忍风险水平的划分重点考虑了各方利益,10^{-3}(员工)和10^{-4}(公众)为各利益相关方所接受，故将其作为可容忍风险水平（HSE，1992）。

荷兰水防治技术咨询委员会（TAW）根据不同的意愿程度，对不同的活动分别设定了可接受的风险标准：$IR \leqslant \beta \cdot 10^{-4}$［$0.01 \leqslant \beta \leqslant 100$，$IR$ 为年死亡概率，β 为意愿因子（Salmon，1995）］。目前，荷兰已经制定了适用于大坝、压力管道以及其他有危害的设施风险管理及分析指南，并提出了专门的可接受风险标准。

美国健康与安全委员会 HES（Health and Safety Executive）认为，常见行业的工人在其大部分工作生涯中的可接受风险值为 10^{-3}，10^{-4}为非核电站最大可接受风险，10^{-5}为核电站附近人员最大可接受风险，10^{-6}为不需要进一步提高安全性的可接受风险（Curtis C，1998）。

当前国外风险可接受准则普遍采用的是 ALARP 原则，见图 3－3。ALARP 是 As Low As Reasonably Practicable 的缩写，即“风险合理可行原则”。理论上可以采取无限的措施来降低风险至无限低的水平，但无限的措施意味着无限多的花费。因此，判断风险是否合理可接受也就是公众认为“不值得花费更多”来进一步降低风险。在 ALARP 区域采取措施将风险降低到尽可能低。

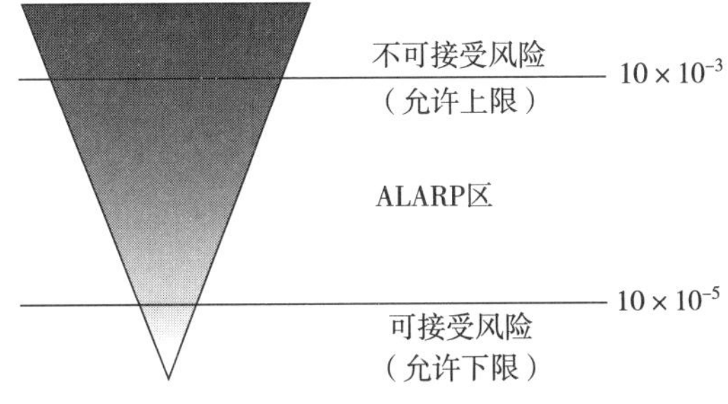

图 3－3　ALARP 原则及框架图

ALARP 原则将风险划分为 3 个等级：

（1）不可接受风险：如果风险值超过允许上限，除特殊情况外，该风险无论如何不能被接受。对于处于设计阶段的装置，该设计方案不能通过；对于现有装置，必须立即停产。

（2）可接受风险：如果风险值低于允许下限，该风险可以接受。无需采取安全改进措施。

（3）ALARP 区风险：风险值在允许上限和允许下限之间。应采取切实可行的措施，使风险水平“尽可能低”。

2）个人风险可接受水平

对各类活动的死亡风险的统计，可以作为确定个体可接受风险的基础和依据。荷兰水防治技术咨询委员会（TAW）根据个体对参与各种活动的意愿程度，通过对事故伤亡人数和原因的统计数据得出的可接受个人风险的确定方法见式（3－4）（Jonkman S N，2003）：

$$IR \leqslant \beta_i \cdot 10^{-4} \qquad (3-4)$$

式中：β_i——针对某一行业、部门或者场景的意愿因子；

i——所针对的相关行业、部门或者场景；

10^{-4}——人员死于一次偶然事故的正常风险值；

IR——可接受的个人风险值。

意愿因子 β_i 随着自愿度的不同而改变，其取值从 100 完全自愿的选择，到 0.01 强加的同时没有任何利益的风险。

对意愿因子 β_i 的取值是一项极为复杂的工作。由于不同地域经济和社会发展水平不同，在面对相同的风险时,个人对其可接受水平不同。我们认为风险可接受水平与经济和社会发展程度成正相关。经济和社会发展水平越高,个人对非自愿风险的可接受程度越低,而对偏好行为造成风险的可接受越高。目前普遍采用的意愿因子 β_i 的取值见表 3-1。

表 3-1　意愿因子、自愿度与收益的关系(J. K. Vrijling,2002)

β_i	自愿度	收益
100	完全自愿	直接收益
10	自愿	直接收益
1	中立	直接收益
0.1	非自愿	间接收益
0.01	非自愿	无收益

3.1.2　安全的要素

基于安全系统是人-机-环境-管理的有机整体的概念,安全的基本因素包括人的因素、物的因素、环境因素和管理因素。其中,人、机、环境是构成安全系统的最重要的因素,即要素,都具有三重特性,首先是安全保护的对象,二是事故的致因,三是实现安全的因素。分析三个安全要素主要从其事故特性和安全特性两个角度来进行。

1. 人的因素分析

人因在规划、设计阶段,就有可能存在缺陷,从而产生潜在的事故隐患,而在制造、安装和使用阶段,人的误操作可以直接导致事故。研究人的因素,既要涉及人的能力、个性、人际关系等心理学方面的问题,也要涉及体质、健康状况等生理问题,涉及规章制度、规程标准、管理手段、方法等是否适合人的特性,涉及机器对人的适应性以及环境对人的适应性。人的安全行为学作为一门科学,从社会学、人类学、心理学、行为学来研究人的安全性。不仅将人子系统作为系统固定不变的组成部分,更看到人是自尊自爱,有感情、有思想、有主观能动性的人。

从安全的角度,人的特性的研究主要包括人的生理特性安全适应性、人的安全知识和技能、人的安全观念及素质、人的安全心理及行为,甚至人机关系等方面。

2. 机器因素分析

机器因素包括机械、设备、工具、能量、材料等。从安全的角度,机器因素的安全主要从机器的本质安全、功能安全、失效与可靠性、报警预警功能、异常自检功能等实现,同时考虑从人的心理学、生理学对设备的设计提出要求。人和机器通过人机接口发生联系,人通过自己的运动器官来操作机器的控制机构,通过感觉器官来获取机器显示装置的各种信息,因此,我们必须考虑人和机器的双向作用。一方面要考虑不同技术系统的特点对人提出来的要求;另一方面,在机器的设计中要考虑人的心理和生理因素,保证操作的简便性,信息反馈的及时性,误操作报警的可靠性等。

主要包括静态人-机关系研究、动态人-机关系研究和多媒体技术在人-机关系中的应用等3个方面。静态人-机关系研究主要有作业域的布局与设计;动态人-机关系研究主要有人、机功能分配研究(人、机功能比较研究,人、机功能分配方法研究、人工智能研究)和人-机界面研究(显示和控制技术研究,人-机界面设计及评价技术研究)。

3. 环境因素分析

环境,是指生产、生活实践活动中占有的空间及其范围内的一切物质状态。首先,环境分为固定环境和流动环境两种类别。固定环境是指生产实践活动所占有的固定空间及其范围内的一切物质状态;流动环境是指流动性的生产活动所占有的变动空间及其范围内的一切物质状态。其次,环境分为自然环境和人工环境,自然环境包括气象、自然光、气温、气压、风流等因素;人工环境包括工作现场、岗位、设备、物流等。第三,环境还可划分为物理环境和化学环境,物理环境就是气温、气压、湿度、光环境、声环境、辐射、卡它度、负离子等;化学环境包括氧气、粉尘、有害气体等因素。

环境是事故发生的重要影响因素,特别是流动性及野外性的活动,如交通、建筑、矿山、地质勘探等行业。环境因素以如下模式与事故发生关系:自然环境不良→人的心理受不良刺激→扰乱人的行动→产生不安全行为→引发事故;人工环境不良,即物的设置不当→影响人的操作→扰乱人的行动→产生不安全行为→引发事故。

同时,物理环境因素还影响机器子系统的寿命、精度,甚至损坏机器,也影响人的心理、生理状态,诱发误操作。

人－环关系的研究主要包括环境因素对人的影响,人对环境的安全识别性,个体防护措施等方面。

4. 管理因素分析

管理,就是人们为了实现预定目标,按照一定的原则,通过科学地决策、计划、组织、指挥、协调和控制群体的活动,以达到个人单独活动所不能达到的效果而开展的各项活动。安全管理就是组织或企业管理者,为实现安全目标,按照安全管理原则,科学地决策、计划、组织、指挥和协调全体成员的保障安全的活动。

安全生产管理是指国家应用立法、监督、监察等手段,企业通过规范化、专业化、科学化、系统化的管理制度和操作程序,对生产作业过程的危险危害因素进行辨识、评价和控制,对生产安全事故进行预测、预警、监测、预防、应急、调查、处理,从而实现安全生产保障的一系列管理活动。

企业安全生产管理活动是运用有效的人力和物质资源,发挥全体员工的智慧,通过共同的努力,实现生产过程中人与机器设备、工艺、环境条件的和谐,达到安全生产的目标。安全生产管理的目标是控制危险危害因素,降低或减少生产安全事故,避免生产过程中由于事故所造成的人身伤害、财产损失、环境污染以及经济损失;安全生产管理的对象是企业生产过程中的所有员工、设备设施、物料、环境、财务、信息等各方面;安全生产管理的基本原则是“管生产必须管安全”、“谁主管,谁负责”。

实现现代企业的安全科学管理,需要学习和掌握安全管理科学和方法,研究企业安全生产管理的理论、原理、原则、模式、方法、手段、技术等。

安全管理的理论经历了4个发展阶段,见表3－2。

表3－2 安全管理理论的发展

发展阶段	理论基础	方法模式	核心策略	对策特征
低级阶段	事故理论	经验型	凭经验	感性,生理本能
初级阶段	危险理论	制度型	用法制	责任制,规范化标准化
中级阶段	风险理论	系统型	靠科学	理性,系统化科学化
高级阶段	安全原理	本质型	兴文化	文化力,人本物本原则

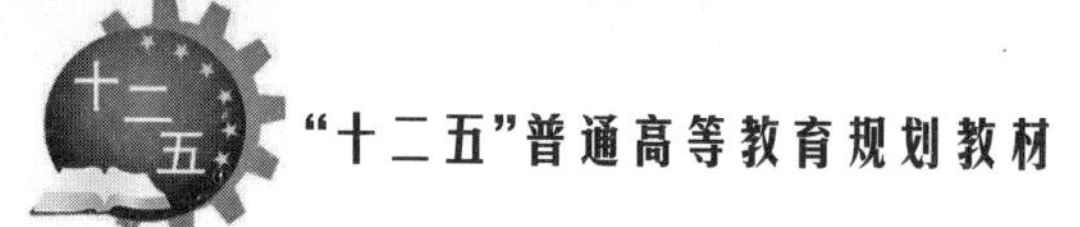

上述4个阶段管理理论,对应的有4种管理模式。

第一阶段的"事故型管理模式":在人类工业发展初期,发展了事故学理论,建立在事故致因分析理论基础上,是经验型的管理模式,这一阶段常常被称为传统安全管理阶段。它以事故为管理对象;管理的程式是事故发生－现场调查－分析原因－找出主要原因－理出整改措施－实施整改－效果评价和反馈,这种管理模型的特点是经验型,缺点是事后整改,成本高,不符合预防的原则。

第二阶段的"缺陷型管理模式":在电气化时代,人类发展了解危险理论,建立在危险分析理论基础上,具有超前预防型的管理特征,这一阶段提出了规范化、标准化管理,常常被称为科学管理的初级阶段。它以缺陷或隐患为管理对象,管理的程式是查找隐患－分析成因－关键问题－提出整改方案－实施整改－效果评价,其特点是超前管理、预防型、标本兼治,缺点是系统全面有限、被动式、实时性差、从上而下,缺乏现场参与、无合理分级、复杂动态风险失控等。

第三阶段的"风险型管理模式":在信息化时代,发展了风险理论,建立在风险控制理论基础上,具有系统化管理的特征,这一阶段提出了风险管理,是科学管理的高级阶段。它以风险为管理对象,管理的程式是进行风险全面辨识－风险科学分级评价－制定风险防范方案－风险实时预报－风险适时预警－风险及时预控－风险消除或削减－风险控制在可接受水平,其特点是风险管理类型全面、过程系统、现场主动参与、防范动态实时、科学分级、有效预警预控,其缺点是专业化程度高、应用难度大、需要不断改进。

第四阶段的"安全目标型管理模式":这是人类现代和未来不断追求的安全管理模式,这种管理方式需要发展安全原理,以本质安全为管理目标,推进"文化兴安"的人本安全和"科技强安"的物本安全,实现安全管理的最科学、最理想的境界。它以安全系统为管理对象,全面的安全管理目标,管理程式是制定安全目标－分解目标－管理方案设计－管理方案实施－适时评审－管理目标实现－管理目标优化,管理的特点是全面性、预防性、系统性、科学性的综合策略,缺点是成本高、技术性强,还处于探索阶段。

在不同层次安全管理理论的指导下,我国的安全管理经历了两次大的飞跃,第一次是20世纪80年代开始的从经验管理到科学管理的飞跃;第二次是跨世纪以来的从科学管理到文化管理的飞跃。目前我国的多数企业已经完成或正在进行着第一次的飞跃,少数较为现代的企业在探索第二次飞跃。

5. 人－机－环境关系

人－机－环境具有非线性的关系,3个子系统之间相互影响、相互作用的结果就使系统总体的安全性处于复杂的状态。例如,物理因素影响机器的寿命、精度甚至损坏机器;机器产生的噪声、振动、湿度主要影响人和环境;而人的心理状态、生理状态往往是引起误操作的主观原因;环境的社会因素又影响人的心理状态,给安全带来潜在的危险。

人－机－环境系统工程的研究对象是人－机－环境系统,在这个系统中,人本身是个复杂系统,机(计算机或其他机器)也是个复杂系统,再加上各种不同的或恶劣的环境影响,便构成了人－机－环境这个复杂系统。面对如此庞大的系统,如何判断它已经实现了最优组合?人－机－环境系统工程认为,任何一个人－机－环境系统都必须满足"安全"的基本准则,其次才考虑"高效、经济"因素。所谓"安全",是指在系统中不出现人体的生理危害或伤害。很显然,在人－机－环境系统中,作为主体工作的人可以说是最灵活的,他能根据不同任务要求来完成各种作业。然而,他在系统中也是最脆弱的,尤其在各种特殊环境下,矛盾更为突出。因此在考虑系统总体性能时，把“安全”放在第一位是理所当然，这也是人－机－环境系统与其他工程系统存在显著差异之处。为了确保安全，不仅要研究产生不安全的因素，并采取预防措施，而且要探索不安全的潜在危险，力争把事故消灭在萌芽状态。当然，在设计和建立任何一个人－机－环境系统时，为了确保“安全“和”高效”性能的实现，往往都希望尽量采用最先进技术。但在这样做的同时，就必须充分考虑为此而付出的代价。

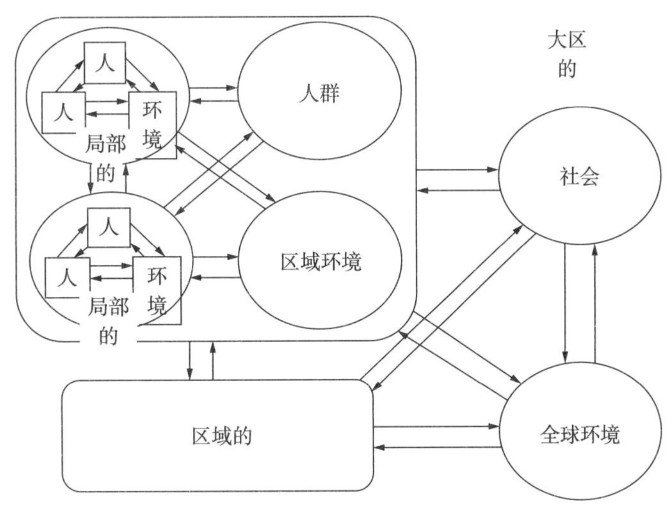

图3－4　人－机－环境系统分解图

德国库尔曼教授在《安全科学导论》(Introduction to Safety Science)中，将人－机－环境系统又分为三级：局部人－机－环境系统；区域人－机－环境系统；全球人－机－环境系统，见图3－4。

局部人－机－环境系统的特点是在家庭、交通和产业中，人和技术装备直接接触。在局部范围内，安全科学的研究对象是单个的人－机－环境系统。危害控制的局部手段包括由政府机构实施的许可证程序，以及法律规定的有关装备的技术要求和安全措施。从技术装备的危害来看，局部范围对应于个别装备的风险级，并用风险场来描述，局部人－机－环境系统中的事故可能源于局部环境或外部环境的干扰影响，也可能源于人的操作不当，或机器的设计、制造、安装上的缺陷，以及人机关系不协调。

区域人－机－环境系统的特点在于社区和社会的基础结构、区域环境状况和气候条件等。在区域范围内，安全科学的研究对象是已有的或处于规划阶段的技术装备的结构，以及技术装备对各个子系统的影响。技术危害的区域控制手段主要包括技术应用及发展的城市与地区规划，从技术装备的危害来看，区域范围对应于用风险普查来说明的风险叠加。在很大程度上，区域的危险度取决于该区域内各个人－机－环境系统影响因素的总和，其中包括影响总体健康状况的位于工作场所的健康灾害源；在较大范围内，由于技术装备的可能事变而存在风险；还包括大气污染、噪声传播以及排入环境中的废物和污水。

全球人－机－环境系统的特点是考虑各个区域系统的安全状况及其相互影响，在世界范围内，安全科学要涉及一个国家所倡导或已应用的任何技术、目前的技术工艺水平、人机学状况、工作场所的安全以及环境保护等问题。危害控制的措施主要是在世界范围内对某些技术的促进或抑制。就技术装备的危害而言，全球范围对应于某些技术导致的风险等级的统计分布。根据对环境的危及和损害,区域与局部系统状态决定了社会总的损害程度,大区范围反过来又影响区域与局部人 - 机 - 环境系统的实际结构。由于经济和技术的国际合作,同时还因为危及环境的物质通过空气、水和食物扩散时并未在国界上停止,人们也可以从全球范围来讨论。人类由于其固有的智慧,能够干预人 - 机 - 环境系统,并塑造它的结构,从而在整个三级范围内降低技术导致的危险。

3.1.3 安全的本原

基于安全的本质是风险的概念,安全的本原可从风险的本原来分析。在安全生产和公共安全领域,风险包括来自自然的、技术的、社会的等多个领域。

1. 来自自然的风险

来自自然的风险引发的是自然灾害,我国每年由于自然灾害约有 1.5 ~3.5 亿人受灾;年均因灾死亡 12000 多人,倒塌房屋 350 万间,造成的直接经济损失占 GDP 的 2% ~4%。

所谓自然风险,是指因自然力的不规则变化产生的现象所导致的危害经济活动、物质生产或生命安全的风险。如地震、水灾、风灾、雹灾、冻灾、旱灾、虫灾以及各种瘟疫等自然现象,在现实生活当中是大量发生的。自然风险的特征是:自然风险形成的不可控性;自然风险形成的周期性;自然风险事故引起后果的共沾性,即自然风险事故一旦发生,其涉及的对象往往很广。

自然风险作为安全科学的研究对象,不仅只包括地震、台风、洪水、旱灾,还应该包括全球气候变暖、沙漠化、水资源短缺。同时,像人口快速增长、"SARS"、禽流感、艾滋病等可能也是来自自然风险。

自然风险的发生有其自身的原因和规律。它们是大自然不断变化的结果,天灾虽然多种多样,它们的内在联系和共同规律是什么,这正是安全科学对象的特殊性。虽然人们已掌握大自然的某些规律,但是可能在今后若干年内,人们对大自然主要的还是讲适应,讲"天人合一",这就是安全科学有关自然风险的研究。下面主要介绍的是气象灾害和地质灾害。

(1)气象灾害。大气对人类的生命财产和国民经济建设及国防建设等造成直接或间接的损害,被称为气象灾害。它是自然灾害中的原生灾害之一,一般包括天气、气候灾害和气象次生、衍生灾害,是自然灾害中最为频繁而又严重的灾害。中国是世界上自然灾害发生十分频繁、灾害种类甚多,造成损失十分严重的少数国家之一。

气象灾害一般包括天气、气候灾害和气象次生、衍生灾害。气象、气候灾害是指因台风(热带风暴、强热带风暴)、暴雨(雪)、暴雷、冰雹、大风、沙尘、龙卷、大(浓)雾、高温、低温、连阴雨、冻雨、霜冻、结(积)冰、寒潮、干旱、干热风、热浪、洪涝、积涝等因素直接造成的灾害。气象次生、衍生灾害,是指因气象因素引起的山体滑坡、泥石流、风暴潮、森林火灾、酸雨、空气污染等灾害。

气象灾害有 20 余种,主要有以下种类:

- 暴雨:山洪暴发、河水泛滥、城市积水;
- 雨涝:内涝、渍水;
- 干旱:农业、林业、草原的旱灾,工业、城市、农村缺水;
- 干热风:干旱风、焚风;
- 高温、热浪:酷暑高温、人体疾病、灼伤、作物逼熟;
- 热带气旋:狂风、暴雨、洪水;

- 冷害：由于强降温和气温低造成作物、牲畜、果树受害；
- 冻害：霜冻，作物、牲畜冻害，水管、油管冻坏；
- 冻雨：电线、树枝、路面结冰；
- 结冰：河面、湖面、海面封冻，雨雪后路面结冰；
- 雪害：暴风雪、积雪；
- 雹害：毁坏庄稼、破坏房屋；
- 风害：倒树、倒房、翻车、翻船；
- 龙卷风：局部毁坏性灾害；
- 雷电：雷击伤亡；
- 连阴雨：对作物生长发育不利、粮食霉变等；
- 浓雾：人体疾病、交通受阻；
- 低空风切变：（飞机）航空失事；
- 酸雨：作物等受害。

（2）地质灾害。地质灾害是指在自然或者人为因素的作用下形成的，对人类生命财产、环境造成破坏和损失的地质作用（现象）。如崩塌、滑坡、泥石流、地裂缝、地面沉降、地面塌陷、岩爆、坑道突水、突泥、突瓦斯、煤层自燃、黄土湿陷、岩土膨胀、砂土液化、土地冻融、水土流失、土地沙漠化及沼泽化、土壤盐碱化，以及地震、火山、地热害等。

地质灾害都是在一定的动力诱发（破坏）下发生的。诱发动力有的是天然的，有的是人为的。据此，地质灾害也可按动力成因概分为自然地质灾害和人为地质灾害两大类。自然地质灾害发生的地点、规模和频度，受自然地质条件控制，不以人类历史的发展为转移；人为地质灾害受人类工程开发活动制约，常随社会经济发展而日益增多。

诱发地质灾害的因素主要有：①采掘矿产资源不规范，预留矿柱少，造成采空坍塌，山体开裂，继而发生滑坡。②开挖边坡：指修建公路、依山建房等建设中，形成人工高陡边坡，造成滑坡。③山区水库与渠道渗漏，增加了浸润和软化作用导致滑坡泥石流发生。④其他破坏土质环境的活动，如采石放炮，堆填加载、乱砍乱伐，也是导致发生地质灾害的致灾作用。⑤工业领域的矿山与地下工程灾害，如煤层自燃、洞井塌方、冒顶、偏帮、鼓底、岩爆、高温、突水、瓦斯爆炸等；⑥城市地质灾害，如建筑地基与基坑变形、垃圾堆积等；⑦河、湖、水库灾害，如塌岸、淤积、渗漏、浸没、溃决等；⑧海岸带灾害，如海平面升降、海水入侵、海崖侵蚀、海港淤积、风暴潮等；海洋地质灾害，如水下滑坡、潮流沙坝、浅层气害等；⑨特殊岩土灾害，如黄土湿陷、膨胀土胀缩、冻土冻融、沙土液化、淤泥触变化、淤泥触变等；⑩土地退化灾害，如水土流失、土地沙漠化、盐碱化、潜育化、沼泽化等；⑪水土污染与地球化学异常灾害，如地下水质污染、农田土地污染、地方病等；⑫水源枯竭灾害，如河水漏失、泉水干涸、地下含水层疏干（地下水位超常下降）等。

2. 来自技术的风险

技术风险导致事故灾难，包括工矿企业安全事故、交通事故、火灾、空难等。我国每年发生由于技术风险导致的各类事故上百万余起；每年因各类事故导致死亡人数 10 余万人，每天 350 多人，事故经济损失 2500 多亿元，占 GDP 的 1% ~2% 。

技术风险，泛指由于科学技术进步所带来的风险。包括各种人造物，特别是大型工业系统进入人类生活，带来了巨大的风险，如化工厂、核电站、水坝、采油平台、飞机轮船、汽车火车、建

筑物等;直接用于杀伤人的战争武器,如原子弹、生化武器、火箭导弹、大炮坦克、战舰航母等;新技术对人类生存方式、伦理道德观念带来的风险,如在1997年引起轩然大波的"克隆"技术,Internet网络对人类的冲击等。其中工业系统风险是技术风险的主要内容。

(1)居家生活中的技术风险。由于技术的发展和进步,人们的生活质量不断提高,这种状况一方面给人们带来了极大的物质利益和生活享受。另一方面也给人类的生存增添了许多危险和危害因素,现代生活方式比起传统生活方式对人为意外事故更为敏感,意外事故发生后可能造成的损失更难以控制。家庭是社会的细胞,因此,人们都认为家庭、居所是最安全的地方。但对于现代家庭来说,由于技术的不断引入,高层建筑、家用电器、新材料与新能源的利用,使家庭在获得舒适的环境、方便高效的用具、快乐刺激的设施后,却把灾祸的幽灵引入了家庭和居所。坠落、中毒、割伤、烫伤、起火等意外事故成为家常便饭,特别对于孩子,家庭已失去"安全大后方"的意义。

(2)生产中的技术风险。1)机械伤害。机械伤害是机械加工过程中引起的伤害。在工业生产机械伤害占有相当的比例,在职业事故中大约有20%的职业意外事故是机械伤害。机械伤害包括:机器工具伤害(辗、碰、割、戳等);起重伤害(包括起重设备运行过程中所引起的伤害);车辆伤害(包括挤、压、撞、倾覆等);物体打击(包括落物、锤击、碎裂、砸伤、崩块等);触电伤害(包括雷击);灼烫伤害;刺割(机器工具、尖刃物划破、扎破等);倒塌伤害(堆置物、建筑物倒塌);爆炸伤害(锅炉、受压容器、粉尘、气体钢水等爆炸);中毒和窒息(包括煤油、汽油、沥青等作业环境破坏引起中毒和缺氧);其他伤害(扭伤、冻伤等)。2)电器伤害。电器伤害事故大体分为以下5种形式:①电流伤害事故。即由于人体触及带电体所造成的人身伤亡事故。②电磁伤害事故。即机械设备、电器产生的辐射伤害。③雷击事故。这种自然灾害是自然因素形成的。④静电事故。生产过程中产生的静电放电所引起的事故。如塑料和化纤制品,摩擦就易产生静电,最为严重的危害是引起爆炸和火灾。⑤电气设备事故。由于电气设备的绝缘失效或机械故障产生打火、漏电、短路而引起触电、火灾或爆炸事故。3)工业火灾爆炸。火灾与爆炸会给人民和社会造成巨大灾难和损失。消防与防爆技术就是防止火灾和爆炸事故的根本措施。这类灾害之源又在于火。火灾出现的关键是由于燃烧。所谓燃烧是可燃物质在点火能量的作用下发生的一种放热发光的氧化反应,火灾则是一种破坏性的燃烧。4)压力容器爆炸。生产中的压力容器是发生爆炸事故的设备。通常这种设备有安全阀、爆破片、压力表、液面计、温度计等安全附件。高压气瓶的安全附件有瓶帽、防震胶圈、泄压阀。为了防爆,国家规定,压力容器每年至少进行一次外部检查,每3年至少进行一次内部检验,每6年至少进行一次全面检验。当压力容器发生下列任一情况时,应立即报告有关部门。这些情况是:压力容器的工作压力、介质温度或壁温超过允许值,采用各种方法仍无效时;主要受压元件发生裂缝、鼓包、变形、泄漏等缺陷时;安全附件失效、接管断裂、紧固件损毁时;发生火灾直接威胁容器安全时。5)生产作业粉尘危害。在生产过程中产生的粉尘叫生产性粉尘。我国许多行业都产生粉尘,例如金属加工行业就有镁、钛、铝尘;煤炭行业(煤矿)有活性炭、煤尘;粮食行业有面粉尘、淀粉尘;轻纺行业有棉、麻、纸、木尘;农副产品行业有棉尘、面粉尘、烟草尘;合成材料业有塑料尘、染粉粉尘;化纤行业有聚乙烯粉尘、聚苯乙烯粉尘;饲料行业有血粉尘、鱼粉尘;军工、烟花行有火管粉尘;水泥厂有水泥尘;石料工厂的矽尘;锯木工厂的木尘;等等。粉尘对职工的身体有很大的危害,除了得尘肺病或诱发为癌症外,还时有粉尘爆炸的威胁。因此,从事这方面职业的人员应特别加以注意。6)生产作业毒物(气)危害。工业的发展,高新技术的引进,新材料、新工艺的使用,使劳动过程中的有害物质不断增多。通常工业毒物有:①汞、铅、砷金属或类金属类;②刺激性和窒息性气体,如氯气、二氧化硫、光气等;③有机溶剂,如苷、汽油、四氯化碳等;④苷的硝基、氨基化合物,如硝苯、联苯氨等;⑤高分子化合物生产中的毒物,如氯乙烯、丙烯腈、氯丁二烯等;⑥农药类毒物,如乐果、六六六、敌百虫等。工业毒物以气体、液体、固体的形式通过呼吸系统、皮肤及消化系统进入人体。其中最主要、最危险的途径是经呼吸道,其次是皮肤。工业毒物进入人体,达到一定的程度(量)就会引起中毒,但这种职业中毒的发生与进入人体毒物的性质、侵入的途径、数量多少、接触时间以及人的健康状况、防护条件、生活习惯等有关。7)搬运作业风险。工业中的搬运作业是通过人力和机构的办法来实现起重运输。生产过程中由各种起重设备完成原材料、产品、半成品的装卸搬运,进行设备的安装和检修,已为常见。在搬运过程中如果忽视了安全,就会出现倒塌、坠落、撞击等重大伤亡事故;如果起重设备起吊赤热、装满熔化金属的耐温锅或酸、碱溶液罐,一旦出现钢缆断裂,吊物倾落,就会引发爆炸、火灾和重大伤亡,造成特大事故。据统计,起重机械事故约占生产性事故的20%。因此,从事搬运行业的工人应特别注意安全。8)化工生产风险。化学工业发展到今天,影响到人民生活的方方面面,以致我们生活中到处充满了化学工业的产品。化学产品在给人们带来利益的同时,也给社会、给职工带来了新的问题。由于化工原料、化工产品、生产工艺及部分产品是有尘有毒的,因此,严重地危害着生产环境和职工的安全与健康。9)建筑施工风险。建筑施工的人员无论是民工、正式工、工程技术人员、工地施工管理人员及工地负责人等都必须学习《建筑安装工程安全技术规程》和《关于加强建筑企业安全施工的规定》,熟知本职工作范围、安全法规以及有关的规章制度,注意高空作业安全,土石方工程的安全,机电设备安装的安全规程,折除工程的安全,瓦工、灰工、木工、搬运工的安全以及施工机械的安全。

3. 来自社会的风险

社会风险属于社会治安领域,主要导致社会安全事件,包括群体突发事件、刑事案件、经济案件等,如杀人放火、拦路抢劫、入室盗窃、吸毒贩毒、流氓黑恶势力、赌博、制黄贩黄、卖淫嫖娼、制假贩假、强买强卖、欺行霸市、未成年人犯罪、外来人员犯罪等。在我国,社会治安领域违法犯罪总量仍高居不下,危害日趋严重,每年刑事案件死亡6万人,经济损失300亿元,经济犯罪涉案金额平均每年800亿元以上,吸毒造成的直接经济损失高达400亿元以上,计算机犯罪、恐怖谋杀、绑架人质、黑社会等问题社会危害和影响非常严重。

社会风险是一种导致社会冲突、危及社会稳定和社会秩序的可能性,更直接地说,社会风险意味着爆发社会危机的可能性。一旦这种可能性变成现实性,社会风险就转变成了社会危机,给社会稳定和社会秩序造成灾难性的影响。当前中国社会风险的累积对社会稳定和社会秩序构成了潜在的、相当大的威胁,从而也对全面建成小康社会和构建和谐社会提出了严峻的挑战。

社会风险状态既不是纯粹传统的,又不是传统现代的,而是一种混合状态。除了前工业社会的传统风险,如自然灾害、传染病等依然对人们的生产、生活和社会安全构成威胁外,现代化进程中不断涌现和加剧的失业问题、诚信危机、安全事故等工业社会早期的风险正处于高发势头,同时,现代风险的影响已超越国家疆界,如国际金融风险、环境风险、技术风险、生物入侵等随时可能对我们的安全造成威胁。

社会风险可分为人为风险、经济风险、资源风险、种族风险、国土风险等。从历史演变的角度,社会风险可从传统社会安全和非传统社会安全两个角度来认识。

(1)传统社会安全风险。传统社会安全风险主要是指国家面临的军事威胁及威胁国际安全的军事因素。按照威胁程度的大小,可以划分为军备竞赛、军事威慑和战争三类。战争又有世界大战,全面战争与局部战争,国际战争与国内战争,常规战争与核战争,等等。传统安全威胁由来已久。自从有了国家,也就有了国家间的军事威胁。但人们把军事威胁称为传统安全威胁,是在国家安全概念和新安全观提出以后。1943 年美国专栏作家李普曼首次提出了"国家安全"。(National Security)一词,美国学界把国家安全界定为有关军事力量的威胁、使用和控制,几乎变成了军事安全的同义语。20 世纪七八十年代以来,人们便把以军事安全为核心的安全观称为传统安全观,把军事威胁称为传统安全威胁,把军事以外的安全威胁称为非传统安全威胁。

(2)非传统社会安全风险。非传统社会安全(non - traditional security,简称 NTS)又称"新的安全威胁",(new - security threats),简称 NST。指的是人类社会过去没有遇到或很少见过的安全威胁;具体说,是指近些年逐渐突出的、发生在国家之外的安全威胁。非传统社会安全风险是相对传统安全威胁因素而言的,指除军事、政治和外交冲突以外的其他对主权国家及人类整体生存与发展构成威胁的因素。非传统安全问题主要包括:经济安全、金融安全、生态环境安全、信息安全、资源安全、恐怖主义、武器扩散、疾病蔓延、跨国犯罪、走私贩毒非法移民、海盗、洗钱等。非传统安全问题有以下主要特点:一是跨国性。非传统安全问题从产生到解决都具有明显的跨国性特征,不仅是某个国家存在的个别问题,而且是关系到其他国家或整个人类利益的问题;不仅是对某个国家构成安全威胁,而且可能对其他国家安全不同程度地造成危害。二是不确定性。非传统安全威胁不一定来自某个主权国家,往往由非国家行为体如个人、组织或集团等所为。三是转化性。非传统安全与传统安全之间没有绝对的界限,如果非传统安全问题矛盾激化,有可能转化为依靠传统安全的军事手段来解决,甚至演化为武装冲突或局部战争。四是动态性。非传统安全因素是不断变化的,例如,随着医疗技术的发展,某些流行性疾病可能不再被视为国家发展的威胁;而随着恐怖主义的不断升级,反恐成为维护国家安全的重要组成部分。五是主权性。国家是非传统安全的主体,主权国家在解决非传统安全问题上拥有自主决定权。六是协作性。应对非传统安全问题加强国际合作,旨在将威胁减少到最低限度。

相对于传统社会安全风险而言,非传统社会安全风险的内涵更广泛和复杂,涉及政治、经济、军事、文化、科技、信息、生态环境等领域。非传统安全问题主要包括恐怖主义、武器扩散、生态环境安全、经济危机、资源短缺、疾病蔓延、食品安全、信息安全、科技安全、经济安全、非法移民、走私贩毒、有组织犯罪、海盗、洗钱等方面。

非传统社会安全问题是政治安全、军事安全、经济安全和社会安全等方面问题相互交织、相互影响的结果,并严重威胁社会安定和国家间关系。因此,国际社会应加强非传统安全领域的合作,减少或消除非传统安全问题对人类的危害,促进世界的和谐发展。

4. 组合风险

组合风险是指自然风险、技术风险、社会风险相互组合形成的安全风险。如雷电、森林火灾、公共卫生、食品安全等。我国平均每年发生森林火灾上万次,造成直接经济损失达 70 ~ 100 亿元;公共火灾年平均损失近 200 亿元,因火灾而死伤的人数数千人;外来生物入侵、疫病疫情、有毒有害物质及化学危险品严重影响了人们的生命安全及经济技术贸易。侵入量加速增长;公共卫生事件频发威胁人民生命和健康,影响社会安定和经济发展,近年发生的 SARS、禽流感、甲流感造成重大人员伤亡和经济损失,以及社会动荡;食品安全隐患大增,卫生部一年收到食物中毒报告近千万起,每年中毒病例2万多人,每年死亡数百人。下面简要举一些例子。

(1)雷电－自然与技术组合的风险。雷电是发生在大气中的声、光、电物理现象,被联合国国际减灾十年确定为世界最严重的十大自然灾害之一,其强大的电流、炙热的高温、猛烈的冲击波以及强烈的电磁辐射等物理效应能够在瞬间产生巨大的破坏作用,常常导致人员伤亡,击毁建筑物、供配电系统、通信设备,造成计算机系统中断,引起火灾,威胁人们的生命和财产安全。近年来,雷电灾害长期不断地威胁人身安全和财产安全并危害公共服务和文化遗产。

(2)森林火灾－自然与社会组合的风险。森林火灾,是指失去人为控制,在林地内自由蔓延和扩展,对森林、森林生态系统和人类带来一定危害和损失的林火行为。森林火灾是一种突发性强、破坏性大、处置救助较为困难的自然灾害。它是自然风险与社会风险的组合。森林一旦遭受火灾,最直观的危害是烧死或烧伤林木。森林除了可以提供木材以外,林下还蕴藏着丰富的野生植物资源。然而,森林火灾能烧毁这些珍贵的野生植物,或者由于火干扰后,改变其生存环境,使其数量显著减少,甚至使某些种类灭绝。森林是各种珍禽异兽的家园。遭受火灾后,会破坏野生动物赖以生存的环境。有时甚至直接烧死、烧伤野生动物。另外森林火灾还会引起水土流失、山洪暴发、泥石流等自然灾害,还会使下游河流水质下降,造成空气污染。

(3)自然、技术与社会组合的风险。包括:①食品安全风险。食品安全是“食物中有毒、有害物质对人体健康影响的公共卫生问题。”食品安全要求食品对人体健康造成急性或慢性损害的所有危险都不存在,是一个绝对概念,也是降低疾病隐患、防范食物中毒的一个跨学科领域。食品安全问题举国关注,世界各国政府大多将食品安全视为国家公共安全,并纷纷加大监管力度。近年来我过发生了许多重大的食品安全事故,从三鹿事件后又出现了双汇瘦肉精事件,沃尔玛假绿色猪肉,雨润烤鸭问题,“塑化剂”风波,全聚德违规肉,立顿铁观音稀土超标,可口可乐中毒,牛肉膏事件,京津冀地沟油机械化生产,浙江检出20万克“问题血燕”,沈阳查出25吨“毒豆芽”,南京查出鸭血黑作坊,肯德基炸薯条油7天一换等一系列的食品安全事故,这不得不引起我们的关注。食品安全问题是民生问题,是政治经济问题,也是社会科学发展问题。作为经济转型中的发展中国家,我国还将在一段时期内应对和处理食品安全问题。②恐怖主义。长期以来,恐怖主义以其血腥的暴力活动为显著标志,在世界许多地区制造混乱,造成社会的动荡不安。“9·11”事件更是使这种活动达到一个前所未有的高度,它以空前的破坏力、冲击力和影响力,给世界政治、经济、军事,以及国际关系、国际秩序带来深刻的变化;它也迫使世界各国再度聚焦恐怖主义,重新评估恐怖主义危害,并把反恐纳入国家安全的战略层面。国际恐怖主义势力在世界各地制造了多起针对平民的恐怖袭击事件,并带来严重后果。美国、英国、俄罗斯、印尼、印度等国家,都经历过国际恐怖主义的浩劫,人民生命财产遭受巨大损失。在中国境内从事恐怖活动的“东突”分子,长期受到国际恐怖组织尤其是“基地”组织的训练、武装和资助,并在中国新疆等地和有关国家策划、组织、实施了一系列爆炸、暗杀、纵火、投毒、袭击等恐怖暴力活动,严重危害了中国各族人民群众的生命财产安全和社会稳定,对有关国家和地区的安全与稳定构成了威胁。虽然恐怖主义犹如“过街老鼠,人人喊打”,但恐怖主义威胁并没有在国际反恐斗争的严厉打击下日趋减小,仍不断发生的一系列恶性恐怖事件显示,恐怖主义威胁不仅依然存在,而且在一些地区还不断恶化。由此可见,反恐斗争仍是一项十分复杂、长期、艰巨的任务。③国境检验检疫。社会上存在偷越国境的现象,所谓偷越国境是指自然人违反出入国境管理法规,在越过国界线或者通过法律上的拟制国界时,不从指定口岸通行或者不经过边防检查,或者未经出境许可、未经入境许可。一旦国境检验检疫不严格,出现偷渡现象对国家的影响是非常严重的。2003年的非典型性肺炎、现在的禽流感都是传染性极强的疾病,在出入境时如果检验不严格,疾病的蔓延速度就会大大增加,可能由一个国家传染到另外一个国家,这是相当严重的事情。还有一些人非法运输、携带、邮寄国家禁止进出境的物品、国家限制进出境或者依法应当缴纳关税和其他进口环节代征税的货物、物品进出境,也就是从事走私活动,比如走私汽车、手机、烟等。更有一些人非法出入国境进行传教,甚至一些逃犯在国与国之间流窜,进行犯罪活动,这些都会影响国家安全。

对于安全工程专业人才或未来的安全工程师,其知识体系的主体不涉及自然风险、社会风险。因此,本教材的内容主要是针对技术风险和与技术风险相关的组合风险的规律、理论和方法。

3.2 安全科学的性质与特点

3.2.1 安全科学的定义和性质

人类的安全技术可以追溯数百年的发展史,产业领域的安全工程也有近百年历史,但是,安全科学概念的提出与诞生还不到30年。因此,安全科学的定义和概念还在形成和完善过程中,目前还未有普遍统一的定义。

1985年德国学者库尔曼撰写了人类有史以来的第一本安全科学专著,称为《安全科学导论》(Introduction to Safety Scince),他对安全科学做出了这样的阐述:"安全科学的主要目的是保持所使用的技术危害作用限制在允许的范围内。为实现这个目标,安全科学的特定功能是获取及总结有关知识,并将有关发现和获得的知识引入到安全工程中来。这些知识包括应用技术系统的安全状况和安全设计,以及预防技术系统内固有危险的各种可能性。"

比利时J. 格森教授对安全科学做了这样的定义:"安全科学研究人、技术和环境之间的关系,以建立这三者的平衡共生态(equilibrated sysbiosis)为目的。"

《中国安全科学学报》杂志主编刘潜把安全科学定义为:"安全科学是专门研究人们在生产及其活动中的身心安全(含健康、舒适、愉快乃至享受),以达到保护劳动者及其活动能力、保障其活动效率的跨门类、综合性的横断科学。"

还有的学者认为:"研究生产中人－机－环境系统,实现本质安全化及进行随机安全控制的技术和管理方法的工程学称之为安全科学。"

我们将安全科学定义如下:安全科学是研究安全与风险矛盾变化规律的科学。其中包括:研究人类生产与生活活动安全本质规律;揭示安全系统涉及的人－机－环境－管理相互作用对事故风险的影响特性;研究预测、预警、消除或控制安全与风险影响因素的转化方法和条件;建立科学的安全思维和知识体系,以实现系统风险的可接受和安全系统的最优状态。

从以上不同的定义可以看出,对安全科学理解和定义是一个不断发展的过程,随着人们对安全需求的提高和对安全本质认识的清晰,以及安全理论的不断完善和充实,人们将会对安全科学的内涵和外延逐步形成一致的认识。

基于目前的认知水平,可以将安全科学基本性质归纳如下:

(1)安全科学要揭示和实现本质安全,即安全科学追求从本质上达到事物或系统的安全最适化。现代的安全科学要区别于传统的安全学问,其特点在于:变局部分散为整体、综合;变事后归纳整理为事前演绎预测;变被动静态受制为主动动态控制。总之,安全科学必须适应人类技术发展和生产生活方式的发展要求,提高人类安全生存的能力和水平。

(2)安全科学要体现理论性、科学性和系统性。安全科学不是简单的经验总结或建立在事故教训基础上的科学,它要具有科学的理性,强调本质安全,突出预防特点。因此,基于安全科学原理提出的理论和方法技术,具有科学性、系统性。

(3)安全科学研究的对象具有复杂性与全面性。安全科学研究主要对象是来自于自然、技术和社会的风险,而风险的影响因素或变量涉及人因、物因、环境因素和管理因素等,因此,安全科学需要对多种因素进行全面性与全过程的系统研究。

(4)安全科学具有交叉性和综合性。由于安全科学研究对象的复杂性,安全科学具有自然属性、社会属性交叉的特点,使得安全科学必须建立在自然科学与社会科学基础上发展。安全科学涉及技术科学、工程科学、人体生理学等自然科学,还涉及管理学、心理学、行为学、法学、教育学等社会科学,因此,具有交叉科学和综合科学的特点。

(5)安全科学的研究目标是针对来自于自然、技术或社会风险的各类事故灾难。具体地说就是通过安全科学理论的进步和安全技术的发展,人类能够提高对各类事故灾难的预防、控制或消除的能力和水平。

(6)安全科学的目的具有广泛性。安全科学的目的首先是人的生命安全与健康保障,同时,通过事故灾难的防范,能够有效地减轻事故灾难的经济损失,保障财产安全,甚至实现社会经济持续发展和社会的安定和谐。

3.2.2 安全科学的特点

1. 安全科学是交叉科学

科学是根据科学对象所具有的特殊矛盾性进行区分的。在社会发展中,人类遇到诸如人口、食物、能源、生态环境、健康等安全问题,仅靠一门学科或一大门类学科是不能有效解决的,而唯有交叉学科最有可能解决。交叉科学的功能是把科学对象连接为复杂系统的纽带,或者说交叉科学的存在是科学对象成为一个完整系统的必要条件。交叉科学形成的机制,是科学对象发展的产物。科学对象的特殊性是科学存在的基础,科学对象规律性研究、综合理论体系的形成是科学形成的必要条件。然而,很多"交叉科学"在其孕育期间因其交叉性或综合理论体系尚不完善,长期在我国科研和教学体制中找不到学科位置,得不到制度和体制上的鼓励和保障,该局面正反映了安全科学的现状。安全科学是自然科学、社会科学和技术科学的交叉。交叉科学的理论内容有一个发展过程,即由理论的综合逐渐转化形成本门学科的综合性理论,进而安全科学将由交叉科学转化为横向科学。

2. 安全科学与其他学科的交叉关系

在现代科学整体化、综合化的大背景下,已有学科在渗透、整合的基础上形成边缘学科、交叉学科,这是新学科创立的基本方式之一。安全科学作为一个交叉学科门类,同数学、自然科学、系统科学、哲学、社会科学、思维科学等几个科学部类都有密切的联系(见图3-5)。安全科学只有积极、主动地引进、吸纳其他学科的理论、方法,加强学科之间的交叉整合,才能真正成为科学知识体系,在科学知识体系整体化的历史进程中发挥应有的作用。

由于安全问题非常复杂,涉及面广,严格来说几乎与所有的学科有关,必须对人的因素、物

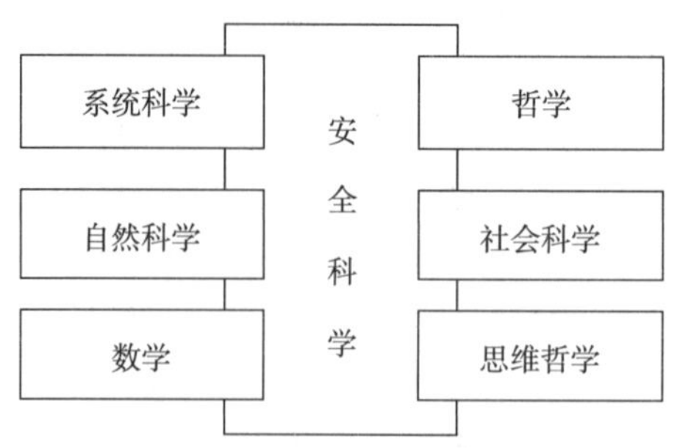

图3-5　安全科学的学科交叉

的因素(包括环境)、意外的自然因素进行综合系统分析,研究事故和灾害规律,以建立正确而科学的理论,从而寻求解决的对策和方法。因此,对安全的认识必须是动态的而不是静止的;有物理因素,有化学因素;有人为的灾害,又有自然的灾害;有物质的,也有精神的;有生产性的,也有非生产性的;有生理的,也有心理的原因等。显然,安全科学是自然科学和社会科学交叉协同的一门新兴科学,具有跨行业、跨学科、交叉性、横断性等特点。科学技术的发展和实践表明,安全问题不仅涉及到人的因素,还涉及物(设备、工具等)、技术、环境等,是人为与自然、天灾与人祸的复合现象,因此,需要自然科学与社会科学交叉结合才能解决。安全科学的知识体系涉及和包括5个方面:(1)与环境、物有关的物理学、数学、化学、生物学、机械学、电子学、经济学、法学、管理学等;(2)与安全基本目标与基本背景有关的经济学、政治学、法学、管理学以及有关国家方针政策等;(3)与人有关的生理学、心理学、社会学、文化学、管理学、教育学等;(4)与安全观念有关的哲学及系统科学;(5)基本工具,包括应用数学、统计学、计算机科学技术等。

除此以外,安全科学知识还要与相关行业、领域的背景(生产)知识结合起来,才能达到保障安全、促进经济发展的目的。如搞矿山行(企)业安全的人除具备一般安全科学的知识外,还要具备采矿学的有关知识;搞化工、爆破行(企)业安全的人除具备一般安全科学的知识外,还要具备化工和爆破的有关知识等。就目前的认识而言,与安全科学关联程度较大的有:自然科学、工程技术科学、管理科学、环境科学、经济科学、社会学、医科学、法学、教育学、生物学等。一般来说,安全科学仍以工业事故、职业灾害和技术负效应等为主要研究对象,两者之间有交叉。基于以上认识,安全科学与其他相关学科的关系见图3-6。

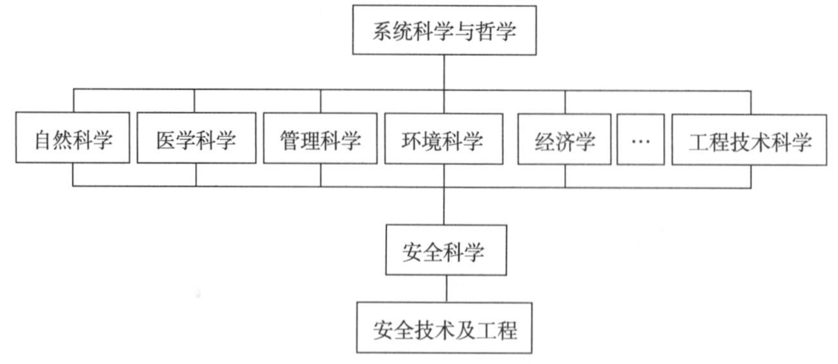

图3-6　安全科学与其他相关科学的关系

安全科学研究的上层是系统科学和哲学(马克思主义哲学、科学哲学),它们不仅为自然科学而且也为社会科学提供了思想方法论和相关的认识论的基础;第二层是相互交错的相关的自然科学、管理科学、环境科学、工程技术科学等,它们构成了安全科学可利用和发展的基础;基于第二层之下的是人类社会生存、生活、生产领域普遍设计和需求的、且有共性指导意义的安全科学,其理论和技术均有较强的可操作性,而且根据需要可充分利用其下各学科对人类社会活动的规律性总结,发展自己理论基础和工程技术。值得注意的是,随着安全科学与灾害学、环境科学的渗透与交叉,安全、减灾、环保三学科交叉融合趋势渐强,大安全观开始萌芽。

3.3 安全科学的任务与目的

安全科学的基本任务与目的与国家制定的有关安全法律法规是一致、协同的。我国的《安全生产法》确定的安全生产目的宗旨是:保护人民生命安全,保护国家财产安全,促进社会经济发展。安全科学的任务与目的可以概括为:人的生命安全、人的身心健康、经济财产安全、环境安全、社会稳定等方面。

3.3.1 生命安全

生命是智慧、力量和情感的唯一载体;生命是实现理想、创造幸福的根本和基石;生命是民族复兴和创建和谐社会的源泉和资本。没有生命就没有一切。从社会经济发展的角度,人是生产力和社会中最宝贵、最活跃的因素,以人为本、人的生命安全第一,就是人民幸福的根本要求。因此,生命安全保障是安全科学的第一要务。

据国际劳工组织报告,世界范围内的工矿企业,每年发生各种工业事故5000万起,造成200多万人丧生;世界卫生组织的统计报告,2011年道路交通事故死亡近130万人。加上各种海难、空难、火灾、刑事案件等各类安全事故,每年有近400万人死于意外伤害,每年发生事故2.5亿起,每天68.5万起,每小时2.8万起,每分钟476起;每天近万人死于非命,相当于全球10个最大的城市的人口总和。这样的数量相当于世界大战,事故可谓无形的战争。

美国:每年在工作场所的工伤事故死亡近5000人,10万人死亡率为3.9人(2003年),伤残人数300多万人,其中农业生产死亡700多人,发生致残伤害的有130000人,农业工人在各主要行业中死亡率高达第二位,工伤导致美国损失1321亿美元,平均每个工人损失970美元,工人遭受的死亡伤害中的大约十分之九和致残伤害中的约五分之三是发生在非工作时间内。

英国:每年工伤死亡300余人,重伤近2万人。

德国:每年工伤死亡约1500人,领取工伤保险金人数约5万人。

法国:每年工伤歇工者达30万人,年损失劳动工日约3000万个。

韩国:一年的工伤人数高达10万人,死亡2500人;损失工日5000余万个。

新加坡:每年的工伤事故5000余起,百万工时损失率为448天。

日本:每年生产性事故死亡4千余人,近百万人受伤致残。

泰国:一年的工伤人数达13万人,死亡近800人。

表3-3是近年世界部分国事故死亡水平的统计。

表3-3 部分国家事故灾难10万人死亡率统计数据

指标/年份 国家	10万人死亡率						人均GDP/美元		
	2000	2001	2002	2003	2004	2005	2004	2005	2006
缅甸				3	3	2		135	
印度	31	37	28	31	28		530	652	727
吉尔吉斯斯坦	7	7	7	5	8	5		413	
多哥	11.7	16.8	11.3	15.0	16.3		310	357	
保加利亚	7.3	7.3	6.0	5.2	6.0		2130	3325	3769
阿塞拜疆	4	3	6	6	8	6	810	1237	
埃及		7	7	7			1390	1118	1071
突尼斯	14.9	15.9	14.3	16.0	13.1		2240	3052	
泰国	11.3	0.1	9.9	11.2	11.7	18.7	2190	2807	3042
摩尔多瓦	6.5	5.0	5.3	5.6	4.9	6.4		665	
阿尔及利亚		23.2	20.9	19.0	17.6		1890	2601	2800
尼加拉瓜	9	10	9	6			730	794	
中国	9.29	10.22	10.85	10.56	10.521	9.69	1257	1703	2042
乌克兰	9.5	10.5	10.0	9.4	8.9	8.4	970	1589	1746
哥斯达黎加	9.6	9.5	7.5	7.0	6.1	6.4	4280	4484	
立陶宛	6.9	8.9	8.1	11.3	9.0	10.4	4490	6796	
罗马尼亚	8	7	7	7	7	8	2310	3277	3551
土耳其	24.6	20.6	16.8	14.4	13.6		2790	4637	5087
波兰	5.2	5.1	4.9	4.9	4.7	4.4	5270	6373	6887
墨西哥	14	12	11	12	11	11	6230	6566	6901
克罗地亚	3.1	3.2	3.3	3.4	2.7	4.3	5350	7764	8363
匈牙利	3.98	3.21	4.21	3.39	4.10	3.20	6330	10896	16647
捷克共和国	4.9	5.2	4.6	4.5	4.3	3.7	6740	10708	11608
智利	12	10	11	12	9		4390	5742	6221
美国	4	4	4	4	4		37610	42076	43995
法国	4.4	4.2	3.8	3.7	3.5		24770	33126	35377
英国	0.9	0.8	0.7	0.7	0.7		28350	36977	38636
以色列	4.3	4.2	3.8	3.6	3.3	3.0	16020	16987	19155
西班牙	9.2	8.0	6.1	5.3	4.9	4.7	16990	24627	26763
挪威	2.5	1.6	1.7	2.1	1.7	2.1	43350	53465	56767
意大利	7	6	5	5	5		21560	29648	30689
奥地利	5.3	4.5	4.7	3.9	19.5		26720	35861	37771
斯洛文尼亚	3.3	4.3	4.0	5.1	2.6	2.6	11830	17660	18728
芬兰	2.3	2.1	1.8	2.1	2.1		27020	35242	32836
加拿大	6.0	6.1	6.1	6.1	5.8	6.8	23930	32073	32898
澳大利亚	3	3	3	2	2		21650	29761	31851
瑞典	1.5	1.4	1.4	1.3	1.4		28840	38451	40962

我国的事故状态也不乐观，以2011年的数据指标为例：各类安全事故死亡人数高达10万人，全国亿元GDP事故死亡率0.173、道路交通万车死亡率2.8、煤炭百万吨死亡率0.56、特种设备万台死亡率是0.595、百万吨钢死亡率为0.31，与发达国家相比有数倍的差距。在我国各行业的事故死亡人数比例中，交通事故第一位、铁路事故第二位、煤矿第三位、建筑类事故第四位。可看出，这些行业是我国经济总量较大、发展速度最快的行业。

我国安全生产事故和生产安全事故总体形势严峻，重特大事故造成严重社会危害；高危行业及安全生产问题突出。首先，我国安全生产的基础较为薄弱，一是高危产业占经济总量比例较高，第二产业占53%，建筑、矿业、石油化工、交通运输等高危险行业占到40%以上，并处高增长率水平；二是高危行业从业人员安全素质还有待提高，现今在中国在进城农民工近2亿人，2020年将达3亿，其中建筑业占79.8%，矿业占52.5%；三是我国安全生产法的实施晚发达国家30年，美国、日本、英国等发达国家20世纪70年代初期颁布职业安全健康法，我国2002年颁布安全生产法；四是每年安全生产投入不到GDP的2%，而发达国家高达3%以上；四是安全生产领域科技投入水平较低，仅是美国的1/200；五是全国重大安全隐患数千处，重大危险源数近百万。

生命安全的最基本内涵是不死不伤。因此，生命安全还涉及伤害、伤残的问题。统计表明，事故灾难的死伤比为1:4。在这一层面，每年全球职业事故事故造成上千万人受伤致残，道路交通事故每年的伤害人数高达5000万。意味着事故灾难每一秒160人伤残，4000人需治疗。

因此，建立和发展安全科学，提高和改善人类安全保障能力和事故灾难的防范水平，对减少事故死亡率，对人类生命安全具有重要意义和价值。

3.3.2 身心健康

安全科学的第二任务或目标就是人的身心健康保障（physical and intellectual integrity）。世界卫生组织对健康的定义是：身体、心理及对社会适应的良好状态。显然，事故灾难的发生除了“要命”，还对人的身心状态产生巨大的伤害。首先可能是对个体自身的生命、健康造成直接危害，从而对自己的身心产生伤害；另外，可能是对家人、亲人、朋友、同事，甚或其他不认识人的生命、健康造成伤害，从而间接对自己的身心产生伤害。无论何种状态，都对世界卫生组织定义的人的身体健康和心理健康标准产生了冲击和伤害。

世界卫生组织确定的身体健康10项标志是：

- 有充沛的精力，能从容不迫地担负日常的繁重工作；
- 处事乐观，态度积极，勇于承担责任，不挑剔所要做的事；
- 善于休息，睡眠良好；
- 身体应变能力强，能适应外界环境变化；
- 能抵抗一般性感冒和传染病；
- 体重适当，身体匀称，站立时头、肩、臂位置协调；
- 眼睛明亮，反应敏捷，眼和眼睑不发炎；
- 牙齿清洁，无龋齿，不疼痛，牙龈颜色正常且无出血现象；
- 头发有光泽，无头屑；
- 肌肉丰满，皮肤富有弹性。

世界卫生组织确定心理健康的6大标志是：

• 有良好的自我意识，能做到自知自觉，既对自己的优点和长处感到欣慰，保持自尊、自信，又不因自己的缺点感到沮丧。

• 坦然面对现实，既有高于现实的理想，又能正确对待生活中的缺陷和挫折，做到“胜不骄，败不馁”。

• 保持正常的人际关系，能承认别人，限制自己；能接纳别人，包括别人的短处。在与人相处中，尊重多于嫉妒，信任多于怀疑，喜爱多于憎恶。

• 有较强的情绪控制力，能保持情绪稳定与心理平衡，对外界的刺激反应适度，行为协调。

• 处事乐观，满怀希望，始终保持一种积极向上的进取态度。

• 珍惜生命，热爱生活，有经久一致的人生哲学。健康的成长有一种一致的定向，为一定的目的而生活，有一种主要的愿望。

显然，事故灾难会对上述身心健康标准的保障产生威胁和影响。

在安全生产领域，身心健康也称职业健康。职业健康的保障是安全工程师重要任务和职责之一。

在世界范围内，全球的就业人员有35%遭受职业危害，对其职业健康产生影响，从而造成职业病。

我国职业危害也十分严重。接触粉尘、毒物和噪声等职业危害的员工在2500万人以上。最新的统计表明，自2000年以来，我国职业病报告病例总体呈上升趋势。按中国卫生部统计，2010年全国30个省、自治区、直辖市（不包括西藏）和新疆生产建设兵团报告的职业病例是2000年报告病例的1.3倍；其中尘肺病例与2009年相比增加了64.3%，是2000年报告病例的1.6倍，累积尘肺病人数已达近百万人，给社会带来巨大的经济负责，给受害本人造成巨大的身心痛苦。由于职业病具有迟发性和隐匿性的特点，我国职业病在今后一段时期内仍将呈现高发态势。

近几年，贵州、甘肃、江西、辽宁、安徽等地发生多起尘肺病群发事件。“尘肺病等职业病一旦患病，很难治愈，严重威胁着劳动者身体健康乃至生命安全。同时，职业病给这些患者家庭带来了沉重的经济负担，形成严重的社会问题。”我国产业领域，伴随着新技术、新工艺、新材料的应用，新的职业病危害也在不断出现。职业病危害广泛分布在矿山、冶金、建材、有色金属、机械、化工、电子等多个行业。职业病危害超标现象非常普遍和严重，特别是石英砂加工企业和石棉矿山企业、金矿企业粉尘超标严重；木质家具企业也存在化学毒物严重超标的现象。

针对职业健康问题，我国制定了《国家职业病防治规划（2009～2015年）》以完善监管法规标准、职业病危害治理为重点，以机构队伍建设、技术支撑体系建设、专家队伍建设为基础，以宣传培训、三同时管理、许可证管理、服务机构监管、职业危害申报、监督执法工作为抓手，全面加强监督管理工作，落实用人单位职业卫生主体责任，预防、控制、消除职业病危害从而减少职业病，维护劳动者健康权益。力争到2015年，全面完成规划规定的新发尘肺病病例年均增长率下降等13项指标任务，使职业病防治监督覆盖率比2008年提高20%以上，严重职业病危害案件查处率达到100%。

3.3.3 财产安全

安全科学的第三个任务和目标就是经济财产安全。安全问题导致的事故灾难对国家、企业、家庭都会产生巨大的财产损失的影响。据联合国统计,世界各国每年要花费国民经济总产值的6%来弥补由于不安全所造成的经济损失。一些研究也表明,事故对生产企业带来的损失可占企业生产利润的10%,而安全投入的经济贡献率可达5%。这些数据说明安全科学技术对社会经济或经济财产安全的重要作用。安全对于财产安全的作用包括直接的和间接的两个方面。

1. 直接的财产安全影响

美国劳工调查署(BLS)对美国每年的事故经济损失进行统计研究,其结果占GDP比例的1.9%,总数1992年高达1739亿美元。研究还表明:事故损失总量随着经济的发展呈现不断上升的趋势。根据英国国家安全委员会(HSE)研究资料,一些国家的事故损失占GDP的比例见表3-4。

表3-4 职业事故和职业病损失占GNP或GNI比例对比

国家	基准年	事故损失占GDP比例
英国	1995/1996	1.2~1.4
丹麦	1992	2.7
芬兰	1992	3.6
挪威	1990	5.6~6.2
瑞典	1990	5.1
澳大利亚	1992/1993	3.9
荷兰	1995	2.6

从表3-4中可以看出,虽然各国对事故经济损失的统计水平不尽相同,占GNP的比例在0.4%~4%之间,但是可以确定的是事故造成经济损失是巨大的,事故对社会经济的发展影响是比较大的。

国际劳工组织局长胡安·索马维亚说:人类应加强对工伤和职业病的关注,他还指出,目前工伤事故和职业病给世界经济造成的损失已相当于目前所有发展中国家接受的官方经济援助的20倍以上,这将造成世界GDP减少4%,这一数字还不包括一部分癌症患者和所有传染性疾病。

在我国,根据国家安全生产监督管理总局组织鉴定的科研课题《安全生产与经济发展关系研究》的调查研究表明:我国20世纪90年代平均直接损失(考虑职业病损失)占GDP比例为1.01%;平均年直接损失为583亿元,并且,按研究比例规律,我国2001年事故经济损失高达950亿元,接近1000亿元;如果考虑间接损失,基于事故直间损失比系数在1:2~1:10之间,取其下四分位数为直间比系1:4,可推测,20世纪90年代年平均事故损失总值为2500亿。若采取美国1992年事故损失直间比数据,即1:3,我国事故损失总值为1800亿元。根据对我国企业进行的抽样调查获得的数据统计,我国企业的事故损失倍比系数在1:1~1:25的范围,数据离散较大,但大多数在1:2~1:3之间,取其中值,即1:2.5,则我国20世纪90年代事故损失总量约为1500亿,而按我国2002年的经济规模推算,则每年的事故经济损失高达2500亿元。

2. 间接的经济安全作用

间接的安全经济作用主要是通过安全对社会经济的贡献或增值作用来体现的。

发展安全科学，提高安全保障能力，能够促进和保障社会经济，这已获得社会普遍的认同。这种增值的或称为正面的经济安全作用和影响是如何形成的呢？

安全对社会经济的影响，不仅表现在减少事故造成的经济损失方面，同时，安全对经济具有“贡献率”，安全也是生产力。因此，重视安全生产工作，加大安全生产投入对促进国民经济持续、健康、快速发展和坚持以经济建设为中心是完全一致的。

安全的生产力作用和经济增值作用主要是通过对生产力要素的影响和作用产生的。首先，安全能够保护人，劳动者是第一生产力要素，有安全的作用；第二是对生产资料的安全保护，生产资料也是生产力；第三是管理的作用，安全管理是企业生产经营管理的组成部分。因此，生产力要素创造的价值有安全的贡献率。

我国在21世纪初国家组织的《安全生产与经济发展关系研究》课题研究结果表明，针对我国20世纪80年代和90年代安全生产领域的基本经济背景数据，应用宏观安全经济贡献率的计算模型，即“增长速度叠加法”和“生产函数法”，经过理论的研究分析和数据的实证研究，获得安全生产对社会经济（国内生产总值GDP）的综合（平均）贡献率是2.40%，安全生产的投入产出比高达1:5.8。因此，从社会经济发展的角度，在生产安全上加大投入，对于国家、社会和企业无论是社会效益还是经济效益都具有现实的意义和价值。现实中，由于不同行业的生产作业危险性不同，其安全生产所发挥的作用也不同，因此，对于不同危险性行业的安全生产经济贡献率也不一样。因此，分析推断出不同危险性行业安全生产经济贡献率为：高危险性行业：约7%，甚至高达10%以上；一般危险性行业：约2.5%；低危险性行业：约1.5%。

众所周知，事故发生的时候生产力水平会下降。研究其原因，可能是由于损坏了机器设备和工具；或损失了材料和产品；或由于长久地或者暂时地失去了雇员，以及由于更换人员造成的损失。但是更加具体的、不容易被注意到的原因是事故和疾病对人力资源的精神和士气所造成的损失。在做出恢复生产的安排之前，生产操作可能处于停滞状态；由于照顾受伤者，其他的雇员将花费时间；由于事故的发生，许多其他雇员会吃惊、好奇、同情等，这样也可能损失很多时间；由于事故发生，工人的生产积极性和生产情绪会受到极不好的影响，并会很明显地影响工人的生产进度；企业本来监管日常行政工作的重点会转移到对事故的调查、报告、赔偿以及替换和培训受伤人员等方面，对正常的管理效率造成负面影响；雇员士气受到的影响，同样会影响到生产或者服务的质量。此外，企业还可能很难及时寻找到合适的替换工人。概括地说，一旦危险的工作条件影响到了工人的操作会造成时间上的浪费和长时间的无效劳动。

从另一个角度来说，假如企业在一个项目（工程）的初期进行了一定的安全投入（具体投入数量视具体项目、工程而定），毫无疑问，事故率会大幅度减少，因为事故造成的直接损失和间接损失就可以大幅度的减少。不仅如此，由于企业长期不发生事故（事故率很少），生产工人没有心理的压力，可以全身心地投入到工作中，生产能够满负荷地运转，生产力水平能维持在一个较高的水平，另外，由于投入到项目或工程中的一部分经费被用作对安全管理人员、对生产工人岗位安全知识的培训，被用来进行经常性地安全检查，企业整体的安全管理水平得以提高，安全意识得到加强，作为影响生产力水平的重要因素——人力资源的质量得到提高，大大提高了生产水平。从更深的角度讲，由于对生产车间的劳动卫生进行治理，减少对外的排污量（降低污染物浓度，使污染物排放合格），企业及其周围的大环境质量得到改善，于国家或企业而言都是一种效益，它大大节约了国家或企业用来治理环境的费用。并且，较长时间不发生事故的企业，其良好的安全信誉构成了一项宝贵的无形资产，企业商誉价值提高，这都能给企业带来实在的效益。

因此,发展安全科学,提高全社会的生产安全保障水平,对降低事故经济损失影响,具有直接的财产安全作用和意义,同时,安全对经济还具有贡献率和增值的作用。

3.3.4 社会安全稳定

社会安全稳定的任务和目标是安全社会价值的体现。安全以保护人的生命安全和健康为基本目标,是"科学发展"的内涵,是"和谐社会"的要求,是"以人为本"的内涵,是社会文明与进步的重要标志。安全生产作为保护和发展社会生产力、促进社会和经济持续健康发展的基本条件,关系到国民经济健康、持续、快速的发展,是生产经营单位实现经济效益的前提和保障,是从业人员最大的福利,是人民生活质量的体现。因此,安全科学的发展关系到社会稳定,关系到国家富强、人民安康,关系到"中国梦"的最终实现。

安全科学的社会安全稳定的任务和目标具体体现在如下方面:

1. 安全是"以人为本"的具体体现

以人为本就是要把保障人民生命安全、维护广大人民群众的根本利益作为出发点和落脚点,只有保证人的安全健康,中国人的"中国梦""幸福梦"才能实现。人民群众是构建社会主义和谐社会的根本力量,也是和谐社会的真正主人。安全是经济持续、稳定、快速、健康发展的根本保证,是社会主义发展生产力的最根本的要求,也是维护社会稳定的重要前提。"以人为本"是和谐社会的基本要义,是党的根本宗旨和执政理念的集中体现,是科学发展观的核心,也是和谐社会建设的主线,而安全就是人的全面发展的一个重要方面。

安全体现"以人为本",一方面是强调安全的根本性目的是保护人的生命健康和财产安全,实现人对幸福生活的追求;另一方面是要靠人的能动性,充分发挥人的积极性与创造性,实现安全生产和公共安全。安全事关最广大人民的根本利益,事关改革发展和稳定大局,体现了政府的执政理念,反映了科学发展观以人为本的本质特征。以人为本,首先要以人的生命为本,只有从根本上提高全社会的安全保障水平,改善安全状况,大幅度减少各类事故灾难对社会造成的创伤和振荡,国家才能富强安宁,百姓才能安康幸福,社会才能和谐安定。

2. 安全发展是"科学发展"的基本要求

科学发展的定义包含节约发展、清洁发展和安全发展。安全发展是科学发展的必然要求,没有安全发展,就没有科学发展。

国家执政党把安全发展作为重要的指导原则之一写进党的重要文献中,这是党和国家与时俱进,对科学发展观思想内涵的丰富和发展,充分体现了党对发展规律认识的进一步深化,是在发展指导思想上的又一个重大转变,体现了以人为本的执政理念和"三个代表"重要思想的本质要求。

3. 安全是构建"和谐社会"的重要保障

构建和谐社会必须解决安全生产和公共安全问题,这是现代社会最为关心的问题。如果人的生命健康得不到保障,一旦发生事故,势必造成人员伤亡、财产损失和家庭不幸,因此,切实搞好安全生产工作和解决好公共安全问题,人民的生命财产安全得到有效保障,国家才能富强永固,社会才能进步和谐,人民才能平安幸福。

(1)安全是人类的基本需求。马斯洛的需求层次论指出,人类的需求是以层次的形式出现的,由低级的需求向上发展到高级的需求。人类的需求分5个层次,即:生理的需求、安定和安全的需求、社交和爱情的需求、自尊和受人尊重的需求、自我实现的需求。由此可见,安全的需求仅次于生理需求,是人类的基本需求。

(2)安全反映和谐社会的内在要求。构建和谐社会是党从全面建设小康社会、开创中国特色社会主义事业新局面的大局出发而作出的一项重大决策和根本任务,代表着最广大人民群众的根本利益和共同愿望。小康社会是生产发展、生活富裕的社会,是劳动者生命安全能够切实得到保护的社会,理所当然地必须坚持以人为本,以人的生命为本。安全生产的最终目的是保护人的生命安全与健康,体现了以人为本的思想和理念,是构建社会主义和谐社会的必然选择。

(3)安全是保持社会稳定发展的重要条件,也是党和国家的一项重要政策。党和国家领导人对关于安全生产工作的重要批示和国务院有关文件及电视电话会议,都把安全生产提高到"讲政治,保稳定,促发展"高度。安全生产关系到国家和人民生命财产安全,关系到人民群众的切身利益,关系到千家万户的家庭幸福,一旦发生事故,不仅正常的生产秩序被打乱,严重的还要停产,而且会造成人心不稳,生产积极性受到严重打击,生产效率下降,直接影响经济效益。每一次重大事故的发生,都会在社会上造成重大的负面影响,甚至影响社会稳定。所以,安全生产是社会保持稳定发展的重要条件。

4. 安全是实现全面建成"小康社会"的必然要求

人民是建设全面建设小康社会的主体,也是享受全面建成小康社会的主体。安全是人的第一需求,也是全面建设小康社会的首要条件。没有安全的小康,不能称作是小康;离开人民生命财产的安全,就谈不上全面的小康社会。不难设想,一个事故高发、人民群众终日处在各类事故的威胁中、老百姓没有安全感的社会,决不是人们期望的小康社会。党和国家对人民的生命财产安全一向高度重视。因此,全面建设小康社会的十六大报告将安全生产作为重要内容写入这份纲领性文献中,并提出了新的更高要求。报告对各项工作提出了明确而严格的要求,把安全生产摆到了重中之重的位置。

"全面建设小康社会"这一远大而现实的目标,不应仅仅反映在经济和消费指标上,它的"全面"的内涵还应该包括社会协调安定、人民生活安康、企业生产安全等反映社会协调稳定、家庭生活质量保障、人民生命安全健康等指标上。因此,公共安全、生产安全、消防安全、食品安全、交通安全、家庭生活安全等"大安全"指标体系已纳入"全面建设小康社会"的重要目标内容,纳入国家社会经济发展的总体规划和目标系统中。

3.4 安全科学的基本范畴

安全科学的范畴经历了从"小安全"到"大安全"的转变。所谓"小安全"一是安全目标小,比如仅仅是生命安全;二是领域小,比如仅涉及劳动保护、安全生产;三是专业适用范围小,比如仅仅适用生产安全或生产企业;四是研究对象小,比如仅仅针对事故灾难。进入21世纪后,安全科学的范畴有扩大的趋势。主要体现在:目标从生命安全扩大到身心安全、健康保障、财产安全等;领域从劳动保护扩大到公共安全、生活安全等;适用范围从生产企业到公共社区、社会治安等;研究对象从事故灾难到自然灾难、社会突发事件、公共卫生等。

但是,目前对安全科学的研究范畴并没有一致认识,这是一门新兴学科发展过程中的必然现象。作为一名安全工程专业大学生,所要把握的是安全科学范畴的主体和主流。

3.4.1 工业安全范畴

1. 工业安全的发展

第一次工业革命时代，蒸汽机技术直接使人类经济从农业经济进入工业经济，人类从家庭生产进入工厂化、跨家庭的生产方式。机器代替手用工具，原动力变为蒸汽机，人被动地适应机器的节拍进行操作，大量暴露的传动零件使劳动者在使用机器过程中受到危害的可能性大大增加。

当工业生产从蒸汽机进入电气、电子时代，以制造业为主的工业出现标准化、社会化以及跨地区的生产特点，生产更细的分工使专业化程度提高，形成了分属不同产业部门的相对稳定的生产结构系统。生产系统的高效率、高质量和低成本的目标，对机械生产设备的专用性和可靠性提供了更高的要求，从而形成了从属于生产系统并为其服务的机械系统安全。机械安全问题突破了生产领域的界限，机械使用领域不断扩大，融入人们生产、生活的各个角落，机械设备的复杂程度增加，出现了光机电液一体化，这就要求解决机械安全问题需要在更大范围、更高层次上进行，从“被动防御”转为“主动保障”，将安全工作前移。对机械全面进行安全系统的工程设计包括从设计源头按安全人机工程学要求对机械进行安全评价，围绕机械制造工艺过程进行安全、技术和经济评价。

20世纪中叶，随着控制理论、控制技术的飞速发展，自动化生产、流水线作业、无人生产等自动智能生产方式逐步取代了传统工业生产中的人的操作。这一方面极大地减少了工人的劳动强度，另一方面大大提高了工业企业的生产效率。在获得这些高效率的同时，一些安全隐患与事故也逐步显现出来。例如生产线设备故障、控制及操纵故障、现场总线故障等，这些故障一旦发生，将会极大地影响企业的生产效率，严重情况下还会影响企业工人以及周围群众的生命财产安全。基于工业过程安全控制的安全生产自动化技术，如安全检测与监控系统、安全控制系统、安全总线、分布式操作等技术的应用，可为生产过程提供进一步的安全保障。

以工业以太网和国际互联网为代表的数字化网络化技术，把人类直接带进知识经济与信息时代。由于工业网络的复杂性和广泛性，工业网络的不安全因素也很复杂，有来自系统以外的自然界和人为的破坏与攻击；也有由系统本身的脆弱性所造成的。在安全方面的主要需求是基于软件和硬件两个方面，即网络中设备的安全和网络中信息的安全，解决安全问题的手段出现综合化的特点。

2. 现代工业安全事故类型

安全生产事故是企业事故的一种，是指生产过程中发生的，由于客观因素的影响，造成人员伤亡、财产损失或其他损失的意外事件。一般的定义是：个人或集体在为实现某一意图或目的而采取行动的过程中，突然发生了与人的意志相反的情况，迫使人们的行动暂时或永久地停止的事件。

通常，事故最常见的分类形式为伤亡事故和一般事故，或称为无伤害事故。伤亡事故是指一次事故中，人受到伤害的事故；无伤害事故是指一次事故中，人没有受到伤害的事故。伤亡事故和无伤害事故是有一定的比例关系和规律的。为了消除伤亡事故，必须首先消除无伤害事故。无伤害事故不存在，则伤亡事故也就杜绝了。另外，在现代工业中，生产安全事故也可以从以下几个角度分类：

(1)按人和物的伤害与损失情况可分为:伤害事故、设备事故、未遂事故3种。伤亡事故是指人们在生产活动中,接触了与周围环境条件有关的外来能量,致使人体机能部分或全部丧失的不幸事件;设备事故是指人们在生产活动中,物质、财产受到破坏、遭到损失的事故,如建筑物倒塌、机器设备损坏及原材料、产品、燃料、能源的损失等;未遂事故是指事故发生后,人和物没有受到伤害和直接损失,但影响正常生产进行,未遂事故也叫险肇事故,这种事故往往容易被人们忽视。

(2)按照事故发生的领域或行业可以将事故分为9类,即工矿企业事故、火灾事故、道路交通事故、铁路运输事故、水上交通事故、航空飞行事故、农业机械事故、渔业船舶事故及其他事故。

(3)按照事故伤亡人数分为:特别重大事故、重大事故、较大事故、一般伤亡事故4个级别。

(4)按照事故经济损失程度分为:特别重大经济损失事故、重大经济损失事故、较大经济损失事故、一般事故4个级别。

(5)根据事故致因原理,将事故原因分为3类,即人为原因、物及技术原因、管理原因。人为原因是指由于人的不安全行为导致事故发生;物及技术原因是指由于物及技术因素导致事故发生;管理原因是指由于违反安全生产规章、管理工作不到位而导致事故发生。

3. 工业生产安全的主要内容

工业生产安全的主要内容包括:机械安全,包括机械制造加工、机械设备运行、起重机械、物料搬运等安全;电气、用电安全;防火、防爆安全;防毒、防尘、防辐射、噪声等安全;个人安全防护、急救处理、高空作业、密闭环境作业、防盗装置等专项安全工程;交通安全、消防安全、矿山安全、建筑安全、核工业安全、化工安全等行业安全。这些内容综合了矿山、地质、石油、化工、电力、建筑、交通、机械、电子、冶金、有色、航天、航空、纺织、核工业、食品加工等产业或行业。可以看出,工业生产安全涉及的内容和领域是非常广泛的。

3.4.2 公共安全范畴

近年来,我国公共安全面临的严峻形势越来越凸显,进入公共安全事件高发期。据估算,我国每年因自然灾害、事故灾难、公共卫生和社会安全等突发公共安全事件造成的非正常死亡人数超过20万,伤残人数超过200万;经济损失年均近9000亿元,相当于GDP的3.5%,远高于中等发达国家1%~2%的同期水平。表3-5是世界各地对公共安全范畴的界定。

表3-5 公共安全的范畴

公共安全范畴	国际界定		国内学术界定			国内行政界定	
	联合国	公共安全顾问组	国内学者界定	中国公共安全科学技术学会	中国标准化研究院	《中华人民共和国突发事件应对法》	《国家中长期科学和技术发展规划纲要》
自然灾害	√	√	√	√	√	√	√
事故灾难	√	○	√	√	○	○	√
社会安全	√	○	√	√	√	√	√
IT安全	○	√	○	○	○	○	○
国土安全	○	√	○	○	○	○	○

续表

公共安全范畴	国际界定		国内学术界定			国内行政界定	
	联合国	公共安全顾问组	国内学者界定	中国公共安全科学技术学会	中国标准化研究院	《中华人民共和国突发事件应对法》	《国家中长期科学和技术发展规划纲要》
生产安全	○	○	√	○	√	○	○
交通安全	√	√	√	√	√	√	√
社会治安(犯罪)	○	○	√	○	○	○	○
经济安全	○	○	√	○	○	○	○
公共生活安全	○	○	√	○	○	○	○
公共利益安全	○	○	√	○	○	○	○
突发事件安全	○	○	√	○	√	√	√
食品安全	○	○	√	○	√	√	√
公共卫生	○	○	√	√	○	√	○
城市安全	○	○	○	√	○	○	○
药品安全	○	○	○	○	√	○	○
信息网络安全	○	○	○	○	√	○	○
国境检验检疫	○	○	○	○	√	○	○
煤矿安全	○	○	○	○	○	○	√
消防安全	○	○	○	○	○	○	√
危化品安全	○	○	○	○	○	○	√
生物安全	○	○	○	○	√	○	√
核安全	○	○	○	○	○	○	√

注:“√”表示包含;“○”表示不包含。

由表3-5可知,不同领域对公共安全的界定不同,只有自然灾害是广泛被国内外认为属于公共安全范畴之内的,其次是事故灾难与社会安全,而国内较普遍认可的是突发事件安全、食品安全和公共卫生安全。一些学者研究中,将食品安全和药品安全都包含在社会安全类,国内较国外更关注食品安全。因此,我们归纳国内外普遍认可的公共安全范畴包括自然灾害、事故灾难、社会安全、突发事件安全和公共卫生安全。在我国2007年颁布的《中华人民共和国突发事件应对法》中,将食品安全包含在公共卫生安全类,将突发事件归于社会安全类,并明确规定:公共安全包括自然灾害、事故灾难、公共卫生、社会安全4大类,分别包含:

(1)自然灾害:主要包括水旱灾害,气象灾害,地震灾害,地质灾害,海洋灾害,生物灾害和森林草原火灾等。

(2)事故灾难:主要包括工矿商贸等企业的各类安全事故,交通运输事故,公共设施和设备事故,环境污染和生态破坏事件等。

(3)公共卫生事件:主要包括传染病疫情,群体性不明原因疾病,食品安全和职业危害,动物疫情,以及其他严重影响公众健康和生命安全的事件。

(4)社会安全事件:主要包括恐怖袭击事件,经济安全事件和涉外突发事件等。

在我国的中长期科技发展计划(2005～2020年)中,公共安全作为重要领域纳入了国家科技规划,其科技规划的范畴体系可通过图3－7得以展示。

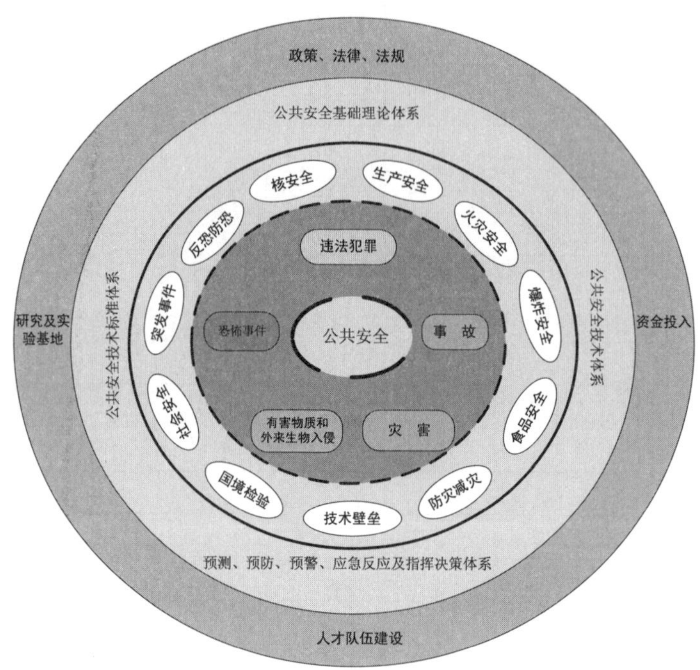

图3－7 公共安全科技发展规划的范畴体系

在可以预见的将来,我国的公共安全形势还有可能进一步严峻起来。未来我国公共安全问题的发展将呈现出以下几个趋势:

首先,非传统安全因素引发的公共安全问题不断增多。从亚洲金融危机到“9·11”恐怖袭击到SARS,非传统安全给国家和人民带来广泛和深远的影响。非传统安全包括经济安全(金融安全)、公共卫生安全(流行疾病)、环境能源资源安全、食品安全、人口安全、文化安全、民族分裂主义和地区分离主义等方面。随着非传统安全因素的出现,由自然灾害、安全事故、群体性事件、犯罪、经济、资源、生态等引发的公共安全问题不断出现,如果不能有效地解决,将会威胁广大人民群众的生命安全,甚至危及国家安全,对稳定的社会秩序形成冲击。“中国非传统安全形势严峻,台独势力的发展使我国卷入局部战争的危险不断增加;国内安全国际化和国际安全国内化趋势明显,加快参与经济全球化进程将使我国非传统安全问题更加严重,但非传统安全问题在我国安全战略中的位置难以上升”。因此,我们有必要重视并加强对非传统安全领域的研究,探讨由非传统安全因素引发的公共安全问题的原因、特点和发生规律,建立危机预防机制、快速反应机制,有效应对和处理各种公共安全问题。具体来说,通过增加竞争、扶植民营企业等加快信息、金融等战略经济部门的改革,使我国经济体系抵抗金融危机、经济危机的能力得到提升,通过研制武器和研究战略战术,提升战略威慑力量,推进国防事业的跨越式发展,增强应对国内分裂势力(台独、东突)挑战的能力;在推进国防现代化建设的基础上发展与周边国家的战略合作关系,并在非传统安全问题领域加强合作,为国内安全创造宽松的国际环境。

其次,群体性事件如聚众上访、游行示威等呈上升趋势。引发群体性事件的原因包括:人口过剩，目前我国上亿的农村剩余劳动力在寻找出路，城市存在上千万的待业劳动力，这些都是诱发群体性事件的不稳定因素；城市征地拆迁问题损害群众利益引发公共安全问题；一些突发性治安灾害事故处理不当也容易引起群体性事件；各种社会问题交织在一起，使引发事件的矛盾更加复杂尖锐；在我们社会中，利益表达渠道不够畅通，人们无法通过正常渠道表达自己的意愿，而通过极端方式表达自己的意向，也容易造成群体性事件。由于这些引发群体性事件的因素在相当长的时间内都将存在，群体性事件也将在相当长的时期内存在并呈现以下特征：事件规模日趋扩大，参与人员众多，事件的非理性因素增多，冲击性趋强，行为的危害程度加大，社会影响恶劣；引发事件的原因复杂，解决难度大，反复性强；事件发展的扩展性强，各种矛盾相互交错，具有很强的联动性和示范效应；事件参与者组织化程度越来越明显，有逐渐向组织化群体发展的趋向。群体性事件是社会矛盾冲突的集中反映，给我们社会造成很大的危害。

公共安全问题具有跨国性。随着全球化的推进，国家与国家之间的联系不断增强，一个国家或地区发生的危机往往会波及其他国家或地区，公共安全问题也越来越具有跨国性的特征（近年来不断升级的恐怖主义）。当前，在全球化浪潮的推动下，不少国家国内的恐怖组织纷纷跨出国界向境外发展，而这些跨越国界的恐怖组织的发展又刺激着尚局限于一国国内的恐怖组织的扩张野心，借助于现代信息技术和网络技术，他们的扩张速度和广度甚至超过经济全球化进程，他们制造爆炸，劫持人质，破坏社会稳定，干扰经济建设，严重威胁着广大人民生命和财产安全。

对于安全工程专业学生，在公共安全领域要熟悉和掌握生产安全、消防安全、交通安全、工业安全等针对技术系统的安全科学理论和方法。

3.5 安全科学的学科体系

我国有如下4种关于安全科学学科体系的表述：(1)基于人才教育的学科体系；(2)基于科学研究的学科的体系；(3)基于系统科学原理的学科体系；(4)基于知识成果的学科体系。

3.5.1 基于人才教育的安全科学学科体系

安全工程专业人才培养的安全科学学科体系，以高等教育人才培养学科目录为依据和标志。2011年，我国《学位授予和人才培养学科目录》将安全科学与工程（代码0837）列为一级学科。

构建高等人才教育的学科体系是以人才所需要的科学知识结构为依据的。安全科学是一门交叉性、横断性的学科，它既不单纯涉及自然科学，还与社会科学密切相关，她是一门跨越多个学科的应用性学科。安全科学是在对多种不同性质学科理论兼容并蓄的基础上经过不断创新逐步发展起来的，是不同学科理论及方法系统集成的综合性学科。

安全科学以不同门类的学科为基础，经过几十年的发展，已经形成了自身的科学体系，有自成一体的概念、原理、方法和学科系统。安全科学涉及的学科及关系可见图3-8。

根据人才教育科学知识结构的规律，安全科学学科体系见图3-9，表明安全科学知识体系是自然科学与社会科学交叉；安全科学知识体系涉及基础理论体系、应用理论技术、行业管理技术和行业生产技术。

人才教育的学科知识体系需要符合科学学的规律，为此，从科学学的学科原理出发，安全

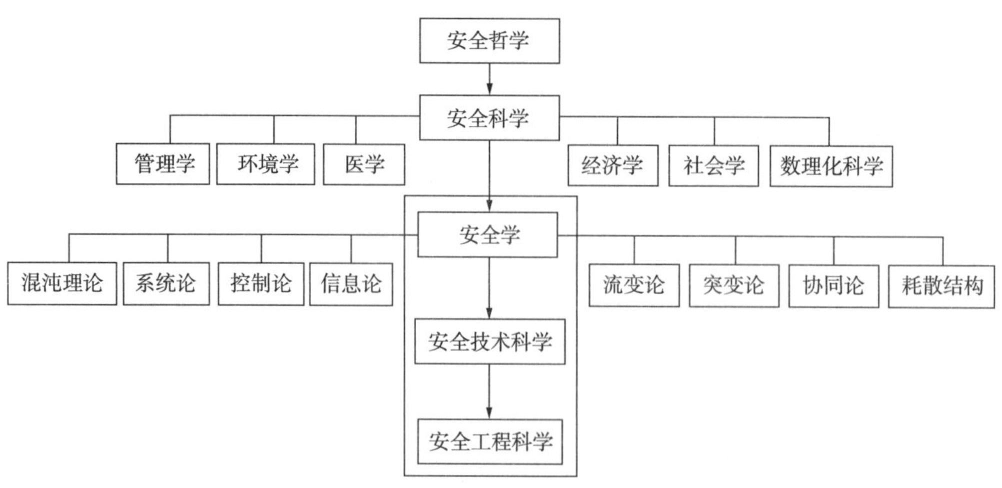

图 3-8　安全科学的学科体系层次

科学学科体系可见表 3-6 所示的体系结构,同样从中反映出安全科学是一门综合性的交叉科学。从纵向,依据安全工程实践的专业技术分类,安全科学技术可分为安全物质学、安全社会学、安全系统学、安全人体学 4 个学科或专业分支方向;从横向,依据科学学的学科分层原理,安全科学技术分为哲学、基础科学、工程理论、工程技术 4 个层次。

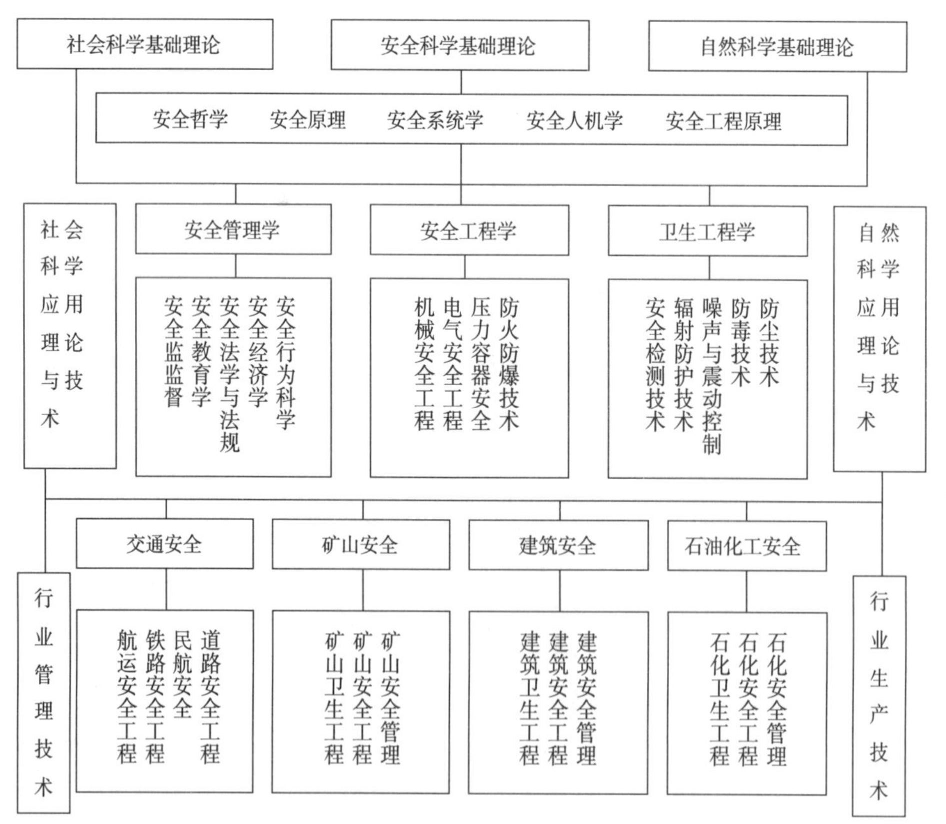

图 3-9　安全科学人才教育知识体系结构

表 3－6　安全科学的学科体系结构

<table>
<tr><th colspan="2">哲学</th><th colspan="2">基础科学</th><th colspan="3">工程理论</th><th colspan="3">工程技术</th></tr>
<tr><td rowspan="13">哲学</td><td rowspan="13">安全观</td><td rowspan="13">安全学</td><td rowspan="2">安全物质学（物质科学类）</td><td rowspan="13">安全工程学</td><td rowspan="2">安全设备工程学</td><td>安全设备机械工程学</td><td rowspan="13">安全工程</td><td rowspan="2">安全设备工程</td><td>安全设备机械工程</td></tr>
<tr><td>安全设备卫生工程学</td><td>安全设备卫生工程</td></tr>
<tr><td rowspan="5">安全社会学（社会科学类）</td><td rowspan="5">安全社会工程学</td><td>安全管理工程学</td><td rowspan="5">安全社会工程</td><td>安全管理工程</td></tr>
<tr><td>安全经济工程学</td><td>安全经济工程</td></tr>
<tr><td>安全教育工程学</td><td>安全教育工程</td></tr>
<tr><td>安全法学</td><td>安全法规</td></tr>
<tr><td>⋮</td><td>⋮</td></tr>
<tr><td rowspan="3">安全系统学（系统科学类）</td><td rowspan="3">安全系统工程学</td><td>安全运筹技术学</td><td rowspan="3">安全系统工程</td><td>安全运筹技术</td></tr>
<tr><td>安全信息技术论</td><td>安全信息技术</td></tr>
<tr><td>安全控制技术论</td><td>安全控制技术</td></tr>
<tr><td rowspan="3">安全人体学（人体科学类）</td><td rowspan="3">安全人体工程学</td><td>安全生理学</td><td rowspan="3">安全人体工程</td><td>安全生理工程</td></tr>
<tr><td>安全心理学</td><td>安全心理工程</td></tr>
<tr><td>安全人－机工程学</td><td>安全人－机工程</td></tr>
</table>

我国 20 世纪 80 年代开始推进工业安全的高层次学历人才培训，为安全科学技术的发展、安全工程提供专业人才保证。至 20 世纪末期构建了安全工程类专业的博士、硕士和学士学位学科体系。对于安全工程本科学历教育，培训未来的安全工程师，其课程知识体系包括如下 3 个层次：

（1）基础学科：高等数学、高等物理、材料力学、电子电工学、机械制造、制图、计算机科学、外语、法学、管理学、系统工程、经济学等；

（2）专业基础学科：安全原理、安全科学导论、可靠性理论、安全系统工程、安全人机工程、爆炸物理学、失效分析、安全法学等；

（3）专业学科：安全技术，工业卫生技术，机械安全、焊接安全、起重安全、电器安全、压力容器安全、安全检测技术、防火防爆、通风防尘、通风与空调、工业防尘技术、工业噪声防治技术、工业防毒技术、安全卫生装置设计、环境保护、工业卫生与环保、安全仪表测试、劳动卫生与职业病学、瓦斯防治技术、火灾防治技术、矿井灭火、安全管理学、安全法规标准、安全评价与风险管理、安全行为科学（心理学）、安全经济学、安全文化学、安全监督监察、事故管理与统计分析、计算机在安全中的应用等。

安全科学是一个不断发展的学科，其培养的专业人才可适用于安全生产、公共安全、校园安全、防灾减灾等。对社会政府层面，能适应社会管理、行政管理、行业管理等方面；在行业层面，可满足矿业、建筑业、矿业、石油化工、电力、交通运输、有色、冶金、机械制造、航空航天、林业、农业等。因此，在人才培养知识体系为基础构建的安全学科体系指导下，教育培训的安全工程专业人才，能够适应工业安全与公共安全的各行业和领域。

3.5.2　基于科学研究的安全科学学科体系

基于科学研究及学科建设的需要，国家 1992 年发布了国家标准《学科分类与代码》GB/T 13745—1992，其中“安全科学技术”（代码 620）被列为 58 个一级学科之一，下设安全科学技术基础、安全学、安全工程、职业卫生工程、安全管理工程 5 个二级学科和 27 个三级学科。2009 年更新了新版本的国标《学科分类与代码》(GB/T 13745—2009),"安全科学技术"在所有 66 个一级学科中排名第 33 位。"安全科学技术"涉及自然科学和社会科学领域,有 11 个二级学科和 50 多个三级学科,见表 3-7。

表 3-7 GB/T 13745—2009 中关于"安全科学技术"的部分

代码	学科名称	备注
62010	安全科学技术基础学科	
6201005	安全哲学	
6201007	安全史	
6201009	安全科学学	
6201030	灾害学	包括灾害物理、灾害化学、灾害毒理等
6201035	安全学	代码原为 62020
6201099	安全科学技术基础学科其他学科	
62021	安全社会科学	
6202110	安全社会学	
	安全法学	见 8203080,包括安全法规体系研究
6202120	安全经济学	代码原为 6202050
6202130	安全管理学	代码原为 6202060
6202140	安全教育学	代码原为 6202070
6202150	安全伦理学	
6202160	安全文化学	
6202199	安全社会科学其他学科	
62023	安全物质学	
62025	安全人体学	
6202510	安全生理学	
6202520	安全心理学	代码原为 6202020
6202530	安全人机学	代码原为 6202040
6202599	安全人体学其他学科	
62027	安全系统学	代码原为 6202010
6202710	安全运筹学	
6202720	安全信息论	
6202730	安全控制论	
6202740	安全模拟与安全仿真学	代码原为 620230
6202799	安全系统学其他学科	
62030	安全工程技术科学	原名为"安全工程"
6203005	安全工程理论	
6203010	火灾科学与消防工程	原名为"消防工程"
6203020	爆炸安全工程	
6203030	安全设备工程	含安全特种设备工程

续表

代码	学科名称	备注
6203035	安全机械工程	
6203040	安全电气工程	
6203060	安全人机工程	
6203070	安全系统工程	含安全运筹工程、安全控制工程、安全信息工程
6203099	安全工程技术科学其他学科	
62040	安全卫生工程技术	
6204010	防尘工程技术	
6204020	防毒工程技术	
	通风与空调工程	见 5605520
6204030	噪声与振动控制	
	辐射防护技术	见 49075
6204040	个体防护工程	
6204099	安全卫生工程技术其他学科	原名为“职业卫生工程其他学科”
62060	安全社会工程	
6206010	安全管理工程	代码原为 62050
6206020	安全经济工程	
6206030	安全教育工程	
6206099	安全社会工程其他学科	
62070	部门安全工程理论	各部门安全工程入有关学科
62080	公共安全	
6208010	公共安全信息工程	
6208015	公共安全风险评估与规划	原名称及代码为“6205020 风险评价与失效分析”
6208020	公共安全检测检验	
6208025	公共安全监测监控	
6208030	公共安全预测预警	
6208035	应急决策指挥	
6208040	应急救援	
6208099	公共安全其他学科	
62099	安全科学技术其他学科	

国家标准《学科分类与代码》中与安全科学技术相关的学科还有：1601745 土壤质量与食物安全，1602920 化学性食品安全的基础性理论，1602930 食品安全控制方法与控制机理，16029 农畜产品加工中的食品安全问题，1602910 微生物源食品安全的基础性研究，1602920 化学性食品安全的基础性理论，1603845 水产品安全与质量控制，2302330 网络安全，23026 信息安全，2302620 安全体系结构与协议，2302650 信息系统安全，2902660 油气安全工程与技术，2903260，采矿安全科学与工程，3201740 环境安全，3301445 公共安全与危机管理，8203080 安全法学等。

3.5.3 基于系统科学原理的安全学科体系

基于系统科学霍尔模型,安全科学的学科体系见图3-10,包括4M要素、3E对策、3P策略三个维度。4M要素揭示了事故致因的4个因素:人因(men)、物因(machine)、管理(management)、环境(medium);3E对策给出了预防事故的对策体系:工程技术(engingeering)、文化教育(education)、制度管理(enforcement);3P策略按照事件的时间序列指明了安全工作应采取的策略体系:事前预防(prevention)、事中应急(pacification)、事后惩戒(precetion)。基于4M要素的3P策略构成安全科学技术的目标(价值)体系,基于3P策略的3E对策构成安全科学技术的方法体系,基于4M要素的3E对策构成安全科学技术的知识(学科)体系。

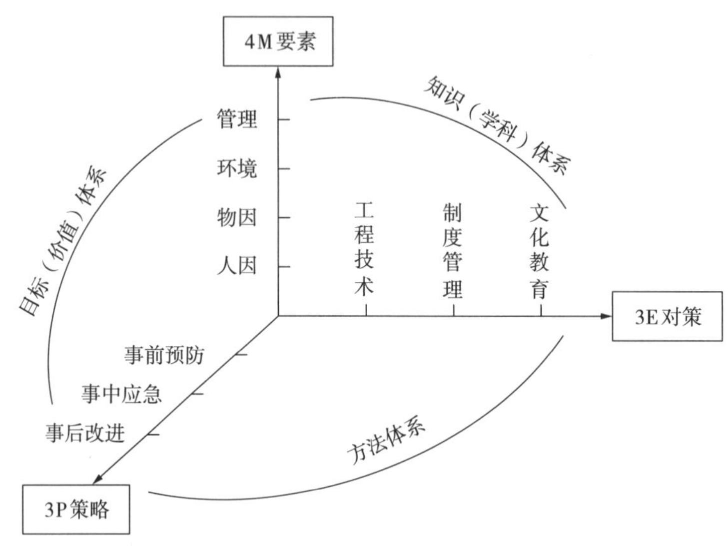

图3-10 基于系统科学原理的安全科学学科体系

1. 安全科学的目标(价值)体系

人、物、环境、管理既是导致事故的因素,其中人、物、环境也是需要保护的目标,管理也需要不断完善机制,提高效率,实现卓越绩效。因此,不论是事前、事中,还是事后阶段,人、物、环境的安全以及有效的管理始终是安全科学技术追求的目标和价值体现,即安全科学的目标体系是:

(1)基于人因3P:生命安全、健康保障、工伤保险、康复保障等目标(价值);

(2)基于物因3P:财产安全、损失控制、灾害恢复、财损保险等目标(价值);

(3)基于环境3P:环境安全、污染控制、环境补救等目标(价值);

(4)基于管理3P:促进经济、商誉维护、危机控制、社会稳定、社会和谐等目标(价值)。

2. 安全科学的方法体系

针对事前、事中、事后三个阶段,采取3E对策,构成安全科学技术的各种技术方法。

(1)针对事前3E的安全科学技术方法体系

①事前的安全工程技术方法:本质安全技术、功能安全技术、危险源监控、安全检测检验、安全监测监控技术;安全报警与预警;安全信息系统;工程三同时;个人防护装备用品等;

②事前的安全管理方法:安全管理体制与机制、安全法治、安全规划、安全设计、风险辨识、安全评价、安全监察监督、安全责任、安全检查、安全许可认证、安全审核验收、OHSMS、安全标

准化、隐患排查、安全绩效测评、事故心理分析、安全行为管理、五同时、应急预案编制、应急能力建设等；

③事前的安全文化方法：安全教育、安全培训、人员资格认证、安全宣传、危险预知活动、班组安全建设、安全文化活动等。

(2)针对事中3E安全科学技术方法体系

①事中的安全工程技术：事故勘查技术、应急装备设施、应急器材护具、应急信息平台、应急指挥系统等；

②事中的安全管理方式方法：工伤保险、安全责任险、事故现场处置、应急预案实施、事故调查取证等；

③事中的安全文化手段：危机处置、事故现场会、事故信息通报、媒体通报、事故家属心理疏导等。

(3)针对事后的3E安全科学技术方法体系

①事后的安全工程技术：事故模拟仿真技术、职业病诊治技术、人员康复工程、工伤残具、事故整改工程、事故警示基地、事故纪念工程等；

②事后的安全管理方式方法：事故调查、事故处理、事故追责、事故分析、工伤认定、事故赔偿、事故数据库等；

③事后的安全文化手段：事故案例反思、风险经历共享、事故警示教育、事故亲情教育等。

3. 安全科学的知识(学科)体系

4M要素涉及人、物、环境、管理4个方面，与3E结合形成了安全科学技术的各个分支学科。

(1)人因3E涉及的科学有：安全人机学、安全心理学、安全行为学、安全法学、职业安全管理学、职业健康管理学、职业卫生工程学、安全教育学、安全文化学等；

(2)物因3E涉及的学科有：可靠性理论、安全设备学、防火防爆工程学、压力容器安全学、机械安全学、电气安全学、危险化学品安全学等；

(3)环境因素3E涉及的学科有：安全环境学、安全检测技术、通风工程学、防尘工程学、防毒工程学等；

(4)管理因素3E涉及的学科有：安全信息技术、安全管理体系、安全系统工程、安全经济学、事故管理、应急管理、危机管理等。

3.5.4 基于科学成果的安全科学学科体系

出版领域的学科体系是展现科学成果和知识成就的系统，安全学科成果的学科体系以出版领域的国家图书分类法和《中国分类主题词表》(简称《主题词表》)来了解和掌握。

1.《中国图书馆分类法》的安全科学

我国出版物图书的分类是依据《中国图书馆分类法》(简称《中图法》)。《中图法》采用汉语拼音字母与阿拉伯数字相结合的混合制号码，由类目表、标记符号、说明和注释、类目索引4个部分组成，其中，最重要的是类目表。由5大部类、22个基本大类组成。安全科学与环境科学共同划分于“X环境科学、安全科学”一类目。

在1989年的《中图法》第三版中，第一次将劳动保护科学(安全科学)与环境科学并列“X”一级类目。1999年《中图法》第四版中，一个重要的进展是将X类目中的“劳动保护科学(安全

科学)”改为“安全科学”。下设4个二级类目:

X91 安全科学基础理论;

X92 安全管理(劳动保护管理);

X93 安全工程;

X96 劳动卫生保护。

2010年出版《中图法》(第五版,)中,安全科学列为一级类目X9,下设5个二级类目:安全科学参考工具书;安全科学基础理论;安全管理(劳动保护管理);安全工程;劳动卫生工程。具体的细目为:

X9 安全科学

X9-6 安全科学参考工具书

X9-65 安全标准(劳动卫生、安全标准)

X91 安全科学基础理论

X910 安全人体学

X911 安全心理学

X912 安全生理学

X912.9 安全人机学

X913 安全系统学

X913.1 安全运筹学

X913.2 安全信息论

X913.3 安全控制论

X913.4 安全系统工程

X915.1 安全计量学

X915.2 安全社会学

X915.3 安全法学

X915.4 安全经济学

X915.5 灾害学

X92 安全管理(劳动保护管理)

X921 安全管理(劳动保护)方针、政策及其阐述

X922 安全组织与管理机构

X923 安全科研管理

X924 安全监察

X924.2 安全监测技术与设备

X924.3 安全监控系统

X924.4 安全控制技术

X925 安全教育学

X928 事故调查与分析(工伤事故分析与预防)

X928.01 事故统计与报告

X928.02 事故处理

X928.03 事故预防与预测

X928.04 事故救护
X928.06 事故案例汇编
X928.1 粉尘危害事故
X928.2 电击、电伤事故
X928.3 锅炉、压力容器事故
X928.4 机械伤害事故
X928.5 化学物质致因事故
X928.6 物理因素事故
X928.7 火灾与爆炸事故
X928.9 其他
X93 安全工程
X93－6 安全工程参考工具书
X93－65 安全规程
X931 工业安全(总论)
X932 爆炸安全与防火、防爆
X933 锅炉、压力容器安全
X933.2 锅炉安全
X933.4 压力容器安全
X933.7 锅炉烟尘危害
X934 电气安全
X935 地质勘探安全
X936 矿山安全
X937 石油、化学工业安全
X938 冶金工业安全
X941 机械、金属工艺安全
X942 焊接工艺安全
X943 起重及搬运安全
X944 武器工业安全
X945 动力工业安全
X946 核工业安全
X947 建筑施工安全
X948 轻工业、手工业安全
X949 航空、航天安全
X951 交通运输安全
X954 农、林、渔业安全
X956 生活安全
X959 其他
X96 劳动卫生工程
X961 作业环境卫生

X962 工业通风

X963 工业照明

X964 工业防尘

X965 工业防毒

X966 噪声与振动控制

X967 异常气压防护

X968 高低温防护

2.《中国分类主题词表》的安全科学

中国分类主题词表是在《中国图书馆图书分类法》(含《中国图书资料分类法》)和《汉语主题词表》的基础上编制的两者兼容的一体化情报检索语言,主要目的是使分类标引和主题标引结合起来,从而为文献标引工作的开展创造良好的条件。这部分类主题词表的编成,对我国图书馆和情报机构文献管理及图书情报服务的现代化具有重大意义,而且也是全国图书馆界和情报界又一项重大成果。

2005 年《中国分类主题词表》(第二版)电子版正式出版,收录了 22 大类的主题词及其英文翻译,新版《主题词表》印刷版无英文翻译。2007 年初,我国有关安全科学学者将安全科学有关的主题词分为“安全××”和“××安全”两部分内容归纳、整理、摘编,并将主题词的中、英文收集整理后,刊于《中国安全科学学报》2007 年第 17 卷第 6 期(第 172 页 ~ 第 176 页)和第 7 期(第 174 页 ~ 第 176 页)上,安全工程专业学生可进行检索查询。

复习思考题

- 论述安全科学的定义以及性质特点。
- 生活中的技术风险有哪些?
- 生产过程中有哪些技术风险?
- 画出安全科学与其他相关科学的关系图。
- 安全生产对社会经济发展有哪些正面影响?
- 重大事故和职业病对社会稳定有什么影响?
- 现代工业安全事故分为哪几类?
- 现代工业安全范畴包括哪些领域?
- 公共安全的范畴包括哪些领域?
- 未来我国公共安全有哪些发展趋势?
- 基于科学研究的安全科学学科体系包括哪些二级学科?
- 基于系统学的安全科学的目标体系是什么?
- 安全科学针对人才培养的学科体系分为哪几个层次?
- 未来安全工程师的知识结构和课程体系有哪些?
- 安全科学的知识体系能够适应社会的哪些领域或行业?

第4章　安全科学的哲学

● 本章知识框架

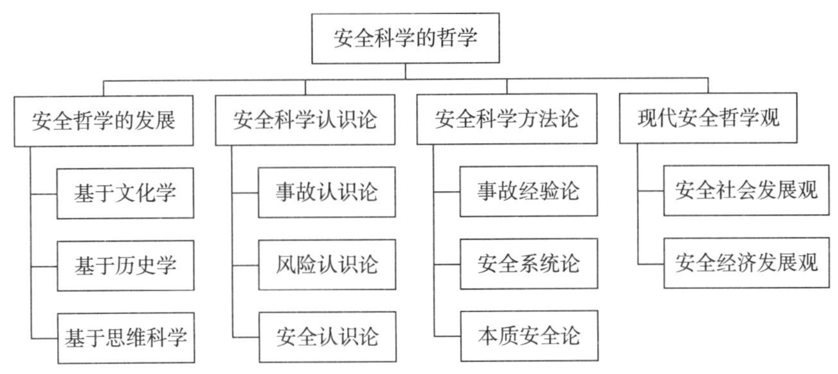

● 知识引导

安全哲学——人类安全活动的认识论和方法论，是人类安全科学技术基础理论，是安全文化之魂，是安全管理理论之核心。安全科学的认识论探讨了人类对安全、危险、事故等现象的本质、结构的认识，揭示和阐述人类的安全观，是安全哲学的主体内容。认识论主要解决"是什么"的问题，方法论主要解决"怎么办"的问题。本章在介绍了安全哲学基于文化学、历史学、思维科学的发展的基础上，阐述了包括事故认识论、风险认识论以及安全认识论在内的安全科学认识论和安全科学方法论——事故经验论、安全系统论、本质安全论，对安全科学实践和事故预防工程的现实意义，最后介绍了现代社会的安全哲学观。

● 重点提示

学习本章有如下提示：

重点：安全哲学的发展；安全科学认识论的理论体系；安全科学方法论中安全系统论与本质安全论对安全工作的指导作用和现实意义；现代安全哲学观思想。

难点：如何理解事故认识论、风险认识论、安全认识论。

核心概念：安全哲学、认识论、方法论、本质安全、安全系统、"4M"要素等。

● 主要需要思考的问题

通过本章的学习，需要思考如下问题：

1. 安全哲学的发展对于人类社会安全科学理论发展及安全管理进步的指导意义。
2. 安全科学方法论如何指导和影响现实安全生产和事故预防工作。

● 相关的阅读材料

学习阅读认识论、方法论、哲学、逻辑学、文化学、思维科学的相关资料。

● 学习目标

本章的学习目标是：

1. 了解安全哲学基于文化学、历史学以及思维科学的发展。
2. 理解并掌握事故认识论、风险认识论以及安全认识论的基础理论体系。
3. 理解并掌握事故经验论、安全系统论以及本质安全论的安全方法论。
4. 了解现代社会的安全哲学观念与思想。

4.1 安全哲学的进步与发展

从“山洞人”到“现代人”,从原始的刀耕火种到现代工业文明,人类已经历了漫长的岁月。21世纪,人类生产与生活的方式及内容将面临着一系列嬗变,这种结果将把人类现代生存环境和条件的改善和变化提高到前所未有的水平。

显然,现代工业文明给人类带来了利益、效率、舒适、便利,但同时也给人类的生存带来负面的影响,其中最突出的问题之一,就是生产和生活过程中来自于人为的意外事故与灾难的极度频繁和遭受损害的高度敏感。近百年来,为了安全生产和安全生存,人类作出了不懈的努力,但是现代社会的重大意外事故仍发生不断。从前苏联20世纪80年代切尔诺贝利核泄漏事故到90年代末日本的核污染事件;从韩国的豪华三丰百货大楼坍塌到我国克拉码依友谊宫火灾;从21世纪新近在美国发生的埃航空难到我国2000年发生的洛阳东都商厦火灾和“大舜号”特大海难事故,直至世界范围内每年近400万人死于意外事故,造成的经济损失高达GDP的2.5%。生产和生活中发生意外事故和职业危害,如同“无形的战争”在侵害着我们的社会、经济和家庭。正像一个政治家所说:意外事故是除自然死亡以外人类生存的第一杀手!为此,我们需要防范的方法、对策、措施,“安全哲学”——人类安全活动的认识论和方法论,是人类安全科学技术基础理论,是安全文化之魂,是安全管理理论之核心。

4.1.1 从文化学看安全哲学的发展

文化学的核心是观念文化和行为文化,观念文化体现认识论,行为文化体现方法论。“观”,观念,认识的表现,思想的基础,行为的准则。观念是方法和策略的基础,是活动艺术和技巧的灵魂。进行现代的安全生产和公共安全活动,需要正确安全观指导,只有对人类的安全理念和观念有着正确的理解和认识,并有高明安全行动艺术和技巧,人类的安全活动才算走入了文明的时代。观念文化是价值理性的具体反映,行为文化展现工具理性。表4-1展示了人类不同时代安全观念文化和行为文化的变化和发展。

表4-1 不同时代的安全价值理性与工具理性

时　代	观念文化-价值理性	行为文化-工具理性
古代安全文化	宿命论	被动承受型
近代安全文化	经验论	事后型、亡羊补牢式
现代安全文化	系统论	综合型、人机环策略
发展的安全文化	本质论	超前预防型、本质安全化

现代社会先进的安全文化观念具体表现为:

1.“安全第一”的哲学观

“安全第一”是一个相对、辩证的概念,它是在人类活动的方式上(或生产技术的层次上)

相对于其他方式或手段而言,并在与之发生矛盾时,必须遵循的原则。“安全第一”的原则通过如下方式体现:在思想认识上安全高于其他工作;在组织机构上安全权威大于其他组织或部门;在资金安排上,安全强度重视程度重于其他工作所需的资金;在知识更新上,安全知识(规章)学习先于其他知识培训和学习;在检查考评上,安全的检查评比严于其他考核工作;当安全与生产、安全与经济、安全与效益发生矛盾时,安全优先。安全既是企业的目标,又是各项工作(技术、效益、生产等)的基础。建立起辩证的安全第一哲学观,就能处理好安全与生产、安全与效益的关系,才能做好企业的安全工作。

2. 珍视生命的情感观

安全维系人的生命安全与健康,“生命只有一次”、“健康是人生之本”,反之,事故对人类安全的毁灭,则意味着生存、康乐、幸福、美好的毁灭。由此,充分认识人的生命与健康的价值,强化“善待生命,珍惜健康”的“人之常情”之理,是我们社会每一个人应该建立的情感观。不同的人应有不同层次的情感体现,员工或一般公民的安全情感主要是通过“爱人、爱己”、“有德、无违”。而对于管理者和组织领导,则应表现出:用“热情”的宣传教育激励教育职工;用“衷情”的服务支持安全技术人员;用“深情”的关怀保护和温暖职工;用“柔情”的举措规范职工安全行为;用“绝情”的管理严爱职工;用“无情”的事故启发人人。以人为本,尊重与爱护职工是企业法人代表或雇主应有的情感观。

3. 综合效益的经济观

实现安全生产,保护职工的生命安全与健康,不仅是企业的工作责任和任务,而且是保障生产顺利进行和实现企业效益的基本条件。“安全就是效益”、安全不仅能“减损”而且能“增值”,这是企业法人代表应建立的“安全经济观”。安全的投入不仅能给企业带来间接的回报,而且能产生直接的效益。

4. 预防为主的科学观

要高效、高质量地实现企业的安全生产,必须走预防为主之路,必须采用超前管理、预期型管理的方法,这是生产实践证实的科学真理。现代工业生产系统是人造系统,这种客观实际给预防事故提供了基本的前提。所以说,任何事故从理论和客观上讲,都是可预防的。因此,人类应该通过各种合理的对策和努力,从根本上消除事故发生的隐患,把工业事故的发生降低到最小限度。采用现代的安全管理技术,变纵向单因素管理为横向综合管理;变事后处理为预先分析;变事故管理为隐患管理;变管理的对象为管理的动力;变静态被动管理为动态主动管理,实现本质安全化,这是我们应建立的安全生产科学观。根据安全系统科学的原理,预防为主是实现系统(工业生产)本质安全化的必由之路。

5. 人、机、环、管的系统观

从安全系统的动态特性出发,研究人、社会、环境、技术、经济等因素构成的安全大协调系统。建立生命保障、健康、财产安全、环保、信誉的目标体系。在认识了事故系统人–机–环境–管理四要素的基础上,更强调从建设安全系统的角度出发,认识安全系统的要素:人——人的安全素质(心理与生理;安全能力;文化素质);物——设备与环境的安全可靠性(设计安全性;制造安全性;使用安全性);能量——生产过程能的安全作用(能的有效控制);信息——充分可靠的安全信息流(管理效能的充分发挥)是安全的基础保障。从安全系统的角度来认识安全原理更具有理性的意义,更具科学性原则。

4.1.2 从历史学看安全哲学的进步

人类的发展历史一直伴随着人为或自然意外事故和灾难的挑战，从远古祖先们祈天保佑、被动承受到学会"亡羊补牢"凭经验应付，一步步到近代人类扬起"预防"之旗，直至现代社会全新的安全理念、观点、知识、策略、行为、对策等，人们以安全系统工程、本质安全化的事故预防科学和技术，把"事故忧患"的颓废认识变为安全科学的缜密；把现实社会"事故高峰"和"生存危机"的自扰情绪变为抗争和实现平安康乐的动力，最终创造人类安全生产和安全生存的安康世界。在这人类历史进程中，包含着人类安全哲学——安全认识论和安全方法论的发展与进步。

1. 古代的国家安全哲学思想

• 重科技、善制作的科技强安战略。在先秦诸子中，墨子是最重视科技的。墨子本人精通数学、物理，精于器械制造，是个科学家兼能工巧匠。他在自然科学方面的成就，当时在世界上都居于领先地位。后世尊称他为"科圣"。充满科技知识的《墨经》是墨学的经典，也是墨家教育的主要教材。墨学之所以在军事上成为防御理论的经典，是以其先进的筑城和防御器械为条件的，而先进的筑城和器械又是以先进的科学技术为基础的。墨家重科技、善制作的优良传统，对于今天来说，更需要大力发扬。墨子的思想成就是中华民族宝贵的文化遗产，他的至善的、和平的世界观一直被世人所赞誉和津津乐道，他的军事理论和其中对国家安全的丰富的思考不仅在当时，对现代来说仍有很高的研究价值。他反对不义战争，反对霸权主义，不畏强权，坚持正义的精神对现在世界有着很重要的借鉴意义。

• 战国时期政治家、思想家荀况针对军事策略说过："防为上、救次之、戒为下"。"防"主要是指超前教育，是一种事前的自我约束、软约束；"救"与"戒"则主要依靠检查监督，采用记录、谴责的手段督促纠正，带有强制性，是一种事中、事后的外在约束、硬约束。"救"与"戒"并非上策，只是安全的最后防线。这就是"先其未然谓、发而止之、行而责之"的安全哲学思想。

• 孔子在"论语"中针对学习方法论说过：生而知之者上也，学而知之者次也，困而学之又其次也，困而不学民斯为下也，从中我们悟出安全的 4 种策略方式：沉思是最高明的、模仿是最容易的、经历是最痛苦的、应付是最悲哀的学习方法方式。沉思是基于安全原理和科学规律的学习及工作方式；模仿是依据法规标准及别人成功案例的学习和工作方式；经历是迫于事故责任及血的教训的事后方法方式；应付是无视教训表面作为的学习及工作方式。

古语指教我们的安全观念，不失为"警世良言"。但应予注意的是，面对现代复杂多样的事故与灾祸大千世界，以教条不变的政策、简单的遵守规则，是必要的，但却是不够的。正如秘本兵法《三十六计・总说》中所云："阳阴燮理，机在其空；机不可设，设在其中。"只有以变化和发展的眼光，全面综合的对策，在安全活动中探求、体验和落实有效防范，才能在与事故和灾祸的较量中立于不败之地。

2. 近代的工业安全哲学思想

工业革命前，人类的安全哲学具有宿命论和被动型的特征；工业革命的爆发至本世纪初，由于技术的发展使人们的安全认识论提高到经验论水平，在事故的策略上有了"事后弥补"的特征，在方法论上有了很大的进步和飞跃，即从无意识发展到有意识，从被动变为主动；20 世纪初至 50 年代，随着工业社会的发展和技术的不断进步，人类的安全认识论进入了系统论阶段，方法论上能够推行安全生产与安全生活的综合型对策，进入了近代的安全哲学阶段；20 世纪 50 年代到世纪末，由于高技术的不断涌现，如现代军事、宇航技术、核技术的利用以及信息化社会的出现,人类的安全认识论进入了本质论阶段,超前预防型成为现代安全哲学的主要特征,这样的安全认识论和方法论大大推进了现代工业社会的安全科学技术和人类征服意外事故的手段和方法。

从历史学的角度,表 4-2 给出了上述安全哲学发展的简要脉络。

表 4-2　人类安全哲学发展进程

阶段	时　代	技术特征	认识论	方法论
Ⅰ	工业革命前	农牧业及手工业	听天由命	无能为力
Ⅱ	17 世纪至本世纪初	蒸汽机时代	局部安全	亡羊补牢,事后型
Ⅲ	20 世纪初至 70 年代	电气化时代	系统安全	综合对策及系统工程
Ⅳ	20 世纪 70 年代以来	信息时代	安全系统	本质安全化,超前预防

(1)宿命论与被动型的安全哲学。这样的认识论与方法论表现为:对于事故与灾害听天由命,无能为力。认为命运是老天的安排,神灵是人类的主宰。事故是对生命的残酷与践踏,但人类无所作为,对自然或人为的灾难、事故只能是被动地承受,人类的生活质量无从谈起,生命与健康的价值被磨灭,一种落后和愚昧的社会。

(2)经验论与事后型的安全哲学。随着生产方式的变更,人类从农牧业进入了早期的工业化社会——蒸汽机时代。由于事故与灾害类型的复杂多样和事故严重性的扩大,人类进入了局部安全认识阶段,哲学上反映出:建立在事故与灾难的经历上来认识人类安全,有了与事故抗争的意识,学会了“亡羊补牢”的手段,是一种头痛医头、脚痛医脚的对策方式。如发生事故后原因不明、当事人未受到教育、措施不落实“三不放过”的原则;事故统计学的致因理论研究;事后整改对策的完善;管理中的事故赔偿与事故保险制度等。

(3)系统论与综合型的安全哲学。建立了事故系统的综合认识,认识到了人、机、环境、管理事故综合要素,主张工程技术硬手段与教育、管理软手段的综合措施。其具体思想和方法有:全面安全管理的思想;安全与生产技术统一的原则;讲求安全人机设计;推行系统安全工程;企业、国家、工会、个人综合负责的体制;生产与安全的管理中要讲同时计划、布置、检查、总结、评比的“五同时”原则;企业各级生产领导在安全生产方面向上级、向职工、向自己的“三负责”制;安全生产过程中要查思想认识、查规章制度、查管理落实、查设备和环境隐患,进行定期与非定期检查相结合,普查与专查相结合,自查、互查、抽查相结合,生产企业岗位每天查、班组车间每周查、厂级每季查、公司年年查,定项目、定标准、定指标、科学定性与定量相结合等安全检查系统工程。

(4)本质论与预防型的安全哲学。进入信息化社会,随着高技术的不断应用,人类在安全认识论上有了组织思想和本质安全化的认识,方法论上讲求安全的超前、主动。具体表现为:从人与机器和环境的本质安全入手,人的本质安全指不但要解决人知识、技能、意识素质,还要从人的观念、伦理、情感、态度、认知、品德等人文素质入手,从而提出安全文化建设的思路;物和环境的本质安全化就是要采用先进的安全科学技术,推广自组织、自适应、自动控制与闭锁的安全技术;研究人、物、能量、信息的安全系统论、安全控制论和安全信息论等现代工业安全原理;技术项目中要遵循安全措施与技术设施同时设计、施工、投产的“三同时”原则;企业在考虑经济发展、进行机制转换和技术改造时,安全生产方面要同时规划、同时发展、同时实施,即所谓"三同步"的原则;进行不伤害他人、不伤害自己、不被别人伤害的"三不伤害活动",整理、整顿、清扫、清洁、态度"5S"活动,生产现场的工具、设备、材料、工件等物流与现场工人流动的定置管理,对生产现场的"危险点、危害点、事故多发点"的"三点控制工程"等超前预防型安全活动;推行安全目标管理、无隐患管理、安全经济分析、危险预知活动、事故判定技术等安全系统工程方法。

4.1.3 从思维科学看安全哲学的发展

思维科学(thoughtsciences),是研究思维活动规律和形式的科学。思维一直是哲学、心理学、神经生理学及其他一些学科的重要研究内容。辩证唯物主义认为,思维是高度组织起来的物质即人脑的机能,人脑是思维的器官。思维是社会人所特有的反映形式,它的产生和发展都同社会实践和语言紧密地联系在一起。思维是人所特有的认识能力,是人的意识掌握客观事物的高级形式。思维是在社会实践的基础上,对感性材料进行分析和综合,通过概念、判断、推理的形式,造成合乎逻辑的理论体系,反映客观事物的本质属性和运动规律。思维过程是一个从具体到抽象,再从抽象到具体的过程,其目的是在思维中再现客观事物的本质,达到对客观事物的具体认识。思维规律由外部世界的规律所决定,是外部世界规律在人的思维过程中的反映。

我们的先哲——孔子早就说过:建立在"经历"方式上的学习和进步是痛苦的方式;而只有通过"沉思"的方式来学习,才是最高明的;当然,人们还可以通过"模仿"来学习和进步,这是最容易的。从这种思维方式出发进行推理和思考,我们感悟到:人类在对待事故与灾害的问题上,千万不要试图通过事故的经历才得的明智,因为这太痛苦,"人的生命只有一次,健康何等重要"。我们应该掌握正确的安全认识论与方法论,从理性与原理出发,通过"沉思"来防范和控制职业事故和灾害,至少我们要选择"模仿"之路,学会向先进的国家和行业学习,这才是正确的思想方法。

我国古代政治家荀况在总结军事和政治方法论时,曾总结出:先其未然谓之防,发而止之谓其救,行而责之谓之戒,但是防为上,救次之,戒为下。这归纳用于安全生产的事故预防上,也是精辟方法论。因此,我们在实施安全生产保障对策时,也需要"狡兔三窟",即要有"事前之策"——预防之策,也需要"事中之策"——救援之策和"事后之策"——整改和惩戒之策。但是预防是上策,所谓"事前预防是上策,事中应急次之,事后之策是下策"。

对于社会,安全是人类生活质量的反映。对于企业,安全也是一种生产力。我们人类已进入 21 世纪,我们国家正前进在高速的经济发展与文化进步的历史快车之道。面对这样的现实和背景,面对这样的命题和时代要求,我们应清醒地认识到,必须用现代的安全哲学来武装思想,指导职业安全行为,从而推进人类安全文化的进步,为实现高质量的现代安全生产与安全生活而努力。

4.2 安全科学认识论

认识论是哲学的一个组成部分,是研究人类认识的本质及其发展过程的哲学理论,又称知识论。其研究的主要内容包括认识的本质、结构,认识与客观实在的关系,认识的前提和基础,认识发生、发展的过程及其规律,认识的真理标准等等。安全科学的认识论是探讨人类对安全、风险、事故等现象的本质、结构的认识,揭示和阐述人类的安全观,是安全哲学的主体内容,是安全科学建设和发展的基础和引导。

4.2.1 事故认识论

我国很长时期普遍存在着“安全相对、事故绝对”、“安全事故不可防范,不以人的意志转移”的认识,即存在有生产安全事故的“宿命论”、“必然论”的观念。随着安全生产科学技术的发展和对事故规律的认识,人们已逐步建立了“事故可预防、人祸本可防”的观念。实践证明,如果做到“消除事故隐患,实现本质安全化,科学管理,依法监管,提高全民安全素质”,安全事故是可预防的。

1. 事故的概念

广义上的事故,指可能会带来损失或损伤的一切意外事件,在生活的各个方面都可能发生事故。狭义上的事故,指在工程建设、工业生产、交通运输等社会经济活动中发生的可能带来物质损失和人身伤害的意外事件。我们这里所说的事故,是指狭义上的事故。职业不同,发生事故的情况和事故种类也不尽相同。按事故责任范围可分为:责任事故,即由于设计、管理、施工或者操作的过失所导致的事故;非责任事故,即由于自然灾害或者其他原因所导致的非人力所能全部预防的事故。按事故对象可划分为:设备事故和伤亡事故等。

事故是技术风险、技术系统的不良产物。技术系统是“人造系统”,是可控的。我们可以从设计、制造、运行、检验、维修、保养、改造等环节,甚至对技术系统加以管理、监测、调适等,对技术进行有效控制,从而实现对技术风险的管理和控制,实现对事故的预防。

2. 事故的可预防性

事故的可预防性指从理论上和客观上讲,任何事故的发生是可预防的,其后果是可控的。事故的可预防性和事故的因果性、随机性和潜伏性一样都是事故的基本性质。认识这一特性,对坚定信念、防止事故发生有促进作用。人类应该通过各种合理的对策和努力,从根本上消除事故发生的隐患,降低风险,把事故的发生及其损失降低到最小限度。

事故可预防性的理论基础是“安全性”理论。由安全科学的理论,我们有

$$\text{安全性}\ S = 1 - R = 1 - R(p, l) \tag{4-1}$$

式中:R——系统的风险;

p——事故的可能性(发生的概率);

l——可能发生事故的严重性。

$$\text{事故的可能性}\ p = F(4\mathrm{M}) = F(\text{人},\text{机},\text{环},\text{管}) \tag{4-2}$$

式中: 人(Men)——人的不安全行为;

机(Machine)——机的不安全状态;

环(Medium)——生产环境的不良;

管(Management)——管理的欠缺。

$$\text{可能发生事故的严重性}\ l = F[\text{时态},\text{危险性(能量、规模)},\text{环境},\text{应急}] \tag{4-3}$$

式中:时态——系统运行的时间因素;

危险性——系统中危险的大小,由系统中含有能量、规模等因素决定;

环境——事故发生时所处的环境状态或位置;

应急——发生事故后所具有的应急条件及能力。

事故的发生与否和后果的严重程度是由系统中的固有风险和现实风险决定的,所以控制

了系统中的风险就能够预防事故的发生。而风险是指特定危害事件(不期望事故)发生的概率与后果严重程度的结合。一个特定系统的风险是由事故的可能性(p)和可能事故的严重性(l)决定的,因此可以通过采取必要的措施控制事故的可能性来预防事故的发生;同时利用必要的手段控制可能事故后果的严重性,即可以利用安全科学的基本理论和技术,在事故发生之前就采取措施控制事故的发生可能性和事故的后果严重性,从而实现事故的可预防性。

人的不安全行为、物的不安全状态、环境的不良和管理的欠缺是构成事故系统的因素,决定事故发生的可能性和系统的现实安全风险,控制这4个因素能够预防事故的发生。在一个特定系统或环境中存在的这4个因素是可控的,我们可以在安全科学的基本理论和技术的指导下,利用一定的手段和方法来消除人的不安全行为、机的不安全状态、环境的不良和管理的欠缺,从而实现预防事故的目的,因此我们说事故的发生是可预防的,事故具有可防性。比如说,我们都知道220V或360V因含有超过人体限值的能量而有触电的可能性,如果一个系统中采用360V供电那就具有触电的危险,但是我们可以通过对人员进行安全教育和培训、对电源进行隔离或机器进行漏电保护、控制空气湿度和加强管理等手段,预防触电事故的发生。

系统中的危险性、系统所处的环境或位置和应急条件或能力决定了可能发生事故的后果严重性,也就是说我们可以从上述三点来控制事故后果的严重性,实现事故的可预防。系统的危险性是由系统中所含有的能量决定的,系统中的能量决定了系统的固有风险。通过对系统能量的消除、限值、疏导、屏蔽、隔离、转移、距离控制、时间控制、局部弱化、局部强化、系统闭锁等技术措施来控制能量的大小及其不正常转移。系统所处的环境或位置也决定了可能事故的后果,我们可以通过厂址的选择、建筑的间距和减少人员聚集等措施控制事故后果。由于自然或人为、技术等原因,当事故和灾害不可能完全避免的时候,进一步落实加强应急管理工作,建立重大事故应急救援体系,组织及时有效的应急救援行动已成为抵御事故或控制灾害蔓延、降低危害后果的关键手段。通过增加应急救援体系的投入、应急预案的编制和演练、提高应急救援能力等措施来提高系统或组织的应急条件和能力。对于同样的360V供电具有触电危险的问题,我们可以通过采用36V安全电压来控制系统的危险性,从根本上消除触电危险;也可以将360V电源设置到一个根本不会有人接触的位置,通过改变环境来控制事故后果;当然,我们也可以对人员进行触电急救方面的培训,增加医疗设施,避免触电事故造成严重后果。

通过上述分析,我们知道可以利用安全科学的基本理论和技术,采取适当的措施,避免事故的发生,控制事故的后果。也就是说,事故是可以预防的,事故后果是可以控制的,事故具有可预防性。事故的可预防性决定了安全科学技术存在和发展的必要性。

4.2.2 风险认识论

我国在20世纪80年代中期从发达国家引入了“安全系统工程”的理论,通过近20年的实践,在安全生产界“系统防范”的概念已深入人心。这在安全生产的方法论层面表明,我国安全生产和公共领域已从“无能为力,听天由命”、“就事论事,亡羊补牢”的传统方式逐步地转变到现代的“系统防范,综合对策”的方法论。在我国的安全生产实践中,政府的“综合监管”、全社会的“综合对策和系统工程”、企业的“管理体系”无不表现出“系统防范”的高明对策。

1. 风险与危险的联系

在通常情况下,“风险”的概念往往与“危险”或“冒险”的概念相联系。危险是与安全相对立的一种事故潜在状态,人们有时用“风险”来描述与从事某项活动相联系的危险的可能性,即风险与危险的可能性有关，它表示某事件产生危险后果的概率。事件由潜在危险状态转化为伤害事故往往需要一定的激发条件，风险与激发事件的频率、强度以及持续时间的概率有关。

严格地讲，风险与危险是两个不同的概念。危险只是意味着一种现实的或潜在的、固有的不希望、不安全的状态，危险可以转化为事故。而风险用于描述可能的不安全程度或水平，它不仅意味着事故现象的出现，更意味着不希望事件转化为事故的渠道和可能性。因此，有时虽然有危险存在，但并不一定要承担风险。例如，人类要应用核能，就有受辐射的危险，这种危险是客观存在的；使用危险化学品，就有火灾、爆炸、中毒的危险。但在生活实践中，人类采取各种措施使其应用中受辐射或化学事故的风险最小化，甚至人绝对地与之相隔离，尽管仍有受辐射和中毒的危险，但由于无发生渠道或可能，所以我们并没有受辐射或火灾事故的风险。这里也说明了人们更应该关心的是“风险”，而不仅仅是“危险”，因为直接与人发生联系的是“风险”，而“危险”是事物客观的属性，是风险的一种前提表征或存在状态。我们可以做到客观危险性很大，但实际承受的风险较小，所谓追求“高危低风险”的状态。

2. 风险的特征

风险是多种多样的，但只要我们通过一定数量样本的认真分析研究，我们就可以发现风险具有以下特征：

(1)风险存在的客观性。自然界的地震、台风、洪水，社会领域的战争、冲突、瘟疫、意外事故等，都不以人的意志为转移，它们是独立于人的意识之外的客观存在。这是因为无论是自然界的物质运动，还是社会发展的规律，都是由事物的内部因素所决定，由超过人们主观意识所存在的客观规律所决定。人们只能在一定的时间和空间内改变风险存在和发生的条件，降低风险发生的频率和损失幅度，而不能彻底消除风险。

(2)风险存在的普遍性。在我们的社会经济生活中会遇到自然灾害、意外事故、决策失误等意外不幸事件，也就是说，我们面临着各种各样的风险。随着科学技术的进步、生产力的提高、社会的发展、人类的进化，一方面，人类预测、认识、控制和抵抗风险的能力不断增强，另一方面又产生新的风险，且风险造成的损失越来越大。在当今社会，个人面临生、老、病、死、意外伤害等风险；企业则面临着自然风险、市场风险、技术风险、政治风险等；甚至国家和政府机关也面临各种风险。总之，风险渗入到社会、企业、个人生活的方方面面，无时无处不在。

(3)风险的损害性。风险是与人们的经济利益密切相关的。风险的损害性是指风险损失发生后给人们的经济造成的损失以及对人的生命的伤害。

(4)某一风险发生的不确定性。虽然风险是客观存在的，但就某一具体风险而言，其发生是偶然的，是一种随机现象。风险必须是偶然的和意外的，即对某一个单位而言，风险事故是否发生不确定，何时发生不确定，造成何种程度的损失也不确定。必然发生的现象，既不是偶然的也不是意外的，如折旧、自然损耗等不是风险。

(5)总体风险发生的可测性。个别风险事故的发生是偶然的，而对大量风险事故的观察会发现，其往往呈现出明显的规律性，运用统计方法去处理大量相互独立的偶发风险事故，其结果可以比较准确地反映风险的规律性。根据以往大量的资料，利用概率论和数理统计方法可测算出风险事故发生的概率及其损失幅度，并且可以构成损失分布的模型。

(6)风险的变化发展性。风险是发展和变化的，这首先表现为风险性质的变化，如车祸，在汽车出现的初期是特定风险，在汽车成为主要交通工具后则成为基本风险。其次是风险量的复杂化，随着人们对风险认识的增强和风险管理方法的完善，某些风险在一定程度上得以控制，可降低其发生频率和损失程度。第三，某些风险在一定的时间和空间范围内被消除。第四，新的风险产生。

3. 风险意识的科学内涵

在当今社会，构建社会主义和谐社会已成为全社会的共识。对于如何构建社会主义和谐社会，人们也从不同的视角做了探讨和论述。值得一提的是，任何和谐都是认识、规避和排除风险的和谐，如果整个社会的风险意识和风险观念不强，和谐社会的构建是不可想象的。在这个意义上，我们要构建社会主义和谐社会，必须在全社会树立强烈的风险意识。

所谓风险意识，是指人们对社会可能发生的突发性风险事件的一种思想准备、思想意识以及与之相应的应对态度和知识储备。一个社会是否具有很强的风险意识，是衡量其整体文明水平高低的重要标准，也是影响这一社会风险应对能力的重要因素之一。事实上，在欧美不少发达国家，风险意识被人们普遍重视，因而在政府的管理中，不仅有整套相应的应急措施和法规，而且还经常举行各种规模的应对危机的演练和风险意识教育活动，以此增强整个社会的抗拒风险能力。

科学的风险意识的树立，对于和谐社会的构建有着极为重要的意义，是整个社会良性运行和健康发展不可或缺的重要因素。树立科学的风险意识观念，学会正确处理风险危机，应当成为当代人的必修课和生存的基本技能。风险意识的科学内涵是非常丰富的，从不同的角度可以总结出不同的内容，但至少应该包括以下 3 个方面：

首先，要有风险是永恒存在的意识。从哲学的观点来看，风险现象之所以产生，是因为不确定因素、偶然性因素的始终存在。没有哪一个时代是确定必然地那样发展的，也没有哪一个人或哪一种事物的发展道路是预先设定好的，不确定因素、偶然性因素总是存在于社会发展的过程之中。因此，风险的存在也是必然的，就像德国社会学家贝克所说的，"风险是永恒存在的"。所不同的是，现代风险的破坏力、影响力和不可预测性都大大加剧了。明白了这一点，我们就要居安思危，建立健全各种风险应对机制，这样在面对某一具有巨大危害性的风险事件时，才不至于惊恐万分，不知所措，丧失理智。

其次，要以科学的态度认识风险，充分认识风险具有的两重性。风险不仅有其消极的一面，也有其积极的一面。人们通常是从消极的角度去认识和评价风险的，这当然没有错，问题在于，我们也不能由此忽视甚至否认风险的积极意义。从积极的角度来看，风险的存在扩大了人们的选择余地，给人们提供了选择自己的生活方式和发展道路的可能和机会，人们通过积极的创造去把握这种机会，就有可能把理想化为现实。这在经济领域中表现得尤为突出，积极地利用风险作出投资决策被看作是市场中最富有活力的一个方面。明白了风险的两重性，面对风险，我们才不至于产生悲观主义情绪，消极厌世，无所作为。

最后，要以健康的心态应对风险。当风险事件爆发、灾害降临的时候，人的心理状况和意志力是抵抗灾害、战胜灾害的有力保证。大量心理学研究已经证明，大多数人在面对灾害突然发生时都有可能产生害怕、担忧、惊慌和无助等心理体验，但过分的恐慌、焦虑、不安、紧张的情绪和过度的担心会削弱人们身体的抵抗力，降低人们应对灾害的心智水平。为此，面对风险的爆发，一方面，要坦然面对和承认自己的心理感受，不必刻意强迫自己否认存在负面的情绪；同时采取适当的方法处理这些情绪，以积极的方式来调整自己的心理状态，尽快恢复被灾害打乱的正常生活；另一方面，保持乐观自信的理智态度，树立战胜灾难的坚定信念。越是危难之时越能考验一个人的心理素质，战胜困难需要勇气和信心，更需要必胜的信念。总之，健康的心态是应对风险的必然要求，也是风险意识的基本内涵之一。

4.2.3 安全认识论

安全是人生存的第一要素，始终伴随着人类的生存、生活和生产过程。从这个意义上说，安全始终就应该放在第一位。安全是人类生存的最基本需要之一，没有安全就没有人类的生活和生产。“安全第一，预防为主”是我国安全生产指导方针，要求一切经济部门和企事业单位，都应“确立人是最宝贵的财富，人命关天，人的安全第一”的思想。

1. 本质安全的认识

“本质安全”的认识主要是意识到要想实现根本的安全需要从根源上减少或消除危险，而不是通过附加的安全防护措施来控制危险。通过采用没有危险或危险性小的材料和工艺条件，将风险减小到忽略不计的安全水平，生产过程对人、财产或环境没有危害威胁，不需要附加或应用程序安全措施。本质安全方法通过设备、工艺、系统、工厂的设计或改进来消除或减少危险。安全功能已融入生产过程、工厂或系统的基本功能或属性。

安全是人们的基本需要，人们追求本质安全，但本质安全是人们的一种期望，是相对安全的一种极限。人类在认识和改造客观世界的过程中，事故总是在人们追求上述的过程中不断发生，并难以完全避免。事故是人们最不愿发生的事，即追求零事故，但追求零事故，即绝对安全，在现实中是不可能的。只能让事故隐患趋近于零，也就是尽可能预防事故，或把事故的后果减至最小。

随着20世纪50年代世界宇航技术的发展，“本质安全”一词被提出并被广泛接受，这是与人类科学技术的进步以及对安全文化的认识密切相连的，是人类在生产、生活实践的发展过程中，对事故由被动接受到积极事先预防，以实现从源头杜绝事故和人类自身安全保护需要，是在安全认识上取得的一大进步。

1974年英国的克莱兹(Trevor Kletz)提出了过程工业本质安全设计的理念。在弗里克斯保罗(Flixbo rough)、塞维索(Seveso)等重大工业事故之后，本质安全设计的理念在化工、石油化工领域受到广泛重视。1998年欧盟颁布的《塞维索指令Ⅱ》(Seveso DirectiveⅡ)要求作为重大危险源的重大危险设施优先采用本质安全设计。

1978年，英国化工安全专家Trevor Kletz提出：“预防事故的最佳方法不是依靠更加可靠的附加安全设施，而是通过消除危险或降低危险程度以取代那些安全装置，从而降低事故发生的可能性和严重性”，并称该理念为本质安全。随之引起了学术界和企业界的强烈关注，美国、英国、加拿大、荷兰等工业发达国家迅速对其展开研究。2000年美国化工过程安全研究中心(CCPS)将本质安全列为重点研究课题之一，并在《2020年展望》报告中指出(顾培亮，1998)：“美国要维持化学工业未来的国际竞争力，必须重视化工本质安全的研究”。目前，对本质安全的研究包括本质安全理论、本质安全工艺、技术及应用方法、本质安全定量化评价工具等，从最初的设备、技术的本质安全向系统、管理层面的本质安全化发展。美国、欧盟等国家和地区十分重视本质安全的研究与应用，已取得一系列技术成果(吴宗之，1997)。

化工、石油化工等过程工业领域的主要危险源是易燃、易爆、有毒有害的危险物质，相应地涉及生产、加工、处理它们的工艺过程和生产装置。1985年，克莱兹把工艺过程的本质安全设计归纳为消除、最小化、替代、缓和及简化5项技术原则：(1)消除(elimination)；(2)最小化(minimization)；(3)替代(substitution)；(4)缓和(moderation)；(5)简化(simplification)。

在机械安全领域，在欧盟标准基础上的国际标准ISO 12100《机械类安全设计的一般原则》

中贯穿了“人员误操作时机械不动作”等本质安全要求。在机械设计中要充分考虑人的特性，遵从人机学的设计原则。除了考虑人的生理、心理特征，减少操作者生理、精神方面的紧张等因素之外，还要“合理地预见可能的错误使用机械”的情况，必须考虑由于机械故障、运转不正常等情况发生时操作者的反射行为，操作中图快、怕麻烦而走捷径等造成的危险。为了防止机械的意外启动、失速、危险出现时不能停止运行、工件掉落或飞出等伤害人员，机械的控制系统也要进行本质安全设计。根据该国际标准，机械本体的本质安全设计思路为：(1)采取措施消除或消减危险源；(2)尽可能减少人体进入危险区域的可能性。

核电站在运用系统安全工程实现系统安全的过程中，逐渐形成了“纵深防御(defense - in - depth)”的理念。为了确保核电站的安全，在本质安全设计的基础上采用了多重安全防护策略，建立了4道屏障和5道防线。其中，为了防止放射性物质外泄设置的4道屏障——被动防护措施包括：(1)燃料芯块。(2)燃料包壳。(3)压力边界。(4)安全壳。

美国化工过程安全中心(CCPS)提出了防护层(layer of protection，LP)的理念。针对本质安全设计之后的残余危险设置若干防护层，使过程危险性降低到可接受的水平。防护层中往往既有被动防护措施，也有主动防护措施。

国际电工标准IEC 61511《机能安全——过程工业安全仪表系统》中介绍的典型的过程工业防护层。在工艺本质安全设计的基础上设置了6个防护层：(1)基本过程控制系统。(2)监测报警系统。(3)安全仪表系统。(4)机械防护。(5)结构防护。(6)程序防护。见图4-1。

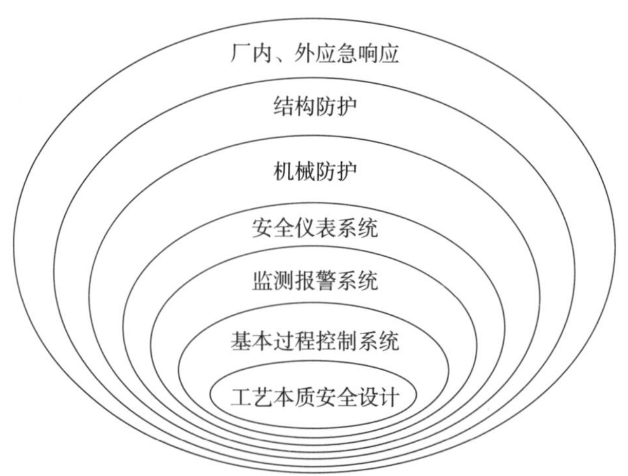

图4-1　过程工业防护层

我国2000年之后，石化行业全面实施GB/T 24001、GB/T 28001和HSEMS“三合一”一体化贯标以来，在致力于提高经济效益的同时，又在如何提升员工的HSE素质，加强隐患治理、实行标准化管理、确保本质安全等方面做出了不懈努力，取得了一定的收获。HSE实行标准化管理的实践告诉我们：推行HSE标准化管理，是从机制上实现本质安全的保证。

2. 安全的相对性

安全相对性指人类创造和实现的安全状态和条件是动态、变化的特性，是指安全的程度和水平是相对法规与标准要求、社会与行业需要存在的。安全没有绝对，只有相对；安全没有最好，只有更好；安全没有终点，只有起点。安全的相对性是安全社会属性的具体表现，是安全的基本而重要的特性。

(1)绝对安全是一种理想化的安全

理想的安全或者绝对的安全,即100%的安全性,是一种纯粹完美、永远对人类的身心无损、无害,绝对保障人能安全、舒适、高效地从事一切活动的一种境界。绝对安全是安全性的最大值,即"无危则安,无损则全"。理论上讲,当风险等于"零",安全等于"1",即达到绝对安全或"本质安全"。

事实上,绝对安全、风险等于"零"是安全的理想值,要实现绝对安全是不可能的,但是却是社会和人们努力追求的目标。无论从理论上还是实践上,人类都无法制造出绝对安全的状况,这既有技术方面的限制,也有经济成本方面的限制。由于人类对自然的认识能力是有限的,对万物危害的机理或者系统风险的控制也是在不断地研究和探索中,所以,人类自身对外界危害的抵御能力是有限的,调节人与物之间的关系的系统控制和协调能力也是有限的,难以使人与物之间实现绝对和谐并存的状态,这就必然会引发事故和灾害,造成人和物的伤害和损失。

客观上,人类发展安全科学技术不能实现绝对的安全境界,只达到风险趋于"零"的状态,但这并不意味着事故不可避免。恰恰相反,人类通过安全科学技术的发展和进步,实现了"高危-低风险"、"无危-无风险"、"低风险-无事故"的安全状态。

(2)相对安全是客观的现实

既然没有绝对的安全,那么在安全科学技术理论指导下,设计和构建的安全系统就必须考虑到最终的目标:多大的安全度才是安全的?这是一个很难回答、但必须回答的问题,就是通过相对安全的概念来实现可接受的安全度水平。安全科学的最终目的就是应用现代科学技术将所产生的任何损害后果控制在绝对的最低限度,或者至少使其保持在可容许的限度内。

安全性具有明确的对象,有严格的时间、空间界限,但在一定的时间、空间条件下,人们只能达到相对的安全。人-机-环均充分实现的那种理想化的"绝对安全",只是一种可以无限逼近的"极限"。

作为对客观存在的主观认识,人们对安全状态的理解,是主观和客观的统一。伤害、损失是一种概率事件,安全度是人们生理上和心理上对这种概率事件的接受程度。人们只能追求"最适安全",就是在一定的时间、空间内,在有限的经济、科技能力状况下,在一定的生理条件和心理素质条件下,通过创造和控制事故、灾害发生的条件来减小事故、灾害发生的概率和规模,使事故、灾害的损失控制在尽可能低的限度内,求得尽可能高的安全度,以满足人们的接受水平。不同的民族、不同群体而言,人们能够承受的风险度是不同的。社会把能都满足大多数人安全需求的最低危险度定为安全指标,该指标随着经济、社会的发展变化而不断提高。

不同的时期、不同的客观条件下提出的满足人们需求的安全目标,即相对的安全标准,也就是说安全的相对性决定了安全标准的相对性。所以,可以从另一个方面来理解安全这一概念,可以理解为安全是人们可接受风险的程度。当实际状况达到这一程度时,人们就认为是安全的,低于这一程度时就认为是危险的,这一程度就叫作安全阈值。

(3)做到相对安全的策略和智慧

相对安全是安全实践中的常态和普遍存在。做到相对安全有如下策略:

相对于规范和标准。一个管理者和决策者,在安全生产管理实践中,最基本的原则和策略就是实现"技术达标"、"行为规范",使企业的生产状态及过程是规范和达标的。"技术达标"是指设备、装置等生产资料达到安全标准要求;"行为规范"是指管理者的安全决策和管理过程是符合国家安全规范要求的。安全规范和标准是人们可接受的安全的最低程度,因此说,"相对的安全规范和标准是符合的,则系统就是安全的"。在安全活动中,人人应该做到行为符合规范,事事做到技术达标。因此,安全的相对性首先是体现在"相对规范和标准"方面。

相对于时间和空间。安全相对于时间是变化和发展的,相对于作业或活动的场所、岗位,甚至行业、地区或国家,都具有差异和变化。在不同的时间和空间里,安全的要求和可接受的风险水平是变化的、不同的。这主要是在不同时间和空间,人们的安全认知水平不同、经济基础不同,因而人们可接受的风险程度也是不相同的。所以,在不同的时间和空间里,安全标准不同,安全水平也不相同,在从事安全活动时,一定要动态地看待安全,才能有效地预防事故发生。

相对于经济及技术。在不同时期,经济的发展程度是不同的,那么安全水平也会有所差异。随着人类经济水平的不断提高和人们生活水平的提高,对安全的认识也应该不断深化,进而对安全的要求提出更高的标准。因此,我们要做到安全认识与时俱进,安全技术水平不断提高,安全管理不断加强,应逐步降低事故的发生率,追求"零事故"的目标。人类的技术是发展的,因此安全标准和安全规范也是变化发展的,随着技术的不断变化,安全技术要与生产技术同行,甚至领先和超前于生产技术的发展和进步。

(4)安全相对性与绝对性的辩证关系

安全科学是一门交叉科学,既有自然属性,也有社会属性。因此,从安全的社会属性角度,安全的相对性是普遍存在的,而针对安全的自然属性,从微观和具体的技术对象而言,安全也存在着绝对性特征。如从物理或化学的角度,基于安全微观的技术标准而言,安全技术标准是绝对的。因此,我们认识安全相对性的同时,也必须认识到从自然属性方面安全技术标准的绝对性。

追溯人类的进化史,我们可以看到,安全是人类演化的"生命线",这条线为人类正常可靠的进化铺垫了安全的轨道,稳固了人类进化的基础,保障了人类进化的进程。再看人类今天的生存状态,安全是人们生活依赖的保护绳,这条绳维系着生灵的生命安全与健康,稳定着社会的安定与和平。安全成为现代人类生活中最基本的,且最重要的需要之一。最后再观人类的发展史,安全是人类社会发展的"促进力",这种力量推动人类文明的进程,创造美好和谐的世界——安全和健康的生活与生产成为人类文明的象征,创造安全的文明成为人类社会文明的重要组成部分。因此,可以不夸张地说:人类的进化、生存和发展,都与安全密切相关,不可分割。从生产到生活,从家庭到社会,从过去到现在,从现在到将来,整个时空世界,无时无处不在呼唤着安全。安全永远伴随着人类的演化和发展,安全是人类历史永恒的话题。

在进入 21 世纪之初,我们还深切地感受着过去百年人类安全科学技术的进步与发展光芒,同时,也对未来的安全科学技术充满期待和畅想。从安全立法到安全管理,从安全技术到安全工程,从安全科学到安全文化,人们期盼着安全科学技术不断发展和壮大,从而在安全生产和安全生活方面服务于人类、造福于人类。

4.3 安全科学的方法论

方法论,就是人们认识世界、改造世界的方式方法,是人们用什么样的方式、方法来观察事物和解决问题,是从哲学的高度总结人类创造和运用各种方法的经验,探求关于方法的规律性知识。概括地说,认识论主要解决世界"是什么"的问题,方法论主要解决"怎么办"的问题。

人类防范事故的科学已经历了漫长的岁月，从事后型的经验论到预防型的本质论；从单因素的就事论事到安全系统工程；从事故致因理论到安全科学原理，工业安全科学的理论体系在不断完善和完善。追溯安全科学理论体系的发展轨迹，探讨其发展的规律和趋势，对于系统、完整和前瞻性地认识安全科学理论，以指导现代安全科学实践和事故预防工程具有现实的意义。

4.3.1 事故经验论

经验论就是人们基于事故经验改进安全的一种方法论。显然，经验论是必要的，但是事后改进型的方式，是传统的安全方法论。

17 世纪前，人类安全的认识论是宿命论的，方法论是被动承受型的，这是人类古代安全文化的特征。17 世纪末期至本世纪初，由于事故与灾害类型的复杂多样和事故严重性的扩大，人类进入了局部安全认识阶段。哲学上反映出：建立在事故与灾难的经历上来认识人类安全，有了与事故抗争的意识，人类的安全认识论提高到经验论水平，方法论有了“事后弥补”的特征。

1. 事后经验型安全管理模式

经验论是事故学理论的方法论和认识论，主要是以实践得到的知识和技能为出发点，以事故为研究的对象和认识的目标，是一种事后经验型的安全哲学，是建立在事故与灾难的经历上来认识安全，是一种逆式思路（从事故后果到原因事件）。主要特征在于被动与滞后、凭感觉和靠直觉，是“亡羊补牢”的模式，突出表现为一种头痛医头、脚痛医脚、就事论事的对策方式。当时的安全管理模式是一种事后经验型的、被动式的安全管理模式。

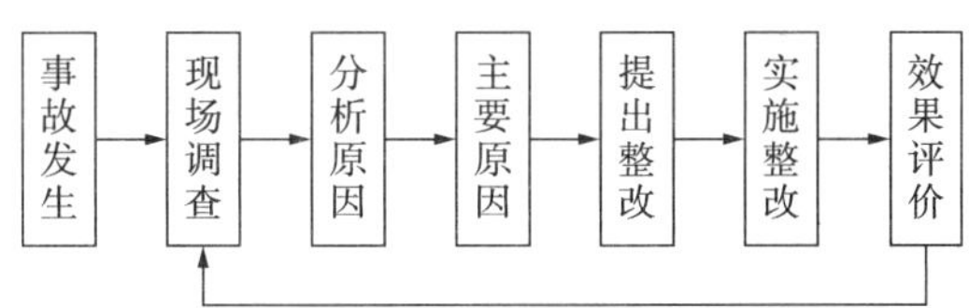

图 4－2 事后经验型安全管理模式

2. 事故经验论的优缺点

从被动的接受事故的“宿命论”到可以依靠经验来处理一些事故的“经验论”，是一种进步，经验论具有一些“宿命论”无法比的优点。首先，经验论可以帮助我们处理一些常见的事故，使我们不再是听天由命的状态；其次，经验论有助于我们不犯同样的错误，减少事故的发生。即使在安全科学已经得到充分发展的今天，经验论也有其自身的价值，比如我们可以从近代世界大多数发达国家的发展进程中来寻求经验。一些国家的经历表明，随着人均 GDP 的提高（到一定水平），事故总体水平在降低，如美国、日本等一些发达国家发展过程表明，当人均 GDP 在 5000 美元以下，事故水平处于不稳定状态；人均 GDP 达到 1 万美元，事故率稳定下降。这是发达国家安全与经济因素关系的现实情况。但是，影响安全的因素是多样和复杂的，除了经济因素外（这是重要的因素之一），还与国家制度、社会文化（公民素质、安全意识）、科学技术（生产方式和生产力水平）等有关。而我国的国家制度、公民安全意识、现代生产力水平，总体上说已“今非昔比”，我们今天的社会总体安全环境（影响因素）：生产和生活环境（条件）、法制与管理环境、人民群众的意识和要求，都有利于安全标准的提高和改善。当然，安全科学的发展证明只凭经验是不行的，经验论也有缺点和不足，经验论具有预防性差、缺乏系统性等问题，并且经验的获得往往需要惨痛的代价。我们的先哲——孔子早就说过：建立在“经历”方式上的学习和进步是痛苦的方式；而只有通过“沉思”的方式来学习，才是最高明的。当然，人们还可以通过“模仿”来学习和进步，这是最容易的。从这种思维方式出发，进行推理和思考，我们感悟到：人类在对待事故与灾害的问题上，千万不要试求通过事故的经历才得以明智，因为这太痛苦，“人的生命只有一次，健康何等重要”。我们应该掌握正确安全认识论与方法论，从理性与原理出发，通过“沉思”来防范和控制职业事故和灾害，至少我们要选择“模仿”之路，学会向先进的国家和行业学习，这才是正确的思想方法。

3. 事故经验论的理论基础

事故经验论的基本出发点是事故，是基于以事故为研究对象的认识，逐渐形成和发展了事故学的理论体系。

- 事故分类方法：按管理要求的分类法，如加害物分类法、事故程度分类法、损失工日分类法、伤害程度与部位分类法等；按预防需要的分类法，如致因物分类法、原因体系分类法、时间规律分类法、空间特征分类法等。
- 事故模型分析方法：因果连锁模型（多米诺骨牌模型）、综合模型、轨迹交叉模型、人为失误模型、生物节律模型、事故突变模型等。
- 事故致因分析方法：事故频发倾向论、能量意外释放论、能量转移理论、两类危险源理论。
- 事故预测方法：线性回归理论、趋势外推理论、规范反馈理论、灾变预测法、灰色预测法等。
- 事故预防方法论：3E 对策理论、3P 策略论、安全生产 5 要素（安全文化、安全法制、安全责任、安全科技、安全投入）等。
- 事故管理：事故调查、事故认定、事故追责、事故报告、事故结案等。

4. 事故经验论的方法特征

事故经验论的主要特征在于被动与滞后，是“亡羊补牢”的模式，多用“事后诸葛亮”的手段，突出表现为一种头痛医头、脚痛医脚、就事论事的对策方式。在上述思想认识的基础上，事故学理论的主要导出方法是事故分析（调查、处理、报告等）、事故规律的研究、事后型管理模式、三不放过的原则（即发生事故后原因不明、当事人未受到教育、措施不落实）；建立在事故统计学上致因理论研究；事后整改对策；事故赔偿机制与事故保险制度等。

事故经验论对于研究事故规律，认识事故的本质，从而指导预防事故有重要的意义，在长期的事故预防与保障人类安全生产和生活过程中产生了重要的作用，是人类的安全活动实践的重要理论依据。但是，仅停留在事故学的研究上，一方面由于现代工业固有的安全性在不断提高，事故频率逐步降低，建立在统计学上的事故理论随着样本的局限使理论本身的发展受到限制，另一方面由于现代工业对系统安全性要求不断提高，直接从事故本身出发的研究思路和对策，其理论效果不能满足新的要求。

4.3.2 安全系统论

安全系统论是基于系统思想防范事故的一种方法论。系统思想即体现出综合策略、系统工程、全面防范的方法和方式。显然，安全系统论是先进和有效的安全方法论。

本世纪初至 50 年代，随着工业社会的发展和技术的不断进步，人类的安全认识论和方法论进入了系统论阶段。

1. 系统的特性

系统理论是指把对象视为系统进行研究的一般理论。其基本概念是系统、要素。系统是指由若干相互联系、相互作用的要素所构成的有特定功能与目的的有机整体。系统按其组成性质,分为自然系统、社会系统、思维系统、人工系统、复合系统等,按系统与环境的关系分为孤立系统、封闭系统和开放系统。系统具有6方面的特性:

(1)整体性。是指充分发挥系统与系统、子系统与子系统之间的制约作用,以达到系统的整体效应。

(2)稳定性。即系统由于内部子系统或要素的运动,总是使整个系统趋向某一个稳定状态。其表现是在外界干扰相对微小的情况下,系统的输出和输入之间的关系,系统的状态和系统的内部秩序(即结构)保持不变,或经过调节控制而保持不变的性质。

(3)有机联系性。即系统内部各要素之间以及系统与环境之间存在着相互联系、相互作用。

(4)目的性。即系统在一定的环境下,必然具有的达到最终状态的特性,它贯穿于系统发展的全过程。

(5)动态性。即系统内部各要素间的关系及系统与环境的关系,是时间的函数,随着时间的推移而转变。

(6)结构决定功能的特性。系统的结构指系统内部各要素的排列组合方式。系统的整体功能是由各要素的组合方式决定的。要素是构成系统的基础,但一个系统的属性并不只由要素决定,它还依赖于系统的结构。

2. 安全系统论的理论基础

安全系统论以危险、隐患、风险作为研究对象,其理论的基础是对事故因果性的认识,以及对危险和隐患事件链过程的确认。由于研究对象和目标体系的转变,安全系统论的理论即风险分析与风险控制理论发展了如下理论体系:

(1)系统分析理论:事故系统要素理论、安全控制论、安全信息论、FTA故障树分析理论、ETA事件树分析理论、FMEA故障及类型影响分析理论和方法等;

(2)安全评价理论:安全系统综合评价、安全模糊综合评价、安全灰色系统评价理论等;

(3)风险分析理论:风险辨识理论、风险评价理论、风险控制理论;

(4)系统可靠性理论:人机可靠性理论、系统可靠性理论等;

(5)隐患控制理论:重大危险源理论、重大隐患控制理论、无隐患管理理论等;

(6)失效学理论:危险源控制理论、故障模式分析、RBI分析理论和方法等。

3. 安全系统要素及结构

从安全系统的动态特性出发,人类的安全系统是人、社会、环境、技术、经济等因素构成的大协调系统。无论从社会的局部还是整体来看,人类的安全生产与生存需要多因素的协调与组织才能实现。安全系统的基本功能和任务是满足人类安全的生产与生存,以及保障社会经济生产发展的需要,因此安全活动要以保障社会生产、促进社会经济发展、降低事故和灾害对人类自身生命和健康的影响为目的。为此,安全活动首先应与社会发展基础、科学技术背景和经济条件相适应和相协调。安全活动的进行需要经济和科学技术等资源的支持,安全活动既是一种消费活动(为生命与健康安全为目的),也是一种投资活动(以保障经济生产和社会发展为目的)。从安全系统的静态特性看,安全系统的要素及结构见图4-3。

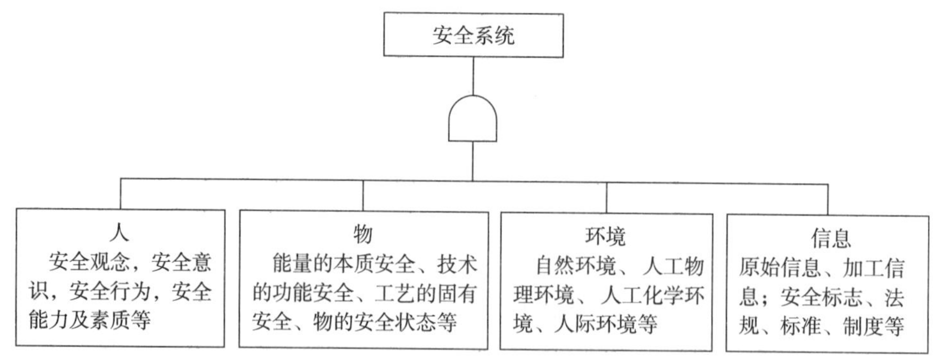

图 4-3 安全系统要素及结构

研究和认识安全系统要素是非常重要的，其要素涉及：人——人的安全素质（心理与生理；安全能力；文化素质）；物——设备与环境的安全可靠性（设计安全性；制造安全性；使用安全性）；能量——生产过程能的安全状态和作用（能的有效控制）；信息——原始的安全一次信息，如作业现场、事故现场等，通过加工的安全二次信息，如法规、标准、制度、事故分析报告等，充分可靠的安全信息流（管理效能的充分发挥）是安全的基础保障。认识事故系统要素，对指导我们从打破事故系统来保障人类的安全具有实际的意义，这种认识带有事后型的色彩，是被动、滞后的，而从安全系统的角度出发，则具有超前和预防的意义，因此，从创建安全系统的角度来认识安全原理更具有理性、预防的意义，更符合科学性原则。

4. 安全系统论的方法特征

安全系统论建立了事件链的概念，有了事故系统的超前意识流和动态认识论。确认了人、机、环境、管理事故综合要素，主张工程技术硬手段与教育、管理软手段综合措施，提出超前防范和预先评价的概念和思路。由于有了对事故的超前认识，安全系统的理论体系导致了比早期事故学理论下更为有效的方法和对策。从事故的因果性出发，着眼于事故的前期事件的控制，对实现超前和预期型的安全对策，提高事故预防的效果有着显著的意义和作用。具体的方法如预期型管理模式；危险分析、危险评价、危险控制的基本方法过程；推行安全预评价的系统安全工程；“四负责”的综合责任体制；管理中的“五同时”原则；企业安全生产的动态“四查工程”科学检查制度等。安全系统理论即危险分析与风险控制理论指导下的方法，其特征体现了超前预防、系统综合、主动对策等。但是，这一层次的理论在安全科学理论体系上，还缺乏系统性、完整性和综合性。

4.3.3 本质安全论

20 世纪 50 年代到世纪末，由于高技术的不断涌现，如现代军事、宇航技术、核技术的利用以及信息化社会的出现，人类的安全认识论进入了本质论阶段，超前预防型成为现代安全哲学的主要特征，这样的安全认识论和方法论大大推进了现代工业社会的安全科学技术和人类征服安全事故的手段和方法。

1. 本质安全的概念及内涵

本质是指“存在于事物之中的永久的、不可分割的要素、质量或属性”或者说是指“事物本身所固有的、决定事物性质面貌和发展的根本属性”。

本质安全，又称内在安全或本质安全化方法，最初的概念是指从根源上消除或减少危险，而不是依靠附加的安全防护和管理控制措施来控制危险源和风险的技术方法。它可以与传统的无源安全措施（无需能量或资源的安全技术措施，如保护性措施）、有源安全措施（具有独立能量系统的安全措施，噪声的有源控制）和安全管理措施等综合应用，通过消除/避免、阻止、控制和减缓危险等原理，为生产过程提供安全保障，本质安全与常规安全方法的联系与区别见图4－4。

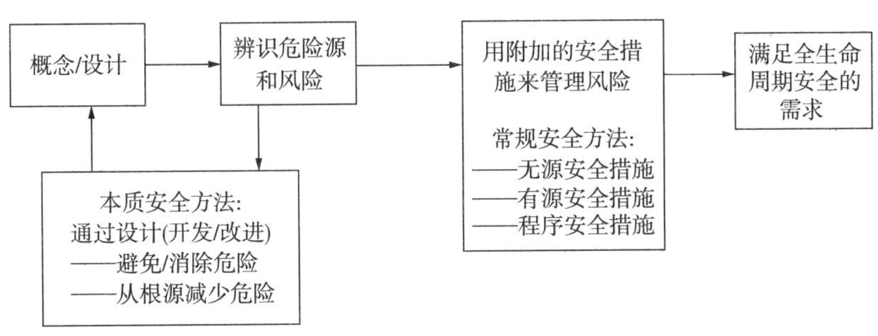

图4－4　本质安全与常规安全方法的关系

常规安全（也称外在安全）是通过附加安全防护装置来控制危险，从而减小风险；附加的安全装置需要花费额外的费用，还必须对其进行维修保养，由于固有的危险并没有消除，仍然存在发生事故的可能性，其后果可能会因为防护装置自身的故障而更加严重。本质安全方法主要应用在产品、工艺和设备的设计阶段，相对于传统的设计方法，本质安全设计方法在设计初始阶段需要的费用较大，但在整个生命周期的总费用相对较少。本质安全设计的实施可以减少操作和维护费用，提高工艺、设备的可靠性。常规安全措施的主要目的是控制危险，而不是消除危险，只要存在危险，就存在该危险引起事故的可能性；而本质安全主要是依靠物质或工艺本身特性来消除或减小危险，可以从根本上消除或减小事故发生的可能性。本质安全理论可广泛应用于各类生产活动的全生命周期，尤其是在设计和运行阶段。从纵深防御的安全保障作用上看，本质安全比常规安全方法效果更好。

为了应对事故风险，近代朦胧的本质安全思想伴随着工业革命而出现，下面列举了一些具有本质安全思想的应用事例，见表4－3。

表4－3　近代本质安全应用事例

时间	发明人	应用方面	具体应用
1820	Robert Stevenson	蒸汽机车	简化控制系统
1867	James Howden	美国中央太平洋铁路	现场制造炸药
1867	Alfred Nobel	炸药	TNT 炸药
1870	Ludwig Mond	碳酸钠	索尔韦法
1870's		硝化甘油	搅拌反应釜代替间歇反应釜
1930	Thomas Midgely	制冷剂	CFC 制冷剂

人类古代就有本质安全的认识和措施，如人们建造村庄时，选择高处，用本质安全位置的方式避免洪水风险；四个轮子的马车就是一种本质安全设计，它比两个轮子的战车运输货物要

更加安全;只允许单向行驶的两条并排铁路比供双向行使的一条铁路要安全。

随着视野和理解的升华,本质安全上升为本质安全论,其含义得到了深化和扩展。本质论是人们从本质安全角度改进安全的一种方法论。目前从安全科学技术角度来讲,本质安全(inherent safety)有以下3种理解,其中有一种狭义理解,两种广义理解。

定义1(狭义-设备):本质安全是指设备、设施或技术工艺含有内在的能够从根本上防止发生事故的功能。本质安全是从根源上消除或减小生产过程中的危险。本质安全方法与传统安全方法不同,即不依靠附加的安全系统实现安全保障。

定义2(广义-系统):本质安全是指安全系统中人、机、环境等要素从根本上防范事故的能力及功能。本质安全的特征表现为根本性、实质性、主体性、主动性、超前性。

定义3(广义-企业):本质安全就是通过追求企业生产流程中人、物、系统、制度等诸要素的安全可靠和谐统一,使各种风险因素始终处于受控制状态,进而逐步趋近本质型、恒久型安全目标。"物本"——技术设备设施工具的本质安全性能;"人本"——人的意识、观念、态度等人的根本性安全素质。即:失误——安全功能(fool-proof),指操作者即使操作失误,也不会发生事故或伤害;故障——安全功能(fail-safe),指设备、设施或技术工艺发生故障或损坏时,还能暂时维持正常工作或自动转变为安全状态。

2. 本质安全论的理论基础

本质安全论以安全系统作为研究对象,建立了人—物—能量—信息的安全系统要素体系,提出系统安全的思路,确立了系统本质安全的目标。通过安全系统论、安全控制论、安全信息论、安全协同论、安全行为科学、安全环境学、安全文化建设等科学理论研究,提出在本质安全化认识论基础上全面、系统、综合的发展安全科学理论。目前已有的初步体系有:

(1)安全的哲学原理:从历史学和思维学的角度研究实现人类安全生产和安全生存的认识论和方法论。如有了这样的归纳:远古人类的安全认识论是宿命论的,方法论是被动承受型的;近代人类的安全认识提高到了经验的水平;现代随着工业社会的发展和技术的进步,人类的安全认识论进入了系统论阶段,从而在方法论上能够推行安全生产与安全生活的综合型对策,甚至能够超前预防。有了正确的安全哲学思想的指导,人类现代生产与生活的安全才能获得高水平的保障。

(2)安全系统论原理:从安全系统的动态特性出发,研究人、社会、环境、技术、经济等因素构成的安全大协调系统。建立生命保障、健康、财产安全、环保、信誉的目标体系。在认识事故系统人-机-环境-管理四要素的基础上,更强调从建设安全系统的角度出发,认识安全系统的要素:人——人的安全素质(心理与生理;安全能力;文化素质);物——设备与环境的安全可靠性(设计安全性;制造安全性;使用安全性);能量——生产过程能的安全作用(能的有效控制);信息——充分可靠的安全信息流(管理效能的充分发挥)是安全的基础保障。从安全系统的角度来认识安全原理更具有理性的意义,更具科学性原则。

(3)安全控制论原理:安全控制是最终实现人类安全生产和安全生存的根本措施。安全控制论提出了一系列有效的控制原则。安全控制论要求从本质上来认识事故(而不是从形式或后果),即事故的本质是能量不正常转移,由此推出了高效实现安全系统的方法和对策。

(4)安全信息论原理:安全信息是安全活动所依赖的资源。安全信息原理研究安全信息定义、类型,研究安全信息的获取、处理、存储、传输等技术。

(5)安全经济性原理:从安全经济学的角度,研究安全性与经济性的协调、统一。根据安全－效益原则，通过“有限成本－最大安全”、达到“安全标准－安全成本最小”，以及实现安全最大化与成本最小化的安全经济目标。

(6)安全管理学原理：安全管理最基本的原理首先是管理组织学的原理，即安全组织机构合理设置，安全机构职能的科学分工，安全管理体制协调高效，管理能力自组织发展，安全决策和事故预防决策的有效和高效。其次是专业人员保障系统的原理，即遵循专业人员的资格保证机制：通过发展学历教育和设置安全工程师职称系列的单列，对安全专业人员提出具体严格的任职要求；建立兼职人员网络系统：企业内部从上到下(班组)设置全面、系统、有效安全管理组织网络等。三是投资保障机制，研究安全投资结构的关系，正确认识预防性投入与事后整改投入的关系，要研究和掌握安全措施投资政策和立法，讲求谁需要、谁受益、谁投资的原则；建立国家、企业、个人协调的投资保障系统等等。

(7)安全工程技术原理：随着技术和环境的不同，发展相适应的硬技术原理，机电安全原理、防火原理、防爆原理、防毒原理等。

3. 本质安全的技术方法

本质安全的技术方法就是从根源上减少或消除危险，而不是通过附加的安全防护措施来控制危险。通过采用没有危险或危险性小的材料和工艺条件，将风险减小到忽略不计的安全水平，生产过程对人、环境或财产没有危害威胁，不需要附加或程序安全措施。本质安全的技术方法可以通过设备、工艺、系统、工厂的设计或改进来减少或消除危险，使安全技术功能已融入生产过程、工厂或系统的基本功能或属性。表4－4列举了通用的本质安全技术方法和关键词。

表4－4　本质安全技术方法及关键词

关键词	技术方式方法
最小化	减少危险物质的数量
替代	使用安全的物质或工艺
缓和	在安全的条件下操作，例如常温、常压和液态
限制影响	改进设计和操作使损失最小化，例如装置隔离等
简化	简化工艺、设备、任务或操作
容错	使工艺、设备具有容错功能
避免多米诺效应	设备、设施有充足的间隔布局，或使用开放式结构设计
避免组装错误	使用特定的阀门或管线系统避免人为失误
明确设备状况	避免复杂设备和信息过载
容易控制	减少手动装置和附加的控制装置

4. 本质安全的管理方法

根据广义的概念，本质安全管理方法的主要内容包括如下4个方面：

一是人的本质安全。它是创建本质安全型企业的核心，即企业的决策者、管理者和生产作业人员，都具有正确的安全观念、较强的安全意识、充分的安全知识、合格的安全技能，人人安全素质达标，都能遵章守纪，按章办事，干标准活，干规矩活，杜绝“三违”，实现个体到群体的本质安全。

二是物(装备、设施、原材料等)的本质安全。任何时候、任何地点,都始终处在安全运行的状态,即设备以良好的状态运转,不带故障;保护设施等齐全,动作灵敏可靠;原材料优质,符合规定和使用要求。

三是工作环境的本质安全。生产系统工艺性能先进、可靠、安全;高危生产系统具有闭锁、联动、监控、自动监测等安全装置,如企业有提升、运输、通风、压风、排水、供电等主要系统及分支的单元系统,这些系统本身应该没有隐患或缺陷,且有良好的配合,在日常生产过程中,不会因为人的不安全行为或物的不安全状态而发生事故。

四是管理体系的本质安全。建立健全完善的规章制度和规范、科学的管理制度,并规范地运行,实现管理零缺陷,安全检查经常化、时时化、处处化、人人化,使安全管理无处不在,无人不管,安全管理人人参与,变传统的被管理的对象为管理的动力。

本质安全管理方法的基本目标是创建本质安全型企业,其基本方法是:

——通过综合对策实现本质安全。综合对策就是要推行系统工程,懂得"人机环管"安全系统原理,做到事前、事中、事后全面防范;技防、管防、人防的系统综合对策。有效预防各类生产安全事故,保障安全生产,一是需要"技防"——安全技术保障,即通过工程技术措施来实现本质安全化。具体来讲,有以下几个方面。1)防火防爆技术措施。①消除可燃可爆系统的形成;②消除、控制引燃能源。2)电气安全技术措施　①接零、接地保护系统;②漏电保护;③绝缘;④电气隔离;⑤安全电压(或称安全特低电压);⑥屏护和安全距离;⑦联锁保护。3)机械伤害防护措施　①采用本质安全技术;②限制机械应力;③材料和物的安全性;④履行安全人机工程学原则;⑤设计控制系统的安全原则;⑥安全防护措施。二是要求"管防"——安全管理防范,即通过监督管理措施来实现本质安全化。主要包括基础管理和现代管理两方面。基础管理包括完善组织机构、专业人员配备;投入保障;责任制度;规章制度;操作规程;检查制度;教育培训;防护用品配备等方面。现代管理指安全评价、预警机制、隐患管理、风险管理、管理体系、应急救援和安全文化等。三是依靠"人防"——安全文化基础,即通过安全文化建设、教育培训来提高人的素质,从而实现本质安全。教育培训主要包括单位主要负责人的教育培训,安全生产专业管理人员的安全培训教育,生产管理人员的培训,从业人员的安全培训教育和特种作业人员教育培训等方面。各级政府和各行业、企业的决策者,要有安全生产永无止境、持续改进的认知,不能用突击、运动、热点、应付、过关的方式对待,既要重视安全技术硬实力,更要发展安全管理、安全文化软实力。

——通过"三基"建设实现本质安全。显然,要实现本质安全,必须重视事故源头,这就需要强化安全生产的根本,夯实"三基",强化"三基"建设。强化"三基"就是要将安全工作的重点致力于"基层、基础、基本"因素,即抓好班组、岗位、员工三个安全的根本因素。班组是安全管理的基层细胞,岗位是安全生产保障的基本元素,员工是防范事故的基本要素。当前的安全工作要确立"依靠员工、面向岗位、重在班组、现场落实"的安全建设思路。"三基"建设涉及班组、员工、岗位、现场四元素,班组是安全之基、员工是安全之本、岗位是安全之源、现场是安全之实。元素是基础,"三基"是载体,而实质是文化;"三基"是目,文化是纲,通过"三基"联系四个元素,构建本质安全系统,而安全文化是本质安全系统的动力和能源。

——通过班组建设实现本质安全。班组是安全的最基本单元组织,是执行安全规程和各项规章制度的主体,是贯彻和实施各项安全要求和措施的实体,更是杜绝违章操作和杜绝安全事故的主体。因此,生产班组是安全生产的前沿阵地,班组长和班组成员是阵地上的组织员和战斗员。企业的各项工作都要通过班组去落实,上有千条线,班组一针穿。国家安全法规和政策的落实,安全生产方针的落实,安全规章制度和安全操作程序的执行,都要依靠和通过班组来实现。特别是作为现代企业,职业安全健康管理体系的运行,以及安全科学管理方法的应用和企业安全文化建设的落实,都必须依靠班组。反之,班组成员素质低,作业岗位安全措施不到位,班组安全规章制度得不到执行,将是事故发生的根本所在。

本质论是必须的,它表明了安全科学的进步,是一种超前预防型的方法。只有建立在超前预防的基础上,才能做到防患于未然,真正实现零事故目标。

4.4 现代安全哲学观

哲学观是指人们对哲学和与哲学相关的基本问题的根本观点和看法,这样的根本观点和看法集中体现为一种哲学学说或哲学理论所具有的核心理念和基本观念。那么,在当今社会飞速发展的时代,安全领域又需要怎样的哲学观呢?

4.4.1 安全社会发展观

安全生产作为保护和发展社会生产力、促进社会和经济持续健康发展的基本条件,是社会文明与进步的重要标志,是实现全面建设小康社会宏伟目标的关键内涵。社会进步、国民经济发展和人民生活质量提高是安全生产的必然结果,重视和加强安全生产工作,将安全生产规划纳入全面建设小康社会总体发展目标体系之中,是"三个代表"重要思想具体体现,是政府"执政为民"思想的基本要求,也是社会主义市场经济发展的客观需要。同时,提高安全生产保障水平,对于维护国家安全,保持社会稳定,实施可持续发展战略,都具有现实的意义。因此,安全生产对实现全面建设小康社会的宏伟目标具有重要的战略意义。

1. 安全生产事关社会的安全稳定

党和政府历来高度重视安全生产工作。我国《宪法》明确规定了劳动保护、安全生产是国家的一项基本政策。党的十六大报告中明确提出:"高度重视安全生产,保护国家财产和人民生命的安全"的基本目标和要求。安全生产的基本目标与我党提出的"三个代表"重要思想的基本精神是一致的,即把人民群众的根本利益放在至高无上的地位。在人民群众的各种利益中,生命的安全和健康保障是最实在和最基本的利益。因此,要求各级政府和每一个党的领导要站在维护人民群众根本利益的角度来认识安全生产工作。"立党为民"是党的基本宗旨,满足人民群众的利益要求是国家稳定和发展的基础,而安全生产是人民根本利益的重要内容,因此,重视安全生产工作事关社会稳定、事关社会发展。

安全生产职业安全健康状况是国家经济发展和社会文明程度的反映,是所有劳动者具有安全与健康保障的工作环境和条件,是社会协调、安全、文明、健康发展的基础,也是保持社会安定团结和经济持续、快速、健康发展的重要条件。因此,安全生产不仅是"全面小康社会"的重要标准,而且与党的立党之基——"三个代表"的重要体现,因为,安全生产保障水平体现了"最广大人民群众根本利益"的要求。如果安全生产工作做不好,发生工伤事故和职业病,这对人民群众生命与健康,对社会基本细胞——家庭将产生极大的损害和威胁,由此导致广大人民群众和劳动者对社会制度,对党为人民服务的宗旨,对改革的目标产生疑虑和动摇。当这些问题积累到一定程度和突然发生震动性事件的时候,就有可能成为影响社会安全、稳定的因素之一。当人民群众的基本工作条件与生活条件得不到改善,甚至出现尖锐的矛盾时也会直接影响稳定发展大局。

2. 安全生产是以人为本的体现

以人为本,就是以“每个人”都作为“本”的主体,就是要把保障人民生命安全、维护广大人民群众的根本利益作为事故应急处置工作的出发点和落脚点,只有保证人的安全,才能从根本上实现公共安全。人民群众是构建社会主义和谐社会的根本力量,也是和谐社会的真正主人。安全生产是市场经济持续、稳定、快速、健康发展的根本保证,也是维护社会稳定的重要前提,是社会主义发展生产力的最根本的要求。“以人为本”是和谐社会的基本要义,是我们党的根本宗旨和执政理念的集中体现,是科学发展观的核心,也是和谐社会建设的主线,而安全就是人的全面发展的一个重要方面。

安全生产、以人为本,一方面是强调安全生产的根本性目的是保护人的生命健康和财产安全,实现人对幸福生活的追求;另一方面是要靠人的能动性工作,充分发挥人的积极性与创造性,实现安全生产。安全生产事关最广大人民群众的根本利益,事关改革发展和稳定大局,体现了党的立党为公、执政为民的执政理念,反映了科学发展观以人为本的本质特征。以人为本,首先要以人的生命为本。只有从根本上改善安全状况,大幅度减少各类安全事故对社会造成的创伤和振荡,国家才能富强安宁,百姓才能平安幸福,社会才能和谐安定。

3. 安全生产是科学发展的要求

科学发展观是党的十六大以来,我们党从新世纪新阶段党和人民事业发展全局出发提出的重大战略思想。发展是第一要务,要发展,必须讲安全。强化科学管理,确保安全生产。树立和落实科学发展观,实现强势、快速发展,首先是要实现安全生产。安全生产是科学发展的基础保证。

党的十六届五中全会、六中全会提出并确立了“安全发展”这一重要指导原则,党的十七大又重申了这一重要指导原则。把安全发展作为重要的指导原则之一写进党的重要文献中,这在我们党的历史上还是第一次。这是胡锦涛主席坚持与时俱进,对科学发展观思想内涵的进一步丰富和发展,充分体现了我们党对发展规律认识的进一步深化,是在发展指导思想上的又一个重大转变,体现了以人为本的执政理念和“三个代表”重要思想的本质要求。

安全发展是科学发展的必然要求,没有安全发展,就没有科学发展。只有真正地树立和落实科学发展观,用其统领安全生产工作,才能明确安全生产工作的方向,把握安全生产工作的大局;才能抓住安全生产中的主要矛盾和问题,夺取工作的主动权;才能理清思路、周密部署,强化措施、完善对策,加大力度、狠抓落实,不断推进、取得实效。才能做好安全生产工作,促进安全生产形势的稳定好转。

4. 公共安全是建设和谐社会的体现

我国政府提出“坚持改革开放,推动科学发展,促进社会和谐,为夺取全面建设小康社会新胜利而奋斗。”的战略目标,明确了“社会和谐是中国特色社会主义的本质属性”,社会主义和谐社会,是一个全体人民各尽其能、充满创造活力的社会,是诸方利益关系不断得到有效协调的社会,是稳定有序、安定团结、和谐共处并让社会平稳进步和发展的社会。安全生产是构建和谐社会的重要组成部分,是构建和谐社会的有力保障。只有搞好安全生产,真正做到以人为本,才能实现人身的和谐,实现人与自然的和谐,实现人与人、人与社会和谐,最终实现国家内部系统诸要素间的和谐,才能构建起真正的和谐社会。

构建社会主义和谐社会的总体要求是民主法治、公平正义、诚信友爱、充满活力、安定有序、人与自然和谐相处。和谐社会的一个基本要求就是安定有序,安全促进安定,安定则社会有序。可见安全生产已成为维护社会稳定、构建和谐社会的重要内容。而安全生产也需要健全的法律法规和完善的法治秩序,需要保障劳动者的安全权益,需要建立安全诚信机制。只有生命安全得到切实保障,才能调动和激发人的创造活力和生活热情,才能实现社会的安定有序,才能实现人与自然的和谐相处,促进生产力的发展和人类社会的进步。因此我们说,安全生产是构建和谐社会的前提和必要条件之一。

构建和谐社会必须解决公共安全与安全生产问题,这是当代全民最为关心的问题。如果人的生命健康得不到保障,一旦发生事故灾难,势必造成人员伤亡、财产损失和家庭不幸,因此,安全发展,使人民群众的生命财产得到有效保障,国家才能富强永固,社会才能进步和谐,人民才能平安幸福。

5. 安全生产事关全面建设小康社会

人民是全面建设小康社会的主体,也是享受全面建设小康社会的主体。安全是人的第一需求,也是全面建设小康社会的首要条件。没有安全的小康,不能称作是小康;离开人民生命财产的安全,就谈不上全面的小康社会。不难设想,一个事故不断,人民群众终日处在各类事故的威胁中,老百姓没有安全感的社会,能叫全面小康社会吗?党和国家对人民的生命财产的安全一向高度重视。因此,全面建设小康社会的十六大报告将安全生产作为重要内容写入这份纲领性文献中,并提出了新的更高要求。报告对各项工作提出了明确而严格的要求,把安全生产摆到了重中之重的位置,把安全生产纳入全面建设小康社会的国民经济社会发展的总体部署和目标体系之中。

中国是一个发展中国家,面临着全面建设小康社会和加快推进社会主义现代化的宏伟目标,加快发展,是今后相当长历史时期的基本政策。为了尽快达到全面小康社会的目标和中国可持续发展战略实施,迫切要求迅速扭转安全生产形势的不利局面,应从国家发展战略高度,把安全生产工作纳入国家总的经济社会发展规划中,应用管理、法制、经济和文化等一切可调动的资源,实现最优化配置,在发展的进程中,逐步和有效地降低国家和企业伤亡事故风险水平,将事故频率和伤亡人数都控制在可容许的范围内。而且,我国现已加入 WTO,以美国为首的西方国家习惯把政治、社会问题与经济、贸易挂钩,要确保我国的政治经济利益不受到损害。因此,安全生产职业健康应纳入国家经济社会发展的总体规划,为适应社会主义市场经济体制,加强我国在国际上的竞争力,建立统一、高效的现代化职业安全健康监管体制与机制,与经济发展同步,逐渐增加国家和企业对安全生产投入和大力加强安全生产法制建设等。

“全面建设小康社会”这一远大而现实的目标,不应仅仅反映在经济和消费指标上,它的“全面”的内涵还应该包括社会协调安定、人民生活安康、企业生产安全等反映社会协调稳定、家庭生活质量保障、人民生命安全健康等指标上。因此,社会公共安全、社区消防安全、交通安全、企业生产安全、家庭生活安全等“大安全”标准体系应纳入“全面建设小康社会”的重要目标内容,纳入国家社会经济发展的总体规划和目标系统中。

6. 公共安全是“中国梦”的核心组成

2013 年春,我国新一届政府提出“民族复兴、国家富强、人民幸福”的“中国梦”概念。中国梦、梦中国,必然需要强化安全、重视安全、发展安全。因为,安康是人民的期望,是强国的基础,是复兴的保障。

在我国的重要治国文件中，将安全发展的理念上升到安全发展的战略高度，并明确指出文化是民族的血脉，是人民的精神家园。全面建成小康社会，实现中华民族伟大复兴，必须推动社会主义文化大发展大繁荣，兴起社会主义文化建设新高潮，提高国家文化软实力，发挥文化引领风尚、教育人民、服务社会、推动发展的作用，并在十八大报告中提出了：强化公共安全体系、强化企业安全生产基础建设、遏制重特大事故的要求。由此，在未来一段时期，安全界提出了“文化引领，文化兴安”的新战略、新理论、新体系。明确了强化公共安全体系，安全科学发展的宏观战略；加强安全基础建设，提升本质安全保障水平；遏制重大事故发生，创建和谐社会安全发展的宏伟目标。

4.4.2 安全经济发展观

安全是最好的经济效益，这一观念已经被很多企业家所接受。从国家角度来看，安全生产是推动一国经济可持续发展的一个必要条件。

1. 安全生产是国民经济的有机整体

国民经济是一个统一的有机整体，是由各部门、各地区、各生产企业及从业人员组成的，从业人员是企业、地区、各部门的主体，是生产过程的直接承担者，企业是国民经济的基本单位，是国民经济的重要细胞组织。

整个国民经济是由一个个相互联系、相互制约的相对独立的生产企业经济组织组成的。企业经济是构成国民经济的基础，企业经济目标的完成和发展需要安全生产的保障。因此，企业安全生产同国民经济是不可分割的整体。没有安全生产的保证体系，就不可能有企业的经济效益；没有企业的经济效益，国民经济目标就不可能实现。所以安全生产是实现国民经济目标的主要途径和基石。

2. 安全生产与综合国力和可持续发展战略

职业伤害使公众的健康水平下降，导致人力资本的减少。事故造成的财产损失直接导致创造性资本的减少，而事故和职业病使生产力中最核心的因素——人力资本受损，又间接地导致创造性资本的减少。特别是，受伤害者中很多是带领工人工作在生产第一线的先进生产者、劳动模范和班组长等生产骨干，这种情况对创造性资本减少的影响更大。因此，安全生产对提高一国的综合国力发挥着基础性作用。

从经济的可持续发展角度讲，安全生产又是推动一国经济可持续发展的一个必要条件。因为，我们所需要的发展不是一味追求 GNP 的增长，而是把社会、经济、环境、职业安全健康、人口、资源等各项指标综合起来评价发展的质量；强调经济发展和职业安全健康、环境保护、资源保护是相互联系和不可分割的，强调把眼前利益和长远利益、局部利益和整体利益结合起来，注重代际之间的机会均等；强调建立和推行一种新型的生产和消费方式，应当尽可能有效地利用可再生资源，包括人力资源和自然资源；强调人类应当学会珍惜自己，爱护自然。这些都需要安全生产做后盾，安全生产对一国经济的可持续发展起着保障作用。

3. 安全生产状况是社会经济发展水平的标志

西方一些国家的研究表明，经济发展周期影响伤亡事故的发生。伤亡事故的发生及其严重程度与经济发展周期的变化是一致的，即在经济萧条时期，伤亡事故的发生及严重程度会下降，而在高度就业时期则会上升。经济学家对此的解释是，在萧条时期，更多有经验、受过高等训练的雇员被企业留下了，而没有经验，受训练较少的雇员则被解雇了。与此相反，在充分就业时期,大批无经验、稍受训练或者未受训练的工人都被引入到一般企业中做工。因而造成事故比率增加。另外,萧条时期平均工作时间趋于减少,疲惫作为工伤事故的原因也减少了。相反,充分就业时期平均工作时间显著地增加,而且许多工人在同一时期内从事多种动作的机会也增多了。其结果,很可能是工人的平均疲惫程度高,从而导致工伤事故的发生率和严重率上升。

这种理论在一定程度上可以解释我国目前的安全生产情况(我国目前正处于经济增长期,工矿事故率高发),但我国的制度毕竟与西方国家不同,体制也不一样,因此也决不能盲目地套用西方理论,必须具体问题具体分析。比如说,我国在这几年经济高速发展的时期,就业人口虽然大幅度地增加,但我国是一个人口大国,广大农村仍然有大批的剩余劳动力,我国的经济结构正处于调整和转型期,城镇工人也并没有达到上述理论所说的充分就业。在我国,我们考虑更多的应该是我国劳动力水平普遍低下,部分管理者缺乏应有的道德修养,有关的安全生产制度还不是很健全,甚至出现一些有法不依、执法不严等现象,特别是面临经济高速增长期,我们遇到了一些前所未有的问题,在这些问题的处理上我们还缺乏足够的经验等,所有这些因素混合在一起导致了这几年工矿事故的居高不下。

当今世界各国经济发展水平的差距是客观存在的,因此安全生产情况也不尽相同。在20世纪70年代之后,发达国家的职业伤害事故水平一直处于稳步下降的趋势。如日本在1975年至1985年的10余年间,职业伤害事故死亡总量下降了50%,美国在1970年实施《职业安全健康法》后的15年间事故死亡总数降低近18.8%,万人死亡率降低近38.9%,英国1972年实施《职业安全健康法》后的15年间,死亡总数下降近40%。

我国是发展中国家,工业基础比较薄弱,科学技术水平低,法律尚不够健全,管理水平不高,发展水平不平衡。从总体上看,安全生产还比较落后,工伤事故和职业危害比较严重,在未来的几年中,仍需加强安全生产工作,保证全国安全生产形势持续好转。

4. 安全生产对社会经济发展的影响

众所周知,事故发生的时候生产力水平会下降。安全生产对社会经济的影响,主要表现在事故造成的经济损失方面。事故经济损失对我国社会和经济影响是非常巨大的,而且,安全生产问题所造成的负面效应不仅表现为人民生命财产的损失和经济损失,安全生产问题对于人们心理的间接效应远远不是这种量化的指标所能体现的。

安全生产对社会经济的影响,表现在减少事故造成的经济损失方面,同时,安全对经济具有"贡献率",安全也是生产力。从社会经济发展的角度,在生产安全上加大投入,对于国家、社会和企业无论是社会效益和经济效益方面都具有现实的意义和价值。因此,重视安全生产工作,加大安全生产投入对促进国民经济持续、健康、快速发展和坚持以经济建设为中心是完全一致的。重视生产安全,加大安全投入,首先是社会发展的需要,这已获得社会普遍的认同。但是,安全对社会经济的发展具有直接的作用和意义,这在发达国家已成为一种普遍性的认识,而在我国还需要转变观念和加强认识。

"生产必须安全、安全促进生产",这是整个经济活动最基本的指导原则之一,也是生产过程的必然规律和客观要求,因此,安全生产是发展国民经济的基本动力。

提高全社会的生产安全保障水平,对于维护国家安全,保持社会稳定,实施可持续发展战略,都具有现实的意义。因此,国家应将生产安全纳入全面建设小康社会宏伟目标体系中,并将生产安全作为优先发展战略。

复习思考题

1. 请简述安全哲学发展的4个阶段。
2. 现代社会有哪些安全文化观念?
3. 为什么说事故是可以预防的,预防事故的基本对策是什么?
4. 如何理解风险意识?
5. 为什么说安全是相对的? 怎样理解安全的相对性?
6. 事故经验论有哪些优缺点?
7. 安全系统的要素有哪些?
8. 请谈谈对本质安全的理解。
9. 创建本质安全型企业的方法有哪些?
10. 请结合实际生活,谈谈安全与社会发展的关系。

第5章　安全科学的基本原理

• 本章知识框架

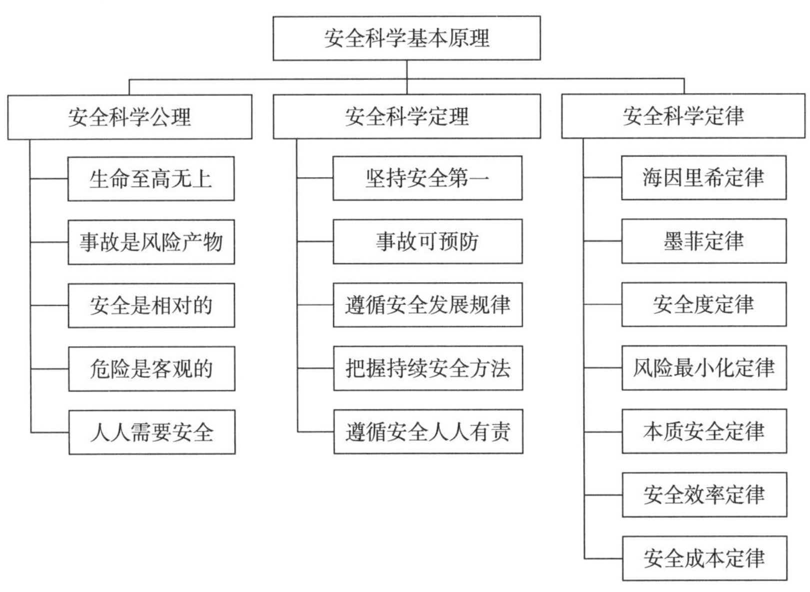

• 知识引导

公共安全科学理论体系中，最为基本的理论问题就是对安全科学公理和安全科学定理的研究和探讨。安全科学公理是客观、真实的事实，不需要证明或争辩，能够被人们普遍接受，具有客观真理的意义。安全科学公理的认知对推导安全科学定理发挥着基础性、引证性的作用。安全科学公理是人们在长期的安全科学技术发展和公共安全与生活工作的实践中逐步认识和建立起来的。安全科学定理是基于安全科学公理推理证明的规律和准则。安全科学定理为安全科学的发展和公共安全活动提供理论的支持和方向引导，对公共安全工作或安全科学监管的实践具有指导性，是安全活动或工作必须遵循的必然规律及基本原则。

• 重点提示

学习本章有如下提示：

重点：安全科学五大公理、安全科学五大定理、海因里希定律、墨菲定律、本质安全定律和安全效率定律。

难点：如何认识安全科学五大公理和定理。

核心概念：安全公理、安全定理、安全定律、本质安全、功能安全、安全效益等。

• 主要需要思考的问题

通过本章的学习，需要思考如下问题：

1. 安全科学公理和定理对人类安全活动的启示。
2. 安全科学定律对安全工作的指导意义。

● **相关的阅读材料**

学习阅读安全原理、安全方法学等相关资料。

● **学习目标**

1. 了解掌握安全科学五大公理内容及应用。
2. 了解掌握安全科学五大定理内容及应用。
3. 掌握安全科学七大定律的内容,并运用到安全活动实践中。

科学原理是学科的灵魂与精髓。安全科学原理是安全科学技术发展和深化的标志和必然。本章循着两个逻辑主线展开:从认识论到方法论;从安全公理到安全定理和安全法则。人类安全活动的认识论和方法论,是安全科学技术建立与发展的理论基础。在公共安全科学理论的体系中,最为基本的理论问题就是对安全科学公理和安全科学定理的研究和探讨。这一基本理论问题,一直制约着安全科学理论体系自身发展完善,以及对公共安全工作和公共安全科学监管实践的理论导向。

5.1 安全科学公理

公理是事物客观存在及不需要证明的命题,据此,安全科学公理可理解为"人们在安全实践活动中,客观面对的、并无可争论的命题或真理"。安全科学公理是客观、真实的事实,不需要证明或争辩,能够被人们普遍接受,具有客观真理的意义。安全科学公理的认知对推导安全科学定理发挥着基础性、引证性的作用。安全科学公理是人们在长期的安全科学技术发展和公共安全与生活工作的实践中逐步认识和建立起来的。

5.1.1 第一公理:生命安全至高无上

"生命安全至高无上"是我们每一个人、每一个企业和整个社会所接受和认可的客观真理。对于个人,没有生命就没有一切;对于企业,没有生命安全,就没有基本的生产力。生命安全是个人和家庭生存的根本,是企业和社会发展的基础。因此,我们说"生命安全至高无上",以此作为安全第一公理。

1. 公理涵义

"生命安全至高无上"是指生命安全在一切事物中,必须置于最高、至上的地位。即要树立"安全为天,生命为本"的安全理念。

安全科学的第一公理表明了安全的重要性。

2. 公理释义

对"生命安全至高无上"这一公理理解可以从个人、企业和社会三个角度来认识。"生命安全至高无上"是我们每一个人、每一个企业和整个社会所接受和认可的客观真理。"生命安全至高无上"这一公理告诉我们,无论是自然人和社会人,无论是企业家还是政府管理者,都应该建立安全至上的道义观、珍视生命的情感观和正确的生命价值观。

"生命安全至高无上"表明,无论对于个人、企业还是整个社会,人的生命安全必须高于一切。

首先对于个人,生命安全为根。从个人的角度说,生命是唯一的、不可逆的,人的一切活动和价值都以生命的存在和延续为根基;任何一个个体生命的一生,都在追求各种东西,无论是精神上的还是物质上的，但是所有的一切都是以生命安全的存在为前提，如果没有生命，则一切都存在都没有意义。所以生命安全对于个人是一切存在的根本，生命安全高于一切，生命安全至高无上。

第二对于企业，生命安全为天。从企业的角度说，在生产经营的一切要素中，人是决定性因素，人是第一生产力，企业的一切活动都需要人，因此，在企业的生产管理中必须把人的因素放在首位，体现“以人为本”的基本思想。以人为本有两层涵义：一是一切管理活动都是以人为本展开的，人既是管理的主体，又是管理的客体，每个人都处在一定的管理层面上，离开人就无所谓管理；二是管理活动中，作为管理对象的要素和管理系统各环节，都是需要人掌管、运作、推动和实施。同时在企业中生命安全至高无上还体现在“人的生命是第一位的”“生命无价”这种基本的价值观念和价值保障上，必须要以人的生命为本。人的生命最宝贵，发展不能以牺牲人的生命为代价，不能损害劳动者的安全和健康权益。企业在生产、效益和安全中，一定要首选安全，因为安全是生产效益的保证。把生命安全至高无上的理念深入到企业决策层与管理层的内心深处和意识中，落实到企业生产经营的全过程。

第三对于社会，生命安全为本。从整个社会角度说，社会是共同生活的人们通过各种各样社会关系联合起来的集合，人是构成社会的基本要素。社会的发展为了人民、发展依靠人民、发展成果由人民共享。人是社会的主体，是社会的根本，社会的存在以个人的存在为基础，个人利益的实现又以个人生命存在为基础。因此，生命安全为本，是文明社会的基本标志、科学发展观的重要内涵、和谐社会的具体体现。

3. 公理启示

“生命安全至高无上”这一公理告诉我们，无论是自然人和社会人，无论是企业家还是管理者，都应该建立安全至上的道德观、珍视生命的情感观和正确的生命价值观。

安全至上的道德观。道德观是人们对自身、对他人、对世界所处关系的系统认识和看法。道德观作为一种社会意识形态，是无形的巨大力量。安全至上的道德观就是要求人们树立“生命安全至高无上”的道德观，即：在从事安全工作时，无论是政府官员还是企业家，无论是经营者还是从业人员，都需要树立“生命安全至高无上”的道德观。各级政府官员在社会发展和经济发展中，需要正确树立“以人为本、生命为本”安全发展理念；企业者和经营者在处理社会价值与企业价值、社会效益与经济效益、安全与生产、安全与效率的关系时，需要有“生命安全至高无上”的道德观；从业人员在处理生命与金钱、安全与工作的关系时，需要遵循“生命安全至高无上”，在生产作业过程中建立“不伤害自己、不伤害别人、不被别人伤害、让他人不被别人伤害”的道德观。树立“生命安全至高无上”的安全道德观念，是社会每一位成员应有的素质，遵守法律法规和道德规范是每个社会人珍爱生命的重要表现。只有每个社会成员都切实加强“生命安全至高无上”的安全道德修养，严格遵守和勇于维护安全道德规范，社会才会形成良好的安全道德风尚，真正实现“安全无事故“的目标。

珍视生命的情感观。充分认识人的生命与健康的价值，强化“生命安全至高无上”的“人之常情”之理，是社会每一个人应建立的情感观。安全维系人的生命安全与健康，“生命只有一次”、“健康是人生之本”，反之，事故对人类安全的毁灭，则意味着生存、康乐、幸福、美好的毁灭。随着社会的进步，我们要树立珍视生命的情感观。不同的人应有不同层次的情感体现，员工或一般公民的安全情感主要是通过“爱人、爱己”、“有德、无违”。而对于管理者和组织领导，则应表现出用“热情”的宣传教育激励教育职工；用“衷情”的服务支持安全技术人员；用

“深情”的关怀保护和温暖职工;用“柔情”的举措规范职工安全行为;用“绝情”的管理爱护职工;用“无情”的事故启发职工。

正确的生命价值观。我国长期以来在观念上甚至法律上视“物权”高于“人权”,生命是无价的这一最基本的价值观受到忽视。在公众层面上,“惜命胜金”、“珍视健康”,这是西方人的生命价值理念。但在我国的近代文化中这往往被视为“活命哲学”、“贪生怕死”反面角色。在社会活动甚至安全生产过程中,当事故来临时要求为“国家财产”奋不顾身,面对危及生命的紧急关头不能“贪生怕死”,这些是“国家财产第一原则”的表现,与现代社会提倡的“生命第一原则”的观念、法律确定的“紧急避险权”的权利和科学原理主张的“科学应急”格格不入。只有树立“生命安全至高无上”这一正确的生命价值观,才能提高我国全民的安全素质,才能使安全科学得到更好的发展,充分体现安全科学的价值和意义。

5.1.2 第二公理:事故是安全风险的产物

“事故是安全风险的产物”是客观的事实,是人们在长期的事故规律分析中得出的科学结论。安全的目标就是预防事故、控制事故,而这一公理告诉我们,只有从全面认知安全风险出发,系统、科学地将风险因素控制好,才能实现防范事故、保障安全的目标。

1. 公理涵义

事故及公共安全事件的发生取决于安全风险因素的形态及程度,或者说,事故灾难是风险因素的函数,风险因素是事故灾难发生及其后果严重度的变量。

安全科学的第二公理表明了安全的本质性或根本性。

2. 公理释义

安全风险是事物所处的一种不安全状态,在这种状态下,将可能导致某种事故或一系列的损害或损失事件的发生。事故是由生产过程或生活活动中,人、机、环境、管理等系统因素控制不当或失效所致,这种不当或失效,就是风险因素。我们将安全风险定义为:安全系统不期望事件的概率与可能后果严重度的结合。

理论上讲,事故都是来自于技术系统的风险,系统能量的大小决定系统固有风险,而且系统存在形态和环境决定系统现实的风险。风险因素的概率和程度决定安全程度,安全程度或水平决定事故预防的能力。

安全风险因素包括人的不安全行为、物的不安全状态、环境因素不良、管理措施不到位。这4个要素就是事故的变量,在安全科学方法论的系统论中,我们称这4个要素是事故系统的4M要素。用数学上的理论描述,事故是4M要素的函数,即事故是风险因素的函数。因此,事故是安全风险的产物。

3. 公理启示

“事故是安全风险的产物”这一公理首先让我们认知到安全的本质,第二明确了安全工作的目标;第三如何实现对事故的有效预防。

(1)认知安全的本质。安全的本质是什么?这是一个追根溯源的问题。长期以来,很多专家学者普遍认为,事故是安全的本质,人类认识安全、发展安全,就是为了控制事故。是的,人类从事安全活动的首要任务就是为了减少事故的发生,但是,事故又是从何而来的呢?只是单纯的认识事故,是无法实现人们所希望看到的“零伤亡,零事故”。

事故致因理论中的“能量转移理论”告诉我们,事故的本质是能量的不正常转移,但是我们一直不清楚安全的本质是什么？“事故是安全风险的产物”这一公理就告诉了我们，安全的本质是风险而不是事故，安全科学研究的是风险而不是事故。安全就是风险能够被人们所接受的一种状态。该公理指导人们正确的认识安全科学的价值和意义，也表明了无论社会发展到什么状态，即使没有事故发生，安全科学也有其存在和发展的必要性。

(2)明确安全活动的目标。“事故是安全风险的产物”这一公理表明，安全活动的目标就是要控制安全风险，实现“高危低风险”。在生产和生活实践中，技术的危险是客观存在的，但是风险的水平是可控的，也就是“存在客观的危险，但不一定要冒高的风险”，安全活动的目标就在于实现“高危低风险”。例如，人类要利用核能，就存在可能核泄漏产生的辐射影响或破坏的危险，这种危险是客观固有的，但在核发电的实践中，人类采取各种措施使其应用中受辐射的风险最小化，使之控制在可接受的范围内，甚至人绝对与之相隔离，尽管它仍有受辐射的危险，但是由于无发生渠道，所以我们并没有受到辐射破坏或影响的风险。这里说明人们关心系统的危险是必要的，但归根结底应该注重的是“风险”，因为直接与系统或人员发生联系的是“风险”，而“危险”是事物客观的属性，是风险的一种前提表征。我们可以做到尽管客观的危险性很大，但实际承受的风险却很小，即“固有危险性很大，但现实风险很低”。

(3)有效预防事故。因为事故是安全风险的产物，所以从理论上说，消除了安全风险就可以消除或防范事故，也就是说该定理为预防事故、控制事故提供了理论上的可能。我们可以利用安全科学技术的方法，消除安全风险因素，或者降低系统的安全风险水平，从而从根源上或系统本质上消除事故发生的可能性，或者在不能绝对消除或控制安全风险因素的条件下，降低、减轻风险因素的程序或风险事故的后果严重性，使风险水平降低到一个可接受的范围或程度，从而减少事故的发生频率或减轻事故导致的后果。

因为风险是可控的，所以事故是可预防的。无论是被动的、事后的安全工作模式，或者是本质的、预防的安全工作模式，都表明人类对事故的可预防性和可控制性。

5.1.3 第三公理：安全是相对的

安全的相对性是安全科学的社会属性。安全科学是一门交叉科学，既有自然属性，也有社会属性。针对安全的自然属性，从微观和具体的技术对象而言，安全存在着绝对性特征。从安全的社会属性角度，安全的相对性是普遍存在的。因此，我们从自然属性来理解安全技术标准的绝对性的同时，也必须从社会属性来理解安全的相对性。

1. 公理涵义

安全的相对性是指人类创造和实现的公共安全状态和条件是动态、变化的，公共安全的程度和水平是相对法规与标准要求、社会与行业需要存在的。安全没有绝对，只有相对；安全没有最好，只有更好；安全没有终点，只有起点。

安全的相对性是安全社会属性的具体表现，是安全的基本而重要的特性。安全科学的第三公理表明了安全的相对性特征。

2. 公理释义

由于人类控制安全的科学是发展的、技术是动态的、经济是有限的，人类安全的能力是发展、动态和有限的，因此，在特定时间、空间条件下，安全是相对的。绝对安全是一种理想化的安全，相对安全是客观现实。

(1)绝对安全是一种理想化的安全。理想的安全或者绝对的安全，即100%的安全性，是一种纯粹完美、永远对人类的身心无损、无害，绝对保障人能安全、舒适、高效地从事一切活动的一种境界。绝对安全是安全性的最大值，即"无危则安，无损则全"。理论上讲，当风险等于"零"，安全等于"1"，即达到绝对安全或"本质安全"的程度。

事实上，绝对安全、风险等于"零"是安全的理想值，要实现绝对安全，由于受技术和经济的限制，常常是很困难的，甚至是不可能的，但是却是社会和人们努力追求的目标。无论从理论上还是实践上，人类都无法制造出绝对安全的状况，这既有技术方面的限制，也有经济成本方面的限制。由于人类对自然的认识能力是有限的，对万物危害的机理或者系统风险的控制也是在不断地研究和探索中；人类自身对外界危害的抵御能力是有限的，调节人与物之间的关系的系统控制和协调能力也是有限的，难以使人与物之间实现绝对和谐并存的状态，这就必然会引发事故和灾害，造成人和物的伤害和损失。

客观上，人类的安全科学技术不能实现绝对的安全境界，只达到风险趋于"零"的状态，但这并不意味着事故不可避免。恰恰相反，人类通过安全科学技术的发展和进步，在有限的科技和经济条件下，实现了"高危 - 低风险"、"无危 - 无风险"、"低风险 - 无事故"的安全状态，甚至"变高危行业为安全行业"。

(2)相对安全是客观的现实。安全具有明确的对象，有严格的时间、空间界限，但在一定的时间、空间条件下，人们只能达到相对的安全。人 - 机 - 环均充分实现的那种理想化的"绝对安全"，只是一种可以无限逼近的"极限"。

首先，相对于时间和空间。在不同的时间里安全的内容是不同的，人们对风险的可接受程度也是不同的。随着时间的推移，任务的转换，环境的变化和管理的松懈以及机器的折旧，就会出现新的不安全因素；人类对安全的认知随着时间的前进不断深化，对安全的要求也会不断改变。此外，在不同的空间里，安全问题的展现及其显现程度是不一样的，如煤矿矿难在一些发达国家已经得到了有效地控制，在美国、加拿大和澳大利亚，煤矿百万吨煤死亡率事故率已经降至0.02，而一些发展中国家的煤矿矿难发生率仍居高不下，尚未从根本上解决安全问题。因此，从时间和空间角度来说，安全是相对的。

其次，相对于法规和标准。在不同法律、法规和安全标准的条件下，安全并不是绝对的安全。安全标准是相对于人类的认识和社会经济的承受能力而言的，抛开社会环境讨论安全是不现实的，安全是追求风险最小化的结果，是人们在一定的社会环境下可接受风险的程度。人们只能追求"最适安全"，就是在一定的时间、空间内，在有限的经济、科技能力状况下，在一定的生理条件和心理素质条件下，通过创造和控制事故、灾害发生的条件来减小事故、灾害发生的概率和规模，使事故、灾害的损失控制在尽可能低的限度内，求得尽可能高的安全度，以满足人们的接受水平。一方面，不同的时代，不同的生产领域，可接受的损失水平是不同的，因而衡量系统是否安全的标准也是不同的。另一方面，在安全活动中，活动场所的安全设置应略大于安全规范和标准的设置规定。

3. 公理启示

安全是相对的，表明安全不是瞬间的结果，而是对事物某一时期、某一阶段过程状态的描述。相对安全是安全实践中的常态和普遍存在，因此应做到相对安全的策略和智慧。做到相对安全有如下策略：

(1)要建立发展观念。安全相对于时间是变化和发展的，相对于作业或活动的场所、岗位，甚至行业、地区或国家，都具有差异和变化。在不同的时间和空间里，安全的要求和人们可接受的风险水平是变化的、不同的。随着人类经济水平的不断提高和人们生活水平的提高，对安全的认识也在不断深化，对安全的要求提出更高的标准。因此，在从事安全活动的过程中，应树立安全发展观念，动态地看待安全，做到安全认识与时俱进，安全技术水平不断提高，安全管理不断加强，应逐步降低事故的发生率，追求“零事故”的目标。

(2)要树立过程思想。安全是相对的，危险是绝对的，生产过程中的任何作业都存在着包括人、机、物、环境等方面的危险因素，如果未进行预知，不及时消除，就会酿成事故。这些事故的发生主要源于本人安全防范意识不够，对危险性缺乏认识。因此预防事故的根源在于作业者本人安全防范意识的增强和自我保护能力的提高，在于其能够积极地、主动地、自觉地去消除作业中的危险因素，克服不安全行为，即具备良好的安全素质。要做到这一点，单调的、不结合实际的教育是无济于事的，关键是要让人们在生产过程中，结合自己所在的岗位和从事的作业，经常地、反复地进行预防事故的自我训练，熟知各种危险，掌握预防对策。开展危险预知活动是达到这一目的最有效的途径。作为一个管理者和决策者，在安全生产管理实践中，最基本的原则和策略就是实现全过程的“技术达标”、“行为规范”，使企业的生产状态及过程是规范和达标的。“技术达标”是指设备、装置等生产资料达到安全标准要求；“行为规范”是指管理者的安全决策和管理过程是符合国家安全规范要求的。安全规范和标准是人们可接受的安全的最低程度，因此说，“相对的安全规范和标准是符合的，则系统就是安全的”。在安全活动中，人人应该做到行为符合规范，事事做到技术达标。

(3)要具有“居安思危”的认知。安全是相对的，不同时期不同条件下，安全状态是不同的。因此，安全工作就需要“天天从零开始”的居安思危的认知，需要具有“安全只有起点，没有终点”的忧患意识。这样就会产生高度的责任感，高标准、严要求地去落实，做到“未雨绸缪”，把事故消灭在萌芽状态。安全只有起点没有终点，要做到真正的安全，就应做到以下几点：①专心。学一行，专一行，爱一行，工作时要专心，不想与此无关的事。②细心。不管是什么工作，不管从事了多长时间，都不应该有半点马虎，粗心大意是安全的天敌。③虚心。“谦虚使人进步，骄傲使人落后”，部分的安全事故就是因为一些人胆子“太大”，一知半解，不懂装懂，不计后果，无知蛮干。不是怕丢面子、羞于请教，就是自以为是，自视甚高。④责任心。要树立“安全人人有责”观念，在安全活动中做到“严、实、细”。⑤不断提高自己的安全文化水平，提升自我素质。在安全面前，只有这样，才能做到“安不忘危”、“建久安之势，成长治之业”。

5.1.4 第四公理：危险是客观的

人类发展安全科学技术是基于技术系统的客观危险，辨识、认知、分析、控制危险是安全科学技术的最基本任务和目标。在控制危险之前，我们应该先对危险有一个充分的认识，才能采取有效的措施。

1. 公理涵义

“危险是客观的”这一公理是指社会生活、公共生活和工业生产过程中，来自于技术与自然系统的危险因素是客观存在的。危险因素的客观性决定了安全科学技术需要的必然性、持久性和长远性。

安全科学的第四公理反映了安全的客观性属性。

2. 公理释义

首先，由于任何技术能量的必需性，以及物理和化学因素的客观性，决定了危险的客观性。

在生产或生活过程中,技术系统无处不在,如果技术系统的能量产生非常态转移,或物理、化学因素发生不正常作用,即导致事故的发生。因此,危险无处不在,无处不有,存在于一切系统的任何时间和空间中。其次,危险是独立于人的意识之外的客观存在。不论我们的认识多么深刻,技术多么先进,设施多么完善,人-机-环-管综合功能的残缺始终存在,危险始终不会消失。人们的主观努力只能在一定时间和空间内改变危险存在条件或状态,降低危险转变为事故的可能性和后果的严重度,然而,从总体上、宏观上说,危险是"客观的",技术是一把"双刃剑",利弊共存。

例如:核能的开发和利用给能源危机带来了新的希望,但是在缓解能源危机的同时,也给人类和环境带来了很大的灾难。在核工业中,辐射物的放射性可以杀伤动植物的细胞分子,破坏人体的DNA分子并诱发癌症,同时也会给下一代留下先天性的缺陷。在化工行业中,由于化工产品大部分是高温高压做出来的,所以很多时候比较容易爆炸(管道堵塞没有及时清理和发现的情况下),危险时刻存在,无论人类的科学技术处于什么水平,这种危险是时刻客观存在的,不以人的意志为转移;在自然中,地震、滑坡、泥石流等自然灾害是客观存在的,人们只能采取一定的措施降低危险发生所造成的严重后果。现实生活以及工业生产中,危险是客观存在的,为了降低危险导致事故发生的可能性和其造成的严重后果,人们不断地以本质安全为目标,致力于系统改进。

3. 公理启示

"危险是客观的"这一公理告诉我们,首先应充分认识危险,只有在充分认识危险的基础上,才能分析危险,进而控制危险。

(1)认识危险与事故关系。对具体的某一事故来说,虽然事故的发生是偶然的,不可知的,但它在空间、时间和结果上与危险具有必然、客观的关系,我们分析透彻危险的状态和存在规律,控制危险,就能有效地防范事故。通过观察大量事故安全,发现了解明显的规律性。例如,人的不安全行为与物的不安全状态的"轨迹交叉"规律、事故是多重关口或环节失效的"漏洞"规律;事故是背景因素-基础因素-不安全状态-事故-伤害的"骨牌"规律或模型等。这些规律帮助我们对事故进行分析,进而采取有效的措施预防事故发生。

(2)认识了解危险才能驾驭危险。"危险是客观的"这一公理还告知我们,危险虽然是客观的,但是由于它具有可辨识性和规律性,决定了对危险的可防控性。既然危险具有可辨识性,我们就采用安全科学技术方法对危险进行辨识,从安全管理的角度讲是为了将生产过程中存在的隐患进行充分地识别,并对这些隐患采取相应的措施,以达到消除和减少事故的目的;从安全评价的角度讲,是安全评价所必须要做的一项工作内容。做这项工作的意义在于;能够为安全生产提供隐患的检查手段;能够充分认识到生产过程中所存在的危险有害因素;为减少事故、降低事故损害的后果打基础。

危险辨识的方法通常有两大类,一类是直接经验法,另一类是系统安全分析法。危险辨识过程中两种方法经常结合使用。①直接经验法是对照有关标准、法规、检查表或依靠分析人员的观察分析能力,借助与经验和判断能力直观的辨识危险的方法。经验法是辨识中常用的方法,其优点是简便、易行,其缺点是受人员知识、经验和现有资料的限制,可能出现遗漏。为弥补个人判断的局限性,常采取专家会议的方式来相互启发、交换意见、集思广益,使危险、危害因素的辨识更加细致、具体。直接经验法的另一种方式是类比,利用相同或相似系统或者作业条件的经验和职业安全健康的统计资料来类推、分析以辨识危险。随着现代科技的发展和安全科学的进步，生产安全事故数据越来越少，因而大量的未遂事故数据也可加以分析以辨识危险所在。②系统安全分析是应用系统安全的分析方法识别系统中的危险所在。系统安全分析法是针对系统中某个特性或生命周期中某个阶段具体特点而形成针对性较强的辨识方法。因而不同的系统、不同的行业、不同的工程甚至同一工程的不同阶段所应用的方法各不相同。目前系统安全分析法包括几十种：但常用的主要包括以下几种：危险性预先分析、故障模式及影响分析、危险与可操作性研究、事故树、事件树、原因后果分析法、安全检查表和故障假设分析。

5.1.5 第五公理：人人需要安全

安全是生命存在的基础。无论是自然人，还是社会人，生命安全“人人需要”；无论是企业家还是员工，安全生产“人人需要”，因为，安全保护生命，安全保障生产。反之，没有安全就没有一切。对于个人，安全是1，而家庭、事业、财富、权力、地位都只是1后面的零，失去了安全这个1，就是失去生命和健康，再多的零，都没有意义；对于企业，安全是效益的基础和前提，安全不能决定一切，但是安全可以否定一切。因此，人人需要安全。

1. 公理涵义

“人人需要安全”这一公理是指每一个自然人、社会人，无论地位高低、财富多少，都需要和期望自身的生命安全健康，都需要安全生存、安全生产、安全发展，安全是人类社会普遍性及基础性的目标。安全是人类生产、生存、生活的最根本的基础，也是生命存在和社会发展的前提和条件，人类从事任何活动都需要安全作为保障和基础。

安全科学的第五公理表明了安全的普遍性或普适性。

2. 公理释义

安全是人类生存发展的需要，亚伯拉罕·马斯洛提出了“需要层次”理论，认为人类的需要是以层次的形式出现的，即由低级人类的需要开始逐级向上发展到高级的需要，他将人的需要分为生理的需要、安全的需要、归属的需要、尊重的需要以及自我实现的需要。而安全需要就排在人类生存本能之后，可见它的重要性。

第一，个人需要安全。从个人角度讲，没有安全就没有个人的生存；没有安全就没有我们的幸福生活。生命对于每个人来说只有一次，安全意味着幸福、康乐、效率、效益和财富。安全是人与生俱来的追求，是人民群众安居乐业的前提。人类在生存、繁衍和发展中，必须创建和保证人类一切活动的安全条件和卫生条件，没有安全，人类的任何活动都无法进行，人类是安全的需求者，安全也是珍爱生命的一种方式。首先，安全条件下的生产活动和安全和谐的时空环境能够保障人的生命不受伤害和危害；其次，安全标准和安全保障制度能够促进人的身体健康和心情愉悦的生产生活；最后，安全具有人类亲情主义和团结的功能。每一个正常的社会人都期望生命安全健康，在安全的条件下，人们才能身心愉悦地幸福生活，其乐融融。

第二，企业需要安全。从企业角度讲，没有安全，生产就不能持续，就没有企业的发展，更谈不上企业的效益。安全是生产的前提，安全促进生产，生产必须安全。重视安全生产会减少企业的巨大损失，促进企业的稳步发展。安全生产，事关广大人民群众切身利益，事关改革开放、经济发展和社会稳定的大局。对于现代企业来说，安全是一种责任，安全生产更是企业生存和发展之本，是企业的头等大事。

第三，社会需要安全。从社会角度讲，安全是文明和进步的标志，是社会稳定和经济发展的基石，是最基本的生产力。

社会生活中存在着各种各样的灾害威胁,这些灾害事故是突然发生的,会对人的生命和财产造成伤害和损失,面对这些威胁,人人都需要安全。安全是人类生存、生活和发展最根本的基础,也是社会存在和发展的前提和条件。

3. 公理启示

由该公理可知,人人需要安全,在人类从事改造世界的活动中,应重视安全。社会发展是物质财富积累或经济增长的过程,而物质财富的积累是依靠人类的物质生产活动来完成的。安全生产是随着生产活动而产生的,一切生产经营活动都伴随着安全问题,要搞好生产经营活动,就必须保证安全工作。安全是人类生存发展的需要,当安全与生产产生矛盾的时候,首先要保证安全。在工作中,我们千万不能为了眼前的利益,而不顾有关规定,致使惨剧发生。那么在安全生产中,我们必须坚持以下原则:①“管生产必须管安全”的原则。指工程项目各级领导和全体员工在生产过程中必须坚持在抓生产的同时抓好安全工作,实现安全与生产的统一。生产和安全是一个有机的整体,两者不能分割,更不能对立起来,而应将安全寓于生产之中。②“安全具有否决权”的原则。指安全生产工作是衡量工程项目管理的一项基本内容,它要求对各项指标考核,评优创先时首先必须考虑安全指标的完成情况。安全指标没有实现,即使其他指标顺利完成,仍无法实现项目的最优化,安全具有一票否决的作用。③“三同时”原则。基本建设项目中的职业安全、卫生技术和环境保护等措施和设施,必须与主体工程同时设计、同时施工、同时投产使用的法律制度的简称。④“五同时”原则。企业的生产组织及领导者在计划、布置、检查、总结、评比生产工作的同时,同时计划、布置、检查、总结、评比安全工作。⑤“四不放过”原则。事故原因未查清不放过,当事人和群众没有受到教育不放过,事故责任人未受到处理不放过,没有制定切实可行的预防措施不放过。⑥“三个同步”原则。安全生产与经济建设、深化改革、技术改造同步规划、同步发展、同步实施。

5.2 安全科学定理

定理是指事物发展的必然要求或必须遵循的规律,定理可基于公理推导得出。安全科学定理是基于安全科学公理推理证明的规律和准则。安全科学定理为安全科学的发展和公共安全活动提供理论的支持和方向引导,对公共安全工作或安全科学监管的实践具有指导性,是安全活动或工作必须遵循的必然规律及基本原则。

5.2.1 定理1:坚持安全第一的原则

安全生产是企业生产经营的前提和保障,没有安全就无法生产,发生事故不当会造成生产效率和效益的影响,还会导致员工生命的丧失和经济的巨大损失。因此,在生产经营全过程中,必须坚持安全第一的原则。

1. 定理涵义

“坚持安全第一原则”是指人类一切活动过程中,时时处处人人事事必须“优先安全”、“强化安全”、“保障安全”。对于企业,当安全与生产、安全与效益、安全与效率发生矛盾和冲突时,必须“安全第一”、“安全为大”。

2. 定理释义

由第一公理可知,人的生命安全至高无上,因此,在一切活动过程中,必须将安全放在第一位，即坚持“安全第一”的原则。“安全第一”这一口号，起源于1901年美国的钢铁工业。尽管在当时受经济萧条的影响，美国钢铁公司提出“安全第一”的经营方针，致力于安全生产的目标，不但减少了事故，同时产量和质量都有所提高。百年之间，“安全第一”已从口号变为安全生产基本方针，成为人类生产活动，甚至一切活动的基本准则。

“安全第一”是人类社会一切活动的最高准则。“安全第一”是在社会可接受程度下的“安全第一”，是在条件允许情况下尽力做到的“安全第一”。“安全第一”是一个相对、辩证的概念，它是在人类活动的方式上相对于其他方式或手段而言，并在与之发生矛盾时必须遵循的重要原则。

3. 定理应用

“坚持安全第一原则”这一定理要求人们首先要树立“安全第一”的哲学观，第二要做到全面的“安全第一”；第三要正确处理好安全与生产、安全与效益、安全与发展这三大关系。

(1)树立“安全第一”的哲学观。“安全第一”是一个相对、辩证的概念，它是在人类活动的方式上(或生产技术的层次上)相对于其他方式或手段而言，并在与之发生矛盾时必须遵循的原则。“安全第一”的原则通过如下方式体现：在思想认识上，安全高于其他工作；在组织机构上安全权威大于其他组织或部门；在资金安排上，安全重于其他工作所需的资金；在知识更新上，安全知识(规章)学习先于其他知识培训和学习；在检查考评上，安全的检查评比严于其他考核工作；当安全与生产、安全与经济、安全与效益发生矛盾时，安全优先。安全既是企业的目标，又是各项工作(技术、效益、生产等)的基础。建立起辩证的“安全第一”的哲学观，就能处理好安全与生产、安全与效益的关系，才能做好企业的安全工作。

(2)做到全面的“安全第一”。长期以来，我们只从形式上提出了“安全第一”的思想要求(这是必要和重要的)，但是，在理论和实践上没有解决“安全第一”的思想方法和实现“安全第一”的运作手段，也就是我们的“安全第一”是残缺的、不全面的。在安全科学领域，“安全第一”是手段、原则，不是目的，“安全第一”应该是从理论到实践的全面的“安全第一”，我们应该有“安全第一”的思想，更要有“安全第一”的运作手段。

(3)处理好三大关系。实现“安全第一”要正确处理好安全与生产、安全与效益、安全与发展的关系。我们从思想上和实践中清楚地认识到，安全是生产的基础和前提，是效益的保障，安全要优先发展、超前发展。安全是生产的基础，所以当生产和其他工作与安全发生矛盾时，要以安全为主，生产和其他工作要服从于安全。生产以安全为基础，才能持续、稳定发展。当生产与安全发生矛盾、危及职工生命或国家财产时，生产活动停下来整治，消除危险因素以后，生产形势会变得更好。企业追求的是效益，但是我们应该清楚地认识到，安全是效益的保证，安全不会降低效益，相反会增加效益。安全技术措施的实施，定会改善劳动条件，调动职工的积极性和劳动热情，带来经济效益，足以使原来的投入得以补偿。从这个意义上说，安全与效益完全是一致的，安全促进了效益的增长。没有安全的保障，任何企业和团体都不能实现效益的最大化。最后，我们应该认识到，在系统的发展中，安全应该具有超前性，安全应该优先发展。当需要技术革新或者机构改革时，安全工作应该优于一切因素，提前考虑，安全投资也必须得到保障。只有超前发展，才能“防患于未然”，才能实现“安全第一”。

5.2.2 定理2：秉持事故可预防信念

在人类社会发展的过程中，事故给人类带来了巨大的灾难，但是，作为社会主宰者的人类，秉持着事故可预防的信念，在不断地与事故博弈过程中，已经取得了很大的进步，在安全科学技术发展的今天，我们更应该继承前人的智慧，秉持事故可预防的信念，向着“零伤害、零事故”的目标迈进。

1. 基本涵义

“事故的可预防”定理是指从理论上和客观上讲，任何事故的发生是可预防的，其后果是可控的。事故的可预防性是基于对事故的因果性的认知。正因为有了对事故这一特性把握，我们能够坚信“事故可预防”的定理。

2. 定理释义

由“事故是安全风险的产物”这一公理可知，事故是技术系统风险不良产物。技术系统是“人造系统”，是可控的。我们可以对技术系统从设计、制造、运行、检验、维修、保养、改造等环节，从人因、物因、环境、管理等要素出发，甚至对技术系统加以管理、监测、调适等，对技术条件、状态和过程进行有效控制，从而实现对技术风险的管理和控制，实现对事故的防范。

事故可预防的理论基础可由安全性原理给予揭示，即安全性 $S = F(R) = 1 - R(p,l)$ 的原理。这一原理表明：降低、控制甚或消除风险，就可以提高安全水平或标准，从而防范事故发生。预防事故发生的途径或措施可以通过揭示事故概率函数来获得，即事故概率函数 $p = \mathrm{F}(4\mathrm{M}) = F$[人(men)—人的不安全行为；机(machine)—机的不安全状态；环境(medium)—生产环境的不良；管理(management)—管理的欠缺]。

事故的发生与否和后果的严重程度是由系统中的固有风险和现实风险决定的，所以控制了系统中的风险就能够预防事故的发生。而风险是指特定危害事件(安全事故－不期望事件)发生的概率与后果严重程度的结合。

3. 定理应用

由该定理可知，我们可以通过采取一定的手段和措施预防事故的发生，这些措施包括：从控制风险的角度、从控制事故系统 4M 要素、从系统自身条件来预防事故发生。

(1)安全风险可控。一个特定系统的风险是由事故的可能性(p)和可能事故的严重性(l)决定的，因此可以通过采取必要的措施控制事故的可能性来预防事故的发生；同时利用必要的手段控制可能事故后果的严重性，即可以利用安全科学的基本理论和技术，在事故发生之前就采取措施控制事故的发生可能性和事故的后果严重性，从而实现事故的可预防性。

(2)事故系统 4M 要素可控。人的不安全行为、机的不安全状态、环境的不良和管理的欠缺是构成事故系统的因素，决定事故发生的可能性和系统的现实安全风险，控制这 4 个因素能够预防事故的发生。在一个特定系统或环境中存在的这 4 个因素是可控的，我们可以在安全科学的基本理论和技术的指导下，利用一定的手段和方法来消除人的不安全行为、机的不安全状态、环境的不良和管理的欠缺，从而实现预防事故的目的，因此我们说事故的发生是可预防的，事故具有可防性。比如说，我们都知道 220V 或 360V 因含有超过人体限值的能量而有触电的可能性，如果一个系统中采用 360V 供电那就具有触电的危险，但是我们可以通过对人员进行安全教育和培训、对电源进行隔离或机器进行漏电保护、控制空气湿度和加强管理等手段，预防触电事故的发生。

(3)系统自身条件可控。系统中的危险性、系统所处的环境或位置和应急条件或能力决定了可能发生事故的后果严重性，也就是说，我们可以从上述三点来控制事故后果的严重性，实现事故的可预防。系统的危险性是由系统中所含有的能量决定的，系统中的能量决定了系统的固有风险。通过对系统能量的消除、限值、疏导、屏蔽、隔离、转移、距离控制、时间控制、局部弱化、局部强化、系统闭锁等技术措施来控制能量的大小及其不正常转移。系统所处的环境或位置也决定了可能事故的后果，我们可以通过厂址的选择、建筑的间距和减少人员聚集等措施控制事故后果。由于自然或人为、技术等原因，当事故和灾害不可能完全避免的时候，进一步落实加强应急管理工作，建立重大事故应急救援体系，组织及时有效的应急救援行动已成为抵御事故或控制灾害蔓延、降低危害后果的关键的手段。通过增加应急救援体系的投入、应急预案的编制和演练、提高应急救援的能力等措施来提高系统或组织的应急条件和能力。对于同样的360V供电具有触电危险的问题，我们可以通过采用36V安全电压来控制系统的危险性，从根本上消除触电危险；也可以将360V电源设置到一个根本不会有人接触的位置，通过改变环境来控制事故后果；当然，我们也可以对人员进行触电急救方面的培训，增加医疗设施避免触电事故造成严重后果。

5.2.3　定理3：遵循安全发展规律

安全发展是社会文明与社会进步程度的重要标志，社会文明与社会进步程度越高，人民对生活质量和生命与健康保障的要求愈为强烈。满足人们不断增长的物质与文化生活水平的要求，必须坚持安全发展。

1. 基本涵义

“安全发展”这一定理一是指人类对安全的需求是变化和发展的过程，人类的安全标准和规范是不断提高的；二是指人类的社会发展和经济发展要以安全发展为基础，只有安全发展，才能有社会经济的长远发展和持续发展。

2. 定理释义

由“安全是相对的”这一公理可知，安全没有最好，只有更好。在人类社会的发展过程中，安全认知、标准和科学技术水平是不断发展和进步的。

首先，安全认知是发展的。认知是人们认识活动的过程，安全认知是人们对安全的认识过程。经验是人类学习的一种方法论，人类对事故灾害规律的认知是逐步进化和发展的。在一定的生产力水平下，由于人们认识的局限和科技水平的制约，人们只能认识一定的危险，同时也只能对已经认识、并认为应该控制且可以控制的危险进行控制管理。随着人类科技水平和人们对安全与健康要求的提高，人们会发现新的危险，同时生产过程也可能出现新的危险状态，这时人们必须探索并采取新的技术、管理等措施来取得新的安全状态。人类总是在所认识的范围内，按照生产力水平，不断改善自身的安全状况。人类对安全的认知和改善自身安全状况的过程实际上是一个不断螺旋上升的符合认识辩证法的发展过程。

第二，安全法规标准是发展的。安全的相对性决定了安全标准和法规的相对性，由于人类的认识能力不断提高，各类事物和周围环境在不断地变化，科技不断进步，经济不断发展，人们生活水平不断提高，加上社会安全文明氛围的形成和世界范围内先进的安全卫生立法经验的吸收，安全标准也是在不断变化发展的。

第三，安全科学技术是发展的。科学技术是第一生产力，为了创造更多的社会财富，更好地促进经济的发展，科学技术在不断发展进步。安全科学技术是实现安全生产的技术手段，生产的稳定持续运行必须依靠建立在先进的科学理论发现和技术发明基础之上的安全科学技术；先进的安全装置、防护设施、预测报警技术都是保护生产力、解放生产力、发展生产力的重要物质手段和技术支持。随着生产力的不断发展，人们对安全的重视程度不断加深，将劳动者从繁重的体力、脑力劳动中解放出来，从风险大、危害大的作业岗位上解放出来已经成为安全生产的重要工作。为了满足人们日益增长的安全需求，社会对安全科技的投入不断加大，安全科技在不断进步。随着技术的不断发展，安全技术要与生产技术同行，甚至领先和超前于生产技术的发展和进步。只有这样，才能应对不断更新的科学技术可能产生的事故，才能有效地预防事故发生。

3. 定理应用

该定理告诉我们，安全是发展的过程，我们要以发展的眼光去看待安全，看待安全的各个环节。一是要建立“以人为本”的发展理念，二是要实现安全目标的不断提升。

(1)树立“以人为本”的发展理念。安全是社会公众最基本的需求。安全发展为了人，安全发展依靠人。如果舍弃了安全而谈舒适、快捷和发展，就是舍本逐末。“以人为本”得不到保障，其他一切都毫无意义。“皮之不存，毛将焉附”说的就是这个道理。人的生命是最宝贵的。在人民群众最关心、最直接、最现实的利益中，最重要的莫过于对生命安全的保障。牢固树立以人为本、生命至上的理念，体现了对人民群众最大的爱心、责任心，体现了全心全意为人民服务的根本宗旨，体现了实行人本管理促发展的先进文化。保护人的生命安全是“以人为本”的基本要求，也是持续安全理念的根本出发点和落脚点；而要抓好持续安全工作，靠的是人们扎扎实实的工作和在发展过程中持续的安全追求。这就需要重视做好人的工作，在提高人的安全文化、技术素质和调动人的积极性上狠下功夫。

(2)安全管理目标不断发展和提高。安全在不同的历史时期有不同的目标和要求，安全目标是动态变化的。随着经济的发展和安全科学技术的进步，不断进步的安全科学技术为人们提供了更加先进、精确的测试手段，以及科学的洞察力和判断能力，使人们更深刻地了解世界万物的变化和运动规律，也使人学会利用安全科技成果；随着人们生活水平的提高，人们的安全意识也越来越强，这就要求我们在制定安全目标时要树立发展的思想。

5.2.4 定理4：把握持续安全方法

由于系统的危险是客观的，甚至是永存的，如交通工具快速高能，石油化工易燃易爆，冶金有色高温高压等。系统再高的安全标准或水平，都有特定的约束和存在于特定限制条件。因此，要保持安全的科学性和有效性，就必须强调持续安全的理论，把握持续安全的方法。

1. 基本涵义

“持续安全”这一定理指安全是一个长期发展的、实践的过程，在任何时期从事安全活动，都要注重安全理念和方法的科学性、有效性和寻求安全与资源的最优化匹配组合。

2. 定理释义

由“危险是客观的”这一公理可知，在任何时期、任何条件下，危险都是客观存在的，那么安全就是永恒的话题，要实现安全的永恒性，就必须把握持续安全的方法论。

首先，危险的客观性决定安全的永恒性。危险是客观的，安全是永恒存在的。曾经的安全并不代表未来的可靠，不能用过去式状态来肯定当前的状态。安全是不断发展的，不同的时期不同的环境、经济水平条件下，安全的内容是不同的，因此，安全应该是持续的，只有持续安全才能在发展中不断解决安全问题，使安全水平达到人们在不同时期不同条件下可接受的程度。安全形势好，企业一定进步，行业一定发展。企业发展了，行业壮大了，就有条件、有能力在基础建设、设施改善、技术改进、人员培训、激励机制等事关安全的硬、软件方面加大投入，从而提高安全裕度，使持续安全得到更强有力的保障。

第二，危险的复杂性决定安全的艰难性。一个技术系统或生产系统，涉及的危险因素常常是复杂、多样的，因此，相应的安全保障系统必须基于控制论的“等同原则”，达到优于、高于、先行的状态。对安全系统的这种要求和标准，常常使得安全系统功能的实现是艰难和复杂的。安全系统由许多子系统组成，而子系统又由许多细节、过程构成，安全工作必须重视任何一个细节、任何一个过程，认认真真从每一个细节、每一个过程做起，确保细节安全、过程安全，最后才能确保系统安全。而危险因素是客观存在的，如果某一个环节发生疏漏，其危险因素就会通过其传导机制，不断进行扩散、放大，形成事故链。如果这个事故链上的关键环节不能及时得到消除和控制，酿成事故是必然的。要想保持安全系统的长期平稳运行，就必须以科学的、有效的思想和方法论应对，要不断地进行安全系统的优化、改善和调整。因此，危险的客观性决定了安全持续性，只有把握持续安全的方法，才能有效地控制系统危险，保证系统安全。

3. 定理应用

由该定理可知，安全是持续的，在从事安全活动时，就应该树立持续安全的理念，把握持续安全的方法，来适应发展环境的变化和人们需求的变化。

(1) 注重安全理念和方法的科学性、有效性和系统性。从事安全工作时，一定要注重安全理念和方法的科学性、有效性和系统性，切实树立系统安全观念、过程安全观念、全员安全观念和统筹安全观念，以指导安全工作实践。要系统地抓安全，而不是孤立地抓安全；要全面地抓安全，而不是片面地抓安全；要有计划性地抓安全，而不要起伏式地抓安全。既要突出工作重点，又要防止顾此失彼；既要追求阶段性目标，又要注重长效机制建设；既要协调各种有利因素，又要充分发挥关键因素作用；既要协调管理部门与企事业单位的关系，又要协调部门与部门之间的关系，还要协调企业与地方政府之间的关系。与此同时，既要保障消费者的生命财产安全，又要通过节能减排，促进行业绿色发展、可持续发展。

(2) 寻求安全与资源的最优化匹配组合。持续安全要求人们寻求安全与资源的最优化匹配组合，以保证安全系统的高效运行，所谓的安全与资源的最优化匹配组合就是指安全与资源一致的理论。例如，在风险预警预控管理中，风险预防预控的实施原则即为“匹配”理论，所谓匹配理论是指风险级别与预控等级的相互匹配，即寻求安全与资源的最优化匹配组合。“匹配”理论的具体参照说明对照见表 5－1。

表 5－1　风险预警预控的“匹配”方法论

风险等级	风险预控				
	风险预警描述	风险预控措施（预控级别）			
		高	中	较低	低
Ⅰ（高）	不可接受风险：停止作业，启动高级别预控，全面行动，甚至风险抵消或者降低后才能生产作业	合理 可接受	不合理 不可接受	不合理 不可接受	不合理 不可接受
Ⅱ（中）	不期望风险：全面限制作业，启动中级别预控，局部行动，在风险降低后生产作业	不合理 可接受	合理 可接受	不合理 不可接受	不合理 不可接受
Ⅲ（较低）	有限接受风险：部分限制作业，低级别预控，选择性行动，在控制措施下生产	不合理 可接受	不合理 可接受	合理 可接受	不合理 不可接受
Ⅳ（低）	预告风险：常规作业，常规预控，现场应对，警惕和关注条件下生产作业	不合理 可接受	不合理 可接受	不合理 可接受	合理 可接受

(3)安全管理标准要不断完善和持续改善。随着社会的进步和科技的发展,安全管理的标准需要持续改善和提高。一方面,经济的发展为提高安全标准提供了基础;另一方面,安全科技的进步和发展,也为安全管理标准的提升提供了可能的条件。因此,过往的安全,并不意味着当下的安全,当下的安全更不意味着未来的安全。因此,我们要建立”持续安全”、”持续改善”的理念,通过安全科技的发展,管理的完善,文化的优化和进步,实现安全的持续改善和提升。

5.2.5 定理5:遵循安全人人有责的准则

人都应该珍惜生命,相互关爱,不伤害自己,不伤害他人,不被他人伤害,防止他人不被伤害,对自己的生命负责,对他人的生命负责。安全人人有责。

1. 基本涵义

“安全人人有责”这一定理是指安全需要人人参与,人人当责,坚持“安全义务,人人有责”的原则,建立全员安全责任网络体系,实现安全人人共享。

2. 定理释义

“人人需要安全”公理表现在安全对我们每个人的重要性。既然人人需要安全,那么人人就应该参与安全,为安全尽责。其中“责”应理解为“责任心”、“安全职责”、“安全思想认识和安全管理是否到位”等。不论是个人、企业还是社会,都应该对安全尽责,形成“人人讲安全,事事讲安全,时时讲安全,处处讲安全”的安全氛围。

首先,安全,个人有责。从个人角度讲,只有当每一个人将安全意识融入血液中,自觉主动地负起自己的安全责任,工作中按章办事,严守规程,将自己成为一道安全屏障,才能够避免事故的发生。

第二,安全,企业有责。从企业角度讲,安全不是离开生产而独立存在的,是贯穿于生产整个过程之中体现出来的。企业作为安全生产的责任主体,只有从上到下建立起严格的安全生产责任制,责任分明,各司其职,各负其责,将法规赋予生产经营单位的安全生产责任由大家来共同承担,安全工作才能形成一个整体,从而避免或减少事故的发生。

第三,安全,社会有责。从社会角度讲,应帮助企业建立起“以人为中心”的核心价值观和理念,倡导以“尊重人、理解人、关心人、爱护人”为主体思想的企业安全文化。因为人的安全意识、安全态度、安全行为、安全素质决定了企业安全水平和发展方向。只有提高人的安全素质,让每一个人做到由“要我安全”到“我要安全”,直到“我会安全”的转变,推动安全生产与经济社会的同步协调发展,使人民群众的生命财产得到有效的保护,企业才能在“以人为本”的安全理念中走上全面协调的可持续发展之路。

3. 定理应用

安全人人有责告诉我们,安全问题是事关民族兴衰的重大问题,是事关国社民生的重大问题,它既涉及到个人也涉及到群体。

首先,对于个人:安全是与我们每个人都息息相关的,从生活到工作都离不开安全。树立“安全第一”的意识,不小瞧任何细微的疏忽,时时刻刻以“安全无小事,责任大于天”来要求自己,对待周围有可能发生危险的事物采取谨慎科学的态度,以安全为第一原则。

第二,对于企业:企业应该做到以下几点:

(1)建立健全安全生产管理制度,狠抓安全责任制的落实,要在平时的工作中加强管理监督力度。要在全体员工中坚持安全生产分级责任制，明确各级安全职责，把安全知识化整为零，层层分解，落实到岗位，落实到个人，对于临时用工和新进人员，要及时签订《安全责任书》，不留死角，确保安全责任纵向到底；要与有关单位签订《安全协议》，确保安全责任横向到边。形成人人肩负安全职责，齐抓共管，形成合力的安全局面。

(2)狠抓生产过程中的行为控制，注重细节的监管。任何岗位都会制定一大批的规章制度和现场操作程序，但是有些员工的安全意识并没有完全形成，还存在有不安全的操作行为。对于一些习惯性不安全的坏行为，要狠抓现场管理，要有很大的耐心和毅力抓细节，从一个小的步骤、一个细小的环节、一个小的配合抓起，注重过程的精细化。要严格执行规章制度，按照“四不放过”的原则，严肃查处一切违章违规行为，切实做到有章必依，违章必究，维护规章制度的严肃性和权威性；同时，要深化安全奖惩长效机制，设立一定数额的安全奖励基金，对在保证安全生产工作中做出突出贡献的单位及个人要及时进行表彰奖励。通过严格检查、严明奖惩等一系列有效手段，使广大员工从思想深处真正把规章、标准视为确保安全的“法”，克服思想上的惰性、操作行为上的随意性，时时守“法”，刻刻遵章。

(3)加强安全监管队伍建设，建立应急救援体系。根据安全生产法的要求，建立完善安全生产监督管理机构，自上而下层层落实安全生产责任体系，制定安全生产指标控制体系、安全生产评价考核体系，使安全生产监督管理机构和安全生产基础和基层工作不断强化。对安全生产应急演练实行督导制，使全企业的生产安全事故应急预案编制工作渐趋完善，对重大危险源监控，对事故应急救援演练、应急救援器材装备准备及社会应急救援力量联动工作要进一步加强，初步建立建全企业安全生产事故应急救援体系。

(4)建立安全生产教育培训机构，使安全生产管理工作逐步走向科学化、标准化、专业化。对企业单位主要负责人和安全生产管理人员实施定期的业务培训，提高全行业领导干部的安全管理水平和职工的安全素质；对员工加强法律、法规及规章制度的培训，只有被全体员工所掌握、不折不扣去遵守，才能真正发挥作用；同时，只有使全体员工真正熟悉和掌握了规章制度，才能按章操作，确保安全。

(5)安全工作必须要讲原则，保持并维护正确的道德观念。要建立安全生产监督管理的长效机制，规范检查内容和检查方式，丰富检查手段，提高检查质量，取得监督检查的实效性；安全监管人员要敢于大胆地抓、大胆地管，一切按照规范和标准办事，不怕得罪人。从很多反面教训中我们可以看到，凡出了安全事故的单位都有一个共同的特点，就是安全管理者不能狠抓落实，对违章的下属单位或个人不敢及时地、严肃地处理，对违规违纪的上司更是不敢大胆抵制。正是由于他们的“慈善”，再加上一些其他原因，导致了安全隐患不能及时消除，安全事故不能得到有效遏制。因此，安全监管人员要提高自身综合素质，对违章查究要狠一点。上级管理部门要给一定的尚方宝剑，让他们在大胆管大胆抓之后，有领导支持，不仅不会危及他们的利益，反而能提高他们的威望，才能起到良好的作用。

第三，对于社会：国家领导人在政府工作报告中指出，各行各业都要加强全员、全过程、全方位质量和安全管理。就是要建立全员担当的安全责任制度和建立横向到边、纵向到顶(底)的安全责任体系，使得每个人都能围绕安全的总目标进行个体活动，做到“我的安全我负责，他的安全我有责，社会安全我尽责”。在从事任何安全活动时，以预防各类事故的发生为目标，每个人为了实现安全的总目标分解下达给自己的安全目标，就必须在日常工作过程中，增长知识，提高自己在安全生产上的文化和技术素质，化被动为主动，做到人人参与安全、人人为安全负责。

5.3 安全科学定律

定律,也称作法则,是基于经验或理论归纳推理的事物的客观规律。

安全科学定律为实践和事实所证明,反映事物在一定条件下发展变化的客观规律的论断。具体包括经验法则和理论法则。基于经验的安全科学法则在安全科学知识体系中处于低层次的理论地位,它反映的是事物现象之间某种联系的普遍性,却并不能理解、解释这种普遍性。这部分讲的基于经验的安全科学法则有海因里希法则和墨菲法则,这两个法则都是通过对事故的统计得到的。理论法则在安全科学知识体系中处于比经验法则更高层次的理论地位,它反映事物、现象之间必然的因果联系,是对经验法则的理论解释。安全度定律、风险最小化定律、本质安全定律、安全效率定律和安全成本定律是属于理论法则的。

5.3.1 海因里希定律

1. 海因里希的涵义

海因里希法则基本涵义是:不同程度的事故具有从重到轻、从大到小的金字塔规律,要防范严重的事故,需要从一般性事故入手,小的事故不发生了,就不会伴随严重或大的事故发生。因此,预防好一般事故,严重的事故就可以预防了。

1931 年海因里希(H. W · Heinrich)统计了 55 万件机械事故,其中死亡和重伤事故 1666 件,轻伤 48334 件,其余则为无伤害事故,从而得出一个重要结论,即在机械事故中,死亡和重伤、轻伤、无伤害事故的比例为 1:29:300,这就是著名的"海因里希法则"(见图 5-1(a))。博德(F. E. Bird)于 1969 年调查了北美保险公司承保的 21 个行业拥有 175 万职工的 297 家企业的 1753498 起事故,得到类似的结论(见图 5-1(b)),壳牌石油公司统计了石油行业的事故,也得到类似结论(见图 5-1(c))。这个统计规律说明在进行同一项活动中,无数次意外事件,必然导致重大伤亡事故的发生。为了防止重大事故发生,就必须减少和消除无伤害事故,要重视事故的苗头和未遂事故、险肇事故,否则终会酿成大祸。

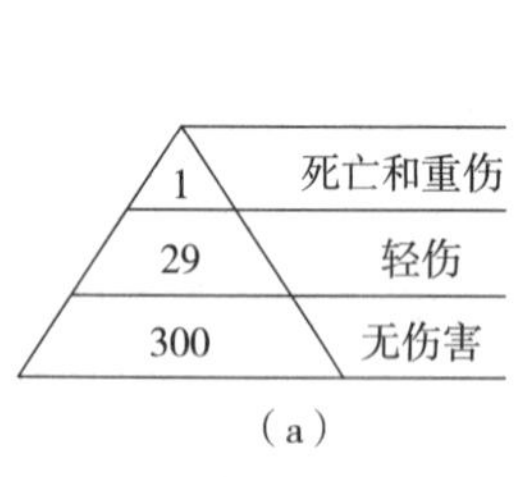

(a)

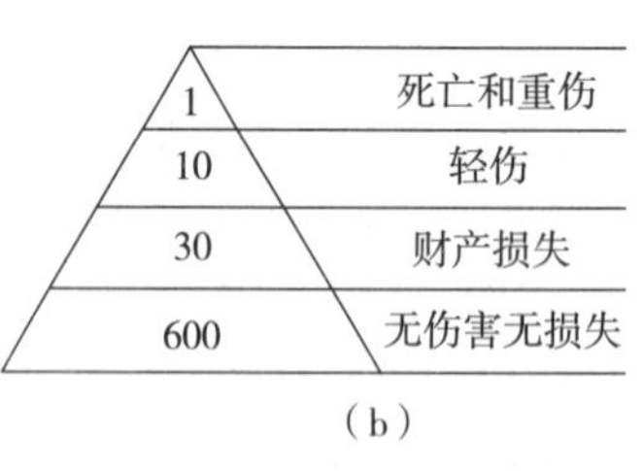

(b)

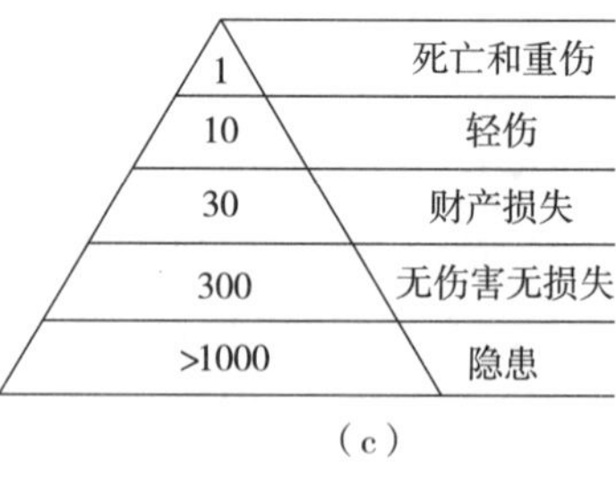

(c)

图 5-1 海因里希法则

这一法则强调两点:一是严重事故的发生是一般事故量积累的结果;二是要防范事故发生需要从基础事件入手。这一法则还指导我们懂得:当一起严重事故发生后,我们在分析处理事故本身的同时,还要及时对同类问题的"事故征兆"和"事故苗头"进行排查处理,以此防止类似问题的重复发生,及时解决再次发生重大事故的隐患,把问题解决在萌芽状态。

2. 海因里希法则在安全管理中的应用

"海因里希法则"多被用于企业的生产管理,特别是安全管理中。许多企业在对安全事故的认识和态度上普遍存在一个“误区”：只重视对事故本身进行总结，甚至会按照总结得出的结论“有针对性”地开展安全大检查，却往往忽视了对事故征兆和事故苗头进行排查；而那些未被发现的征兆与苗头，就成为下一次火灾事故的隐患，长此以往，安全事故的发生就呈现出“连锁反应”。一些企业发生安全事故，甚至重特大安全事故接连发生，问题就出在对事故征兆和事故苗头的忽视上。“海因里希法则”对企业来说是一种警示，它说明任何一起事故都是有原因的，并且是有征兆的；它同时说明安全生产是可以控制的，安全事故是可以避免的；它也给了企业管理者生产安全管理的一种方法，即发现并控制征兆。

具体来说，利用“海因里希法则”进行生产的安全管理主要步骤如下：

- 任何生产过程都要进行程序化，这样使整个生产过程都可以进行考量，这是发现事故征兆的前提；
- 对每一个程序都要划分相应的责任，可以找到相应的负责人，要让他们认识到安全生产的重要性，以及安全事故带来的巨大危害性；
- 根据生产程序的可能性，列出每一个程序可能发生的事故，以及发生事故的先兆，培养员工对事故先兆的敏感性；
- 在每一个程序上都要制定定期的检查制度，及早发现事故的征兆；
- 在任何程序上一旦发现生产安全事故的隐患，要及时报告，及时排除；
- 在生产过程中，即使有一些小事故发生，可能是避免不了或者经常发生，也应引起足够的重视，要及时排除。当事人即使不能排除，也应该向安全负责人报告，以便找出这些小事故的隐患，及时排除，避免安全事故的发生。

许多企业在对安全事故的认识和态度上普遍存在一个“误区”：只重视对事故本身进行总结，甚至会按照总结得出的结论“有针对性”地开展安全大检查，却往往忽视了对事故征兆和事故苗头进行排查；而那些未被发现的征兆与苗头，就成为下一次火灾事故的隐患，长此以往，安全事故的发生就呈现出“连锁反应”。一些企业发生安全事故，甚至重特大安全事故接连发生，问题就出在对事故征兆和事故苗头的忽视上。

3．海因里希法则的启示

假如人们在安全事故发生之前，预先防范事故征兆、事故苗头，预先采取积极有效的防范措施，那么，事故苗头、事故征兆、事故本身就会被减少到最低限度，安全工作水平也就提高了。由此推断，要制服事故，重在防范，要保证安全，必须以预防为主。

要在安全工作中做到以预防为主，必须坚持“六要六不要”：

(1)要充分准备，不要仓促上阵。充分准备就是不仅熟知工作内容，而且熟悉工作过程的每一细节，特别是对工作中可能发生的异常情况，所有这些都必须在事前搞得清清楚楚；

(2)要有应变措施，不要进退失据。应变措施就是针对事故苗头、事故征兆甚至安全事故可能发生所预定的对策与办法；

(3)要见微知著，不要掉以轻心。有些微小异常现象是事故苗头、事故征兆的反映，必须及时抓住它，正确加以判断和处理，千万不能视若无睹，置之不理，遗下隐患；

(4)要鉴以前车，不要孤行己见。要吸取别人、别单位安全问题上的经验教训，作为本单位本人安全工作的借鉴。传达安全事故通报、进行安全整顿时，要把重点放在查找事故苗头、事故征兆及其原因上，并且提出切实可行的防范措施；

(5)要举一反三，不要固步自封。对于本人、本单位安全生产上的事例，不论是正面的还是反面的，只要具有典型性，就可以举一反三，推此及彼，进行深刻分析和生动教育，以求安全工作的提高和进步。绝不可以安于现状，不求上进；

(6)要亡羊补牢，不要一错再错。发生了安全事故，正确的态度和做法就是要吸取教训，以免重蹈覆辙。绝不能对存在的安全隐患听之任之，以免错上加错。

4. 扩展的海因里希法则

随着人们对安全管理的重视和对事故金字塔的研究，很多学者对海因里希法则进行了拓展，见图5－2。

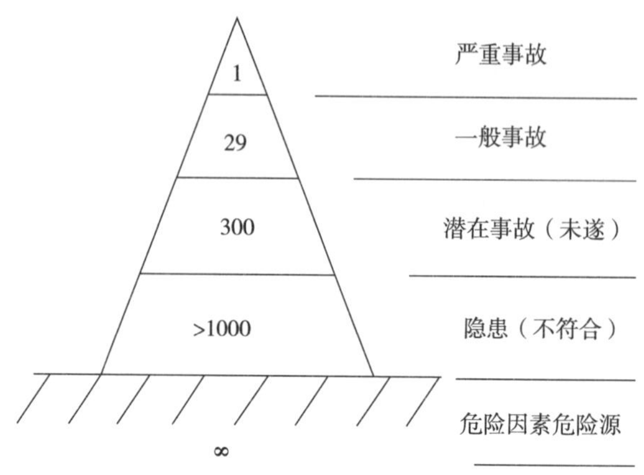

图5－2 拓展的海因里希法则——事故金字塔

图5－2揭示出，每一起严重事故的背后，必然有29次一般事故和300起未遂先兆以及1000起事故隐患和无穷多个危险因素或危险源。此事故金字塔对原有模型进行了拓展，增加了隐患和危险因素，使事故金字塔更加完善，对事故分析和安全管理有更深入的指导意义。实践也证明，只要安全工作做得扎实、管理到位，作业者的安全意识、技能和防范能力到位，大多数安全事故是可以有效预防和避免的。要消除一起严重事故，必须提前防控1000起事故隐患和无穷多个危险因素。拓展的"海因里希法则"实际上告诉了我们这样一个道理，在安全生产中，哪怕提前防控和治理了999起事故隐患和大量危险因素，但只要有一个隐患或危险因素被忽略，就有可能诱发严重事故。"祸之作，不作于作之日，亦必有所由兆。"在生产一线，不可避免地隐藏着大大小小的安全隐患和危险因素，稍有松懈，职工的生命安全和健康就会受到威胁，就极有可能造成不可挽回的损失。事实反复告诉我们，将安全工作重点从"事后处理"转移到"事前预防"和"事中监督"上来，是堵塞安全生产的"致命漏洞"，防患于未然，遏制安全事故的根本之策。

5.3.2 墨菲定律

1. 墨菲定律的涵义

墨菲定律是美国的一名工程师爱德华·墨菲作出的著名论断，亦称莫非定律、莫非定理或摩非定理，是西方世界常用的俚语。墨菲定律主要内容是：事情如果有变坏的可能，不管这种可能性有多小，它总会发生。

"墨菲定律"告诉我们，事情往往会向你所想到的不好的方向发展，只要有这个可能性。比如你衣袋里有两把钥匙，一把是你房间的，一把是汽车的；如果你现在想拿出车钥匙，会发生什么？是的，你往往会拿出房间钥匙。墨菲定律的适用范围非常广泛，它揭示了一种独特的社会及自然现象。它的极端表述是：如果坏事有可能发生，不管这种可能性有多小，它总会发生，并造成最大可能的破坏。这个定律在远古的东方《晴明逸话》中就有详细记载：所有生物包括人都被各种东西束缚，束缚的存在就是自然法则之一。人要面对“时间”这样的“枷锁”，身体是装着灵魂的容器，也同样束缚着灵魂。人无法摆脱束缚的枷锁，而且很多束缚的枷锁，是所有生物都有，而不是人独有的。世界上只有一种枷锁是人独有，这个枷锁的能量很强。语言就是人独有的最可怕最强的枷锁，人们一说出，就无法收回自己刚才说的，说出的不能当作没有发生。如果担心坏事可能发生，在内心自言自语这样坏的事情就一定发生。

2. 墨菲定律的警示意义

(1)正确认识墨菲定律

对待这个定律，安全管理者存在着两种截然不同的态度：一种是消极的态度，认为既然差错是不可避免的，事故迟早会发生，那么，管理者就难有作为；另一种是积极的态度，认为差错虽不可避免，事故迟早要发生，那么安全管理者就不能有丝毫放松的思想，要时刻提高警觉，防止事故发生，保证安全。正确的思维方式是后者。根据墨菲定律可得到如下两点启示：

启示之一：不能忽视小概率危险事件。

由于小概率事件在一次实验或活动中发生的可能性很小，因此，就给人们一种错误的理解，即在一次活动中不会发生。与事实相反，正是由于这种错觉，麻痹了人们的安全意识，加大了事故发生的可能性，其结果是事故可能频繁发生。譬如，中国运载火箭每个零件的可靠度均在0.9999以上，即发生故障的可能性均在万分之一以下，可是在1996、1997两年中却频繁地出现发射失败，虽然原因是复杂的，但这不能不说明小概率事件也会常发生的客观事实。纵观无数的大小事故原因，可以得出结论：“认为小概率事件不会发生”是导致侥幸心理和麻痹大意思想的根本原因。墨菲定律正是从强调小概率事件的重要性的角度明确指出：虽然危险事件发生的概率很小，但在一次实验(或活动)中，仍可能发生，因此，不能忽视，必须引起高度重视。

启示之二：墨菲定律是安全管理过程中的长鸣警钟。

安全管理的目标是杜绝事故的发生，而事故是一种不经常发生和不希望有的意外事件，这些意外事件发生的概率一般比较小，就是人们所称的小概率事件。由于这些小概率事件在大多数情况下不发生，所以，往往被人们忽视，产生侥幸心理和麻痹大意思想，这恰恰是事故发生的主观原因。墨菲定律告诫人们，安全意识时刻不能放松。要想保证安全，必须从现在做起，从我做起，采取积极的预防方法、手段和措施，消除人们不希望有的和意外的事件。

(2)发挥预警功能，提高安全管理水平

安全预警功能是指在人们从事各项活动之前将危及安全的危险因素和发生事故的可能性找出来，告诫有关人员注意以引起重视，从而确保其活动处于安全状态的一种安全策略。由墨菲定律揭示的两点启示可以看出，它是安全管理的高级方式，对于提高安全管理水平具有重要的现实意义。在安全管理中，预警功能具有如下作用：

1)预警是安全管理中预防控制功能得以发挥的先决条件。任何管理，都具有控制职能。由于不安全状态具有突发性的特点，使安全管理不得不在人们活动之前采取一定的控制措施、方法和手段，防止事故发生。这说明安全管理控制职能的实质内核是预防，坚持预防为主是安全管理的一条重要原则。墨菲定律指出：只要客观上存在危险，那么危险迟早会变成为不安全的现实状态。所以,预防和控制的前提是要预知人们活动领域里固有的或潜在的危险,并告诫人们预防什么,并如何去控制。

2)发挥预警功能,有利于强化安全意识。安全管理的预警功能具有警示、警告之意,能够促进预控和预防作用,提醒人们不仅要重视发生频率高、危害后果严重事故,而且要重视潜在的缺陷、隐患和一般性事件;在思想上不仅要消除麻痹大意思想,而且要克服侥幸心理,使有关人员的安全意识时刻不能放松,这正是安全管理的重要任务。

3)推行预警管理模型,变被动管理为主动管理。传统安全管理是被动的安全管理,是在人们活动中采取安全措施或事故发生后,通过总结教训,进行"亡羊补牢"式的管理。当今,科学技术迅猛发展,市场经济导致个别人员的价值取向、行为方式不断变化,新的危险不断出现,发生事故的诱因增多,而传统安全管理模式已难以适应当前情况。为此,要求人们不仅要重视已有的危险,还要主动地去识别新的危险,变事后管理为事前与事后管理相结合,变被动管理为主动管理,牢牢掌握安全管理的主动权。

4)建立预警体系,倡导全员参与,增加员工安全管理的自觉性。安全状态如何,是各级各类人员活动行为的综合反映,个体的不安全行为往往祸及全体,即"100 - 1 = 0"。因此,安全管理不仅仅是领导者的事,更与全体人员的参与密切相关。根据心理学原理,调动全体人员参加安全管理积极性的途径通常有两条:①激励。即调动积极性的正诱因,如奖励、改善工作环境等正面刺激;②形成压力。即调动积极性的负诱因,如惩罚、警告等负面刺激。对于安全问题,负面刺激比正面刺激更重要,这是因为安全是人类生存的基本需要,如果安全,则被认为是正常的;若不安全,一旦发生事故会更加引起人们的高度重视。因此,不安全比安全更能引起人们的注意。墨菲定律正是从此意义上揭示了在安全问题上要时刻提高警惕,人人都必须关注安全问题的科学道理。这对于提高全员参加安全管理的自觉性,将产生积极的影响。

5.3.3 安全度定律

安全是人们可接受风险的程度,当风险高于某一程度时,人们就认为是不安全的;当风险低于某一程度时,人们就认为是安全的。那么如何理解这一程度呢?由此我们引入安全度的概念。

1. 安全度理论

国家标准(GB/T 28001—2011)对"安全"给出的定义是:"免除了不可接收的损害风险的状态"。安全度是衡量系统风险控制能力的尺度,表示人员或者物质的安全避免伤害或损失的程度或水平;风险度是指单位时间内系统可能承受的损失,是特定危害性事件发生的可能性与后果的严重度的结合,就安全而言,损失包括财产损失、人员伤亡损失、工作时间损失或环境损失等。如果某种危险发生的后果很严重,但发生的概率极低;另一种危险发生的后果不很严重,但发生的概率很高,那么有可能后者的危险度高于前者,前者比后者安全。

安全的定量描述可用"安全性"或"安全度"来反映,"安全度"的数学表述是:

安全性 $S = F(R) = 1 - R(p, l)$, $S \leqslant 1$,且 $\geqslant 0$。其中,R—系统的风险;p—事故的可能性(发生的概率);l—可能发生事故的严重性。事故的可能性 p 涉及 4M 因素,即:人因(men)—人的不安全行为;物因(machine)—机的不安全状态;环境因素(medium)—生产环境的不良;管理因素(management)—管理的欠缺;可能事故的后果严重性 l 涉及时态因素、客观的危险性因素、环境条件、应急能力等。

2. 安全与风险的关系

安全度定律揭示了如下安全与风险的关系和规律：

- 安全是风险的函数，风险是安全的变量；
- 安全度的影响因素是风险程度或水平；
- 实现安全最大化决定于风险最小化；
- 风险度为“0”，安全度为100%。

安全与风险，既对立又统一，即共存于人们的生产、生活和一切活动中，这是不以人们愿望为转移的客观存在。安全度与风险度具有互补的关系。安全度高，风险度低，发生事故的概率小。安全度与风险度在一项活动中总是此涨彼落或此落彼涨的。这一点我们的祖先早就认识到，在《庄子·则阳》中就有“安危相易，祸福相生”以及“祸兮福所倚，福兮祸所伏”的告诫。

安全度法则告诉我们，安全与风险是一对矛盾体，一方面双方相互反对，互相排斥，互相否定，安全度越高危险势就越小，安全度越小危险势就越大；另一方面，安全与危险两者相互依存，共同处于一个统一体中，存在着向对方转化的趋势。由此可知，要想提高系统的安全度，就要着手降低风险度，事故是风险的产物，风险度降低了，安全度就提高了。

3. 安全度的应用

根据安全度法则，提高系统安全水平有如下两个战略性的策略：

策略之一：分散系统规模，控制可能的后果严重度；

已知：风险 $R=$ 可能性（频率）$P\times$ 后果（程度）L

设：$L=L_1+L_2+L_3$；$L_1=L_2=L_3=L/3$；

由于：L_i 难以同时发生；

所以：$R_i=P\cdot L_i=P\cdot(L/3)$

通过严重度的分散策略，实现了：$R_i<R$。

策略之二：增加冗余事件，改变事件发生概率；

已知：风险 R 可能性（频率）$P\times$ 后果（程度）L，

设：$R_D=R_1\cdot R_2\cdot R_3$；$P_1=P_2=P_3=P$；

由于：$P_D=P_1\cdot P_2\cdot P_3=P^3$

所以：$R_D=L\cdot P_D=L\cdot P^3$

通过调整概率的策略，实现了：$R_D<R$。

5.3.4 风险最小化定律

安全的本质是风险，只有控制风险才能预防事故的发生，风险最小化是人们所期盼的，也是人们通过一定的努力、一定的安全科学技术措施所能实现的。

1. 风险特征

风险是指特定危害事件（不期望事故）发生的概率与后果严重程度的结合。风险具有5个方面的特征：第一，风险是客观存在的，它是不以人的意志为转移的；第二，风险是相对的，是可以变化的。风险不仅跟风险的客体，也就是说跟风险事件本身所处的时间和环境有关，而且它是风险的主体，也就是说，跟从事风险的人有关。所以不同的人，由于他自身的条件、能力和所处的环境的不同，对同一个风险事件，可能他的态度也是不一样的；第三，风险是可以预测的,风险是在一个特定的时空条件下的概念,所以风险是现实环境和变动的不确定性在未来事件当中的一个反映,它是可以通过现实环境因素的观察可以初步加以预测的;第四,风险在一定程度上是可以控制的,风险是在特定条件下不确定性的一种表现,条件改变,引起风险事件的结果也就会有相应的变化。第五,风险跟目标相联系。目标越大,风险可能就越大。

2. 风险法则涵义

风险是描述系统危险程度的客观量,又称风险程度或者风险水平。风险 R 具有概率 p 和后果严重度 l 二重性。即:$R=f(p,l)$。如果某种风险发生的后果很严重,但发生的概率极低;另一种风险发生的后果不很严重,但发生的概率很高,那么有可能后者的风险度高于前者,前者比后者安全。

3. 风险法则应用

风险法则告诉我们,风险最小化战略有 3 种措施:降低发生率 p 的措施;控制严重程度 l 的措施;控制概率和严重度的双重措施,见图 5－3。

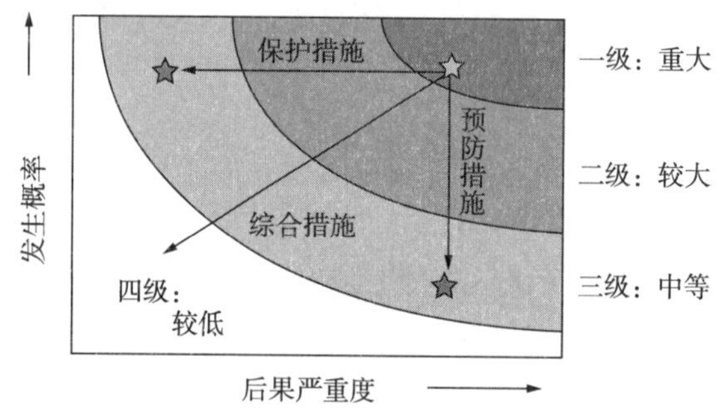

图 5－3 风险最小化的 3 种策略

(1)减少事故发生的概率。影响事故发生概率的因素有很多,如系统的可靠性、系统的抗灾能力、人为失误和违章等。在生产作业过程中,既存在自然的危险因素,也存在人为的生产技术方面的危险因素。这些因素是否转化成为事故,不仅取决于组成系统各要素的可靠性,而且还要受到企业管理水平和物质条件的限制。因此,降低系统事故发生的概率,最根本的措施就是设法使系统实现本质安全化,使系统中的人、物、环境和管理安全化。一旦设备或者系统发生故障时,能自动排除、切换或者安全地停止运行;当人为操作失误时,设备、系统能自动保证人机安全。要做到系统的本质安全化,应该采取以下措施:提高设备的可靠性;选用可靠的工艺技术降低危险因素的转或为事故的可能性;提高系统抗灾能力;减少人为失误等。

(2)降低事故损失方法。事故严重度是因事故造成的财产损失和人员伤亡的严重程度。事故的发生是由于系统中的能量失控造成的,事故的严重程度与系统中危险因素转化为事故时释放的能量有关,能量越高,事故的严重度越大;也与系统本身的抗灾能力有关,抗灾能力越强,事故的严重度越小。因此,降低事故严重度具有十分重要的作用。目前,一般采取的措施有以下几种:①限制能量或分散风险。为了减少事故损失,必须对危险因素的能量进行限制。如各种油库、火药库的贮存量的限制,各种限流、限压、限速设备等就是对危险因素的能量进行的限制。分散风险的办法是把大的事故损失化为小的事故损失。如在煤矿把"一条龙"通风方式改造成并联通风,每一矿井、采区和工作面均实行独立通风,可达到分散风险的效果;②防止能量逸散的措施。防止能量逸散就是设法把有毒、有害、有危险的能量源贮存在有限允许范围内,而不影响其他区域的安全。如防爆设备的外壳、密闭墙、密闭火区、放射性物质的密封装置等。③加装缓冲能量的装置。在生产中,设法使危险源能量释放的速度减慢,可大大降低事故的严重程度,而使能量释放速度减慢的装置称为缓冲能量装置。如汽车、轮船上安装的缓冲设备,缓冲阻车器以及各种安全带、安全阀等;④避免人身伤亡的措施。避免人身伤亡的措施包括两个方面的内容,一是防止发生人身伤害;二是一旦发生人身伤害时,采取相应的急救措施。采取遥控操作、提高机械化程度、使整体或局部的人身个体防护都是避免人身伤害的措施。

5.3.5 本质安全定律

本质安全概念的提出距今已过半个世纪,最初该概念源于20世纪50年代宇航技术界,主要用于电气设备。本质安全是指通过设计等手段使生产设备或生产系统本身具有安全性,即使在误操作或发生故障的情况下也不会造成事故的功能。具体包括失误—安全(误操作不会导致事故发生或自动阻止误操作)、故障—安全功能(设备、工艺发生故障时还能暂时正常工作或自动转变安全状态)。它包括物本安全和人本安全。

1. 本质安全理论

本质安全是安全技术追求的目标,也是安全系统方法中的核心。由于安全系统把安全问题中的人—机—环境统一为一个“系统”来考虑,因此不管是从研究内容还是系统目标来考虑,是新问题就是本质安全,就是研究系统本质安全的途径和方法。本质安全具有如下特征:人的安全可靠性;物的安全可靠性;系统的安全可靠性;管理规范和持续改进。在这4个特征中,机器设备和环境相对来说比较稳定,具有先决性、引导性、基础性地位。事实上,通过多年对安全事故的分析,绝大多数事故发生的原因都与人有关。因此,只要有不安全的思想和行为,就会造成隐患,就可能演变成事故。

2. 本质安全内涵

本质安全法则是 $R\to0, S\to1$,即实现风险最小化、安全最大化。本质安全是珍爱生命的实现形式,本质安全致力于系统追向,本质改进。强调以“人—机—环境—管理”这一系统为平台,透过复杂的现象,通过优化资源配置和提高其完整性,追求诸要素安全可靠和谐统一,使各危害因素始终处于受控制状态,去把握影响安全目标实现的本质因素,找准可牵动全系统的那“一发”所在,纲举目张、安全零事故。实现安全最大化、风险最小化,即 $R\to0, S\to1$,追求趋于绝对安全的境界。

3. 本质安全应用

“本质安全”概念的广泛接受是和人类科学技术的进步以及对安全文化的认识密切相连的,是人类在生产、生活实践的发展过程中,对事故由被动接受到积极事先预防,以实现从源头杜绝事故和人类自身安全保护需要,在安全认识上取得的一大进步。要实现本质安全,追求安全最大化、风险最小化,就要做到以下几个方面:(1)运行本质安全。这是指设备的运行是正常的、稳定的,并且自始至终都处于受控状态;(2)设备本质安全。在设备设计和制造环节上都要考虑到应具有较完善的防护功能,以保证设备和系统都能够在规定的运转周期内安全、稳定、正常的运行。这是防止事故的主要手段;(3)人员本质安全。作业者完全具有适应生产系统要

求的生理、心理条件,具有在生产过程中很好控制各种环节安全运行的能力,具有正确处理系统内各种故障及意外情况的能力。要具备这样的能力,首先要提高职工的职业理想、职业道德、职业技能和职业纪律;其次要开展安全教育,实现由"要我安全"到"我要安全"的转变;第三要提高职工的政策法规观念、安全技术素质和应变能力;(4)环境本质安全。这里的环境包括空间环境、时间环境、物理化学环境、自然环境和作业现场环境。环境要符合各种规章制度和标准。实现空间环境的本质安全,应保证企业的生产空间、平面布置和各种安全卫生设施、道路等都符合国家有关法规和标准;实现时间环境的本质安全,必须要做到安全设备使用说明和设备定期实验报告,来决定设备的修理和更新。同时必须遵守安全生产法,使人员在体力能承受的法定工作时间内从事工作;实现物理化学环境本质安全,就要以国家标准作为管理依据,对采光、通风、温湿度、噪声、粉尘及有害物质采取有效措施,加以控制,以保护劳动者的健康和安全;实现自然环境本质安全,就是要提高装置的抗灾防灾能力,搞好事故的应急预防对策的组织落实;(5)管理本质安全。安全管理就是管理主体对管理客体实施控制,使其符合安全生产规范,达到安全生产的目的。安全管理的成败取决于能否有效控制事故的发生。当前,安全管理要从传统的问题发生型管理逐渐转向现代的问题发现型管理。为此,必须运用安全系统工程原理,进行科学分析,做到超前预防。

5.3.6 安全效率定律

1. 安全效率金字塔

安全效率定律揭示出在不同阶段进行安全投入的效率,即系统设计 1 分安全性 = 10 倍制造安全性 = 1000 倍应用安全性,见图 5 - 4。

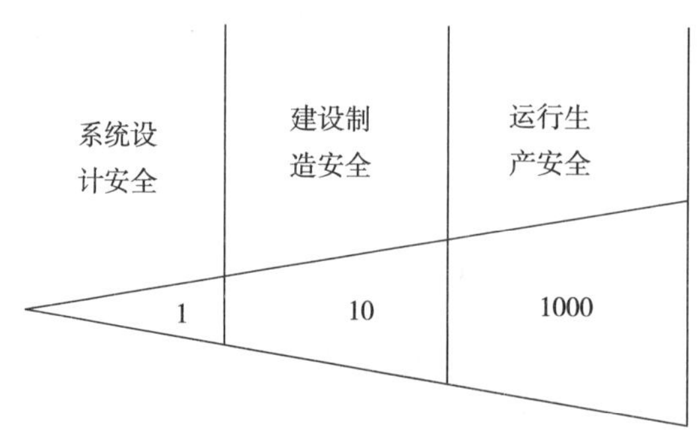

图 5 - 4　安全效率金字塔模型

2. 安全效率定律启示

(1)安全效率定律启示我们,在安全生产中,在设计阶段投入 1 分安全,相当于 10 倍制造安全和 1000 倍应用安全,安全成本投入在系统设计阶段效率最高,其次是建设制造阶段,运行生产阶段效率最低,所以要重视设计阶段安全设计,加大安全投入,在设计阶段减少事故隐患,实现本质安全。设计阶段所花费的安全生产投入成本是建造阶段的 1/10,是使用阶段的 1/1000。就是说,在设计阶段的安全生产投入的产出是最大的。这充分说明了通过事前的安全生产投入预防安全事故的重要性。

(2)日常安全管理中,我们往往把工作重心放在运行生产阶段,在运行生产阶段投入大量人力和物力进行隐患排查和安全防护。导致这种安全管理模式的原因是系统设计阶段和建设制造阶段的安全设计不够、安全投入不足，存在大量安全隐患，在运行生产阶段容易发生各类事故，所以在要投入大量人力和物力进行隐患排查和安全防护，甚至为伤亡事故付出代价。若在系统设计阶段没有 1 分安全投入和安全设计，在建设制造阶段就要投入 10 倍安全，在运行生产阶段投入 1000 倍安全，才能保证运行生产安全，这不仅造成了人力和物力的浪费，而且容易发生事故，甚至是生命的代价。所以在安全管理中，要加大系统设计阶段安全投入和安全设计，在设计阶段减少事故隐患，防止运行生产中事故的发生。

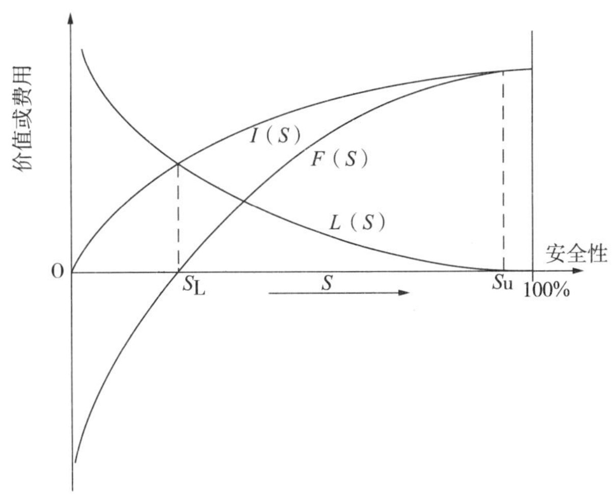

图 5－5　安全减损和增值函数

(3)在系统设计阶段投入安全资金，进行安全设计，可以实现系统本质安全。这里的本质安全主要指设备本质安全和环境本质安全。在设备设计和制造环节上都要考虑到应具有较完善的防护功能，以保证设备和系统都能够在规定的运转周期内安全、稳定、正常的运行，这是防止事故的主要手段。环境本质安全包括空间环境、时间环境、物理化学环境、自然环境和作业现场环境安全。实现空间环境的本质安全，应保证企业的生产空间、平面布置和各种安全卫生设施、道路等都符合国家有关法规和标准；实现时间环境的本质安全，必须要做到安全设备使用说明和设备定期实验报告，来决定设备的修理和更新；实现物理化学环境本质安全，就要以国家标准作为管理依据，对采光、通风、温湿度、噪声、粉尘及有害物质采取有效措施，加以控制，以保护劳动者的健康和安全；实现自然环境本质安全，就是要提高装置的抗灾防灾能力，搞好事故的应急预防对策的组织落实。

5.3.7　安全效益定律

安全具有两大效益功能：第一，安全能直接减轻或免除事故或危害事件，减少对人、社会、企业和自然造成的损害，实现保护人类财富，减少无益消耗和损失的功能，简称“减损功能”。第二，安全能保障劳动条件和维护经济增值过程，实现其间接为社会增值的功能。第一种功能称为“拾遗补缺”，可用损失函数 $L(S)$ 来表达；第二种功能称为“本质增益”，用增值函数 $I(S)$ 来表达。如图 5－5 所示，无论是“本质增益”即安全创造正益效，还是“拾遗补缺”即安全减少“负效益”，都表明安全创造了价值。后一种可称谓为“负负得正”，或“减负为正”。以上两种基本功能，构成了安全的综合(全部)经济功能。用安全功能函数 $F(S)$ 来表达(在此功能的概念等同于安全产出或安全收益)。

罗云教授通过理论研究和实证研究相结合的方法,论证了安全效益定律,即罗氏法则:1∶5∶∞,指1分的安全投入,创造5分的经济效益,创造出无穷大的社会效益,见图5-6。安全经济效益分为直接经济效益和间接经济效益。安全的直接经济效益是人的生命安全和身体健康的保障与财产损失的减少,这是安全的减轻生命与财产损失的功能;安全的间接经济效益可维护和保障系统功能(生产功能、环境功能等)得以充分发挥,这是安全效益的增值能力。安全的社会效益主要指减少事故的发生,保障人的生命安全与健康,保护环境,治理环境污染,提升企业商誉价值和丰富企业文化等。

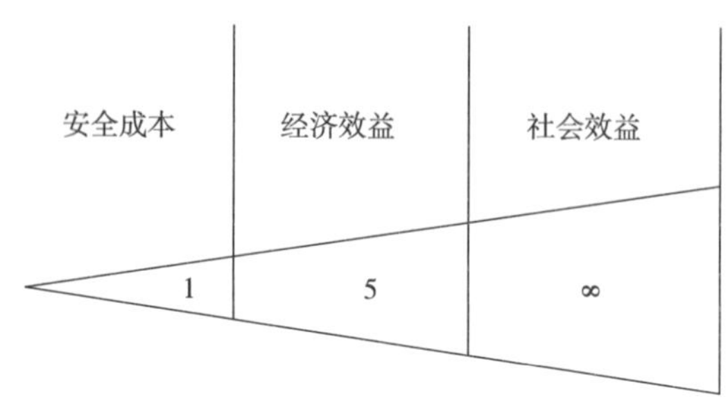

图5-6　安全效益金字塔法则

1分的安全成本可以是时间成本或活化劳动成本,以及经济成本或物化劳动成本。安全效益定律启示我们,安全投入是创造价值的,具体在有效地防止生产事故的发生并带来价值增值,从而对社会、企业和个人所产生的正效果。相对于生产性投入的产出,安全投入的产出具有滞后性。安全投入所产生的安全产出,不是在安全投入实施之时就能立刻体现出来,而是在其后的防护及保护时间之内,甚至是发生事故之间才发挥作用。因此,需要有超前预防的意识,注重防患于未然,才能有效防范安全风险,获得安全保障。事实上,寄希望于临时抱佛脚式的安全生产投入,或者在事故发生之后才迫不得已地进行安全投入,往往就会付出更大代价,甚至于事无补,无所效益。

复习思考题

1. 安全科学的五大公理是什么？如何理解？
2. 安全科学的五大定理是什么？如何理解？
3. 如何理解海恩定律,对安全管理工作有哪些指导意义？
4. 扩展的海恩定律对安全管理工作有哪些指导意义？
5. 如何理解墨菲法则,对安全管理工作有哪些指导意义？
6. 如何理解风险度定律？
7. 风险最小化原理有哪些应用？如何实现风险最小化？
8. 如何做到本质安全？
9. 如何理解安全效率定律金字塔？有哪些启示？
10. 安全效益法则对安全投入有什么指导意义？

第 6 章　安全科学的定量

● 本章知识框架

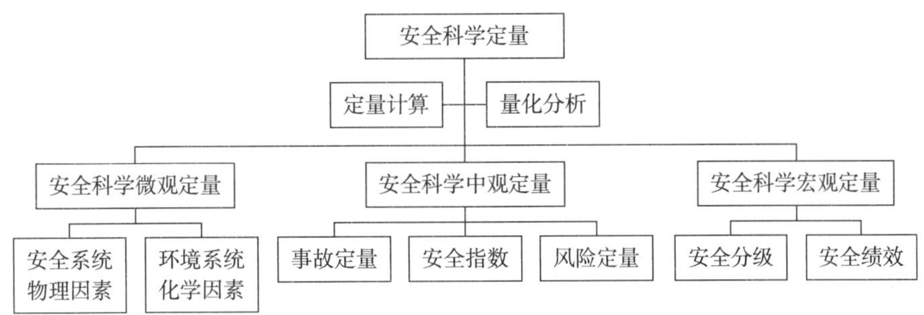

● 知识引导

安全科学的发展，与众多科学的发展相同，必定是在技术与文化的发展基础上，从经验上升为哲学，从思辨进展到定性论述，最终从定性演变为定量计算。安全科学定量的根本目的，在于使安全科学思想定量化，成为一套有数学理论、能够定量处理安全科学各组成部分的科学方法，最终为安全科学的实际应用提供强有力的计算工具。

● 重点提示

学习本章有如下提示：

重点：安全系统中常见的物理定量参数，环境系统的化学定量方法，事故概率，指标的基本概念，安全指数，风险定量法，安全分级的基本类别，绩效测评的方法技术。

难点：如何认识安全科学定量的 3 个层次，对各个层次的定量理论和方法之间区别的了解。

核心概念：安全微观定量、安全中观定量、安全宏观定量。

● 主要需要思考的问题

通过本章的学习，需要思考如下问题：

1. 安全科学的定量对安全生产的启示。
2. 安全科学的定量可以实现安全管理的哪些现实需求。

● 相关的阅读材料

学习阅读安全经济学、安全评价、安全生产绩效测评、安全文化测评等。

● 学习目标

1. 掌握安全科学微观、中观、宏观定量的基本概念和基本理论。
2. 掌握安全生产指标体系；了解事故指标类型和指标体系等；理解风险定量理论。
3. 掌握安全分级的理论和常见应用；了解绩效测评的基本方法等。

科学的发展高度是以定量的程度为标志的。安全科学中所面临问题的复杂化与多样化，许多定性的分析和判断已经无法满足揭示因素本质、梳理复杂关系、获得定量结果的需求，因此定量对于安全科学的发展起着举足轻重的作用。

安全科学的定量按照层次划分，可以分为微观定量、中观定量和宏观定量 3 个类型；从定量程度上划分，可划分为精确定量、半定量和分级定量。鉴于实用的考量，按层次体系进行描述。各层次的定量方法可以解决安全科学命题研究对象中诸因素的数量特征、数量关系与数量变化。

6.1 安全科学微观定量

系统论是安全科学的重要方法论之一，其既明确了安全科学所要研究的对象是各类安全系统、子系统及其各组成部分，包括人子系统、机器子系统、环境子系统和管理子系统等，同时也对个系统划分出了层次，包括宏观系统、中观系统和微观系统。

微观系统主要包括各类系统中最基础的组成和安全性能，例如人子系统中人的各项生理条件、心理活动和行为等因素，机器子系统中各机器设备的结构、材料、功能等因素。

安全科学微观定量是对安全系统中的微观层次组成及其安全性能的数量特征、数量关系与数量变化的定量分析方法。其目的在于量化因素，确定安全标准各程度，用定量方法指导安全设计和安全系统的安全控制。安全科学微观定量的对象主要分为安全系统的物理定量和安全系统的化学定量。

6.1.1 安全系统的物理定量

安全系统是由与安全问题有关的人、物、能量、信息等若干个因素相互联系、相互作用、相互制约而结合成的具有特定功能的有机整体。安全系统的物理定量，指对安全系统中的人、物、能量等实体的物理因素进行数量特征、数量关系与数量变化的分析与归纳，得出客观的数量规律。

从生产系统的物理性危险有害因素来看，物理定量的对象包括生产、防护、防火、防爆的设备设施及其可能产生的电、火、噪声、振动、辐射、高温高压等伤害；作业空间的安全距离和卫生防护距离等；作业环境的粉尘、光照、通风、气温、气压等。

安全系统的物理定量主要分为 4 类：安全机电系统物理定量；安全空间系统物理定量；安全环境系统物理定量；物质综合危险性定量。

6.1.1.1 安全机电系统定量

1. 机电系统本质安全定量

机电设备的本质安全定量可从设备自身的性能、材质、结构等因素考虑，常以安全系数、安全裕度、可靠性、强度、刚度等作为定量指标。

1）安全系数。安全系数是安全微观定量分析领域最基本的概念。是指进行土木、机械等工程设计时，为了防止因材料的缺陷、工作的偏差、外力的突增等因素所引起的后果，工程的受力部分实际上能够担负的力必须大于其容许担负的力，二者之比叫作安全系数，即极限应力与许用应力之比。也指做某事的安全、可靠程度。

安全系数的确定需要考虑荷载、材料的力学性能、试验值和设计值与实际值的差别、计算模式和施工质量等各种不定性因素，还需涉及工程的经济效益及结构破坏可能产生的后果，如生命财产和社会影响等诸因素。它与国家的技术水平和经济政策密切相关。

2）安全裕度。目前对安全裕度没有统一的定义，随研究领域不同，安全裕度有时表示安全系数，有时表示零件公差或加工余量，有时用以描述安全性或可靠性，有时用以评价系统风险等。各学者根据自己的理解和解决问题的需要将安全裕度表达成多种形式，目前还没有关于这一概念的公认的科学定义。例如在航空领域安全裕度指结构的失效应力与设计应力的比值减去 1.0 后的一个正小数，用以表征结构强度的富余程度；在电力领域电压安全裕度等于系统的极限电压减去系统的运行电压。

但是随着人们对安全认识和需求的不断提高，安全裕度的概念越来越受到工程设计界及人们日常生活的关注，压力容器设计、机械加工、电力系统运行、航空飞行管理、军备等众多领域均涉及到安全裕度的概念。从安全的角度讲，安全裕度越大越好，但是增大安全裕度需要牺牲部分经济利益，而降低安全裕度虽然可以节约成本却又可能造成更大的经济损失甚至危及人们的生命安全和社会稳定。因此，开展安全裕度的研究工作具有重要意义。

3）可靠性。指产品在规定的条件下和规定的时间内完成规定功能的能力，这种能力以概率表示。可靠度是产品在规定的条件下和规定的时间内，完成规定功能的概率，常以“R”表示。若将产品完成规定功能的事件（E）的概率以 $P(E)$ 表示，则产品寿命这一随机变量（T）的概率分布函数可写成

$$R(t)=P(E)=P(T\geqslant t),0\leqslant t\leqslant\infty \tag{6-1}$$

$R(t)$ 描述了产品在 $(0,t)$ 时间段内完成的概率，且 $0\leqslant R(t)\leqslant 1$，$R(0)=1$，$R(+\infty)=0$。

4）强度。是指零件承受载荷后抵抗发生断裂或超过容许限度的残余变形的能力。也就是说，强度是衡量零件本身承载能力（即抵抗失效能力）的重要指标。强度是机械零部件首先应满足的基本要求。机械零件的强度一般可以分为静强度、疲劳强度（弯曲疲劳和接触疲劳等）、断裂强度、冲击强度、高温和低温强度、在腐蚀条件下的强度和蠕变、胶合强度等项目。强度的试验研究是综合性的研究，主要是通过其应力状态来研究零部件的受力状况以及预测破坏失效的条件和时机。

5）刚度。是机械零件和构件抵抗变形的能力。在弹性范围内，刚度是零件载荷与位移成正比的比例系数，即引起单位位移所需的力。它的倒数称为柔度，即单位力引起的位移。一个机构的刚度（k）是指弹性体抵抗变形（弯曲、拉伸、压缩等）的能力。计算公式如下：

$$k=P/\delta \tag{6-2}$$

式中：P——作用于机构的恒力；

δ——由于力而产生的形变。

刚度的国际单位制单位是牛顿每米，N/m。

机电系统的安全定量还体现在对于机电设备可能产生的物理性有害因素，主要包括电伤害、噪声、振动伤害、电磁辐射、高温低温物质、明火、粉尘与气溶胶浓度等。

2. 机电系统危害性的定量

（1）电伤害的安全定量

常用安全电压、安全电流、安全阻抗、危险电压等。

1）安全电压。是指为了防止触电事故而由特定电源供电所采用的电压系列。安全电压应满足以下 3 个条件：①标称电压不超过交流 50V、直流 120V；②由安全隔离变压器供电；③安全

电压电路与供电电路及大地隔离。我国规定的安全电压额定值的等级为42V、36V、24V、12V、6V。当电气设备采用的电压超过安全电压时,必须按规定采取防止直接接触带电体的保护措施。

2)安全电流。为了保证电气线路的安全运行,所有线路的导线和电缆的截面都必须满足发热条件,即在任何环境温度下,当导线和电缆连续通过最大负载电流时,其线路温度都不大于最高允许温度(通常为700℃左右),这时的负载电流称为安全电流。人体对电流的反应见表6-1。

表6-1 人体安全电流对照表

电流(mA)	50Hz 交流电	直流电
0.6~1.5	手指开始感觉发麻	无感觉
2~3	手指感觉强烈发麻	无感觉
5~7	手指肌肉感觉痉挛	手指感觉灼热和刺痛
8~10	手指关节与手掌感觉痛,手已难以脱离电源,但尚能摆脱电源	感觉灼热增加
20~25	手指感觉剧痛,迅速麻痹,不能摆脱电源,呼吸困难	灼热更增,手的肌肉开始痉挛
50~80	呼吸麻痹,心房开始震颤	强烈灼痛,手的肌肉痉挛,呼吸困难
90~100	呼吸麻痹,持续3min或更长时间后,心脏麻痹或心房停止跳动	呼吸麻痹

以工频电流为例,当1mA左右的电流通过人体时,会产生麻刺等不舒服的感觉;10~30mA的电流通过人体,会产生麻痹、剧痛、痉挛、血压升高、呼吸困难等症状,但通常不致有生命危险;电流达到50mA以上,就会引起心室颤动而有生命危险;100mA以上的电流,足以致人于死地。

3)安全阻抗。连接于带电部分和可触及的导电部分之间的阻抗,其值可在设备正常使用和可能发生故障的情况下,把电流限制在安全值以内,并在设备的整个寿命期间保持其可靠性。

4)危险电压。存在于既不符合限流电路要求又不符合TNV电路要求的电路中,其交流峰值超过42.4V或直流值超过60V的值电压为危险电压。

(2)噪声伤害的定量

噪声是发生体做无规则振动时发出的声音,声音由物体振动引起,以波的形式在一定的介质(如固体、液体、气体)中进行传播,通常所说的噪声污染是指人为造成的。

通常噪声按产生机理分类,可分为3种:

机械噪声:是由于机械设备运转时,机械部件间的摩擦力、撞击力或非平衡力,使机械部件和壳体产生振动而辐射的噪声。

空气动力性噪声:是由于气体流动过程中的相互作用,或气流和固体介质之间的相互作用而产生的噪声。如空压机、风机等进气和排气产生的噪声。

电磁噪声:由电磁场交替变化引起某些机械部件或空间容积振动而产生的噪声。

此外,按噪声随时间的变化可分成稳态噪声和非稳态噪声两大类。非稳态噪声中又有瞬态的、周期性起伏的、脉冲的和无规则的噪声之分。在环境噪声现状监测中应根据噪声随时间的变化来选定恰当的测量和监测方法。

噪声伤害常见的安全定量包括噪声作业分级、噪声暴露限值、噪声污染级、等效连续 A 声级等。

1)等效连续 A 声级。对不稳定或断续噪声,如果其在一段时间内作用于人耳的能量与一稳定声音相同,那么稳定声音的 A 计权声级即为不稳定噪声在该时间段内的等效连续 A 声级,是声音对时间平均效果,属统计声级一种。记为:L_{Aeq}。

等效连续 A 声级计算:

连续变化声级

$$L_{Aeq} = 10\lg\left(\frac{1}{t_2 - t_1}\int_{t_1}^{t_2} 10^{0.1L_A(t)}\,dt\right) \quad (6-3)$$

断续或分段稳定噪声

$$L_{Aeq} = 10\lg\left(\frac{1}{T}\sum_{i=1}^{n} 10^{0.1L_{Ai}} \cdot \tau_i\right) \quad (6-4)$$

等间隔采样

$$L_{Aeq} = 10\lg\left(\frac{1}{N}\sum_{i=1}^{N} 10^{0.1L_{Ai}}\right) \quad (6-5)$$

2)噪声污染级。用于评价噪声引起人的烦恼程度,既考虑了噪声的平均值,也考虑了噪声的起伏。

$$L_{NP} = L_{eq} + K\sigma \qquad \sigma = \sqrt{\frac{1}{n-1}\sum_{i=1}^{n}(L_i - \bar{L})^2} \quad (6-6)$$

式中:σ ——等间隔采样测量均方差;

$\bar{L}$ ——采样算数平均值,dB;

L_i——第 i 个采样值,dB;

n ——采样总数;

K ——常数,一般取 2.56。

3)噪声暴露限值。2002 年卫生部又对已执行 23 年的《工业企业设计卫生标准》(GBZ 1)进行了修订,新增加噪声接触限值 L_{Aeq},8h 为 85dB(A),时间等能量换算值为 3dB(A),最大不超过 115d(A),见表 6-2。

表 6-2 工作地点噪声声级的卫生限值对照表

日接触噪声时间/h	卫生限值/dB(A)
8	85
4	88
2	91
1	94
1/2	97
1/4	100
1/8	103
最高不得超过 115dB(A)	

注:超过 85dB(A)每增加 3dB(A),允许暴露时间减半。

4)噪声作业分级。职工在产生工业噪声的工作地点从事生产和劳动的作业的安全等级,见表6-3。

表6-3 噪声作业危害程度等级表

噪声作业级别	0	Ⅰ	Ⅱ	Ⅲ	Ⅳ
危害程度	安全作业	轻度危害	中度危害	高度危害	极度危害
指数范围	$I<0$	$0<I<1$	$1<I<2$	$2<I<3$	$3<I$

$$I=(L_W+L_S)/6 \tag{6-7}$$

式中:L_W——噪声作业实测工作日等效连续A声级,dB(A);

L_S——技术时间对应的卫生标准,dB(A);

I——噪声危害指数。

(3)振动伤害的定量

振动是指一个质点或物体在外力的作用下,沿直线或弧线围绕与以平衡位置的往复运动。生产过程中产生的一切振动,统称为生产性振动。振动的基本物力参数包括振动频率、振幅、速度、加速度以及振动方向等。

对于振动的安全定量常以振动加速度级、振动频谱、共振频率、4小时等能量频率计权加速度有效值等。

1)振动加速度级。某振动的加速度a与基准振动加速度a_0的比值取以10为底的对数再乘以20,即$L_a=20\lg\dfrac{a}{a_0}$。国际标准化组织和我国都规定,$a_0=10^{-6}\mathrm{m/s}$。

2)振动频谱。复杂振动可以分解为许多不同频率和不同振幅的谐振,这些谐振的幅值按频率排列的图形称振的频谱。振动频谱是将按频带大小测得的振动强度(加速度有效值)数值排列起来组成的图形。常用的频带有1/3倍频带和1/1倍频带(简称倍频带)两种;按中心频率,前者的频率范围为6.3~1250Hz,后者为8~1000Hz。

3)共振频率。物体在外界力的激发下,可产生一定频率的振动,该频率称为该物体的固有频率(natural frequency)。当外界的激发频率与物体的固有频率相一致时,振动强度加大,该现象称为共振。故可将该物体的固有频率称共振频率。一般认为,人体的各部位或器官都有一定的共振频率,但由于对振动的频率响应存在明显的个体差异以及接触条件不同,共振频率的范围可能较大。

4)4h等能量频率计权加速度。振动对机体的不良影响与振动频率、强度和接触时间有关。振动的有害作用在振动频率6.3~16Hz之间与频率无直接相关,但在16~1500Hz谱段随频率的增加,作用强度下降。我国目前以4h等能量频率计权加速度有效值作为人体接振强度的定量指标。该指标是在频率计权和固定接振时间的原则下,计算加速度有效值。所谓频率计权,是根据频率(或频带)对测定值进行修正,即依据不同频率振动对机体的效应,设定各频带相应的计权系数。若每日接振时间为4h,其频率计权加速度有效值(a_{hw})即为$a_{hw}(4)$;若每日接振时间不等于4h,则需通过公式换算。

$$A(4)=(a_{hw})_{eq(4)}=\sqrt{\frac{1}{T_4}\int_{t=0}^{T_V}[a_{hw}(t)]^2\mathrm{d}t}=\sqrt{\frac{T_V}{T_4}}(a_{hw})_{eq} \tag{6-8}$$

$$A(4)=(a_{hw})_{eq(4)}=\sqrt{\frac{1}{T_4}\sum_{i=1}^{n}[(a_{hw})_{eq(t)}]^2t_i}=\sqrt{\frac{T_V}{T_4}}(a_{hw})_{eq} \tag{6-9}$$

式中：T_4——4h；

T_V——日接振时间。

（4）辐射伤害的定量

1）非电离辐射。电磁辐射以电磁波的形式在空间向四周辐射传播，它具有波的一切特性，其波长（λ）、频率（f）和传播速度（c）之间的关系为 $\lambda = c/f$。电磁辐射在介质中的波动频率，以“赫”（Hz）表示，常采用千赫（kHz）、兆赫（MHz）和吉赫（GHz），其相互关系为1000倍。

波长短、频率高、辐射能量大的电磁辐射，生物学作用强。当量子能量水平达到12eV以上时，对物体有电离作用，导致机体的严重损伤，这类电磁辐射称为电离辐射，如X射线、射γ射线、宇宙射线等。α、β、中子、质子等属于电离辐射中的粒子辐射。量子能量<12eV的电磁辐射不足以引起生物体电离的，称为非电离辐射，如紫外线、可见光线、红外线、射频及激光等；紫外线的量子能量介于非电离辐射与电离辐射之间。

2）射频辐射。射频辐射指频率在100kHz~300GHz的电磁辐射，也称无线电波，包括高频电磁场和微波，是电磁辐射中量子能量较小、波长较长的频段，波长范围为1mm~3km。

射频辐射的辐射区域可相对地划分为近区场和远区场。近区场又分为感应场和辐射场。在感应近区场，电场和磁场强度不成一定比例关系，需分别测定电场强度（V/m）和磁场强度（A/m）。

我国的民用交流电频率为50Hz，在其导线周围存在有交变的电场和磁场。当交流电的频率经高频振荡电路提高到10kHz以上时，电场和磁场就能以波的形式向周围空间发射传播，称电磁波。频率从100~300MHz的频段范围称高频电磁场。

通常把波长在1m~1mm的电磁波称微波。微波的强度常用功率密度表示，其单位为毫瓦/厘米^2（mW/cm^2）或微瓦/厘米^2（$\mu W/cm^2$）。

微波的波长短、频率高、量子能量大，其生物学效应大于高频电磁场。微波随频率、波长不同又分成分米波、厘米波和毫米波。由于厘米波段应用最多，故目前所述的微波生物学效应，多数是根据厘米波的研究所得。

3）红外辐射。即红外线，亦称热射线。可分为长波红外线（远红外线）、中波红外线及短波红外线（近红外线）。长波红外线波长为3μm~1mm，能被皮肤吸收，只产生热的感觉；中波红外线波长为1400nm~3μm，能被角膜及皮肤吸收；短波红外线波长为760~1400nm，可被组织吸收引起灼伤。凡温度高于绝对零度（-273℃）以上的物体，都能发射红外线。物体温度愈高，辐射强度愈大，其辐射波长愈短（即近红外线成分愈多）。

4）紫外辐射。波长范围在100~400nm的电磁波称为紫外辐射，又称紫外线。太阳辐射是紫外线的最大天然源，可分为远紫外线（190~300nm）和近紫外线。根据生物学效应又可分成3个区带：①远紫外区（短波紫外线，UV-C），波长200~280nm，具有杀菌和微弱致红斑作用，为灭菌波段；②中紫外线区（中波紫外线，UV-B），波长280~315nm，具有明显的致红斑和角膜、结膜炎症效应，为红斑区；③近紫外区（长波紫外线，UV-A），波长315~400nm，可产生光毒性和光敏性效应，为黑线区。波长短于160nm的紫外线可被空气完全吸收，而长于此波段则可透过真皮、眼角膜，以至晶状体。

凡物体温度达1200℃以上时，辐射光谱中即可出现紫外线。随着温度升高，紫外线的波长变短，强度增大。

5）激光。激光是物质受激辐射所发出的光放大，故称激光。它是一种人造的、特殊类型的非电离辐射,具有高亮度、方向性和相干性好等优异特性。

激光器由产生激光的工作物质、光学谐振腔及激励能源三部分组成。激光器按其工作物质的物理状态,分为固体、液体及气体激光器;根据发射的波谱,分为红外线、可见光、紫外线激光器及近年新发展的X、γ射线激光器;因激光输出方式不同有连续波激光器、脉冲波激光器,并包括长脉冲、巨脉冲及超短脉冲激光器。

6)电离辐射。凡能使受作用物质发生电离现象的辐射,称电离辐射。它可由不带电荷的光子组成,具有波的特性和穿透能力,如X射线、γ射线和宇宙射线;而α射线、β射线、中子、质子等属于能引起物质电离的粒子型电离辐射。与职业卫生有关的辐射类型主要有5种,即X射线、γ射线、α粒子、β粒子和中子(n)。

7)放射性活度。放射性活度的SI单位专用名为"贝可"(becquerel),符号Bq,过去曾用的专用单位为"居里"(Curie),为非法定计量单位。$1Bq = 2.703 \times 10^{-11} Ci$。

8)照射量。照射量(X)仅用于X射线或γ射线,SI单位为C/kg,过去曾使用的单位名称为"伦琴"(Roentgen,R),为非法定计量单位。$1R = 2.58 \times 10^{-4} C/kg$。

9)吸收剂量。表示被照射介质吸收的辐射能量的多少,适用于任何类型的电离辐射。吸收剂量与照射量的意义完全不同,但在一定条件下可换算。吸收剂量的SI单位专用名为"戈瑞"(Gray),符号Gy;原使用单位为"拉德",为非法定计量单位,符号rad。1Gy = 100rad。

10)剂量当量。为衡量不同类型电离辐射的生物效应,将吸收剂量乘以若干修正系数,即为剂量当量(H),$H = DQN$。式中,D为吸收剂量;Q为不同辐射的品质因子,或称线质系数,指在单位长度介质中,因电离碰撞而损失的平均能量,Q值愈大,相对生物效应愈强;N暂定为1。剂量当量的SI单位专用名为"希沃特"(Sivevert),符号Sv;原使用单位名称为"雷姆"(rem),为非法定计量单位。1Sv = 100rem。

电离辐射以外照射和内照射两种方式作用于人体。外照射的特点是只要脱离或远离辐射源,辐射作用即停止。内照射是由于放射性核素经呼吸道、消化道、皮肤或注射途径进入人体后,对机体产生作用。其作用直至放射性核素排出体外,或经10个半衰期以上的蜕变,才可忽略不计。

(5)燃爆伤害的定量

工业生产、贮存中存在大量易引发火灾或爆炸事故的危险因素,对于具有燃爆特性的危险物质进行定量分析,有助于有效预防与控制火灾或爆炸事故。

1)燃烧温度。可燃物质燃烧所产生的热量在火焰燃烧区域释放出来,火焰温度即是燃烧温度。表6-4列出了一些常见物质的燃烧温度。

表6-4 常见物质的燃烧温度

物质	温度/℃	物质	温度/℃	物质	温度/℃	物质	温度/℃
甲烷	1800	原油	1100	木材	1000~1170	液化气	2100
乙烷	1895	汽油	1200	镁	3000	天然气	2020
乙炔	2127	煤油	700~1030	钠	1400	石油气	2120
甲醇	1100	重油	1000	石蜡	1427	火柴火焰	750~850
乙醇	1180	烟煤	1647	一氧化碳	1680	燃着香烟	700~800
乙醚	2861	氢气	2130	硫	1820	橡皮	1600
丙酮	1000	煤气	1600~1850	二硫化碳	2195		

2)燃烧速率。气体燃烧速率。气体燃烧无需像固体、液体那样经过熔化、蒸发等过程,所以气体燃烧速率很快。气体的燃烧速率随物质的成分不同而异。单质气体如氢气的燃烧只需受热、氧化等过程;而化合物气体如天然气、乙炔等的燃烧则需要经过受热、分解、氧化等过程。所以,单质气体的燃烧速率要比化合物气体的快。在气体燃烧中,扩散燃烧速率取决于气体扩散速率,而混合燃烧速率则只取决于本身的化学反应速率。因此,在通常情况下,混合燃烧速率高于扩散燃烧速率。

气体的燃烧性能常以火焰传播速率来表征,火焰传播速率有时也称为燃烧速率。燃烧速率是指燃烧表面的火焰沿垂直于表面的方向向未燃烧部分传播的速率。在多数火灾或爆炸情况下,已燃和未燃气体都在运动,燃烧速率和火焰传播速率并不相同。这时的火焰传播速率等于燃烧速率和整体运动速率的和。

管道中气体的燃烧速率与管径有关。当管径小于某个小的量值时,火焰在管中不传播。若管径大于这个小的量值,火焰传播速率随管径的增加而增加,但当管径增加到某个量值时,火焰传播速率便不再增加,此时即为最大燃烧速率。表6-5列出了烃类气体在空气中的最大燃烧速率。

表6-5 烃类气体在空气中的最大燃烧速率

气体	体积分数/%	速率/$m\cdot s^{-1}$	气体	体积分数/%	速率/$m\cdot s^{-1}$	气体	体积分数/%	速率/$m\cdot s^{-1}$
甲烷	10.0	0.338	丙烯	5.0	0.438	苯	2.9	0.446
乙烷	6.3	0.401	1-丁烯	3.9	0.432	甲苯	2.4	0.338
丙烷	4.5	0.309	1-戊烯	3.1	0.426	邻二甲苯	2.1	0.344
正丁烷	3.5	0.379	1-己烯	2.7	0.421	正丁苯	1.7	0.359
正戊烷	2.9	0.385	乙炔	10.1	1.41	叔丁基苯	1.6	0.366
正己烷	2.5	0.368	丙炔	5.9	0.699	环丙烷	5.0	0.495
正庚烷	2.3	0.386	1-丁炔	4.4	0.581	环丁烷	3.9	0.566
正癸烷	1.4	0.402	1-戊炔	3.5	0.529	环戊烷	3.2	0.373
乙烯	7.4	0.683	1-己炔	3.0	0.485	环己烷	2.7	0.387

液体燃烧速率。液体燃烧速率取决于液体的蒸发。其燃烧速率有下面两种表示方法:

质量速率——速率指每平方米可燃液体表面,每小时烧掉的液体的质量,单位为$kg\cdot m^{-2}\cdot h^{-1}$。

直线速率——直线速率指每小时烧掉可燃液层的高度,单位为$m\cdot h^{-1}$。

液体的燃烧过程是先蒸发而后燃烧。易燃液体在常温下蒸气压就很高,因此有火星、灼热物体等靠近时便能着火。之后,火焰会很快沿液体表面蔓延。另一类液体只有在火焰或灼热物体长久作用下,使其表层受强热大量蒸发才会燃烧。故在常温下生产、使用这类液体没有火灾或爆炸危险。这类液体着火后,火焰在液体表面上蔓延得也很慢。

为了维持液体燃烧,必须向液体传入大量热,使表层液体被加热并蒸发。火焰向液体传热的方式是辐射。故火焰沿液面蔓延的速率决定于液体的初温、热容、蒸发潜热以及火焰的辐射能力。表6-6列出了几种常见易燃液体的燃烧速率。

表 6-6 易燃液体的燃烧速率

液体	燃烧速率		相对密度	液体	燃烧速率		相对密度
	直线速率/$m \cdot h^{-1}$	质量速率/$kg \cdot m^{-2} \cdot h^{-1}$			直线速率/$m \cdot h^{-1}$	质量速率/$kg \cdot m^{-2} \cdot h^{-1}$	
甲醇	0.072	57.6	0.8	甲苯	0.1608	138.29	0.86
乙醚	0.175	125.84	0.175	航空汽油	0.126	91.98	0.73
丙酮	0.084	66.36	0.79	车用汽油	0.105	80.85	
一氧化碳	0.1047	132.97	1.27	煤油	0.066	55.11	0.835
苯	0.189	165.37	0.875				

固体燃烧速率。固体燃烧速率一般要小于可燃液体和可燃气体。不同固体物质的燃烧速率有很大差异。萘及其衍生物、三硫化磷、松香等可燃固体，其燃烧过程是受热熔化、蒸发气化、分解氧化、起火燃烧，一般速率较慢。而另外一些可燃固体，如硝基化合物、含硝化纤维素的制品等，燃烧是分解式的，燃烧剧烈，速度很快。

可燃固体的燃烧速率还取决于燃烧比表面积，即燃烧表面积与体积的比值越大，燃烧速率越大，反之，则燃烧速率越小。

3）燃烧热。可燃物质燃烧爆炸时所达到的最高温度、最高压力和爆炸力与物质的燃烧热有关。物质的标准燃烧热数据不难从一般的物性数据手册中查阅到。

物质的燃烧热数据一般是用量热仪在常压下测得的。因为生成的水蒸气全部冷凝成水和不冷凝时，燃烧热效应的差值为水的蒸发潜热，所以燃烧热有高热值和低热值之分。高热值是指单位质量的燃料完全燃烧，生成的水蒸气全部冷凝成水时所放出的热量；而低热值是指生成的水蒸气不冷凝时所放出的热量。表 6-7 是一些可燃气体的燃烧热数据。

表 6-7 可燃气体燃烧热

气体	高热值		低热值		气体	高热值		低热值	
	$kJ \cdot kg^{-1}$	$kJ \cdot m^{-3}$	$kJ \cdot kg^{-1}$	$kJ \cdot m^{-3}$		$kJ \cdot kg^{-1}$	$kJ \cdot m^{-3}$	$kJ \cdot kg^{-1}$	$kJ \cdot m^{-3}$
甲烷	55723	39861	50082	35823	丙烯	48953	87027	45773	81170
乙烷	51664	65605	47279	58158	丁烯	48367	115060	45271	107529
丙烷	50208	93722	46233	83471	乙炔	49848	57873	48112	55856
丁烷	49371	121336	45606	108366	氢	141955	12770	119482	10753
戊烷	49162	149787	45396	133888	一氧化碳	10155	12694		
乙烯	49857	62354	46631	58283	硫化氢	16778	25522	15606	24016

4）燃烧极限。亦称着火极限。是在一定温度、压力下，可燃气体或蒸气在助燃气体中形成的均匀混合系被点燃并能转播火焰的浓度范围。最低浓度称为燃烧下限；最高浓度称为燃烧上限。燃烧极限常用体积分数（%）或毫克每升（mg/L）表示。燃烧极限值是由介质的化学反应速度或释放能量的速度决定的，可燃气体（蒸气）和空气（氧气）二者浓度的乘积又决定了化学反应速度，任何浓度的降低都能促使反应速度减小、释放能量降低，导致混合系不能点燃及

传播火焰。已知混合气体中各单一气体的着火极限，利用勒·夏德里公式便可计算出混合可燃气体的着火极限。

$$\frac{1}{L}=\sum\frac{n_K}{L_K} \tag{6-10}$$

式中：L——混合可燃气体的着火上限或下限；

L_K——各组分的着火上限或下限；

n_K——各组分在混合气体中的容积百分比（$\sum n_K=1$）。

当混合气体中有惰性气体存在时，利用上式不大准确，必须借助于实验曲线，先确定某一可燃组分和惰性气体混合时的着火下限和上限，然后将这两种组分的混合气看成为一种可燃气体，再利用上式进行计算。

影响火焰在混合气中传播的因素很多，可燃物结构、混合系温度、压力、配比、惰性气体与氧的比例、点火源特性、封闭外壳的构造等都影响燃烧极限。

温度上升，燃烧极限值下限变低，上限变高，燃烧范围扩大，多数物质的燃烧极限值与温度成直线关系。混合系初始压力上升，下限变低，上限变高；反之，燃烧极限下限和上限之间的差距缩小。空气中氧含量增加时，燃烧下限降低，着火危险性增大。

5）爆炸极限。可燃物质（可燃气体、蒸气和粉尘）与空气（或氧气）必须在一定的浓度范围内均匀混合，形成预混气，遇着火源才会发生爆炸，这个浓度范围称为爆炸极限，或爆炸浓度极限。通常用可燃气体、蒸气或粉尘在空气中的体积百分比来表示。一般情况提及的爆炸极限是指可燃气体或蒸气在空气中的浓度极限，能够引起爆炸的可燃气体的最低含量称为爆炸下限，最高浓度称为爆炸上限。

根据化学理论体积分数近似计算

爆炸气体完全燃烧时，其化学理论体积分数可用来确定直链烷烃类的爆炸下限，见式（6－11）。

$$L_{下}\approx 0.55\,C_0 \tag{6-11}$$

式中：0.55——常数；

C_0——爆炸气体完全燃烧时化学理论体积分数，%。

若空气中氧体积分数按20%计，C_0可用下式确定：

$$C_0=20.9/(0.209+n_0) \tag{6-12}$$

式中：n_0——可燃气体完全燃烧时所需氧气摩尔数。

两种或多种可燃气体或可燃蒸气混合物爆炸极限的计算。

目前，比较认可的计算方法有如下两种。

莱·夏特尔定律。对于两种或多种可燃蒸气混合物，如果已知每种可燃气的爆炸极限，那么根据莱·夏特尔定律，可以算出与空气相混合的气体的爆炸极限。用表示一种可燃气体在混合物中的体积分数，则：

$$L_{下}=(\varphi_1+\varphi_2+\varphi_3)/(\varphi_1/L_{下1}+\varphi_2/L_{下2}+\varphi_3/L_{下3}) \tag{6-13}$$

$$L_{上}=(\varphi_1+\varphi_2+\varphi_3)/(\varphi_1/L_{上1}+\varphi_2/L_{上2}+\varphi_3/L_{上3}) \tag{6-14}$$

理·查特里公式。理·查特里认为，复杂组成的可燃气体或蒸气混合物的爆炸极限，可根据各组分已知的爆炸极限按下面公式求解。式（6－15）适用于各组分之间不反应、燃烧时无催化作用的可燃气体混合物。

$$L_m = 100/(\varphi_1/L_1 + \varphi_2/L_2 + \cdots + \varphi_n/L_n) \quad (6-15)$$

式中：L_m——混合气体爆炸极限，%；

$L_1, L_2, \cdots, L_n$——混合气体中各组分的爆炸极限，%；

$\varphi_1, \varphi_2, \cdots, \varphi_n$——各组分在混合气体中的体积分数，%。

可燃粉尘

许多工业可燃粉尘的爆炸下限在20～60g/m^{3}之间，爆炸上限在2～6kg/m^{3}之间。

碳氢化合物一类粉尘如能完全气化燃尽，则爆炸下限可由布尔格斯·维勒关系式计算：

$$C \times Q = K \quad (6-16)$$

式中：C——爆炸下限浓度，g/m^3；

Q——物质的燃烧热，J/g；

K——常数，J/m^3。

6.1.1.2 安全空间定量

作业空间就是人进行作业所需的活动空间以及机器、设备、工具所需空间的总和。人在各种情况下劳动都需要有一个足够的、安全、舒适、操作方便的空间。这个作业空间的大小、形状与工作方式、操作姿势、持续时间、工作过程、工作用具、显示器与控制器的布置、防护方式及工作服装等因素有关。

安全防护空间：安全防护空间是为了保障人体安全，避免人体与危险源直接接触所需的安全防护空间。安全空间的定量对象，包含设备布置、机械、电气、防火、防爆等安全距离和卫生防护距离。安全空间距离的定量是为了防止人体触及或接近危险物体或危险状态，防止危险物体或危险状态造成的危害，而在两者之间所需保持的一定空间距离。

1. 电气安全距离

为了防止人体触及或过分接近带电体，或防止车辆和其他物体碰撞带电体，以及避免发生各种短路、火灾和爆炸事故，在人体与带电体之间、带电体与地面之间、带电体与带电体之间、带电体与其他物体和设施之间，都必须保持一定的距离，这种距离称为电气安全距离。电气安全距离的大小，应符合有关电气安全规程的规定。

根据各种电气设备（设施）的性能、结构和工作的需要，安全间距大致可分为以下4种：①各种线路的安全间距。②变、配电设备的安全间距。③各种用电设备的安全间距。④检修、维护时的安全间距。其中：

- 500KV的安全距离为5m；
- 220kV的安全距离为3m；
- 110kV的安全距离为1.5m；
- 35kV的安全距离为1m；
- 10kV的安全距离为0.7m；
- 10kV线路在各种环境中的对地安全距离；
- 10kV电力线路与居民区及工矿企业地区的安全距离为6.5m；非居民区，但是有行人和车辆通过的安全距离为5.5m；交通困难地区的安全距离为4.5m；公路路面的安全距离为7m；铁道轨顶的安全距离为7.5m；通航河道最高水面的安全距离为6m；不通航的河流、湖泊（冬季水面）的安全距离为5m。

2. 防火安全距离

石油化工企业的生产原料及产品通常是易燃易爆的危险化学品，因此，这类企业在厂区选址时，必须按照安全标准要求，留出与其他相邻工厂或设施的安全防火距离，具体见表6－8。

表6－8　石油化工企业与相邻工厂或设施的防火间距

相邻工厂或设施		防火间距/m				
		液化烃罐组（罐外壁）	甲乙类液体罐组（罐外壁）	可能携带可燃液体的高架火炬（火炬中心）	甲乙类工艺装置或设施（最外侧设备外缘或建筑物的最外轴侧）	全厂性或区域性重要设施（最外侧设备外缘或建筑物的最外轴侧）
居民区、公共福利设施、村庄		150	100	120	100	25
相邻工厂（围墙或用地边界线）		120	70	120	50	70
场外铁路	国家铁路线（中心线）	55	45	80	35	—
	场外铁路线（中心线）	45	35	80	30	—
场外公路	高速公路、一级公路（路边）	35	30	80	35	—
	其他公路（路边）	25	20	60	25	—
交配电站（围墙）		80	50	120	40	25
架空电力线路（中心线）		1.5倍旗杆高度	1.5倍旗杆高度	80	1.5倍旗杆高度	—
Ⅰ、Ⅱ国家架空通信线路（中心线）		50	40	80	40	—
通航江、河、海岸边		25	25	80	20	—
地区埋地输油管道	原油及成品油（管道中心）	30	30	60	30	30
	液化烃（管道中心）	60	60	80	60	60
地区埋地输气管道（管道中心）		30	30	60	30	30
装卸油品码头（码头前沿）		70	60	120	60	60

注：①本表中相邻工厂指除石油化工企业和油库以外的工厂；②括号内指防火间距起止点；③当相邻设施为港区陆域、重要物品仓库和堆场、军事设施、机场等，对石油化工企业的安全距离有特殊要求时，应按有关规定执行；④丙类可燃液体罐组的防火距离，可按甲乙类可燃液体罐组的规定减少25%；⑤丙类工艺装置或设施的防火距离，可按甲乙类工艺装置或设施的规定减少25%；⑥地面敷设的地区输油（输气）管道的防火距离，可按地区埋地输油（输气）管道的规定增加50%；⑦当相邻工厂围墙内为非火灾危险性设施时，其与全厂性或区域性重要设施防火间距最小可为25m；⑧表中“—”表示无防火间距要求或执行相关规范。

3．机械安全距离

防止人身触及机械危险部位的间隔。其值等于最大可及范围R_m（或身体尺寸L）与附加量K_L（$K_L=K\cdot L$）之和，用S_d表示

$$S_d=(1+K)R_m \tag{6-17}$$

$$S_d=(1+K)L \tag{6-18}$$

式中：S_d——安全距离，mm；

L——人体尺寸，mm；

R_m——最大可及范围，mm；

K——附加量系数。

安全距离分为两类：防止可及危险部位的安全距离和防止受挤压的安全距离。

表6-9　身体有关部位的附加量系数

身体有关部位	K
身高等大尺寸	0.03
上、下肢等中等尺寸；大腿围度	0.05
手、指、足面高、脚宽等小尺寸；头、胸等重要部位	0.10

4．爆炸品安全距离

爆炸性物质仓库禁止设在城镇、市区和居民聚居的地区，与周围建筑物、交通要道、输电输气管线应该保持一定的安全距离。爆炸性物质仓库与电站、江河堤坝、矿井、隧道等重要建筑物的距离不得小于60m。爆炸性物质仓库与起爆器材或起爆剂仓库之间的距离，在仓库无围墙时不得小于30m，在有围墙时不得小于15m。表6-11列出了爆炸物仓库与重要建筑间的安全距离，数据摘自美国爆炸品制造者协会的爆炸品贮存距离表。表6-10中的铁路等指的是铁路、输电线路和输气管线。

表6-10　爆炸品贮存的安全距离

贮存量/kg		安全距离/m			
最小量	最大量	居民建筑物	铁路等	公路	其他仓库
0.9	2.3	21.3	9.1	9.1	1.8
2.3	4.5	27.4	10.6	10.6	2.4
4.5	9.1	33.4	13.7	13.7	3.0
9.1	13.6	38.0	15.2	15.2	3.3
13.6	18.1	42.6	16.7	16.7	3.6
18.1	22.7	45.6	18.2	18.2	4.3
22.7	34.0	51.7	21.3	21.3	4.6
34.0	45.4	57.8	22.8	22.8	4.9
45.4	56.7	60.8	24.3	24.3	5.5
56.7	68.0	65.4	25.8	25.8	5.8

续表

贮存量/kg		安全距离/m			
最小量	最大量	居民建筑物	铁路等	公路	其他仓库
68.0	90.7	71.4	28.9	28.9	6.4
90.7	113.4	77.5	31.9	31.9	7.0
113.4	136.1	82.1	33.4	33.4	7.3
136.1	181.4	89.7	36.5	36.5	8.2
181.4	226.8	97.3	39.5	39.5	8.8
226.8	272.2	103.4	41.0	41.0	9.4
272.2	317.5	107.9	44.1	44.1	9.7
317.5	362.9	114.0	45.6	45.6	10.0
362.9	408.2	118.6	47.1	47.1	10.6
408.2	453.6	121.6	48.6	48.6	10.9
453.6	544.3	129.2	51.7	50.2	11.9
544.3	635.0	136.8	54.7	51.7	12.5
635.0	725.8	142.9	57.8	53.2	13.1
725.8	816.5	149.0	59.3	54.7	13.4
816.5	907.2	153.5	62.3	56.2	13.7
907.2	1134.0	165.7	66.9	57.8	14.9

6.1.1.3 安全环境物理定量

安全环境定量是对生产场所中人、机、物所处环境中的常见物理参数的定量过程。安全环境定量包括气温、气压、气湿、空气质量、通风、光照、自然灾害等内容。

1. 异常气象条件

环境中的气象条件主要指空气温度、湿度、风速和热辐射，由这些因素构成了工作场所的微小气候。不良的微气候按照其最主要的影响因素——温度来分，可以分为高温作业和低温作业两大类型，工业生产中多为高温作业类型。

(1)高温。高温作业是指以本地区夏季通风室外平均温度为参照基础，其工作地点具有生产性热源，而工作地点气温高于室外温度2℃或2℃以上的作业。高温作业可分为高温强辐射作业、高温高湿作业和夏季露天作业。

1)高温强辐射作业。生产场所中的热源同时以对流和热辐射两种形式作用于人体，且气温超过30~32℃，辐射强度超过41.8kJ/(m^2·min)时，称为高温强辐射作业。如冶金工业的炼焦、炼钢车间，机械工业的铸造、热处理车间，热电站、锅炉间等。这类车间中有的夏季气温可达到40℃以上，辐射强度超过400kJ/(m^2·min)，若防护不当极易造成人体过热。其室内外温差的限度，应根据实际出现的本地区夏季通风室外计算温度确定，不得超过表6-11的规定。

表6-11 车间内工作地点的夏季空气温度规定

夏季通风室外计算温度/℃	22及以下	23	24	25	26	27	28	29~32	33及以上
工作地点与室外温差/℃	10	9	8	7	6	5	4	3	2

2)高温高湿作业。指气温超过30℃、相对湿度超多80%的场所(生产环境中的气湿以相对湿度表示。相对湿度在80%以上称为高气湿,低于30%称为低气湿)。这种气候常见于造纸、印染车间和较深的矿井中。

3)夏季露天作业。热源主要是太阳的热辐射和地表被加热后形成的二次热辐射源。地面运输、装卸、建筑施工等工作,露天工作时间较长。

(2)低温。低温类型的微气候,包括低温、低温高湿和低温强气流。这种气候类型在工业生产中所占比例较小。低温作业是指生产劳动过程中,工作地点平均气温等于或低于5℃的作业。按照工作地点的温度和低温作业时间率,可将低温作业分为4级,级数越高,冷强度越大。

低温作业时间率是指一个劳动日中,在低温环境下净劳动时间占工作日总时间的百分率,即:低温作业时间率(%)=[低温作业时间(min)/工作日总时间(min)]×100

低温作业除了温度之外,还受到作业环境中湿度的影响。因此,在测定温度的同时,还须对作业环境中的相对湿度进行测量。

美国和日本的研究人员提出用温湿指数研究脑力劳动的效果。温湿指数也称为不快指数(D.I),温湿指数为

$$D.I = (t_d + t_w) \times 0.72 + 40.6 \qquad (6-19)$$

式中:t_d——干球温度,℃;

t_w——湿球温度,℃。

通常认为D.I在70以下为舒适带,75以上约有50%的人感到不适,达到80时则所有人都出现不适,超过85将达到耐受极限,这时应立即停止工作。D.I在61~65之间最适于脑力劳动,思维敏捷,70~80时只有最佳状态的一半,81~85时下降到33%。

2. 异常气压

(1)高气压。高气压作业环境主要包括两类,一类是潜水作业,另一类是潜函作业。

1)潜水作业。在潜水作业时,水下的压力与下潜的深度成正比,每下沉约10.3m,则增加一个标准大气压(101.3kPa)。水下施工、打捞沉船或海底救护需要潜水作业。

2)潜函作业。指在地下水位以下潜函内的作业。如建桥墩时,将潜函逐渐下沉,到一定深度时需要通入等于或大于水下压力的空气,以保证水不至于进入潜函内。

高气压对机体的影响健康人能耐受303.98~405.30kPa,超过此限度,将对机体产生不良影响。在加压过程中,由于外耳道所受的压力较大,鼓膜向内凹陷产生内耳充塞感、耳鸣头晕等症状,甚至可压破骨膜。在高气压下,则可发生神经系统和循环系统功能的改变。在709.28kPa以下时,高的氧分压引起心肌收缩节律和外周血流速度的减慢。在709.28kPa以上时,主要为氮的麻醉作用,呈酒醉样,意识模糊、幻觉等;对血管运动中枢的刺激,可引起心脏活动增强,血压升高和血流速度加快。

(2)低气压。高空、高原和高山均属于低气压环境。高山与高原是指海拔在3000m以上的地点,海拔愈高,氧分压愈低。在低气压下工作,还会遇到强烈的紫外线和红外线,日温差大,温湿度低,气候多变等不利条件。

高空、高山与高原均属低气压环境。高山与高原系指海拔在3000m以上的地区,海拔越高,氧分压越低。在海拔3000m时,气压为70.66kPa,氧分压为14.67kPa;而当海拔达到8000m时,气压降至35.99kPa,氧分压仅为7.47kPa。此时肺泡气氧分压和动脉血氧饱和度仅为前者的一半。在高山与高原作业,还会遇到强烈的紫外线和红外线,日夜温差大,温湿度低,气候多变等不利条件。

3. 光环境

光环境包括照明和颜色两方面内容。在生产、工作和学习场所,良好的照明能振奋人的精神,使人保持乐观向上的情绪和高度的生理活力,减少出错率和事故;反之则对人的情绪产生不良影响,加速视觉疲劳,影响工作成绩的同时可能导致生产事故的发生。

对于生产环境总的照明度量,常有光通量、光强、照度、亮度和采光率等。

(1)光通量。光源发出的辐射通量中能产生光感觉的那部分辐射能流,即光通量是按照人眼视觉特征来评价的辐射通量。根据这一定义,光通量与辐射通量之间有如下关系

$$F = K_m \int \Phi_\lambda V(\lambda) \mathrm{d}\lambda \tag{6-20}$$

式中:F——光通量,lm;

Φ_λ——波长为λ的单色辐射通量,W;

$V(\lambda)$——国际标准明视觉光谱光效率函数;

K_m——最大光谱光效率,683lm/W。

(2)光强。即发光强度,它表示光源在一定方向上光通量的空间密度,即光通量在空间的分布情况,单位为坎德拉(candela),符号cd。

如果一个点光源向周围空间均匀发光,则其光强为

$$I = \frac{F}{4\pi} \tag{6-21}$$

这里F为光源发出的总光通量,光源在所有方向上发光强度相等。

如果光源在有限立体角ω内发出的光通量F是均匀分布的,则在该方向上的光强为

$$I = \frac{F}{\omega} \tag{6-22}$$

实际上,对于大多数光源都不是均匀发光的,在任一给定方向的发光强度I是该光源在这一方向上立体角元$\mathrm{d}\omega$内发射的光通量$\mathrm{d}F$与该立体角元之比,即

$$I = \frac{\mathrm{d}F}{\mathrm{d}\omega} \tag{6-23}$$

(3)照度。照度是受照表面上光通量的面密度。

$$E = \frac{\mathrm{d}F}{\mathrm{d}S} \tag{6-24}$$

在国际单位制中,照度的基本单位是勒克斯,符号lx,它等于1流明(lm)的光通量均匀地分布在$1m^2$的被照面上,即$1lx = 1lm/m^2$。

在实际工作中,人们往往更关注已知光源对于被照面上的照度。点光源在被照面上形成的照度,与该方向上光源的发光强度成正比,与光源到被照表面的距离平方成反比,即

$$E = \frac{I}{R^2} \tag{6-25}$$

式中：E——被照面上的照度，lx；

I——光源在被照面方向的光强，cd；

R——光源至被照面的距离，m。

若被照面的法线与光源入射线的夹角不为零，而成 α 角时，容易得到

$$E = \frac{I\cos\alpha}{R^2} \tag{6-26}$$

上式更具有一般性，在照明工程计算中经常用到。

(4)亮度。在同一照度下，不同的物体能引起不同的视觉感受，白色物体看起来要比黑色物体亮得多。这说明物体表面的照度并不能直接反映人眼对物体的视觉感受。视觉上的明暗感取决于物体在视网膜成像上光通量的密度，即成像的照度，像的照度越高，我们所看到的物体就越亮。

引入亮度概念，它是由视觉直接感受的光学量。视觉真正能看到的光学量只有亮度，光通量、光强、照度都不是直接感觉量。

视网膜上成像的照度，主要取决于物体在视线方向上发射或反射出的光通量的密度。它等于物体表面上某微小面积元在视线方向上的发光强度与该面积元在视线方向垂直面上的投影面积之比，即

$$L_\alpha = \frac{\mathrm{d}\,I_\alpha}{\mathrm{d}S\cos\alpha} \qquad \mathrm{cd/m^2} \tag{6-27}$$

式中 α 表示视线与物体表面法线所成的夹角。因此，亮度可定义为：物体在视线方向单位面积上发出的光强。

发光体(光源)的表面亮度和被照物体的表面反射亮度在视觉感受上是没有本质差别的。但后者的影响因素较多，它的大小取决于该物体表面上的照度、反射系数(ρ)以及表面反射特性等。对于均匀漫反射的物体表面，其亮度正比于它的表面照度 E 和反射系数 ρ，且在各个方向上亮度相等，即

$$L = \frac{\rho E}{\pi} \tag{6-28}$$

光环境设计中常用上式计算平均亮度。

(5)采光系数。对室内采光的数量要求，我国以采光系数 C 作为评价指标。在室内给定平面上的一点，由直接或间接地接收来自假定和已知天空亮度分布的天空漫射光而产生的照度与同一时刻该天空半球在室外无遮挡水平面上产生的天空漫射光照度之比。

$$C = \frac{E_i}{E_0} \times 100\% \tag{6-29}$$

式中：E_i——室内某点的照度，lx；

E_0——同一时刻的室外照度，lx。

6.1.1.4 物质的综合危险性定量

1. 可燃气体的爆炸危险性定量

评价生产与生活中广泛使用的各种可燃气体火灾爆炸危险性，主要依据爆炸危险度。可燃气体或蒸气的爆炸危险性可以用爆炸极限和爆炸危险度来表示，爆炸危险度即是爆炸浓度

极限范围与爆炸下限浓度之比值

$$爆炸危险度 = \frac{爆炸上限浓度 - 爆炸下限浓度}{爆炸下限浓度} \tag{6-30}$$

爆炸危险度说明,当气体或蒸气的爆炸浓度极限范围越宽,爆炸下限浓度越低,爆炸上限浓度越高时,其爆炸危险性就越大。

其他评价可燃气体爆炸危险性的技术参数还有传爆能力、爆炸威力指数、自燃点、化学活泼性、比重、扩散性等。

2. 重大危险源的分级定量

重大危险源是指长期地或者临时地生产、搬运、使用或者贮存危险物品,且危险物品的数量等于或者超过临界量的单元(包括场所和设施)。包括 9 大类:①贮罐区(贮罐);②库区(库);③生产场所;④压力管道;⑤锅炉;⑥压力容器;⑦煤矿(井工开采);⑧金属非金属地下矿山;⑨尾矿库。其中危险化学品重大危险源(major hazard installations for dangerous chemicals)是指长期地或临时地生产、加工、搬运、使用或贮存危险化学品,且危险化学品的数量等于或超过临界量的单元,是最重要的,国家专门制定了分级标准。分级定量依据物质能量级的临界量进行,一般临界量的定量标准见表 6-12 ~ 表 6-15。

表 6-12 贮罐区(贮罐)临界量表

类 别	物质特性	临界量	典型物质举例
易燃液体	闪点 < 28℃	20t	汽油、丙烯、石脑油等
	28℃ ≤ 闪点 < 60℃	100t	煤油、松节油、丁醚等
可燃气体	爆炸下限 < 10%	10t	乙炔、氢、液化石油气等
	爆炸下限 ≥ 10%	20t	氨气等
毒性物质	剧毒品	1kg	氰化钠(溶液)、碳酰氯等
	有毒品	100kg	三氟化砷、丙烯醛等
	有害品	20t	苯酚、苯肼等

注:* 毒性物质分级见表 6-13。

表 6-13 毒性物质分级

分 级	经口半数致死量 LD_{50}/(mg/kg)	经皮接触 24h 半数致死量 LD_{50}/(mg/kg)	吸入 1h 半数致死浓度 LC_{50}/(mg/l)
剧毒品	$LD_{50} \leq 5$	$LD_{50} \leq 40$	$LC_{50} \leq 0.5$
有毒品	$5 < LD_{50} \leq 50$	$40 < LD_{50} \leq 200$	$0.5 < LC_{50} \leq 2$
有害品	(固体) $50 < LD_{50} \leq 500$ (液体) $50 < LD_{50} \leq 2000$	$200 < LD_{50} \leq 1000$	$2 < LC_{50} \leq 10$

表 6-14 库区(库)临界量表

类 别	物质特性	临界量	典型物质举例
民用爆破器材	起爆器材*	1t	雷管、导爆管等
	工业炸药	50t	铵梯炸药、乳化炸药等
	爆炸危险原材料	250t	硝酸铵等

续表

类　别	物质特性	临界量	典型物质举例
烟火剂、烟花爆竹		5t	黑火药、烟火药、爆竹、烟花等
易燃液体	闪点 <28℃	20t	汽油、丙烯、石脑油等
	28℃≤闪点 <60℃	100t	煤油、松节油、丁醚等
可燃气体	爆炸下限 <10%	10t	乙炔、氢、液化石油气等
	爆炸下限≥10%	20t	氨气等
毒性物质	剧毒品	1kg	氰化钾、乙撑亚胺、碳酰氯等
	有毒品	100kg	三氟化砷、丙烯醛等
	有害品	20t	苯酚、苯肼等

表 6－15　生产场所临界量表

类别	物质特性	临界量	典型物质举例
民用爆破器材	起爆器材*	0.1t	雷管、导爆管等
	工业炸药	5t	铵梯炸药、乳化炸药等
	爆炸危险原材料	25t	硝酸铵等
烟火剂、烟花爆竹		0.5t	黑火药、烟火药、爆竹、烟花等
易燃液体	闪点 <28℃	2t	汽油、丙烯、石脑油等
	28℃≤闪点 <60℃	10t	煤油、松节油、丁醚等
可燃气体	爆炸下限 <10%	1t	乙炔、氢、液化石油气等
	爆炸下限≥10%	2t	氨气等
毒性物质	剧毒品	100g	氰化钾、乙撑亚胺、碳酰氯等
	有毒品	10kg	三氟化砷、丙烯醛等
	有害品	2t	苯酚、苯肼等

注：* 起爆器材的药量应按其产品中各类装填药的总量计算。

当单元内存在的危险化学品为多品种时，依据 GB 18218—2009《危险化学品重大危险源辨识》，若满足下式，则定为重大危险源

$$q_1/Q_1 + q_2/Q_2 + \cdots + q_n/Q_n \geq 1 \tag{6-31}$$

式中：$q_1, q_2, \cdots, q_n$——每种危险化学品实际存在量，t；

$Q_1, Q_2, \cdots, Q_n$——与各危险化学品相对应的临界量，t。

6.1.2　安全系统的化学定量

环境是人与机器共处场所的工作条件，是人－机－环境系统的三要素之一。环境是指在系统中一切影响人的生活质量、身体健康、生命安全和工作效率，以及影响机器性能、运行状况和安全可靠性的所有自然的、人工的或其他因素的集合。在人－机－环境系统中，环境与人、

环境与机器之间存在着密切的联系，有着物质、能量和信息的交换，并互相作用与影响，有机地结合为整体，相辅相成，密切而不可分割。在人－机－环境系统中，环境是一个具有多样性的基本要素。

从职业健康角度看，生产环境中的化学性定量对象主要分为两大类：一是以人为对象的安全定量，二是以物为对象的安全定量。以人为对象主要是人的职业接触限值；以物为对象的包括生产性有毒物质和生产性粉尘。有毒物质，例如铅、汞、一氧化碳、苯等；生产型粉尘，例如矽尘、煤尘、石棉尘、有机粉尘等。

6.1.2.1 职业接触限值

职业接触限值（Occupational Exposure Limit，OEL）是职业性有害因素的接触限制量值，指劳动者在职业活动过程中长期反复接触对机体不引起急性或慢性有害健康影响的容许接触水平。化学因素的职业接触限值可分为时间加权平均容许浓度、最高容许浓度和短时间接触容许浓度三类。

1. 时间加权平均容许浓度

时间加权平均容许浓度（Permissible Concentration－Time Weighted Average，PC－TWA）指以时间为权数规定的8h工作日的平均容许接触水平

$$TWA = \frac{c \times V}{F \times 480} \times 1000 \tag{6-32}$$

式中：TWA——空气中有害物质8h时间加权平均浓度，mg/m^3；

c——测得样品溶液中有害物质的浓度，μg/mL；

V——样品溶液体积，mL；

F——采样流量，L/min；

480——时间加权平均允许浓度规定的以8h计，min。

时间加权平均浓度可按下式计算，工作时间不足8h者，仍以8h计

$$E = (CaTa + CbTb + \cdots + CnTn)/8 \tag{6-33}$$

式中：E——8h工作日接触有毒物质的时间加权平均浓度，mg/m^3；

8——一个工作日的工作时间，h；

Ca，Cb…Cn——Ta，Tb…Tn时间段接触的相应浓度；

Ta，Tb…Tn——Ca，Cb…Cn浓度下的相应接触持续时间。

2. 最高容许浓度

最高容许浓度（Maximum Allowable Concentration，MAC）指工作地点、在一个工作日内、任何时间均不应超过的有毒化学物质的浓度

$$c_{MAC} = \frac{cV}{Ft} \tag{6-34}$$

式中：c_{MAC}——短时间接触浓度，mg/m^3；

c——测得样品溶液中有害物质的浓度，μg/mL；

V——样品溶液体积，mL；

F——采样流量，L/min；

t——采样时间，min。

3. 短时间接触容许浓度

短时间接触容许浓度(Pemissible Concentration - Short Term Exposure Limit,PC - STEL),指一个工作日内,任何一次接触不得超过的15min时间加权平均的容许接触水平

$$STEL = \frac{c \times V}{F \times 15} \tag{6-35}$$

式中:STEL——短时间接触浓度,mg/m^3;

c——测得样品溶液中有害物质的浓度,μg/mL;

V——样品溶液体积,mL;

F——采样流量,L/min;

15——采样时间,min。

4. 超限倍数

超限倍数对未制定PC - STEL的化学物质和粉尘,采用超限倍数控制其短时间接触水平的过高波动。在符合PC - TWA的前提下,粉尘的超限倍数是PC - TWA的2倍;化学物质的超限倍数见表6 - 16。

表6 - 16 化学物质超限倍数与PC - TWA的关系

PC - TWA(mg/m^3)	最大超限倍数
PC - TWA < 1	3
1 ≤ PC - TWA < 10	2.5
10 ≤ PC - TWA < 100	2.0
PC - TWA ≥ 100	1.5

6.1.2.2 有毒物质的定量

石油化工、天然气等行业的生产场所中往往会存在大量的化学物质,这些物质通常具有很强的毒性,危害劳动人的健康甚至生命,如常见的氨气、苯、甲醛等。为了保障劳动者在生产过程的人身健康与生命安全,GBZ 2.1—2007《工作场所有害因素职业接触限值化学有害因素》中对各类化学有害因素的运行浓度作出了限定,见表6 - 17。

表6 - 17 工作场所空气中常见化学物质容许浓度

序号	中文名	英文名	化学文摘号(CAS No.)	OELs/(mg/m^3)			备注
				MAC	PC - TWA	PC - STEL	
1	氨	Ammonia	7664 - 41 - 7	—	20	30	—
2	苯	Benzene	71 - 43 - 2	—	6	10	皮,G1[a]
3	臭氧	Ozone	10028 - 15 - 6	0.3	—	—	—
4	酚	Phenol	108 - 95 - 2	—	10	—	皮
5	汞 - 金属(蒸气)	Mercury metal	7439 - 97 - 6	—	0.02	0.04	皮
6	光气	Phosgene	75 - 44 - 5	0.5	—	—	—

续表

序号	中文名	英文名	化学文摘号（CAS No.）	OELs/（mg/m³）			备注
				MAC	PC－TWA	PC－STEL	
7	甲苯	Toluene	108－88－3	—	50	100	皮
8	甲醇	Methanol	67－56－1	—	25	50	皮
9	甲醛	Formaldehyde	50－00－0	0.5	—	—	敏,G1
10	硫化氢	Hydrogen sulfide	7783－06－4	10	—	—	—
11	铅及其无机化合物（按Pb计）	Lead and inorganic Compounds,as Pb	7439－92－1（Pb）				G2B（铅）,G2A（铅的无机化合物）
	铅尘	Lead dust		—	0.05	—	
	铅烟	Lead fume		—	0.03	—	
12	一氧化碳	Carbon monoxide	630－08－0				
	非高原	not in high altitude area		—	20	30	—
	高　原	In high altitude area					
	海拔2000～3000m	2000～3000m		20	—	—	—
	海拔＞3000m	＞3000m		15	—	—	—

当两种或两种以上有毒物质共同作用于同一器官、系统或具有相同的毒性作用（如刺激作用等），或已知这些物质可产生相加作用时，则应按式（6－36）计算结果，并进行评价

$$\frac{C_1}{L_1}+\frac{C_2}{L_2}+\cdots+\frac{C_n}{L_n}=1 \tag{6-36}$$

式中：$C_1,C_2,\cdots,C_n$——各个物质所测得的浓度；

$L_1,L_2,\cdots,L_n$——各个物质相应的容许浓度限值。

以此算出的比值＜1或＝1时，表示未超过接触限值，符合卫生要求；反之，当比值＞1时，表示超过接触限值，不符合卫生要求。

6.1.2.3　生产性粉尘的定量

生产性粉尘是指在生产中过程形成的，并能长时间漂浮在空气中的固体微粒。其来源非常广泛，如矿山开采、凿岩、爆破、运输、隧道开凿、筑路等；冶金工业中的原材料准备、矿石粉碎、筛分、配料等；机械制造工业中原料破碎、配料、清砂等；耐火材料、玻璃、水泥、陶瓷等工业的原料加工；皮毛、纺织工业的原料处理；化学工业中固体原料加工处理，包装物品等生产过程，甚至宝石首饰加工；由于工艺原因和防、降尘措施不够完善，均可产生大量粉尘，污染生产环境。工作场所空气中常见粉尘容许浓度见表6－18。

表 6-18　工作场所空气中常见粉尘容许浓度

序号	中文名	英文名	化学文摘号 (CAS No.)	PC-TWA/(mg/m^3)		备注
				总尘	呼尘	
1	沉淀 SiO_2(白炭黑)	Precipitated silica dust	112926-00-8	5	-	-
2	铝尘 铝金属、铝合金粉尘 氧化铝粉尘	Aluminum dust: Metal & alloys dust Aluminium oxide dust	7429-90-5	 3 4	 — —	 — —
3	煤尘(游离 SiO_2 含量 <10%)	Coal dust(free SiO_2 <10%)		4	2.5	—
4	棉尘	Cotton dust		1	—	—
5	木粉尘	Wood dust		3	—	G1
6	凝聚 SiO_2 粉尘	Condensed silica dust		1.5	0.5	—
7	人造玻璃质纤维 玻璃棉粉尘 矿渣棉粉尘 岩棉粉尘	Man-made vitreous fiber Fibrous glass dust Slag wool dust Rock wool dust		 3 3 3	 — — —	 — — —
8	石棉(石棉含量 >10%) 粉尘 纤维	Asbestos(Asbestos >10%) dust Asbestos fibre	1332-21-4	 0.8 0.8f/mL	 — —	 G1 —
9	水泥粉尘(游离 SiO_2 含量 <10%)	Cement dust(free SiO_2 <10%)		4	1.5	—
10	矽尘 10% ≤游离 SiO_2 含量≤50% 50% <游离 SiO_2 含量≤80% 游离 SiO_2 含量 >80%	Silica dust 10% ≤free SiO_2 ≤50% 50% <free SiO_2 ≤80% free SiO_2 >80%	14808-60-7	 1 0.7 0.5	 0.7 0.3 0.2	G1 (结晶型)

表中列出的各种粉尘(石棉纤维尘除外),凡游离 SiO_2 高于 10% 者,均按矽尘容许浓度对待。

1. 粉尘的分散度

分散度是指物质被粉碎的程度,以粉尘粒径大小(μm)的数量或质量组成百分比来表示,前者称为粒子分散度,粒径较小的颗粒越多,分散度越高;后者称为质量分散度,粒径较小的颗粒占总质量百分比越大,质量分散度越高。为便于测量和相互比较,采用空气动力学直径(aerodynamic equivalent diameter,AED)来表示。

AED 是根据粒子在空气中的惯性和受地球引力作用的运动而确定的,具体表示为:当粉尘粒子 a,不论其几何形状、大小和相对密度如何,如果它在空气中与一种相对密度为 1 的球型粒子 b 的沉降速度相同时,则 b 的直径即可作为 a 的 AED。粉尘粒子投影直径(d_p)换算成 AED 的公式为

$$AED = d_p \sqrt{Q} \tag{6-37}$$

式中：d_p——光镜下投影直径，μm；

Q——粉尘相对密度。

AED 小于 15μm 的粒子可进入呼吸道，其中 10～15μm 的粒子主要沉积在上呼吸道，因此把直径小于 15μm 的尘粒称为可吸入性粉尘（inhalable dust）；5μm 以下的粒子可到达呼吸道深部和肺泡区，称为呼吸性粉尘（respirable dust）。

2. 生产性粉尘中游离二氧化硅含量

生产性粉尘中游离二氧化硅的含量用式（6－38）计算

$$SiO_2(F) = (M_2 - M_1)/G \times 100\% \tag{6-38}$$

式中：$SiO_2(F)$——游离二氧化硅含量，%；

M_1——坩锅质量，g；

M_2——坩祸加沉渣质量，g；

G——生产性粉尘样品质量，g。

3. 处理杂质后的游离二氧化硅含量的计算

处理杂质后的游离二氧化硅含量按式（6－39）计算

$$SiO_2(F) = (M_2 - M_3)/G \times 100\% \tag{6-39}$$

式中：M_2——坩锅加沉渣质量，g；

M_3——经氢氟酸处理后坩锅加残渣质量，g；

$SiO_2(F)$——游离二氧化硅含量，%。

在生产过程中，接触生产性粉尘作业危害程度共分为 5 级，见表 6－19。

表 6－19　接触生产性粉尘作业危害程度等级表

生产粉尘中游离二氧化硅含量	工人接尘时间肺总通气量[L/(日·人)]	生产性粉尘浓度超标倍数							
		0	－1	－2	－4	－8	－16	－32	－64
≤10%	－4000								
	－6000								
	>6000	0		Ⅰ		Ⅱ		Ⅲ	Ⅳ
>10%～40%	－4000								
	－6000								
	>6000								
生产粉尘中游离二氧化硅含量	工人接尘时间肺总通气量[L/(日·人)]	生产性粉尘浓度超标倍数							
		0	－1	－2	－4	－8	－16	－32	－64
>40%～70%	－4000								
	－6000		Ⅰ						
	>6000	0		Ⅱ	Ⅲ			Ⅳ	
>70%	－4000								
	－6000								
	>6000								

第6章　安全科学的定量

4. IDLH 浓度

IDLH 环境(Immediately Dangerous to Life or Health)是指呼吸危害能够使在其中没有得到呼吸防护的作业人员致死,或丧失逃生能力,或致残。包括3种情况:(1)危害未知的环境、(2)缺氧未知和缺氧环境、(3)有害物浓度达到 IDLH 浓度的环境。

非 IDLH 环境指定防护因数(Assigned Protection Factor,APF)是指一种或一类适宜功能的呼吸防护用品,在适合使用者佩戴且正确使用的前提下,预期能将空气污染物浓度降低的倍数。

APF 越高,其安全性和可靠性越高,防护等级越高。标定防护因数(Nominated Protection Factor,NPF),来自实验室检测。在实验仓中发生浓度恒定的气溶胶,由真人戴呼吸防护用品模拟实际操作,同时检测 C_2、C_1。

$$NPF = 1/TIL(\text{取整数}) \tag{6-40}$$

$$\text{总泄漏率}(TIL) = C_2/C_1(\%) \tag{6-41}$$

式中:C_1——实验仓内浓度;

C_2——面罩内浓度。

现场防护因数(Workplace Protection Factor,WPF),实际作业过程中测量。表示工人佩戴呼吸防护用品从事实际作业过程中,现场环境中空气污染物浓度与漏入面罩内浓度的比值,代表呼吸防护用品的实际防护水平。

APF 是以 WPF 为基础,由政府和标准化机构按照一定方法"人为"制定的,代表各类呼吸防护用品的某种可以接受的防护能力。

$$\text{危害因数} = \frac{\text{空气污染物浓度}}{\text{国家职业卫生标准规定浓度}} \tag{6-42}$$

6.1.3 安全事件概率定量

安全事件的概率定量是指事故、故障等安全相关事件的概率定量分析方法。包括各行业、各种活动、各类系统、各种行为过程发生的事故、事件、故障、失效、缺陷、失误、差错等安全事件的概率定量。

目前在安全科学定量理论方法中,常用的有故障树分析 FTA、事件树分析 ETA、致命命度分析、因果图分析等。下面简要介绍两种最精典的事件概率定量分析方法。

1. 故障树分析法(FTA)

故障树分析(Fault Tree Analysis)又称事故树分析,是一种演绎的系统安全分析方法。它是从要分析的特定事故或故障开始,层层分析其发生原因,一直分析到不能再分解为止;将特定的分析对象——事故和各层原因之间用逻辑门符号连接起来,得到形象、简洁地表达其逻辑关系地逻辑树图形,即故障树。通过对故障树简化、计算达到分析、评价的目的。

故障树分析包括定性分析和定量分析。定性分析主要求最小割集、最小径集和基本事件结构重要度分析。定量分析是在求出各基本事件发生概率的情况下,计算顶上事件的发生概率。具体做法是:(1)收集树中各基本事件的发生概率;(2)由最下面基本事件开始计算每一个逻辑输出事件的发生概率;(3)将计算过的逻辑门输出事件的概率,代入它上面的逻辑门,计算其输出概率,依此上推,直达顶部事件,最终求出的即为该事故的发生概率。

故障树定量分析的任务是：在求出各基本事件发生概率的情况下，计算或估算系统顶上事件发生的概率以及系统的有关可靠性特性，并以此为依据，综合考虑事故（顶上事件）的损失严重程度，与预定的目标进行比较。如果得到的结果超过了允许目标，则必须采取相应的改进措施，使其降至允许值以下。

例如某故障树顶上事件发生概率进行计算分析：

在求得各基本事件发生概率，建立了故障树基本事件之间结构函数和概率函数后，就可以着手计算顶上事件的发生概率。如果各基本事件相互独立，则顶上事件的发生概率可以用状态枚举算法进行计算：

设某一故障树，有 n 个基本事件，这 n 个基本事件的两种状态的组合数为 2^n 个。根据故障树模型的结构分析可知，所谓顶上事件的发生概率，是指结构函数学 $\varphi(x)=1$ 的概率。因此，顶上事件的发生概率 g 可用式（6－43）定义

$$g(q)=\sum_{p=1}^{2^n}\varphi_p(x)\prod_{i=1}^{n}q_i^{\ x_i}(1-q_i)^{1-x_i} \tag{6-43}$$

式中：$g(q)$——顶上事件的发生概率；

p——基本事件状态组合符号；

$\varphi_p(x)$——组合为 p 时的结构函数值。

$$\varphi_p(x)=\begin{cases}1 & 顶上事件发生\\0 & 顶上事件不发生\end{cases}\quad (x=x_1,x_2,\cdots,x_n)$$

q_i——第 i 个基本事件的发生概率；

$\prod\limits_{i=1}^{n}$——连乘符号，这里为求 n 个基本事件状态组合的概率积；

x_i——基本事件 i 的状态。

$$x=\begin{cases}1 & 第\ i\ 个基本事件发生\\0 & 第\ i\ 个基本事件不发生\end{cases}$$

对式（6－43）进行剖析可看出，在 n 个基本事件两种状态的所有组合中，有的不能使顶上事件发生，即 $\varphi_p(x)=0$，说明该组合对顶上事件的发生概率不产生影响。而有些组合能使顶上事件发生，即 $\varphi_p(x)=1$，说明这种组合对顶上事件的发生概率产生了影响。因此，在用此式计算时，只需考虑使 $\varphi_p(x)=1$ 的所有状态组合。

用式（6－43）计算时，应先列出基本事件的状态值表，再根据故障树的结构求得结构函数 $\varphi_p(x)$ 值，并填入状态值表中，最后求出使 $\varphi_p(x)=1$ 的各基本事件对应状态的概率积之代数和，即为顶上事件的发生概率。

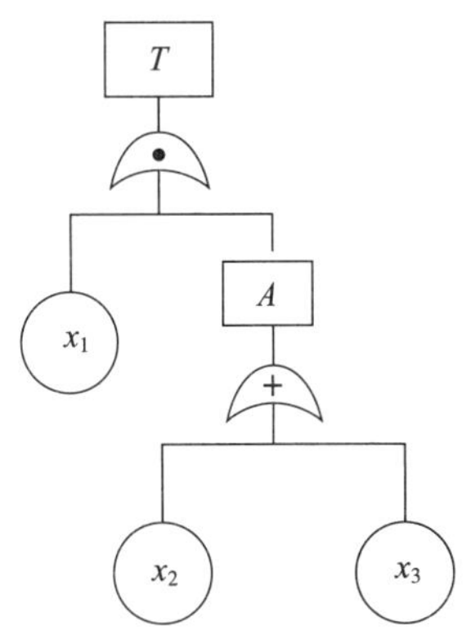

图 6－1　故障树示意图

图 6－1 中的故障树，含有 3 个基本事件 x_1,x_2,x_3，已知各基本事件相互独立，发生概率都为 0.1，则由式（6－43）计算顶上事件的发生概率。

表 6-20 基本事件与顶上事件状态值表

x_1 x_2 x_3	$\varphi(x)$	$g_p(q)$	g_p
0 0 0	0	0	0
0 0 1	0	0	0
0 1 0	0	0	0
0 1 1	0	0	0
1 0 0	0	0	0
1 0 1	1	$q_1(1-q_2)q_3$	0.0009
1 1 0	1	$q_1q_2(1-q_3)$	0.0009
1 1 1	1	$q_1q_2q_3$	0.0001
$g(q)$			0.0019

由表 6-20 可知,使 $\varphi(x)=1$ 的基本事件的状态组合有 3 个,将表中数据代入式(6-43)可得

$$
\begin{aligned}
g(q) &= \sum_{p=1}^{2^n} \Phi p(x) \prod_{i=1}^{n} q_i^{x_i}(1-q_i)^{1-x_i} \\
&= 1 \times q_1{}^1(1-q_1)^{1-1} q_2{}^0(1-q_2)^{1-0} q_3{}^1(1-q_3)^{1-1} \\
&\quad + 1 \times q_1{}^1(1-q_1)^{1-1} q_2{}^1(1-q_2)^{1-1} q_3{}^0(1-q_3)^{1-0} \\
&\quad + 1 \times q_1{}^1(1-q_1)^{1-1} q_2{}^1(1-q_2)^{1-1} q_3{}^1(1-q_3)^{1-1} \\
&= q_1(1-q_2)q_3 + q_1 q_2(1-q_3) + q_1q_2q_3 \\
&= 0.1 \times 0.9 \times 0.1 + 0.1 \times 0.1 \times 0.9 + 0.1 \times 0.1 \times 0.1 \\
&= 0.0019
\end{aligned}
$$

2. 事件树分析(ETA)

事件树分析(event tree analysi)是一种从原因推论结果的(归纳的)系统安全分析方法。它在给定一个初因事件的前提下,分析此事件可能导致的后续事件的结果。整个事件序列成树状。事件树分析法着眼于事故的起因,即初因事件。当初因事件进入系统时,与其相关连的系统各部分和各运行阶段机能的不良状态,会对后续的一系列机能维护的成败造成影响,并确定维护机能所采取的动作,根据这一动作把系统分成在安全机能方面的成功与失败,并逐渐展开成树枝状,在失败的各分枝上假定发生的故障、事故的种类,分别确定它们的发生概率,并由此求出最终的事故种类和发生概率。其分析步骤大致如下:确定初始事件;判定安全功能;发展事件树和简化事件树;分析事件树;事件树的定量分析。

事件树分析适用于多环节事件或多重保护系统的风险分析和评价,既可用于定性分析,也可用于定量分析。事件树的定量分析可以计算出结果事件的概率。

图 6-2 是石油贮罐泄漏事件树,其结果事件的概率计算公式为

$$
\begin{aligned}
P(S_1) &= 0.9 \\
P(S_2) &= 0.1 \times 0.8 \times 0.9 = 0.072 \\
P(S_3) &= 0.1 \times 0.8 \times 0.1 = 0.008 \\
P(S_4) &= 0.1 \times 0.2 \times 0.9 = 0.018 \\
P(S_5) &= 0.1 \times 0.2 \times 0.1 = 0.002
\end{aligned}
$$

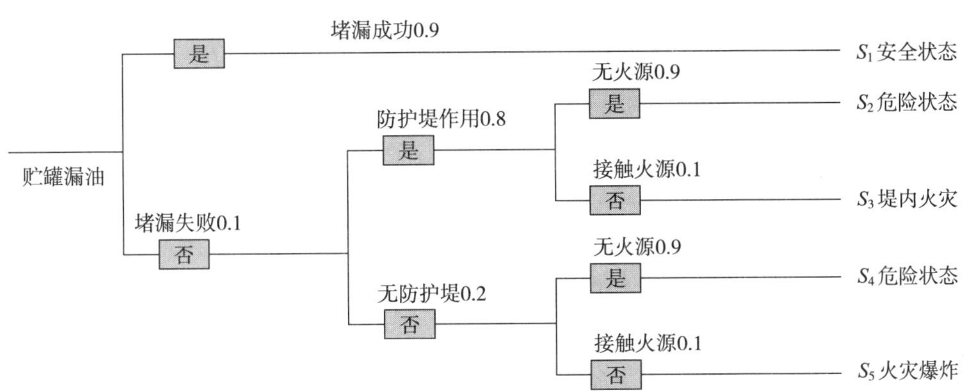

图 6-2　石油贮罐泄漏事件树

6.2 安全科学中观定量

安全科学中观定量是指对各类安全系统中中观层次的安全状态或性能的安全定量，主要以概率、指标、指数等形式进行定量分析，得出相关的数学模型、数字特征以及数量的关系和变化趋势。安全科学中观定量的对象可分为安全指标定量、安全指数定量和风险分析定量 3 个方面。

6.2.1 安全指标定量

1. 安全指标体系

安全指标是描述安全状况的客观量的综合定量参数体系。安全指标可从两个层面来划分：

一是用于设计的、反映系统安全性的指标，根据系统性能确定。如机电系统的可靠性指标、安全仪表和仪器的性能指标、安全装置或系统的安全性指标等。

二是用于管理的指标体系，我们称安全生产指标体系。一般分为事故发生状况指标以及事故预防指标或安全发展指标体系。事故发生状况指标为记录安全事故情况的各种绝对量和相对量，如死亡人数、事故起数、10 万人死亡率、百万工时伤害频率等；事故预防指标指反映预防事故措施方面的水平指标，如安全生产达标率、安全投资比例、安全生产专业人员配备率等等。

安全生产指标体系依据正向考核和负向考核，可以划分为事故预防指标和事故发生指标，或称安全生产发展指标体系和事故指标体系，见图 6-3。

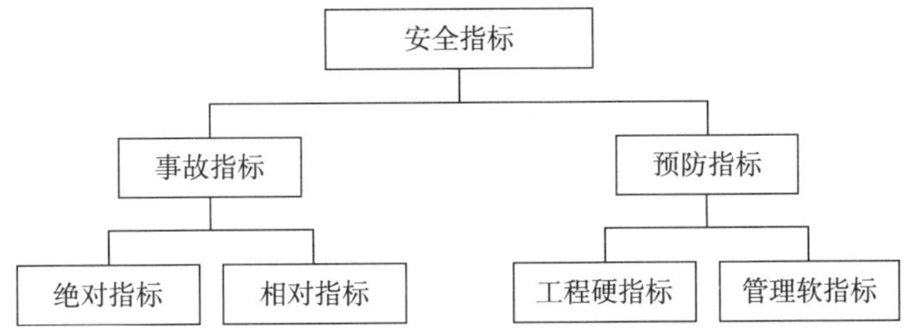

图 6-3　安全指标体系

过去我们较少考虑安全的预防或发展性指标，为了对安全能力和事故的预防水平进行定量、科学的管理，需要建立反映系统或社会安全保障能力或安全发展的预防性指标体系。依据安全保障的"三E"对策理论，可将安全预防性指标分为3个方面：安全工程技术指标、安全法制监管指标、安全文化建设指标，见图6-4。

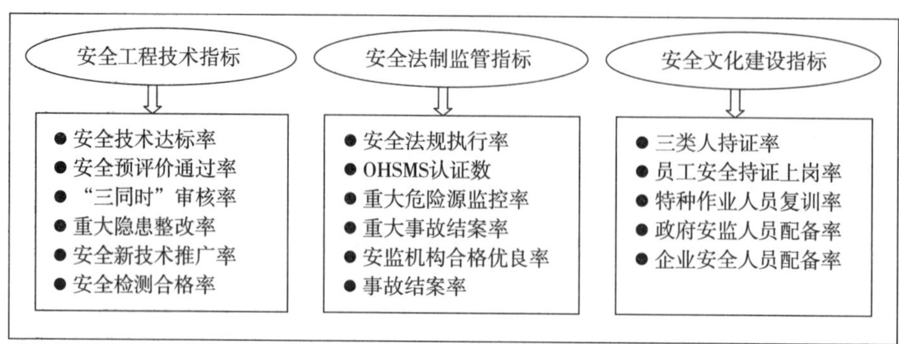

图6-4 安全生产预防指标体系

2. 事故指标体系

基于统计学的原理，事故指标体系包括绝对指标体系和相对指标体系，见图6-5。

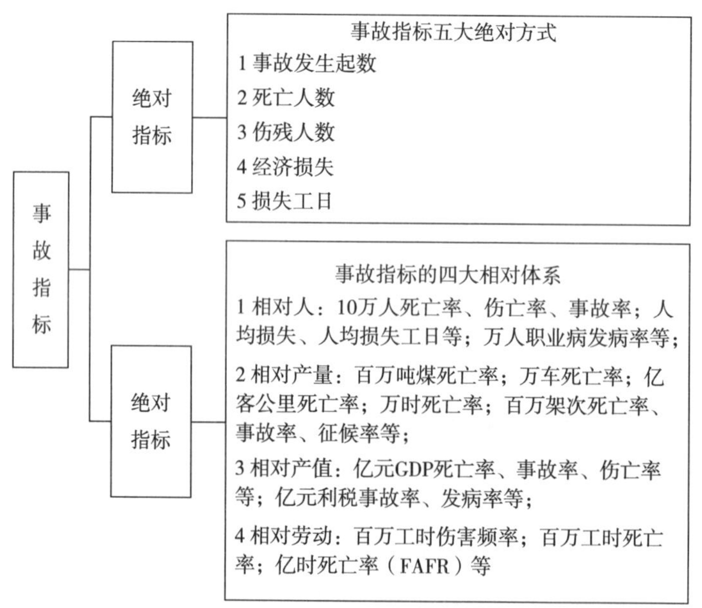

图6-5 事故指标体系

(1)事故绝对指标(事故基本元素)

事故绝对指标反映了事故的直接后果特性，包括事故发生起数；死亡人数；重轻伤人数；损失工日数，指被伤者失能的工作时间；经济损失(量)，指发生事故所引起的一切经济损失，包括直接经济损失和间接经济损失。

(2)事故相对指标

事故相对指标是事故绝对指标相对某一参考背景的特性定量。在理论上，根据事故绝对

与相对的不同组合方式,事故相对指标具有如下相对模式:

1)人/人模式。伤亡人数相对人员(职工)数,如10万人死亡(重伤、轻伤)率等。

2)人/产值模式。伤亡人数相对生产产值(GDP),如亿元GDP(产值)死亡(重伤、轻伤)率等。

3)人/产量模式。伤亡人数相对生产产量,如矿业百万吨(煤、矿石)、道路交通万车、航运万艘(船)死亡(重伤、轻伤)率等。

4)损失日/人模式。事故损失工日相对人员、劳动投入量(工日),如百万工日(时)伤害频率、人均损失工日等。

5)经济损失/人模式。事故经济损失相对人员(职工)数,如万人损失率、人损失等。

6)经济损失/产值模式。事故经济损失相对生产产值(GDP),如亿元GDP(产值)损失率等。

7)经济损失/产量模式。事故经济损失相对生产产量,如矿业百万吨(煤、矿石)、道路交通万车(万时)损失率等。

3. 事故频率指标

生产过程中发生事故的频率或次数是参加生产的人数、经历的时间和作业条件的函数,即

$$A=f(a,N,T) \tag{6-44}$$

式中:A——发生事故的次数;

N——工作人数;

T——经历的时间间隔;

a——生产作业条件。

当人数和时间一定时,则事故发生次数仅取决生产作业条件。一般有下式成立

$$a=A/(N\times T) \tag{6-45}$$

通常用上式作为表征生产作业安全状况的指标,称为事故频率。在事故分类国家标准(GB 6441—86)和国家安全生产监督管理局对地方的事故控制指标管理中,定义了10万人死亡率、10万人负伤率、伤害频率3种计算事故频率的指标。

1)10万人死亡率:指某期间内平均每万名职工因工伤事故而死亡的人数。

$$万人死亡率=\frac{死亡人数}{平均职工人数}\times 10^4 \tag{6-46}$$

2)10万人负伤率:某期间内平均每万名职工因工伤事故而受伤人数。

$$万人负伤率=\frac{伤害人数}{平均职工人数}\times 10^4 \tag{6-47}$$

3)伤害频率:某期间内平均每百万工时的事故伤害人数。

$$伤害频率=\frac{伤害人数}{实际总工时}\times 10^6 \tag{6-48}$$

为了反映事故与经济发展的关系,事故频率指标还有:

1)亿元GDP死亡率:表示某时期(年、季、月)内,平均创造一亿元GDP因工伤事故造成的死亡人数。

2)亿元GDP伤害频率:表示某时期(年、季、月)内,平均创造一亿元GDP因工伤事故造成的伤害(轻伤、重伤)人数。

3)千人经济损失率:一定时期内平均每千名职工的伤亡事故的经济损失。

4)百万元产值经济损失率:一定时期内平均创造百万元产值伴随的伤亡事故经济损失。

4. 事故严重率指标

伤亡事故严重率是描述工伤事故中人身遭受伤亡严重程度的指标。在伤亡事故统计中因受伤害而丧事劳动能力的情况来衡量伤害的严重程度。丧失劳动能力的情况按因伤不能工作而损失劳动日数计算。在国家事故分类标准(GB 6441—86)规定,按伤害严重率、伤害平均严重率及按产品产量计算死亡率等指标计算事故严重率。具体指标如下:

1)伤害严重率:某期间内平均每百万工时因事故伤害造成的损失工作日数。

$$\text{伤害严重率} = \frac{\text{总损失工作日}}{\text{实际总工时}} \times 10^6 \tag{6-49}$$

2)伤害平均严重度:某期间内发生事故平均每人次造成的损失工作日数。

$$\text{伤害平均严重度} = \frac{\text{总损失工作日}}{\text{伤害人数}} \tag{6-50}$$

3)百万吨死亡率:平均每百万吨产量死亡的人数。

$$\text{百万吨死亡率} = \frac{\text{死亡人数}}{\text{实际产量}} \times 10^6 \tag{6-51}$$

4)损失平均严重度:某期间内发生事故平均每人次造成的经济损失量。

$$\text{事故损失均严重度} = \frac{\text{事故总经济损失}}{\text{伤害人数}} \tag{6-52}$$

由于生产行业的不同,事故严重度的评价,常用产品产量事故率、死亡率等。即采用在一定数量的实物生产中发生的死亡事故人数计算出平均死亡率,一般计算数学模型是:年事故死亡人数/年生产的实物量。如煤炭行业的百万吨煤死亡率,冶金行业的百万吨钢死亡率,道路交通领域的万(辆)车死亡率,民航交通的百万次起落事故率、万时事故率(征侯率)等,铁路交通领域的百万车次事故率、万时事故率等。

5. 国外重要的事故统计指标

千人负伤率是许多国家常用的事故频率统计指标,如前苏联、加拿大、英国、法国、印度等许多国家都采用这一指标。西德、意大利、瑞士、荷兰等国按 300 个工作日为一个工人数计算。

除了用"人 / 人模式"作为事故的最基本统计指标外,一些国家还常用如下指标:

1)百万工时伤害频率(失时工伤率,lost time injury frequency rate):表示某时期(年、季、月)内,平均每百万工时内,因工伤事故造成的伤害导致的损失工时数,百万工时伤害率 = 工伤伤损失工日(时)数/实际总工日(时) $\times 10^6$;实际总工时 = 统计时期内平均职工人数 × 该时期内实际工作天数 ×8。

2)亿时死亡率(FAFR,fatality accident frequency rate):指每年 108 工时(一亿工时)发生的事故死亡人数。它相当于每人每年工作 300 天,每天工作 8 小时,每年 4000 人中有一人死亡。

3)亿客公里死亡率:反映各类交通工具(道路、铁路、航运、民航)单位人员交通效率的事故死亡代价,= 死亡人数/客公里数 $\times 10^8$。

6.2.2 安全指标考核

国家安全生产监督管理总局根据 2004 年国务院关于进一步加强安全生产工作的决定,推行了安全生产控制考核指标制度。具体提出了 7 大类考核指标,首先是绝对指标,即:事故的总量减少多少起,事故的死亡人数减少多少人,这都有具体的绝对指标;第二类是相对的指标,比如工矿商贸10万从业人员事故率，煤炭百万吨死亡率、道路安全死亡率等等。运作的机制是每年年初首先把绝对指标以国务院安委会文件正式向各省下达；相对指标一般是在二季度向各省进行下达。各地安全生产控制考核指标的计算都有一个公式，参照上一两年安全生产的状况，体现了科学公正的原则。下达的指标是控制指标，是不许超过的指标，通过这种手段减少事故总量、减少死亡人数。突破了考核指标有必要的制裁措施，地方省级在考核地市、县安全生产控制考核指标完成情况的时候，从本地的实际出发，采取制定了一些必要的奖惩措施。

安全生产控制考核指标制度是安全目标管理的一种方式，能够体现权力与义务对等，职责与责任对应，工作可量化、检查有标准、考核有尺度。

在国家安全生产的“十二五”规划中，也明确提到安全生产规划目标及其事故控制指标体系。具体到2015年，提出企业安全保障能力和政府安全监管能力明显提升，各行业（领域）安全生产状况全面改善，安全监管监察体系更加完善，各类事故死亡总人数下降10%以上，工矿商贸企业事故死亡人数下降12.5%以上，较大和重大事故起数下降15%以上，特别重大事故起数下降50%以上，职业危害申报率达80%以上，《国家职业病防治规划（2009—2015年）》设定的职业安全健康目标全面实现，全国安全生产保持持续稳定好转态势，为到2020年实现安全生产状况根本好转奠定坚实基础。

安全规划指标的体系构成主要分为两部分，一方面是约束性指标，注重安全生产考核与确保实现的工作目标；另一方面是预期性指标，侧重于对安全生产的评价与安全发展的期望目标。其中约束性指标包括15项，期望性指标包括20项，见表6－21与表6－22。

表6－21　安全生产“十二五”规划的约束性规划指标

序号	指标类型	指标名称	规划目标
1	绝对指标	各类事故死亡总人数	下降10%以上
2		工矿商贸企业事故死亡人数	下降12.5%以上
3		较大事故起数	下降15%以上
4		重大事故起数	下降15%以上
5		特别重大事故起数	下降50%以上
6	相对指标	亿元GDP事故死亡率	下降36%以上
7		工矿商贸10万人事故死亡率	下降26%以上
8		煤矿百万吨死亡率	下降28%以上
9		道路交通万车死亡率	下降32%以上
10		特种设备万台死亡率	下降35%以上
11		火灾10万人口死亡率	控制在0.17以内
12		水上交通百万吨吞吐量死亡率	下降23%以上
13		铁路交通10亿吨公里死亡率	下降25%以上
14		民航运输亿客公里死亡率	控制在0.009以内
15		职业危害申报率	达80%以上

表 6-22　安全生产“十二五”规划的预期性规划指标

序号	指标类型	指标名称
1	安全发展类	小型煤矿采煤、掘进装载机械化程度
2		非煤矿山数量
3		烟花爆竹生产企业数量
4		建设项目职业卫生“三同时”审查率
5		工作场所职业危害因素监测率
6		粉尘、高毒物品等主要危害因素监测合格率
7		工作场所职业危害告知率和警示标识设置率
8		用人单位职业危害项目申报率
9		接触职业危害作业人员职业健康体检率
10		企业安全生产标准化达标率
11	能力建设类	安全监管监察执法人员执法资格培训及持证上岗率
12		定期专业业务实训覆盖率
13		安全监管部门工作条件达标率
14		煤矿安全监察机构工作条件达标率
15		省级监管技术支撑和业务保障机构工作条件达标率
16		省级煤矿监察技术支撑和业务保障机构工作条件达标率
17		新产品、新技术、新材料、新工艺和关键技术准入测试分析能力
18		应急平台建设完成率
19		特种作业人员、高危行业企业主要负责人和安全生产管理人员持资格证上岗率
20		“平安农机示范县”数量

6.2.3　安全指数定量

1. 基本概念与理论

安全生产指数是在一般指数理论指导下，根据揭示安全生产（事故）特性综合性规律的需要，设计出的反映企业、行业或地方安全生产（事故）状况的一种综合性定量指标。它具有无量纲性、相对性、动态性和综合性的特点，可以对企业、行业或地方政府（一段时期）的安全生产状况进行科学的分析、合理的评价，从而指导安全生产的科学决策。

安全生产指数（体系）包括 4 个概念：一是“同比指数”，反映指标的纵向比较特性；二是“横比指数”，反映指标的横向比较特性；三是“综合指数”，反映 N 个指标的综合特性；四是“事故当量指数”，反映事故或事件伤亡、损失、职业病的综合危害特性。

“指数”是一种无量纲的比较指标，由于具有直观易懂、科学准确、内涵丰富等特点，能够揭示和反映事物的本质和规律。将“指数分析法”应用于经济社会管理活动，已成为当今信息化时代的一个趋势。国家安全生产监督管理局研究课题“小康社会安全生产指数研究”，提出并并完善了一套安全生产指数的理论和方法。

“安全生产指数”是应用量纲归一化理论，依据于信息量理论和统计学的方法和原则，对安全生产的指标体系的创造性发展。安全生产指数能够反映地区综合性或行业的事故特征，通过安全生产指数可以对安全生产活动的状况和水平利用“安全生产（事故）指数”进行表达，能够为综合评价企业、行业、国家或地区的安全生产状况和事故水平，这是对安全生产科学管理的重要基础。同时，由于安全生产指数是一综合的无量纲指数，用这一理论可动态地反映安全生产持续改善水平，对地区、行业进行综合的横向比较分析，有利于管理部门进行科学评价（排行榜）、有利于管理部门制定合理政策和科学激励。

2. 安全生产指数设计的设计思路和原则

（1）设计思路

对比以往我国的安全生产指标，“安全生产指数”不仅要能在横向上对各行业、企业、地区进行综合比较，还需要能够在纵向上反映地区或企业（行业）的安全生产状况持续改善水平。这就要求指数是一种无量纲的相对数，并且具有动态性，也即指数必须是在时间上连续关联，且基于选用的“基元指标”更具有相对数的特点。

基元指标的选取应遵循设计原则中的相关原则、有效原则及简约原则。基元指标可以是某一具代表性的综合性指标或特性指标（如亿元产值事故率、损失率；千人死亡率、伤亡率、重伤率；大民航、道路、铁路、航运的亿客公里死亡率；百万工时伤害频率；亿时死亡率等）。

基于这种设计要求，作为对以往安全生产指标的改进指标，这种指数应更具直观性，它是一个具有科学性、动态性、灵活性的指标。同时为了满足使得企业（行业）间、地区间的可比，它需要具有无量纲性、相对性的特点。安全生产（事故）指数的设计应从纵向和横向来分别描述。纵向安全生产（事故）指数用来反应安全生产的改善变化水平；横向比较指数反映企业、地区、国家的安全生产（事故）状况相对水平。

（2）设计原则

我国安全生产（事故）指数结合原有各项安全生产指标，对其进行分析综合并建立新的体系，在指数及体系的设计和指标的选取上应遵循几项基本原则：

1）目的性原则。安全生产（事故）指数旨在改进我国历年的安全指标纷繁杂乱的现状，科学动态地反映我国安全生产持续发展状况，指数及体系要紧紧围绕这一目标来设计。

2）科学性原则。指数的设计及体系的拟定、指标的取舍、公式的推导等都要有科学的依据。只有坚持科学性的原则，获取的信息才具有可靠性和客观性，才具有可信性。

3）相关原则。形成指数的各项数据和各指标之间应具有相关性和价值取向一致性，这是指数分析的基本前提。具体指标的选取要根据实际情况而定。在选定的指标基础上得到一个无量纲、具有相对性和动态性的安全生产指数。

4）有效原则。即所选择的指标能有效反映研究对象的基本状况。

5）简约原则。为保证指数的评价和预测具有较高的准确率，应将具有重复含义的指标排除在指数的基本框架之外。

6）综合性原则。指数及体系的设计不仅要有反映安全生产工作在某一阶段取得的进展，更重要的是要有动态性，能反映出其持续发展的状况规律，静态与动态综合，才能更为客观和全面。

7）可操作性原则。指数的设计要求概念明确、定义清楚，能方便地采集数据与收集情况，要考虑现行科技水平，并且有利于改进。而且，指数的内容不应太繁太细，过于庞杂和冗长，否则将会违背设计初衷和意义。

8）时效性原则。安全生产（事故）指数及体系不仅要反映一定时期安全工作开展的实际情况，而且还要能跟踪其变化情况，以便找出规律，及时发现问题，改进工作，防患于未然。此外，指数设计应随着社会价值观念的变化不断调整，否则，可能会因不合时宜而导致决策失误或非优。

9）政令性原则。指数及体系的设计要体现我国安全生产的方针政策，以便通过评比，鞭策企业贯彻执行"安全第一，预防为主"的方针，以及部门安全生产的规章制度。

10）直观性原则。指数的设计要能直观地显示安全生产发展的状况，有效地协助政府部门，以保证重点和集中力量控制住那些在工作进展中落后的企业地区。

11）可比性原则。指数体系中同一层次的指标，应该满足可比性的原则，即具有相同的计量范围、计算口径和计量方法。这样使得指标既能反映实际情况，又便于比较优劣，查明安全薄弱环节（行业、企业、地区）。

3. 安全生产指数的数学模型

"安全生产指数"以事故指标（预防指标、发生指标或事故当量）作为分析对象或指数基元，根据分析评价的需要进行指数测算，从而对安全生产的规律进行科学的评估和分析。"安全生产指数"的数学模式（定义）有3个：

（1）Y－指数（同比指数）

Y－指数是纵向比较指数，能反映本企业、本地区自身安全生产（事故）状况的（持续）改善水平。其数学模型是

$$K_y = (R_1/R_0) \times 100 \tag{6-53}$$

式中：R_1——当年指标；

R_0——参考（比较）指标［前一年指标、基年指标或者近 n 年平均（滑动）指标］。

（2）X－指数（对比指数）

X－指数是横向比较指数，通过计算特定时期（年度）同企业与企业、地区与地区、国家与国家、行业与行业等之间的指标横向比较，反映事故指标的相对状态及水平。其数学模型是

$$K_x = R_1/R_0 \times (W_0/W_i) \times 100 = [R_0 \times W_0]/[\sum W_i R_i/n] \times 100 \tag{6-54}$$

式中：R_1——被比较企业、地区或国家的安全生产（事故）指标；

R_0——比较企业、地区或国家的安全生产（事故）指标；

W——是比较对象的权衡因子；

W_0——被比较对象相应指标的权衡因子（或平均水平），如比较指标是企业员工10万人死亡率，权衡因子要考虑从事高危行业的员工比例，W_0就是被比较企业的权重系数；

W_i——比较对象的权重系数，一种算法＝全国高危行业人员比例/本地区高危险行业人数比例；$i=1,2,\cdots,n$。

（3）综合指数

综合指数是对 N 个指标进行量纲归一处理，得到 N 个考核或评定指标的综合测评水平，其数学模型是

$$K_x = F(X_i) \tag{6-55}$$

或

$$= [\sum (X_i/X_{i综合})] \times 100/n \tag{6-56}$$

或 $$= [\sum D_i(X_i/X_{i综合})] \times 100/n \qquad (6-57)$$

式中：D_i——指标修正系数，可根据经济水平（人均 GDP）、行业结构（从业人员结构比例或产业经济比例）、劳动生产率或完成生产经营计划率等确定；

X_i——考核或评价依据的第 i 项事故指标；

$X_{i综合}$——考核或评价依据的第 i 项区域或行业平均（背景）事故指标；

n——参与测量事故指标数。

D_i修正系数的确定：

由于地区间生产发展水平、行业结构和安全文化基础的差异性，导致地区间的安全生产客观基础和条件的不同，因此，在评价地区安全生产状况或对地区提出的安全生产要求和事故指标，应考虑这种差异性，由此，在测算事故当量综合指标时应对其指标进行必要的修正，即设计D_i指标修正系数。D_i的设计应该根据指标的客观影响因素来进行，如：

各类事故总指标根据地区人均 GDP 水平设计；

工矿事故指标根据地区的行业结构进行，即用地区高危险行业的从业人员规模比例或高危行业的 GDP 比例结构。

道路交通事故指标根据等级公路的比例水平设计。

由于全面收集基础数据的困难和客观的动态性，要精确、全面地确定 D_i是困难的。根据目前能够收集到的数据，课题根据不同地区（省市）的人均 GDP 水平和行业 GDP 的结构，按公式，测定了 $D_{人均GDP}$和 $D_{行业GDP比例}$两种修正系数，分别用于修正各类事故 10 万人死亡率和各类事故亿元 GDP 死亡率及工矿企业 10 万人死亡率。

$$D = D_{地区}/D_{全国} \qquad (6-58)$$

（4）事故当量指数

1）事故当量及事故当量指标

事故当量：是指事故后果——死亡、伤残、职业病和经济损失 4 种危害特征的综合测度，用于综合衡量单起事故或一个企业、一个地区特定时期内发生事故的综合危害程度。

事故当量指标：一是绝对当量指标，如一起事故或一个企业一段时期的死人、伤人、经济损失的综合危害当量；二是相对指标，即相对人员，产量、GDP 等社会经济和生产规模背景因素度量事故当量的指标，如 10 万人事故当量 fP，亿元 GDP 事故当量 fG 等。

事故当量指标数学模型有

事故绝对当量指标

$$Fx = F(f,b,r,l) = \sum (R_iN_i) = R_{死}N_{死} + R_{伤}N_{伤} + R_{损}N_{损} + R_{病}N_{病} \qquad (6-59)$$

$$= f_{日}/r_{标} + b_{日}/r_{标} + r_{日}/r_{标} + L/l_{标} \qquad (6-60)$$

或 $$= f \times 20 + b_{日}/r_{标} + r_{日}/r_{标} + L/l_{标} \qquad (6-61)$$

式中：$f_{日}$——死亡人员损失工日；

f——死亡人员总人数；

$r_{标}$——事故人年损害标准当量，人日；

$b_{日}$——受伤人员损失工日；

$r_{日}$——职业病人员损失工日；

L——事故经济损失，万元；

$l_{标}$——事故经济损失标准当量,万元;

R_i——事故标准当量;

N_i——相应事故危险类型。

事故相对当量指标:相对于人员数、GDP总量等的构建事故综合危险当量指标。

2)事故标准当量的确定

事故标准当量 R:定义为事故导致的人年损害,包括人年时间损失和价值损失(人年时间损失按周5天工作制计算,为250人日(或人年300天);人年价值损失包括工资、净劳动生产率和医疗费用3项目之和)。

由上述定义可得到如标准当量:

死亡人员当量 $R_{死}$:一人相当于20个事故当量(即20人年或5000工日损失);

伤残人员当量 $R_{伤}$:按伤残等级的总损失工日数(根据国际常用规范,不同伤残等级的损失工日数按表6-23标准计算),以250工日为一标准当量;

表6-23 不同伤残等级损失工作日数计算值

级 别	一级	二级	三级	四级	五级	六级	七级	八级	九级	十级
损失工作日数	4500	3600	3000	2500	2000	1500	1000	500	300	100

职业病标准当量 $R_{病}$:与伤残人员的当量换算相仿,根据职业病等级的标准损失工日数换算,因治疗康复不能确定职业病等级的按其实际损失工日数计算。

经济损失标准当量 $R_{损}$:按人年价值损失计算,包括工资、净劳动生产率和工伤或职业病医疗费用支出三项目核算。

事故当量指数还可扩展为事故当量同比指数、事故综合当量指数,用于企业、地区事故发生状况的纵向或横向分析评价。

3)事故当量指数应用

事故当量综合指数的应用可体现在如下方面:

• 评估单起事故的综合危害严重程度。如2009年北京央视大楼火灾事故,死亡1人、伤8人、直接经济损失1.64亿;2010年上海高层公寓火灾事故,死亡58人、伤71人、直接经济损失1.58亿,可以测试其事故的综合危害程度。

• 依据综合危害进行事故程度分级。如有一起事故死亡29人、直接经济损失0.99亿;另一起事故死亡30人、直接经济损失0.05亿。按照国家事故单项指标分级,前者是特大事故,后者是重大事故。如果测评两起事故的综合危害当量,前者大于后者,显然用单一指标的分级方法具有不合理性。

• 对企业一年或一段时期发生的各类事故进行综合问题评价。即将企业一年中发生的各类事故,其导致的死亡、伤残(重伤、轻伤)、职业病、经济损失的综合结果进行当量测评,从而可以对企业的事故综合危害严重程度进行评价分析。

• 与企业的分析评价同样道理,应用事故当量指数可以对地区的事故综合状况作出科学、合理评价,从而对区域安全生产状况进行评价排序,以进行科学的目标管理。

• 如果对于一个地区(省、地、市、县等)的事故死亡、伤残、职业病和经济损失统计准确,就可以对"全当量"事故评价。

6.2.4 安全风险定量

1. 安全风险的数学表达

(1)风险数学模型

根据上述风险的概念,可将风险表达为事件发生概率及其后果的函数,即

$$风险\ R=f(P,L) \tag{6-62}$$

式中:P 为事件发生概率;L 为事件发生后果。对于事故风险来说,L 就是事故的损失(生命损失及财产损失)后果。

风险分为个体风险和整体风险。个体风险是一组观察人群中每一个体(个人)所承担的风险。总体风险是所观察的全体承担的风险。

在 Δt 时间内,涉及 N 个个体组成的一群人,其中每一个体所承担的风险可由下式确定

$$R_{个体}=E(L)/N\Delta t[损失单位/个体数\times时间单位] \tag{6-63}$$

式中:$E(L)=\int L\mathrm{d}F(L)$;

L——危害程度或损失量;

$F(L)$——L 的分布函数(累积概率函数)。

其中对于损失量 L 以死亡人次、受伤人次或经济价值等来表示。由于有

$$\int L\mathrm{d}F(L)=\sum L_k nPL_i \tag{6-64}$$

式中:n——损失事件总数;

PL_i——一组被观察的人中一段时间内发生第 i 次事故的概率;

L_k——每次事件所产生同一种损失类型的损失量。

因此,式(6-62)可写为

$$R_{个体}=L_k\frac{\sum iPL_i}{N\Delta t}=L_kH_S \tag{6-65}$$

式中:H_S——单位时间内损失或伤亡事件的平均频率。

所以,个体风险的定义是

$$个体风险=损失量\times损失或伤亡事件的平均频率 \tag{6-66}$$

如果在给定时间内,每个人只会发生一次损失事件,或者这样的事件发生频率很低,使得几种损失连续发生的可能性可忽略不计,则单位时间内每个人遭受损失或伤亡的平均频率等于事故发生概率 p_k。因此,个体风险公式为

$$R_{个体}=L_kp_k \tag{6-67}$$

式(6-67)的意思是:个体风险=损失量×事件概率。还应说明的是 $R_{个体}$ 是指所观察人群的平均个体风险;而时间 Δt 是说明所研究的风险在人生活中的某一特定时间,比如是工作时实际暴露于危险区域的时间。

对于总体风险有

$$R_{总体}=E(L)/\Delta t[损失单位/时间单位] \tag{6-68}$$

或

$$R_{总体}=NR_{个体} \tag{6-69}$$

即:总体风险=个体风险×观察范围内的总人数。

2. 安全风险定量计算

认识风险的数学理论内涵，可针对个体风险的分析应用来认识。见表6－24和表6－25数据，给出了发生1次事故(即$n=1$)条件下的一人次事故经济损失统计值，应用个体风险的数学模型，其均值是：

$$\sum L_i n P_i = \sum L_i P_i = 0.5\times0.91+0.3\times0.052+2.0\times0.022+8.0\times0.011+20\times0.0037 = 0.2671\ (万元)$$

表6－24　$n=1$时的一人次事故经济损失均值统计分析表

伤害类型	轻伤	局部失能伤害	严重失能伤害	全部失能	死亡
经济损失(万元)L_i	0.05	0.3	2.0	8.0	20.0
频率(概率)P_i	0.91	0.052	0.022	0.011	0.0037
发生人次	245	14	6	3	1
L_iP_i	0.0455	0.0156	0.044	0.088	0.074

表6－25　$n=1$时的一人次事故伤害损失工日均值统计分析表

伤害类型	轻伤	局部失能伤害	严重失能伤害	全部失能	死亡
损失工日(日)L_i	2	250	500	2000	7500
频率(概率)P_i	0.91	0.052	0.022	0.011	0.0037
发生人次	245	14	6	3	1
L_iP_i	3.64	13	11	22	27.75

发生事故一人次的伤害损失工日均值是

$$\sum L_i n P_i = \sum L_i P_i$$
$$=2\times0.91+250\times0.052+500\times0.022+2000\times0.011+7500\times0.0037$$
$$=77.39(日)$$

3. 个体风险定量计算

风险的定量分析表示方法中以发生事故造成人员死亡人数为风险衡量标准的生命风险又可分为个人风险和社会风险。

个人风险IR(individual risk)，定义为：一个未采取保护措施的人，永久地处于某一个地点，在一个危害活动导致的偶然事故中死亡的概率，以年死亡概率度量，如式(6－70)所示

$$IR = P_f \times P_{dlf} \tag{6-70}$$

式中：IR——个人风险；

P_f——事故发生频率；

P_{dlf}——假定事故发生情况下个人发生死亡的条件概率。

个人风险具有很强的主观性，主要取决于个人偏好；同时，个人风险具有自愿性，即根据人们从事的活动特性，可以将风险分自愿的或非自愿的。为了进一步表述个人风险，还有其他4种定义方式：①寿命期望损失(the loss of life expectancy)；②年死亡概率(the delta yearly probability of death)；③单位时间内工作伤亡率(the activity specific hourly mortality rate)；④单位工作

伤亡率(the death perunit activity)。目前,个人风险确定的方法主要有:风险矩阵、年死亡风险AFR(Annual Fatality Risk)、平均个人风险 AIR(average individual risk)和聚合指数 AI(Aggregated Indicator)等。

1)风险矩阵。由于量化风险往往受到资料收集不完善或技术上无法精确估算的限制,其量化的数据存在着极大的不确定性,而且实施它上需花费较多的时间与精力。因此,以相对的风险来表示是一种可行的方法,风险矩阵即是其中一个较为实用的方法。风险矩阵以决定风险的两大变量——事故可能性与后果为两个维度,采用相对的方法,分别大致地分成数个不同的等级,经过相互的匹配,确定最终风险的高低。表 6-26 即是一个典型的风险矩阵。表中横排为事故后果严重程度,纵列为事故可能性。

表 6-26　典型的风险矩阵

R	后果分级				
	Ⅰ	Ⅱ	Ⅲ	Ⅳ	Ⅴ
可能性分级	A	中	中	高	高
	B	中	中	高	高
	C	低	中	中	高
	D	低	低	中	中
	E	低	低	低	低

2)年死亡风险 AFR(annual fatality risk)。是指一个人在一年时间内的死亡概率,它是一种常用的衡量个人风险的指标。国际健康、安全与环境委员会(HSE)建议,普通工业的员工最大可接受的风险为 $AFR = 10^{-3}$;大型化工厂的员工和周边一定范围内的群众最大可接受的风险为 $AFR = 10^{-4}$;从事特别危险活动的人员以及该活动可能影响到的群众的最大可接受的风险为 $AFR = 10^{-6}$。

3)平均个人风险 AIR(average individual risk)。其定义为

$$AIR = \frac{PLL}{POB_{av} \times \frac{8760}{H}} \tag{6-71}$$

式中:PLL——潜在生命丧失;

H——一个人在一年内从事海洋活动的时间;

POB_{av}——某设备上全部工作人员的年平均数目。

4)聚合指数 AI(aggregated indicator)。指单位国民生产总值的平均死亡率,其定义为

$$AI = \frac{N}{GNP} \tag{6-72}$$

式中:N——死亡人数;

GNP——国民生产总值。

4. 社会风险定量计算

英国化学工程师协会(IchemE,Institution of Chemical Engineers)将社会风险定义为:社会风险 SR(social risk)指某特定群体遭受特定水平灾害的人数和频率的关系。社会风险用于描述整个地区的整体风险情况,而非具体的某个点,其风险的大小该范围内的人口密度成正比关

系，这点是与个人风险不同的。目前，社会风险接受准则的确定方法有：风险矩阵法、$F-N$ 曲线、潜在生命丧失 PLL(potential loss of life)、致命事故率 FAR(fatal accident rate)、设备安全成本 ICAF(implied cost of averting a facility)、社会效益优化法等。

1)$F-N$ 曲线。所谓 $F-N$ 曲线，早在 1967 年，Frarmer 首先采用概率论的方法，建立了一条各种风险事故所容许发生概率的限制曲线。起初主要用于核电站的社会风险可接受水平的研究，后来被广泛运用到各行业社会风险、可接受准则等风险分析方法当中，其理论表达式为

$$P_{\mathrm{f}}(x) = 1 - F_{\mathrm{N}}(x) = P(N > x) = \int_{x}^{\infty} f_{\mathrm{N}}(x)\mathrm{d}x \tag{6-73}$$

式中：$P_{\mathrm{f}}(x)$——年死亡人数大于 N 的概率；

$F_{\mathrm{N}}(x)$——年死亡人数 N 的概率分布函数；

$f_{\mathrm{N}}(x)$——年死亡人数 N 的概率密度函数。

$F-N$ 曲线在表达上具有直观、简便，可操作性与可分析性强的特点。然而在实际中，事故发生的概率是难以得到的，分析时往往以单位时间内事故发生的频率来代替，其横坐标一般定义为事故造成的死亡人数 N，纵坐标为造成 N 或 N 人以上死亡的事故发生频率 F。

$$F = \sum f(N) \tag{6-74}$$

式中：$f(N)$——年死亡人数为 N 的事故发生频率；

F——年内死亡事故的累积频率。

目前，国内外的许多国家常用式(6-75)确定 $F-N$ 曲线社会风险可接受准则。

$$1 - F_{\mathrm{N}}(x) < \frac{C}{x^{n}} \tag{6-75}$$

式中：C——风险极限曲线位置确定常数；

n——风险极限曲线的斜率。

式中，n 值说明了社会对于风险的关注程度。绝大多数情况下，决策者和公众在对损失后果大的风险事故的关注度上要明显大于对损失后果小的事故的关注度。如：他们会更加关心死亡人数为 10 人的一次大事故而相对会忽略每次死亡 1 人的 10 次小事故，这种倾向被称为风险厌恶，即在 $F-N$ 曲线中 $n=2$；而 $n=1$ 则称为风险中立。

2)潜在生命丧失 PLL(potential loss of life)。指某种范围内的全部人员在特定周期内可能蒙受某种风险的频率，其定义为

$$\mathrm{PLL} = P_{\mathrm{f}} \times \mathrm{POB}_{\mathrm{av}} \tag{6-76}$$

式中：P_{f}——事故年发生概率；

$\mathrm{POB}_{\mathrm{av}}$——某设备上全部工作人员的年平均数目。

3)致命事故率 FAR(fatal accident rate)。表示单位时间某范围内全部人员中可能死亡人员的数目。通常是用一项活动在 108h(大约等于 1000 个人在 40 年职业生涯中的全部工作时间)内发生的事故来计算 FAR 值，其计算公式为

$$\mathrm{FAR} = \frac{\mathrm{PLL} \times 10^{8}}{\mathrm{POB}_{\mathrm{av}} \times 8760} \tag{6-77}$$

在比较不同的职业风险时，FAR 值是一种非常有用的指标，但是 FAR 值也常常容易令人误解，这是因为在许多情况下，人们只花了一小部分时间从事某项活动。比如，当一个人步行穿过街道时具有很高的 FAR 值，但是，当他花很少的时间穿过街道时，穿过街道这项活动的风

险只占总体风险很小的一部分，此时如何衡量FAR值有待进一步研究。

4）设备安全成本ICAF（implied cost of averting a facility）。可用避免一个人死亡所需成本来表示。ICAF越低，表明风险减小措施越符合低成本高效益的原则，即所花费的单位货币可以挽救更多人的生命。通过计算比较减小风险的各种措施的ICAF值，决策人员能够在既定费用基础上选择一个最能减小人员伤亡的风险控制方法，其定义为

$$\mathrm{ICAF}=\frac{g\times e\times(1-w)}{4w} \tag{6-78}$$

式中：g——人均国内生产总值，其范围是2600～14000美元；

e——人的寿命，发展中国家$e=56\mathrm{a}$，中等发达国家$e=67\mathrm{a}$，发达国家$e=73\mathrm{a}$；

w——人工作所花费的生命时间。

5）社会效益优化法。从社会效应的角度确定风险接受准则的优化是目前最高水准的方法。从事这方面研究的代表人物有加拿大的Lind等人。Lind从社会影响的角度，选择一个合适的社会指数，它能比较准确地反映社会或一部分人生活质量的某些方面，他推荐了生命质量指数LQI（life quality index）。这种方法本质上是认为一项活动对社会的有利影响应当尽可能大，其计算比较复杂。

特种设备社会风险即是我国各类特种设备所发生的死亡事故频率与其造成的死亡人数的关系，在一定程度上反映了特种设备的宏观整体安全水平，其是对特种设备安全性分析评判的重要标准之一，能够反映特种设备综合性、动态性、现实性的风险水平。从社会风险的一般研究方法来看，利用$F-N$曲线法分析研究特种设备社会风险，不但能够简便、直观地反映特种设备的社会风险规律性，更具有实用性与可操作性，为后续制定特种设备社会风险可接受准则打下基础。

5. 危险点（源）风险强度定量计算

危险点是指在作业中有可能发生危险的地点、部位、场所、工器具或动作等。危险点包括3个方面：一是有可能造成危害的作业环境，直接或间接地危害作业人员的身体健康，诱发职业病；二是有可能造成危害的机器设备等物质，如转机对轮无安全罩，与人体接触造成伤害；三是作业人员在作业中违反有关安全技术或工艺规定，随心所欲地作业。如：有的作业人中在高处作业不系安全带，即使系了安全带也不按规定挂牢等。

危险源指可能导致死亡、伤害、职业病、财产损失、工作环境破坏或这些情况组合的根源或状态。危险源由3个要素构成：潜在危险性、存在条件和触发因素。工业生产作业过程的危险源一般分为5类。危险源是指一个系统中具有潜在能量和物质释放危险的、可造成人员伤害、在一定的触发因素作用下可转化为事故的部位、区域、场所、空间、岗位、设备及其位置。它的实质是具有潜在危险的源点或部位，是爆发事故的源头，是能量、危险物质集中的核心，是能量从那里传出来或爆发的地方。危险源存在于确定的系统中，不同的系统范围，危险源的区域也不同。例如，从全国范围来说，对于危险行业（如石油、化工等）具体的一个企业（如炼油厂）就是一个危险源。而从一个企业系统来说，可能是某个车间、仓库就是危险源，一个车间系统可能是某台设备是危险源。因此，风险定量分析应用于危险点（源）的绝对风险和相对风险计算，可以为辨识、监控和治理提供科学的理论分析方法。

（1）绝对风险强度

绝对风险强度是基于事故概率和事故后果严重度计算的，反映整类设备危险点（源）宏观综合固有风险水平的指标。其理论基础是基于风险模型$R=F(P,L)$，然后引入概率指标和事

故危害当量指标对基本理论进行拓展。

若某一事故情景频繁发生或事故数据较多,则最好使用历史数据来估算该事件的概率,概率最常见的度量是频率。事故发生的可能性(P)则可以用事故频率指标进行表示,如万台设备事故率、万台设备死亡率、万车事故率、千人伤亡率、百万工时伤害频率、亿元 GDP 事故率等。不同的行业采用不同的事故指标,例如,特种设备、核设施、石油化工装置、交通工具等可以用万台设备事故率和万台设备死亡率等,工业企业则可以用百万工时伤害频率和亿元 GDP 事故率等。事故后果严重度采用事故危害当量指数,则危险点(源)绝对风险强度模型为

$$R_a = W_j \cdot \sum_{i=1}^{n} L_i \tag{6-79}$$

式中:R_a——整类设备危险点(源)绝对风险强度;

W_j——危险点(源)j 的事故发生频率指标;

i——事故发生后引起的某种后果,如人员死亡、人员受伤、职业病、经济损失、环境破坏、社会影响等;

n——事故后果类型总数;

L_i——事故引起后果 i 的危害当量,单位为当量。

当缺乏历史数据时,可使用积木法,将事故情景所有单元的估算概率加以组合,以联合概率预测该情景的总体概率,结合事故危害当量模型,危险点(源)绝对风险强度模型为

$$R_a = P_a \cdot \prod_{i=1}^{n} P_{ci} \cdot \sum_{i=1}^{n} L_i \tag{6-80}$$

式中:R_a——危险点(源)绝对风险强度;

i——事故发生后引起的某种后果,如人员死亡、人员受伤、职业病、经济损失、环境破坏、社会影响等;

n——事故后果总数;

P_a——事故发生的概率;

P_{ci}——事故发生后引起后果 i 的概率;

L_i——事故引起后果 i 的危害当量,单位为当量。

(2)相对风险强度

相对风险强度,又称风险强度系数,是绝对风险强度进行归一化后的无量纲系数。相对风险强度的计算主要以量纲归一理论和数值归一理论为基础。特种设备作为重大危险点(源),其相对风险强度主要是以某类设备绝对风险强度为基准进行归一化处理,能直观地反映各类设备的相对风险水平和风险强度关系。

在相对风险强度计算中,利用绝对风险强度,以某指定设备绝对风险强度为基准,对其进行归一化处理,建立相对风险强度模型,计算各类设备相对风险强度。相对风险强度模型见式(6-81)

$$R_r = \frac{R_a}{R_0} \tag{6-81}$$

式中:R_r——设备相对风险强度;

R_a——设备绝对风险强度,单位为起·当量/台;

R_0——某指定设备绝对风险强度,单位为起·当量/台。

(3)特种设备绝对和相对风险强度

由于特种设备种类多、数量大、环境复杂,采用积木法直接计算事故发生概率比较困难;并且特种设备历史事故数据足够多,适宜采用各类设备历史事故数据来估算事故发生的概率。采用模型进行特种设备绝对风险强度计算。根据行业事故指标,特种设备事故发生的频率指标 W_j 可以用万台设备事故率表示;事故发生的后果危害当量 L 用综合当量指标来表示,包括死亡当量、伤残当量和经济损失当量。由此延伸建立特种设备绝对风险强度数学模型,见式(6-82)。

$$R_a = W_j \cdot \sum_{i=1}^{n} L_i = \frac{\sum_{\lambda=1}^{N}\sum_{i=1}^{n} m_{\lambda i}}{\sum_{\lambda=1}^{N} C_\lambda} \cdot (l_1 + l_2 + l_3) \tag{6-82}$$

式中:R_a——特种设备绝对风险强度,单位为起·当量/台;

λ——某时间段,这里以一年为一段,单位为年;

N——总时间段,单位为年;

i——事故发生后引起的某种后果,如人员死亡、人员受伤、职业病、经济损失、环境破坏、社会影响等;

n——事故后果类型总数;

m——事故起数;

C——特种设备总台数,单位为台;

l_1——事故死亡当量=每起事故死亡人数×20 当量/人,单位为当量;

l_2——事故伤残人员损失当量=每起事故重伤人员数×13 当量/人,单位为当量;

l_3——事故经济损失当量=事故经济损失×10000 当量/(人均净劳动生产率+人均工资+人均医疗费用),单位为当量。

计算特种设备绝对风险强度,编者采用统计学的方法,统计了 2001 年~2010 年我国各类特种设备数量、事故发生情况、伤亡情况和事故损失等情况,然后对数据进行处理和分析。

利用模型,结合 8 类特种设备事故数据,可计算得到其绝对风险强度,见表 6-27。

表 6-27　8 类特种设备绝对风险强度表

设备类型	锅炉	压力容器	压力管道	电梯	起重机械	客运索道	大型游乐设施	厂内专用车辆
绝对风险强度	25.77	9.51	13.65	11.32	30.53	198.09	65.97	15.47

由表 6-26 可知,8 类特种设备绝对风险强度由小到大依次为:压力容器、电梯、压力管道、场内机车、锅炉、起重机械、大型游乐设施、客运索道,其中,压力容器绝对风险强度最小为 9.51,客运索道最大为 198.09。计算结果可宏观分析和评价各类设备的综合风险水平,反映各类设备客观风险大小,并且可用于相对风险强度分析。

通过对我国 8 类特种设备绝对风险强度的计算,以压力容器绝对风险强度为基准,利用模型(表 6-27)对各类设备绝对风险强度进行归一化计算,得到 8 类设备绝对风险强度系数(相对风险强度),见表 6-28。

表 6-28　8 类特种设备绝对风险强度系数

设备类型	绝对风险强度	风险强度系数
压力容器	9.51	1.0
电梯	11.32	1.2
压力管道	13.65	1.4
场(厂)内专用车辆	15.47	1.6
锅炉	25.77	2.7
起重机械	30.53	3.2
大型游乐设施	65.97	6.9
客运索道	198.09	20.8

各类特种设备风险强度系数见图 6-6。

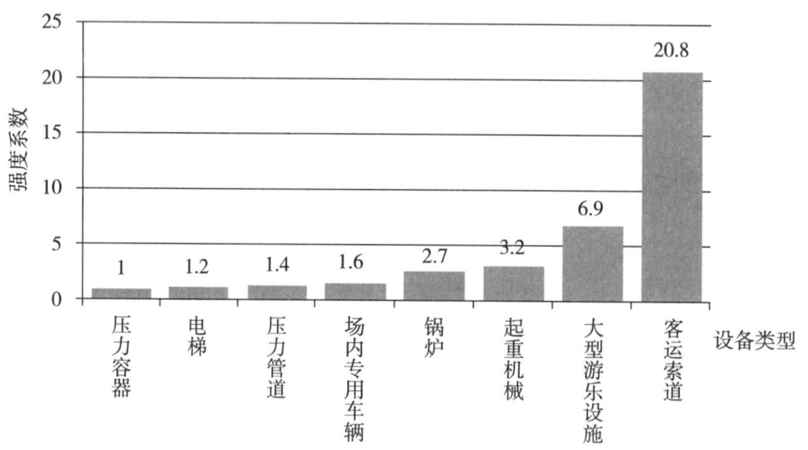

图 6-6　各类特种设备风险强度系数图

为了方便比较分析每两类特种设备的风险强度系数，将 8 类特种设备风险强度系数进行矩阵分析，见图 6-7。

	压力容器	电梯	压力管道	场内专用车辆	锅炉	起重机械	大型游乐设施	客运索道
压力容器	1	0.8	0.7	0.6	0.4	0.3	0.1	0.05
电梯	1.2	1	0.8	0.7	0.4	0.4	0.2	0.06
压力管道	1.4	1.2	1	0.9	0.5	0.4	0.2	0.07
场内专用车辆	1.6	1.4	1.1	1	0.6	0.5	0.2	0.08
锅炉	2.7	2.3	1.9	1.7	1	0.8	0.4	0.1
起重机械	3.2	2.7	2.2	2.0	1.2	1	0.5	0.2
大型游乐设施	6.9	5.8	4.8	4.3	2.6	2.2	1	0.3
客运索道	20.8	17.5	14.5	12.8	7.7	6.5	3.0	1

图 6-7　特种设备风险强度系数矩阵图

从图 6－6 中可以看出，风险强度系数从小到大依次为：压力容器、电梯、压力管道、场内机车、锅炉、起重机械、大型游乐设施、客运索道，强度系数最大的客运索道是最小的压力容器的 20.8 倍，即 1 条客运索道的风险强度相当于 20.8 个压力容器。作者用矩阵图做进一步分析，见图 6－7，从下三角矩阵中可以看出，1 台电梯的风险强度相当于 1.2 个压力容器，1 公里压力管道相当于 1.4 个压力容器，1 条客运索道的风险强度相当于 20.8 个压力容器，17.5 台电梯，14.5 公里压力管道；同样，在上三角矩阵中，1 个压力容器的风险强度相当于 0.8 台电梯、0.7 公里压力管道、0.05 条客运索道。

6.3 安全科学宏观定量

安全科学宏观定量是指对各类安全系统或组织的综合安全水平或程度的定量、半定量分析，从宏观层面上把握系统的整体、综合的安全状况。安全科学宏观定量包括如下 3 个方面：

(1) 技术系统的风险分级。针对技术系统或子系统进行风险定量分析及分级评价，如对生产系统、作业岗位、作业过程、

(2) 事故事件的程度分级。对不同类型的事故进行程度定量分级。

(3) 单位组织的安全绩效测评分级。对单位或组织进行现状安全绩效测评。如对各级政府、企业公司、车间班组等组织或单位，进行安全绩效、安全标准化等评价分级。

6.3.1 系统安全性分级

分级的概念在安全领域应用得非常广泛，由于安全性与风险度的互补特性，安全性分级也等同于风险分级。风险分级应用风险评价方法。

风险评价是指评价风险程度并确定风险是否可容许的全过程。风险评价是以实现系统安全为目的，运用安全系统工程原理和方法，对系统中存在的风险因素进行辩识与分析，判断系统发生事故和职业危害的可能性及其严重程度，从而为制定防范措施和管理决策提供科学依据。

1. 风险评价方法的选择原则

在进行风险评价时，应该在认真分析并熟悉被评价系统的前提下，选择风险评价方法。选择风险评价方法应遵循充分性、适应性、系统性、针对性和合理性的原则。

(1) 充分性原则。充分性是指在选择风险评价方法之前，应该充分分析评价的系统，掌握足够多的风险评价方法，并充分了解各种风险评价方法的优缺点、适应条件和范围，同时为风险评价工作准备充分的资料。也就是说，在选择风险评价方法之前，应准备好充分的资料，供选择时参考和使用。

(2) 适应性原则。适应性是指选择的风险评价方法应该适应被评价的系统。被评价的系统可能是由多个子系统构成的复杂系统，各子系统的评价重点可能有所不同，各种风险评价方法都有其适应的条件和范围，应该根据系统和子系统、工艺的性质和状态，选择适应的风险评价方法。

(3) 系统性原则。系统性是指风险评价方法与被评价的系统所能提供的风险评价初值和边值条件应形成一个和谐的整体，也就是说，风险评价方法获得的可信的风险评价结果，是必须建立在真实、合理和系统的基础数据之上的，被评价的系统应该能够提供所需的系统化数据

和资料。

(4)针对性原则。针对性是指所选择的风险评价方法应该能够提供所需的结果。由于评价的目的不同,需要风险评价提供的结果可能是危险有害因素识别、事故发生的原因、事故发生概率、事故后果、系统的危险性等,风险评价方法能够给出所要求的结果才能被选用。

(5)合理性原则。在满足风险评价目的、能够提供所需的风险评价结果的前提下,应该选择计算过程最简单、所需基础数据最少和最容易获取的风险评价方法,使风险评价工作量和获得的评价结果都是合理的,不要使风险评价出现无用的工作和不必要的麻烦。

2. 风险分级评价的基本理论模型

风险分级通常是以实现系统安全为目的,运用安全系统工程原理和方法,对系统中存在的风险因素进行辩识与分析,判断系统发生事故和职业危害的可能性及其严重程度,从而为制定防范措施和管理决策提供科学依据。

风险评价的基本定律

$$R = P \times L \tag{6-83}$$

式中:R——系统风险;

P——风险发生概率;

L——风险后果严重程度。

3. 风险评价的类型

根据系统的复杂程度,将风险评价分为3类:定性平价、定量评价或半定量评价。

1)定性评价方法

主要是根据经验和判断对生产系统的工艺、设备、环境、人员、管理等方面的状况进行定性的评价,如安全检查表法、危险与可操作性研究法。

2)半定量评价法

这种方法大都建立在实际经验的基础上,合理打分,根据最后的分值或概率风险与严重度的乘积进行分级。由于其可操作性强且还能依据分值有一个明确的级别,应用比较广泛。如作业条件危险性评价法、评点法。

3)定量评价方法

定量评价方法是根据一定的算法和规则,对生产过程中的各个因素及相互作用的关系进行赋值,从而算出一个确定值的方法。此方法的精度较高且不同类型评价对象间有一定的可比性。如事故树分析法、危险概率评价法、道化学评价法等。

4. 风险分级评价的基本方法

1)评点法

适用范围:主要用于对设备技术系统单元的分级评价。

数学模型

$$C_S = \Pi C_i \tag{6-84}$$

式中:C_S——总评点数,$0 < C_S < 10$;

C_i——评点因素,$0 < C_i < 10$。

量化方式:

参考表6-29对5种评点因数C_i的分数值进行量化。

表 6-29　评点因素及评点数参考表

评点因素	内容	点数 C_i
风险后果程度 C_1	造成生命财产损失	5.0
	造成相当程度的损失	3.0
	元件功能有损失	1.0
	无功能损失	0.5
对系统的影响程度 C_2	对系统造成两处以上重大影响	2.0
	对系统造成一处以上重大影响	1.0
	对系统无过大影响	0.5
发生可能性(概率)C_3	很可能发生	1.5
	偶然发生	1.0
	不易发生	0.7
防止故障的难易程度 C_4	不能防止	1.3
	能够防止	1.0
	易于防止	0.7
是否新设计的系统 C_5	内容相当新的设计	1.2
	内容和过去相类似的设计	1.0
	内容和过去同样的设计	0.8

分级标准:

表 6-30　评点数 C_S 与风险等级 R 的对照表

评点数 C_S	风险等级 R
$C_S > 7$	Ⅰ(高)
$1 < C_S \leqslant 7$	Ⅱ(中)
$0.2 \leqslant C_S \leqslant 1$	Ⅲ(较低)
$C_S < 0.2$	Ⅳ(低)

评价分级步骤:

第一步:参照表 6-29,分别查出该生产设备(设施)、设备部分或设备元件各评点因素 C_i 的对应数值。

第二步:根据公式 $C_S = \Pi C_i$,计算出该生产设备(设施)、设备部分或设备元件的危险性分值。

第三步:参照表 6-30,查出该生产设备(设施)、设备部分或设备元件的总评点数 C_S 所对应的风险等级。

2)LEC 法

适用范围:适用于评价生产作业岗位风险分级评价。

数学模型:

$$危险性分值\ D = 发生概率\ L \times 暴露频率\ E \times 严重度\ C \tag{6-85}$$

量化方式:

参考表 6-31、表 6-32、表 6-33 对作业岗位的事故发生概率 L、作业人员暴露频率 E 和事故严重度 C 进行量化。

表 6-31　事故发生概率 L

分数值	事故发生概率 L
10	完全可以预料到
6	相当可能
3	可能,但不经常
1	可能性小,完全意外
0.5	很不可能,可以设想
0.2	极不可能
0.1	实际不可能

表 6-32　作业人员暴露频率 E

分数值	作业人员暴露频率 E
10	连续暴露
6	每天工作时间暴露
3	每周一次,或偶然暴露
2	每月一次暴露
1	每年几次暴露
0.5	非常罕见的暴露

表 6-33　事故严重度 C

分数值	事故严重度/万元	事故严重度 C
100	>500	大灾难,许多人死亡,或造成重大财产损失
40	100	灾难,数人死亡,或造成很大财产损失
15	30	非常严重,1 人死亡,或造成一定的财产损失
7	20	严重,重伤,或较小的财产损失
3	10	重大,致残,或很小的财产损失
1	1	引人注目,不利于基本的安全卫生要求

分级标准:

根据 LEC 法数学模型计算出数值,按表 6-34 标准进行分级。

表 6-34　危险性分值 D 与风险等级 R 的对照表

危险性分值 D	风险等级 R
$D>160$	Ⅰ(高)
$70<D\leqslant160$	Ⅱ(中)
$20\leqslant D\leqslant70$	Ⅲ(较低)
$D<20$	Ⅳ(低)

评价分级步骤:

第一步:参照表 6-31、表 6-32 及表 6-33,分别查出该作业岗位的事故发生概率 L、作业人员暴露频率 E 和事故严重度 C 的对应数值。

第二步:根据公式 $D=L\times E\times C$ 计算出该作业岗位的危险性分值。

第三步:参照表 6-34,查出该作业岗位对应的风险等级值。

3)JHA 法

适用范围:主要用于 JHA 或一般常规性风险对象的评价。适用于评价作业过程的风险,以及其他无法量化的风险。

数学模型

$$风险等级\ R = 风险严重度\ L \times 风险概率\ P \tag{6-86}$$

分级标准:

对于作业过程的风险发生概率和风险严重度的评价分级参考表 6-35、表 6-36、表 6-37、表 6-38 中的标准分级。

表 6-35 风险严重度(L)分级标准

严重度等级	描述	严重度标准说明			
		人的影响	物的影响	工序的影响	社会信誉影响
0	无影响	无伤害	无损失	无影响	无影响
1	轻微的	轻微伤害	轻微损失	极小影响	轻微影响
2	较小的	较小危害	较小损失	轻度影响	有限影响
3	较大的	大的伤害	局部损失	局部影响	巨大影响
4	重大的	1 人死亡/全部失能伤残	严重损失	严重影响	国内影响
5	特大的	多人死亡	重大损失	国内广泛影响	国际影响
6	灾难的	大量死亡	灾难性损失	国际广泛影响	巨大国际影响

注:同一风险因素导致的后果对人、物、工序以及信誉的影响的严重度不相同的时候,按照最严重的等级计算。

表 6-36 风险严重度(L)分级说明

说明等级	人的影响		物的影响		工序的影响		社会信誉影响	
0	无伤害	对健康没有伤害	无损失	对设备无损失	无影响	没有财务影响,没有工序风险	无影响	无新闻意义,没有公众反应
1	轻微伤害	对个人的继续工作和完成目前劳动没有损害	轻微损失	对使用无妨碍,只需稍加修理	极小影响	可以忽略的财务影响,当地工序破坏在系统和范围内	轻微影响	可能的当地新闻,没有公众反应
2	较小危害	对完成目前工作有影响,如某些行动还需要一周以内的休息才完成	较小损失	给工作带来轻微不便,需停工修理	轻度影响	破坏足以影响工序,单项超过基本的或预设的标准	有限影响	当地/地区性新闻,引起当地公众反应,受到一些指责

续表

说明等级	人的影响		物的影响		工序的影响		社会信誉影响	
3	大的伤害	导致对某些工作能力的永久丧失或需要经过长期恢复才恢复工作	局部损失	设备局部损失,需要马上停工修理,	局部影响	已知的有毒物质有限排放,多次超过基本或预设的标准	巨大影响	国内新闻,区域性公众关注,大量指责
4	1人死亡/全部失能伤残	单人永久性的丧失全部工作能力,也包括与事件紧密联系的多种重伤(最多3个)	严重损失	设备部分丧失,需立即停工修理,且修理时间较长	严重影响	严重的工序破坏,作业者应被责令把污染的工序恢复到污染前的水平	国内影响	较大的国内新闻,国内公众反应持续不断
5	多人死亡	包括4人与事件相关的死亡或在不同地点/活动下发生的多个重伤(4个以上)	重大损失	设备广泛损失	国内广泛影响	对工序的持续破坏或扩散到很大的区域	国际影响	特大国内/国际新闻,国际媒体大量报道
6	大量死亡	10人以上的死亡或数十人的伤残	灾难性损失	设备完全损失,经济重大损失,企业难以承担	国际广泛影响	巨大的工序破坏,生态受到重大的影响并无法恢复	巨大国际影响	受到国际的非难,在行业产生无法弥补的影响,无法立足

表6-37 风险可能性(*P*)分级标准

可能性等级	描述	概率说明
0	不可能发生	近十年内国内、外行业未发生(10-7)
A	几乎不发生	近十年内电力未发生(10-6)
B	很少发生	近十年内电力发生(10-5)
C	偶尔发生	近十年内电力发生多次(10-4)
D	可能发生	数年(约5年)内电力发生多次(10-3)
E	经常发生	每年电力现场发生多次(10-2)

表 6－38　风险 $R=f(L,P)$ 评价等级划分标准

严重度等级	可能性等级					
	0(1) 不可能发生	A(2) 几乎不发生	B(3) 很少发生	C(4) 偶尔发生	D(5) 可能发生	E(6) 经常发生
0(无影响)	Ⅳ	Ⅳ	Ⅳ	Ⅳ	Ⅳ	Ⅳ
1(轻微的)	Ⅳ	Ⅳ	Ⅳ	Ⅳ	Ⅳ	Ⅲ
2(较小的)	Ⅳ	Ⅳ	Ⅳ	Ⅲ	Ⅲ	Ⅱ
3(较大的)	Ⅳ	Ⅳ	Ⅲ	Ⅲ	Ⅱ	Ⅰ
4(重大的)	Ⅲ	Ⅲ	Ⅱ	Ⅱ	Ⅰ	Ⅰ
5(特大的)	Ⅲ	Ⅱ	Ⅱ	Ⅰ	Ⅰ	Ⅰ
6(灾难的)	Ⅱ	Ⅰ	Ⅰ	Ⅰ	Ⅰ	Ⅰ

评价分级步骤：

第一步：参照表 6－35 及表 6－36，查出该工况或工序对应的风险严重度等级（注意：同一风险因素导致的后果对人、物、工序以及信誉的影响的严重度不相同的时候，按照最严重的等级计算）。

第二步：参照表 6－37，查出该工况或工序对应的风险可能性即风险发生概率等级。

第三步：根据前两步中查出的等级值，参照表 6－38，查出该作业过程对应的风险等级值。

6.3.2　事故分级

针对不同行业的事故，我国以法规的形式规定了事故分级的定量标准。

1. 生产安全事故的分级定量标准

生产安全事故指工矿商贸企业发生的安全事故。根据国务院的《生产安全事故报告和调查处理条例》，事故分级按伤亡、损失的严重程度进行分级，表 6－39 为分级的定量标准。

表 6－39　生产安全事故分级表

事故等级	人员伤亡或者直接经济损失
特别重大事故	一次死亡 30 人以上，或者 100 人以上重伤（包括急性工业中毒，下同），或者 1 亿元以上直接经济损失的事故
重大事故	一次造成 10 人以上 30 人以下死亡，或者 50 人以上 100 人以下重伤，或者 5000 万元以上 1 亿元以下直接经济损失的事故
较大事故	一次造成 3 人以上 10 人以下死亡，或者 10 人以上 50 人以下重伤，或者 1000 万元以上 5000 万元以下直接经济损失的事故
一般事故	一次造成 3 人以下死亡，或者 10 人以下重伤，或者 1000 万元以下直接经济损失的事故

注：“以上”包括本数，“以下”不包括本数。

2. 铁路交通事故

根据《铁路交通事故调查处理规则》的规定，铁路交通事故分为特别重大事故、重大事故、较大事故和一般事故4个等级，具体定量标准为：

特别重大事故：有下列情形之一的，造成30人以上死亡；造成100人以上重伤（包括急性工业中毒，下同）；造成1亿元以上直接经济损失；繁忙干线客运列车脱轨18辆以上并中断铁路行车48小时以上；繁忙干线货运列车脱轨60辆以上并中断铁路行车48小时以上；

重大事故：有下列情形之一的，造成10人以上30人以下死亡；造成50人以上100人以下重伤；造成5000万元以上1亿元以下直接经济损失；客运列车脱轨18辆以上；货运列车脱轨60辆以上；客运列车脱轨2辆以上18辆以下，并中断繁忙干线铁路行车24小时以上或者中断其他线路铁路行车48小时以上；货运列车脱轨6辆以上60辆以下，并中断繁忙干线铁路行车24小时以上或者中断其他线路铁路行车48小时以上；

较大事故：造成3人以上10人以下死亡；造成10人以上50人以下重伤；造成1000万元以上5000万元以下直接经济损失；客运列车脱轨2辆以上18辆以下；货运列车脱轨6辆以上60辆以下；中断繁忙干线铁路行车6小时以上；中断其他线路铁路行车10小时以上；

一般事故分为：一般A类事故、一般B类事故、一般C类事故、一般D类事故。

3. 公路交通事故

公路交通事故分为特大、重大、一般和轻微4级，具体定量标准为：

特大事故：一次造成死亡3人以上，或者重伤11人以上，或者死亡1人，同时重伤8人以上，或者死亡2人，同时重伤5人以上，或者财产损失6万元以上的事故。

重大事故：一次造成死亡1～2人，或者重伤3人以上10人以下，或者财产损失3万元以上不足6万元的事故。

一般事故：一次造成重伤1～2人，或者轻伤3人以上，或者财产损失不足3万元的事故。

轻微事故：一次造成轻伤1～2人，或者财产损失机动车事故不足1000元，非机动车事故不足200元的事故。

在事故处理中，死亡以事故发生后7天内死亡的为限；重伤、轻伤同样按上述标准确定；财产损失，还应包括现场抢救（险）、人身伤亡善后处理的费用，但不包括停工、停产、停业等所造成的财产间接损失。

4. 民用航空地面事故

民航地面事故按照事故造成的人员伤亡和直接经济损失程度划分为以下3类：

（1）特别重大航空地面事故：死亡人数4人（含）以上或者直接经济损失500万元（含）以上。

（2）重大航空地面事故：死亡人数3人（含）以下或直接经济损失100万元（含）～500万元。

一般航空地面事故：造成人员重伤或直接经济损失30万元（含）～100万元。

5. 民用航空器飞行事故等级

民航飞行事故按照事故造成的人员伤亡和直接经济损失程度划分为以下3类：

（1）特别重大飞行事故：人员死亡人数在40人及其以上者；航空器失踪，机上人员在40人及其以上者。

（2）重大飞行事故：人员人数在39人及其以下者；航空器严重损坏或迫降在无法运出的地

方(最大起飞重量5.7t及其以下的航空器除外);航空器失踪,机上人员在39人及其以下者。

(3)一般飞行事故:人员重伤,重伤人数在10人及其以上者;最大起飞重量5.7t(含)以下的航空器严重损坏,或迫降在无法运出的地方;最大起飞重量5.7~50t(含)的航空器一般损坏,其修复费用超过事故当时同型或同类可比新航空器价格的10%(含)者;最大起飞重量50t以上的航空器一般损坏,其修复费用超过事故当时同型或同类可比新航空器价格的5%(含)者。

6. 水上交通事故等级

水上交通事故按照人员伤亡和直接经济损失情况,分为小事故、一般事故、大事故、重大事故、特大事故。

统计水上交通事故,除特大水上交通事故按照国务院有关规定执行外,其他事故级别按照表6-40《水上交通事故分级标准表》规定的具体分级标准进行。

表6-40 水上交通事故分级标准表

载　体	重大事故	大事故	一般事故	小事故
3000总吨以上或主机功率3000kW以上的船舶	死亡3人以上;或直接经济损失500万元以上。	死亡1~2人;或直接经济损失500万元以下,300万元以上。	人员有重伤;或直接经济损失300万元以下,50万元以上。	没有达到一般事故等级以上的事故。
500总吨以上、3000总吨以下或主机功率1500kW以上、3000kW以下的船舶	死亡3人以上;或直接经济损失300万元以上。	死亡1~2人;或直接经济损失300万元以下,50万元以上。	人员有重伤;或直接经济损失50万元以下,20万元以上。	没有达到一般事故等级以上的事故。
500总吨以下或主机功率1500kW以下的船舶	死亡3人以上;或直接经济损失50万元以上。	死亡1~2人;或直接经济损失50万元以下,20万元以上。	人员有重伤;或直接经济损失20万元以下,10万以上。	没有达到一般事故等级以上的事故。

注:①凡符合表内标准之一的即达到相应的事故等级;②本规则及本表中的"以上"包含本数或本级;"以下"不包含本数或本级。

6.3.3 标准化达标分级

安全生产标准化是全面贯彻我国安全生产法律法规、落实企业主体责任的基本手段,是加强企业安全基础管理、提升企业安全管理水平的有效方法,是建立安全生产长效机制、提高安全监管水平的有力抓手,是落实科学发展观、加快转变经济发展方式的重要途径。

安全标准化建设是一项综合性的安全管理工作,安全标准化建设的方法和步骤,大致分以下6个阶段:①宣传动员阶段;②制定计划阶段;③编写文件阶段;④选择试点阶段;⑤全面实施阶段;⑥检查验收阶段。

企业的安全生产标准化建设最关键一步就是分级评价。

表 6 –41　安全生产标准系统

企业安全生产标准化系统	煤矿	采煤、掘进、机电、运输、通风、地测防水
	危险化学品	通用规范、氯碱、合成氨
	金属非金属矿山	地下矿山、露天矿山、尾矿库、小型露天采石场
	烟花爆竹	生产企业、经营企业
	机械制造	基础管理、设备设施安全、作业环境与职业健康
	冶金企业	炼钢、炼铁；正在起草烧结、焦化、轧钢等单元
	建筑施工	建筑施工安全检查标准、施工企业安全生产评价标准
	工贸行业	冶金、有色、建材、机械、轻工、纺织、烟草、商贸等

一般工贸企业的安全生产标准评审依据相应的评定标准采用评分的方式进行，满分为 100 分，评审标准如下：

一级：评审得分大于等于 90 分（大型集团公司的成员企业 90% 以上大于等于 90 分）；

二级：评审得分大于等于 75 分（集团公司的成员企业 80% 以上大于等于 75 分）；

三级：评审得分大于等于 60 分。

评定标准满分不为 100 分的，按 100 分制折算。不同行业有不同评价标准。

1. 金属非金属矿地下矿山

金属非金属矿地下矿山标准化分级评分分值分配见表 6 –42，分级标准见表 6 –43。

表 6 –42　安全生产标准系统

元　素	分值
1. 安全生产方针与目标	100
2. 安全生产法律法规与其他要求	100
3. 安全生产组织保障	500
4. 风险管理	250
5. 安全教育与培训	200
6. 生产工艺系统安全管理	450
7. 设备设施安全管理	300
8. 作业现场安全管理	500
9. 职业卫生管理	200
10. 安全投入、安全科技与工伤保险	200
11. 检查	500
12. 应急管理	400
13. 事故、事件报告、调查与分析	200
14. 绩效测量与评价	100
总分	4000

表 6-43 金属非金属矿地下矿山分级标准

评审等级	标准化得分	安全绩效
一级	≥90	评审年度内未发生人员死亡的生产安全事故
二级	≥75	评审年度内生产安全事故死亡人数在 2 人(不含 2 人)以下
三级	≥60	评审年度内生产安全事故死亡人数在 3 人(不含 3 人)以下

2. 危险化学品企业安全生产标准化等级

一级:安全生产标准化评审得分≥90 分,且符合下列条件:

已通过安全生产标准化二级企业评审,并持续运行 2 年(含)以上,或者装备设施和安全管理达到国内先进水平;至申请之日前 5 年内未发生人员死亡的生产安全事故(含承包商事故),或者 10 人以上重伤事故(含承包商事故),或者 1000 万元以上直接经济损失的爆炸、火灾、泄漏、中毒事故(含承包商事故)。

二级:安全生产标准化评审得分≥90 分,且符合下列条件:

已通过安全生产标准化三级企业评审,并持续运行 2 年(含)以上;从事危险化学品生产、贮存、使用(使用危险化学品从事生产并且使用量达到一定数量的化工企业)、经营活动 5 年(含)以上且至申请之日前 3 年内未发生人员死亡的生产安全事故,或者 10 人以上重伤事故,或者 1000 万元以上直接经济损失的爆炸、火灾、泄漏、中毒事故。

三级:安全生产标准化评审得分≥80 分,且符合下列条件:

已依法取得有关法律、行政法规规定的相应安全生产行政许可;已开展安全生产标准化工作 1 年(含)以上,并按规定进行自评,自评得分在 80 分(含)以上,每个 A 级要素自评得分均在 60 分(含)以上;至申请之日前 1 年内未发生人员死亡的生产安全事故或者造成 1000 万以上直接经济损失的爆炸、火灾、泄漏、中毒事故。

3. 烟花爆竹企业安全生产标准化等级

一级:安全生产标准化评审得分≥90 分,已通过安全生产标准化二级企业评审,并持续运行 2 年以上;

二级:安全生产标准化评审得分≥80 分,已通过安全生产标准化三级企业评审,并持续运行 2 年以上;

三级:安全生产标准化评审得分≥70 分,已依法取得烟花爆竹安全生产许可证或烟花爆竹经营(批发)许可证,且许可证在有效期内;按有关要求组织开展安全生产标准化工作,持续运行 1 年以上,自评达标,且每个 A 级要素自评得分均在 60 分(含)以上;至申请之日前 1 年内,未发生死亡、3 人以上重伤或直接经济损失 100 万元以上的生产安全事故。

4. 冶金等工贸企业安全生产标准化等级

一级:安全生产标准化评审得分≥90 分,申请评审之日前 1 年内,大型企业集团、上市集团公司未发生较大以上生产安全事故,集团所属成员企业 90% 以上无死亡生产安全事故;上市公司或行业领先企业无死亡生产安全事故;

二级:安全生产标准化评审得分≥75 分,申请评审之日前 1 年内,大型企业集团、上市集团公司未发生较大以上生产安全事故,集团所属成员企业 80% 以上无死亡生产安全事故;企业死亡人员未超过 1 人;

三级：安全生产标准化评审得分≥60 分，申请评审之日前 1 年内生产安全事故累计死亡人员未超过 2 人。

6.3.4 安全绩效测评

安全绩效管理是一种现代安全管理的方法，它注重过程和效能评价，摒弃了传统的仅针对结果的评价方法，能够有效提升和促进安全管理能力，促进组织战略目标的实现。对于生产企业或政府安全监管部门来说，推行安全绩效管理是安全工作科学化、信息化的必然要求。安全绩效管理的核心环节是绩效测评，因此，构建科学合理、行之有效的安全绩效测评体系是安全管理科学化的一种有效方法和手段。

安全生产绩效测评是对组织和个人与安全有关的优缺点进行系统描述，是企业推动执行各项安全管理措施执行成效好坏的一项必要工作，是对危险设备和操作进行有效安全管理的关键。在进行安全绩效评估时，首要任务是制定绩效评估指标，并要选择适宜的评估方法。

安全绩效所包含内容可以归并为两类指标体系：一是反映过程和能力的指标，如安全工程、安全管理和安全文化（或培训教育）的过程和成效指标；二是安全的效果指标，一般常用的是事故发生的状况指标。显然，前者更为重要和具有意义。

6.3.4.1 政府安全监管绩效测评方法技术

政府安全监管绩效测评方法技术研究为政府安全监察绩效测评提供科学的理论依据和方法，为安全生产监督管理提供合理、有效的管理工具和手段，将政府安全监察工作推向更高的层次。

1. 政府安全监管绩效测评指标体系设计原则

为了更科学、准确地建立测评指标体系，在指标的选择上遵循以下原则：

（1）基础性原则。基础性原则是指所选取的指标要是基础指标，是各级、各地区普遍采用的能够反映政府监察绩效的基本评价指标。

（2）全面性原则。全面性原则是指业绩测评指标体系应能够全面反映评价对象的各有关要素和有关环节，揭示出评价对象的全貌。但全面性并不等于面面俱到，应抓住关键性问题和关联性强的综合指标对政府安全监察绩效进行评价，对那些与政府安全监管关系不是十分密切的方面，应予以简化或省略。

（3）稳定性原则。稳定性原则是指所选取的指标要具有一定的稳定性，即在一段时期内不会发生变化。

（4）常规性原则。常规性原则是指指标的选取要符合常规，合情合理，是人们普遍熟知的、能够获得相关数据的指标。

（5）定位性原则。定位性原则是指所选取的评价指标是能够反映被测机构内部业绩情况的指标。

（6）客观、公正性原则。客观、公正是业绩的基本准则和要求，否则就失去评价的意义。客观是指能够真实地反映参评机构业绩的好坏；公正是指对被评价的政府安监部门采取统一标准，按照统一的方法进行评价。

（7）可操作性原则。可操作性是指政府安监部门业绩测评在实践上应是可行的，主要包括指标体系建立的可行性和测评工具设计的可行性。

2. 政府安全监管绩效测评指标体系设计思路

根据安全监察体系的结构、职能和功能，以及客观的现实性和发展的科学性要求，设计构建省级（兼顾国家级）和地市级（兼顾县级）的两个层级的测评体系。即省（市）自治区政府安全监察绩效测评指标体系和地（市）县政府安全监察绩效测评指标体系。

其设计的思路是：

- 省（市）级：强调宏观、综合监察职能；突出基础建设和内部管理；重视监察效能和效果。
- 地（市）县：强调微观、现场监察职能；突出执行能力和管理成本；重视监察效率和效果。

以特种设备安全监察领域为例，可设计出两个层级的安全监管绩效测评指标体系，其结构见图6－8省（市）自治区政府安全监察绩效测评指标体系框图和图6－9地（市）县政府安全监察绩效测评指标体系框图。

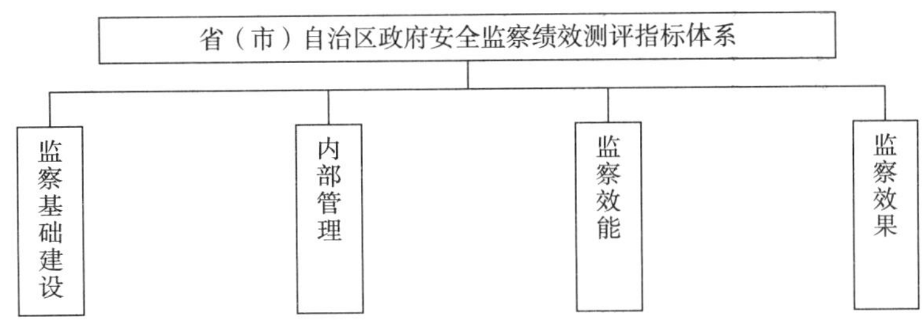

图6－8　省（市）自治区政府安全监察绩效测评指标体系框图

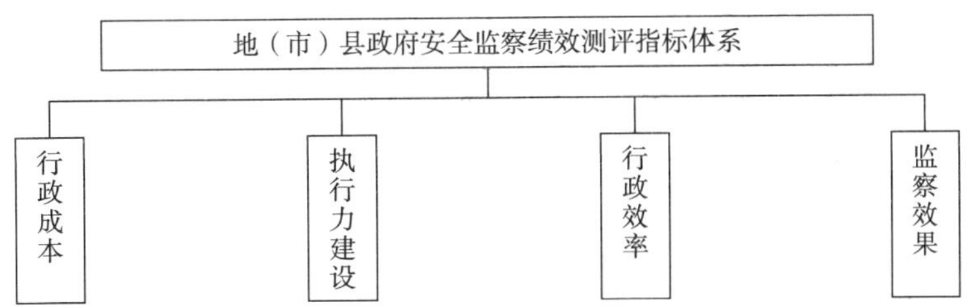

图6－9　地（市）县政府安全监察绩效测评指标体系框图

指标属性。从测试方法和准确性的角度，将所有指标分为两类属性类型：

查证型（查阅证实型）：通过查阅相关文件、记录而确定指标得分情况的指标。

抽查型（抽样调查型）：需要抽查一定数量的记录来确定得分的指标。

表6－44　政府安全监察绩效测评指标体系综合统计

层级	指标体系		指标属性综计	
	一级指标	二级指标数	查证型	抽查型
省（市）自治区	A 监察基础建设	10	9	1
	B 内部管理	12	8	4
	C 监察效能	11	9	2
	D 监察效果	6	3	3
	总计	39	29	10

续表

层级	指标体系		指标属性综计	
	一级指标	二级指标数	查证型	抽查型
地(市)县	A 行政成本	4	4	0
	B 执行力建设	14	10	4
	C 行政效率	12	6	6
	D 监察效果	5	2	3
	总计	35	22	13

6.3.4.2 企业安全生产综合绩效测评方法技术

安全生产综合绩效测评是对企业特定时期安全生产风险综合管理状况的综合测评,为提高企业人员安全素质、改善企业安全管理、创新安全文化、发展生产环境和条件,提供了定量与定性的测评技术和方法。此方法基于综合评价技术,实现对企业安全生产风险综合管理状况的评价和考核,对企业安全生产综合状况进行科学、系统、全面分析评价,以及安全生产动态综合管理的测评,从而为企业的安全生产管理提供科学、合理的决策依据。此方法对企业安全生产风险进行综合评估,是安全生产的目标管理、定量化管理的重要体现,因此,此方法对提高企业安全生产科学管理具有积极的意义。

运用安全生产综合绩效测评技术,对促进企业安全生产基础建设、系统建设和标准化建设,提升企业安全生产保障水平和事故预防能力提升;实现稳定、持续、高效的安全生产,有效地预防生产事故,提高企业全员安全素质并为今后改善安全管理工作指明方向,为企业的自我安全评价提供依据,将发挥动力性作用。

1. 企业安全生产综合绩效测评指标体系的设计

(1)指标体系的设计原则

为了更科学、准确地建立测评指标体系,在指标的选择上遵循以下原则:系统性和科学性的原则;定性与定量相结合的原则;实用性与可操作性原则;比较性原则;持续改进的原则;以发现问题为目的原则。

(2)指标体系的设计思路

以安全科学理论为支撑。以安全科学基本理论包括系统安全工程、安全风险管理、安全行为科学、安全文化学以及事故预防原理等理论为指标的设计理论依据。

紧扣两大思路和部署。指标的设计必须围绕国家安全生产监管策略和企业安全生产工作的总体思路和部署。

借鉴管理体系。借鉴国内外先进的生产安全管理体系和方法,吸收现代企业安全管理中的 OHSMS 管理体系、HSE 管理体系、南非 NOSA 五星管理系统和标准化创建等先进管理模型和方法。

符合企业实际情况。通过调查测评对象调查研究,掌握企业目前的安全生产综合绩效管理的现状,设计合理的测评指标和判定标准。

(3)指标体系的建立

在确定的设计原则和设计思路的基础上,设计了人员素质、安全管理、安全文化、设备设施、环境条件及事故状况六大测评系统，每个系统又分一级指标、二级指标和三级指标。指标体系框图见图6－10。

根据得分方式的不同，指标属性可分为以下5种类型：

①问卷调查型：通过组织测评组，进行问卷调查打分，综合统计获得所需结果；

②个人测试型：通过对本人的问题测试，运用数学分析模型求得测评所需结果；

③统计型：通过对测评对象的实际数据统计获得所需结果；

④检查型：通过对测评对象的现场检查获得所需结果；

⑤查阅型：通过查阅测评对象相关的工作记录、文件确认方式获得所需结果。

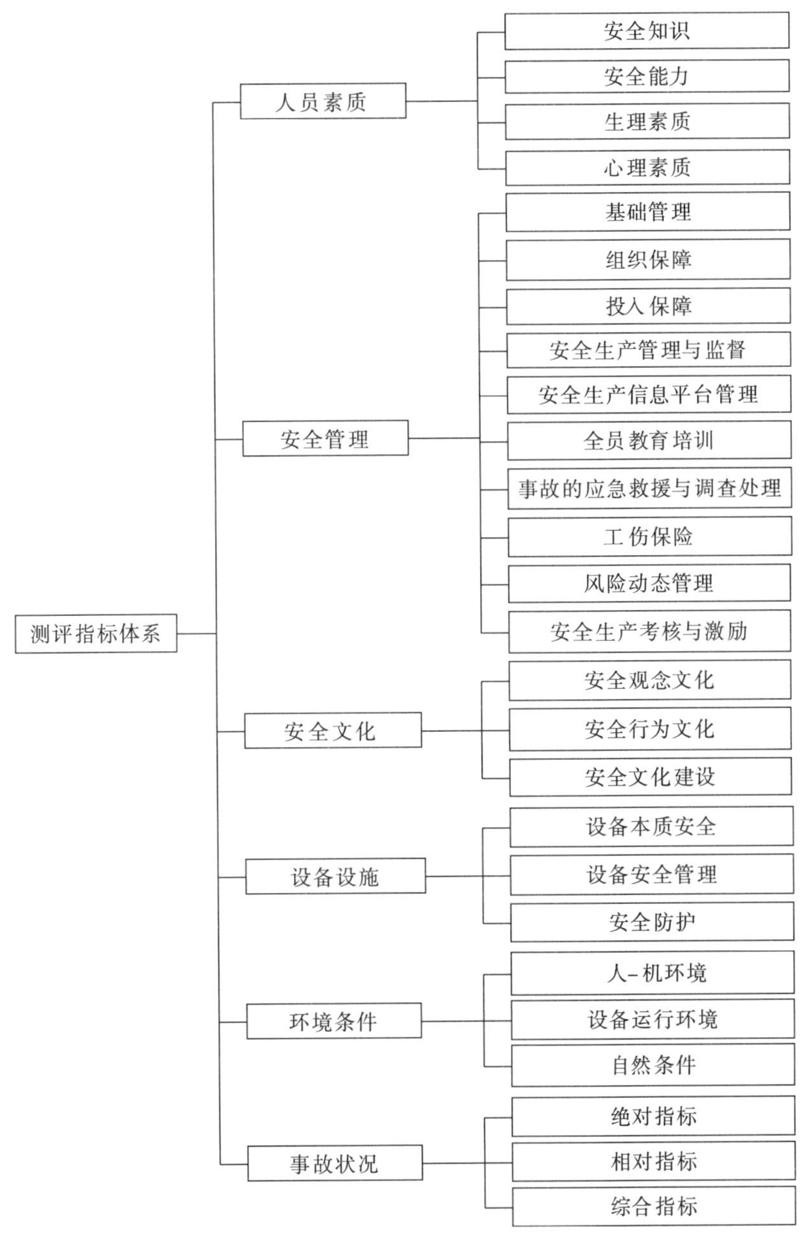

图6－10　指标体系框图

依据指标体系的设计原则和设计思路,设计六大测评系统的指标,此处简单给出两类测评系统指标体系的参考模型(其他四大指标体系略)。人员素质(A)指标体系表见表6-45,安全管理(B)指标体系见表6-46。

表6-45　安全生产综合绩效测评人员素质(A)指标体系

一级指标	二级指标	三级指标	指标属性
A1 安全知识	A1.1 领导及决策人员	A1.1.1 安全知识考试	统计型
		A1.1.2 国家安全生产法律、法规、政策知识	问卷调查型
		A1.1.3 行业安全生产标准以及规范等相关知识	问卷调查型
		A1.1.4 安全生产管理知识	问卷调查型
	A1.2 各级各部门 管理人员	A1.2.1 安全知识考试	统计型
		A1.2.2 部门安全管理方法和措施	问卷调查型
		A1.2.3 行业安全生产标准以及规范等相关知识	问卷调查型
		A1.2.4 部门安全生产规范及职责	问卷调查型
		A1.2.5 部门安全管理方法和措施	问卷调查型
	A1.3 作业人员	A1.3.1 安全生产操作规程掌握程度	问卷调查型
		A1.3.2 事故应急及逃生知识	问卷调查型
		⋮	⋮
A2 安全能力	⋮	⋮	⋮
⋮	⋮	⋮	⋮

表6-46　安全生产综合绩效测评安全管理(B)指标体系

一级指标	二级指标	三级指标	指标属性
B1 基础管理	B1.1 安全责任制	B1.1.1 各级领导的安全生产责任制是否建立健全,职责内容符合《安全生产法》、《安全生产工作规定》和本单位实际	查阅型
		B1.1.2 各职能部门、生产单位、班组的安全生产责任制是否建立健全,职责内容符合上级规定和本部门特点	查阅型
		⋮	⋮
	B1.2 规章制度与执行	B1.2.1 建立安全生产管理全员控制机制并执行	查阅型
		B1.2.2 建立安全生产作业全过程控制机制,包括:具备开工条件的工作前许可、工作中的监督控制、工作结束的验收控制。执行认真并有检查、考核记录,且能发现问题,总结经验,及时整改	查阅型
		⋮	⋮
B2 组织保障	⋮	⋮	⋮
⋮	⋮	⋮	⋮

2. 企业安全生产综合绩效指标权重设计

(1)设计原则。确定各级评估项目的权重的原则如下:

①客观性原则。即要根据分解出来的各项内容在整体中的地位与作用的重要性来确定权重大小。

②导向性原则。即指针对安全工作中某些薄弱的环节,要加以重视,可适当增大该项内容的权重。

③可测性原则。某些内容由于可测性较差,可以降低权重,以免造成评估中过大的误差。

(2)设计方法。如何确定各指标的权重,关系到最后考核结果的正确性。权重的最终分配将结合多方面因素,其中包括前面对事故统计分析和组合分析的结果,即对一些具有代表性或发生频次多的事故总结引申出的指标应适当加大权重,最后再利用德尔菲法和层次分析法确定各指标最终权重。各指标的权重及分数的确定流程见图6-11。

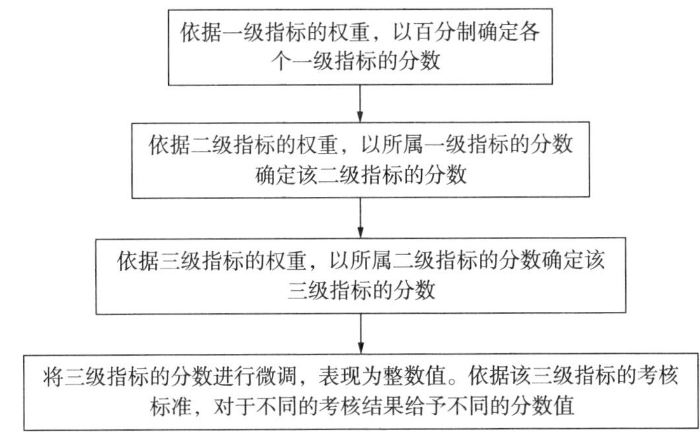

图6-11 指标的权重及分数的确定流程图

3. 企业安全生产综合绩效测评工具与标准

(1)测评工具。全部指标最终得分情况分为5分、3分、0分和5分、0分两种情况,通过设计的测评工具或指标打分标准得到全部指标的最终分数,然后利用数学模型得出测评结果。根据指标的不同类型设计测评工具,针对问卷调查型指标、个人测试型指标和设备设施系统中的检查型指标设计了测评工具。统计型指标和查阅型指标企业可根据实际情况制定打分标准,具体测评工具可参见相关著作。

(2)指标分析数学模型。指标总得分的数学模型是

$$Z = \sum_{i=1}^{6} Kz_i \text{（满分 100 分）} \qquad (6-87)$$

归一化处理的总得分为

$$F = 100 - Z\text{（满分 0）} \qquad (6-88)$$

式中:Z——安全生产绩效总得分;

F——安全生产风险度;

K——各测评系统的权重;

z_i——各测评系统得分。

各子系统得分

$$z = 100 \times \frac{\sum_{i=1}^{n} km_{1i}}{m'}（满分 100） \quad (6-89)$$

各系统风险度

$$f = 100 - z（满分 0） \quad (6-90)$$

式中：z——各测评系统得分；

f——各测评系统风险度；

k——各测评系统一级指标的权重；

m_{1i}——各测评系统一级指标的得分；

m'——各测评系统的原始满分（A 为 21.35，B 为 14.76，C 为 13.2，D 为 13.2，E 为 16.775，F 为 32）。

（3）否决项指标的设计。否决项指标即是该单位安全生产工作必须避免发生的，一旦发生就意味着安全生产风险综合管理水平较低，则该单位的测评得分应当大大降低，因此这些否决项的选择就应遵循相应的客观性、严谨性、全面性。否决项指标的扣分规则是如果测评对象出现否决项指标非 0 的情况，则该单位在事故状况测评系统的得分中减去 40 分。

否决项指标为：重、特大事故，即包括人身死亡事故、电网事故、设备事故、火灾事故、同等以上责任交通事故、恶性误操作事故；发生其中任何一起，否决项指标非 0，实施否决项指标扣分规则。

6.3.4.3 企业安全文化测评方法技术

企业安全文化综合测评方法技术研究通过建立企业安全文化测评指标体系和开发测评工具，从文化和管理的视角对企业安全文化的发展状况进行定期测评和动态评估，以定期了解和把握企业安全文化发展和变化状况，为创新、发展、优化企业安全文化明确目标和方向，对企业安全文化的持续进步发挥作用。

1. 层次法安全文化测评指标体系设计

（1）安全文化测评指标体系的设计原则

①系统性原则。企业的安全文化是一个综合的系统，是企业内互相联系、互相依赖、互相作用的不同层次、不同部分结合而成的有机整体。企业安全文化建设着眼于企业的长远发展，企业安全文化的各个构成要素，以一定的结构形式排列，他们既有相对的独立性，同时又是以一个严密有序的结合体出现，企业内各种因素一旦构成了自身强有力的安全文化，那将发挥出难以估量的功能和作用。因此，企业安全文化不是各种孤立因素简单而松散的集合，而是相互关联、互为条件的有机整体，其中任何一个因素发生变化都将引发其他因素发生连锁反映，进而影响整个企业安全文化系统的变化，此即为企业安全文化建设中需遵循的系统性。

②定性与定量相结合的原则。企业安全文化建设的系统性特征使得在建设安全文化评估体系时，首先要遵循系统性原则，即作为评价企业整体安全文化建设的指标体系，应该全面反映企业安全文化建设这一综合系统所包含的各个子系统和各个子系统所包含的各种因素。其次，企业安全文化建设的系统性特征还要求我们在评价时应遵循定量和定性相结合的原则。对于难以选择的评价因子和参数，采用定性描述的方法来评价，对于易于选择的可采用定量方法评价，通过对定性指标的打分把定性分析提高到量化评价。

③实用性和可操作性的原则。实用性和可操作性是模式推广应用的必要保证。所谓实用性,是指模式所提管理技术对企业有关工作具有针对性,并能产生显著的效果。所谓可操作性,是指企业的管理人员和有关工人通过适当的培训会用模式所提管理技术解决工作中的实际问题。评价从企业或公司的实际出发,以事实为依据,在选取指标时既包括了安全文化建设中好的一面,也涵盖了建设中存在的问题,既考虑到了安全文化建设的长期性,也顾及到现实性。在设计体系的过程中,既考虑和分析某个指标的必要性,也充分认识到在实际评估过程中是否具有可操作性。

④比较性原则。在设计企业安全文化评估体系过程中,在吸收与引进国内外先进的安全文化建设模式和做法的同时,还以其他相关企业的安全文化建设作为参照系,在对企业或公司自身特点分析基础之上,要结合行业和企业的实际,考虑建设方案的可行性和现实性。

⑤持续改进的原则。安全文化建设不是一蹴而就,不是急功近利,需要持续改进、不断深化,要树立长期坚持的思想,因此规划考虑了中长期的目标。坚持与时俱进,加强理念创新、工作创新和组织方式创新,及时总结建设经验和做法,做好典型推广,以点带面,发挥先进典型的带动和示范作用,扩大安全文化建设成效。

⑥科学理论指导的原则。一是应用文化学理论,从安全观念文化、安全行为文化、安全管理文化、安全物态文化4个方面设计建设体系;二是通过对工业安全原理和事故预防原理的研究,建设需要从人因、设备、环境、管理四要素全面考虑。坚持注重建设、注重实效、注重特色,充分整合利用资源,积极创新,加强建设,推动企业和下属各分公司的安全文化建设。

(2)层次法指标体系设计思路

狭义安全文化的测评以安全文化学为基础,特指对企业安全文化的测评,不含安全管理、安全科技和事故指标的测评指标体系。

指标体系主要分为企业或公司层面的指标体系和二级单位的安全文化指标体系两套体系。由于级别的不同,两套指标体系的侧重点不同。

企业或公司层面测评——宏观评估,纵向比较。主要用于对企业或公司安全文化现状的整体测评,分析测评结果,并与以往测评结果进行纵向比较。

下属单位层面测评——微观考核,横向比较。对下属单位进行安全文化测评,根据单位分类对测评结果加权修正,汇总结果进行横向比较,可以了解各单位安全文化发展状况,采取奖惩和树立标兵队等激励措施,以便各单位对了解自身安全文化建设现状,查找与其他单位的差距,并有的放矢,以标兵队为样本,改善自己的安全管理相关措施。

根据安全文化学的形态体系,安全文化的测评范畴分为:安全观念文化、安全行为文化、安全管理文化、安全物态文化;按照安全文化学的对象体系,安全文化的评价对象则按决策层、管理层、执行层进行划分。

企业公司层面的测评指标结构按对象体系设计指标体系结构;下属单位的测评则按形态体系设计指标体系结构,见图6-12。

广义安全文化指标体系设计思路是以广义安全文化的测评为核心,同时还涉及企业安全管理、安全工程技术和事故率等方面的指标,从而构建综合、全面、系统的安全生产测评系统。

(3)层次法指标体系设计

狭义安全文化测评指标体系设计,主要按企业或公司层面的安全文化测评指标体系,见表6-47。

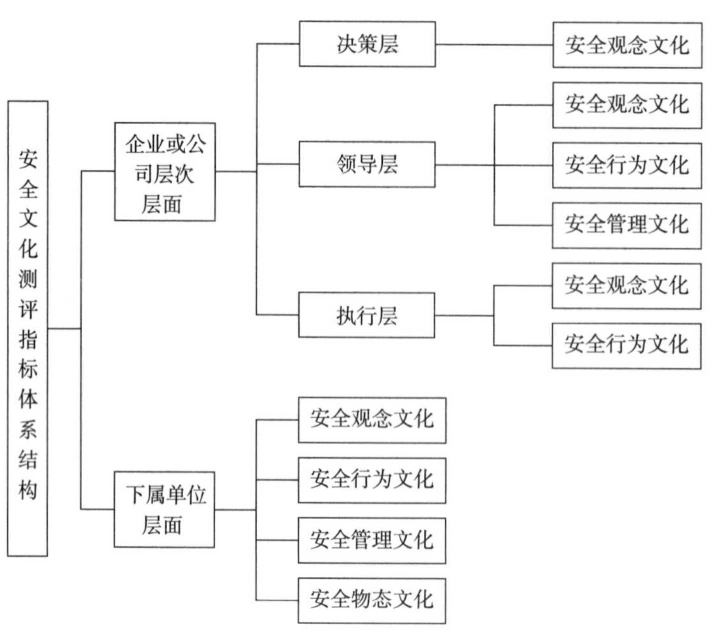

图 6－12　狭义安全文化测评指标体系结构图

表 6－47　企业或公司安全文化测评指标体系

一级指标		二级指标	三级指标
决策层 A	安全观念文化 A_1	安全意识 A_{11}	安全价值观 A_{111}
			安全为第一考虑要素的状况 A_{112}
		安全态度 A_{12}	安全承诺的履行状况 A_{121}
			对上级安全指令的执行状况 A_{122}
领导层 B	安全观念文化 B_1	安全意识 B_{11}	安全价值观 B_{111}
			对上级安全指令的重视和传达状况 B_{112}
		安全态度 B_{12}	安全承诺的履行状况 B_{121}
			安全投入的保障状况 B_{122}
	安全行为文化 B_2	执行力 B_{21}	管理者资格认证率 B_{211}
			安全责任的履行状况 B_{212}
		沟通与协调 B_{12}	对内沟通状况 B_{121}
			对外沟通状况 B_{122}
	安全管理文化 B_3	基础管理 B_{31}	安全监督与检查状况 B_{311}
			事故报告与调查的状况 B_{312}
			未遂的报告 B_{313}
		科学管理 B_{32}	QHSE 管理体系的执行状况 B_{321}
			承包商管理状况 B_{322}
			安全绩效与奖惩的挂钩状况 B_{324}

续表

一级指标		二级指标	三级指标
执行层 C	安全观念文化 C_1	安全态度 C_{11}	基层员工对安全的承诺 C_{111}
			对安全职责的认知程度 C_{112}
		安全意识 C_{12}	安全工作的态度 C_{121}
			作业安全分析的自觉性 C_{122}
	安全行为文化 C_2	员工素质 C_{21}	签订《HSE 指令书》的状况 C_{211}
			安全责任的履行状况 C_{212}
		班组建设 C_{22}	安全学习情况 C_{221}
			技能考核状况 C_{223}

2. 企业下属单位狭义安全文化测评指标体系的设计

按照安全文化的层次结构，结合国内企业特点，考虑企业安全文化评价体系所选取的指标，并考虑到对二级单位进行测评的工作量和资源投入等因素，在二级单位层面的测评指标体系中，共提炼了 4 个一级指标，10 个二级指标，20 个三级指标。指标的选取基本涵盖了观念、行为、管理、物态 4 个层次。见表 6－48。

表 6－48　基层(二级)单位安全文化评估体系

一级指标	二级指标	三级指标
安全观念文化 A_1	安全价值观 A_{11}	安全承诺 A_{111}
		安全态度 A_{112}
		安全理念 A_{113}
	安全责任感 A_{12}	安全工作的态度 A_{121}
		安全自律的状况 A_{122}
		全员规章遵守的自觉性 A_{123}
安全行为文化 B_1	执行力 B_{11}	安全职责履行状况 B_{111}
		现场员工违章(三违)率 B_{112}
	安全氛围 B_{12}	互动性与和谐性状况 B_{121}
		安全活动的开展频度及效果 B_{122}
安全管理文化 C_1	基础管理 C_{11}	安全责任制与检查制 C_{111}
		组织保障与投入保障 C_{112}
	科学管理 C_{12}	科学决策与沟通 C_{121}
		现代管理方式 C_{122}
	安全培训 C_{13}	人员资格认证 C_{131}
		安全培训的规划与执行 C_{132}
		员工激励及有效性 C_{133}
安全物态文化 D_1	本质安全 D_{11}	设备完好率 D_{111}
		隐患整改率 D_{112}
	安全生产条件 D_{12}	作业环境标准化达标状况 D_{121}
	个人防护用品 D_{13}	个人防护用品配备状况 D_{131}

6.3.5 高危作业风险分级

6.3.5.1 风险分级模型构建

国家对各行业的高危作业有着强制性的监管要求,一般常见的高危作业有如下几类:动土作业、登高作业、动火作业、吊装作业、抽堵盲板、受限空间作业、临时用电作业、爆破拆和断路作业等。

对高危作业进行科学合理监管,需要对其作业的风险进行分级评价。根据风险理论,一般以如下数学模型进行风险分级

$$H = D \times \left(\frac{\sum_{i=1}^{n} F_i}{n}\right) \times G \tag{6-91}$$

式中:H——高危作业风险指数;

D——高危作业危险条件指数;

F_i——高危作业风险影响因子,$i = 1, \cdots, n$;

G——高危作业风险叠加系数。

6.3.5.2 风险分级模型量化

由于高危作业的相关标准规范相对成熟,故考虑通过风险指数 H 来反映特种高危作业的风险,H 值越大则说明风险越大。

表 6-49 特种高危作业风险分级标准

风险等级	低	中	高
H_i	<20	<30	>30

1. 特种高危作业危险条件指数量化

特种高危作业危险条件指数 D 是根据特种高危作业的不同危险条件进行划分的,参考已有相关标准的规定,进行量化赋值,D 值与风险成正比关系,值越大说明该作业的条件越特殊,危险性越大,风险越高,其分为 3 个等级,见表 6-50。

表 6-50 特种高危作业危险条件指数分级标准

等级标准	好	中	差
D_i	10	20	30

2. 特种高危作业风险影响因子量化

特种高危作业风险影响因子 F_i,即对特种高危作业风险产生重要影响的关键因素,这里主要考虑两种因素:F_1 为现场作业人数,影响作业事故后果严重程度;F_2 为作业时长,影响作业人员接触危险环境的暴露程度。见表 6-51 和表 6-52。

表 6-51 特种高危作业风险影响因子 F_1 分级标准

等级标准	好(人数……)	中(人数……)	差(人数……)
F_{1i}	1	2	5

表 6－52　特种高危作业风险影响因子 F_1 分级标准

等级标准	好(作业时长……)	中(作业时长……)	差(作业时长……)
F_{2i}	1	2	5

3. 高危作业风险叠加系数量化

高危作业时常同时交叉进行，如受限空间作业与动火作业等，这样势必增加了作业的风险，风险叠加系数 G 表示 N 种特种高危作业同时进行时对作业风险大小的影响。见表 6－53。

表 6－53　风险叠加系数分级标准

等级标准	无叠加作业	两项作业同时或交叉进行	三项作业或以上同时或交叉进行
G	1	2	3

6.3.5.3　高危作业风险分级实例

以动土作业为例，其风险分级方法如下：

1. 动土作业危险条件指数量化

参考《化学品生产单位动土作业安全规范》(AQ 3023—2008)的规定，动土作业危险条件指数量化见表 6－54。

表 6－54　动土作业危险条件指数量化标准

D_1	10	20	30
等级标准	同时满足下列情况的：作业深度≤2m；无临近地下设施；施工现场无火灾、爆炸、有毒、有害气体泄漏可能	同时满足下列情况的：作业深度(2,5]m；地下设施深度＞5m；施工现场无火灾、爆炸、有毒、有害气体泄漏可能	有下列情况之一的：作业深度＞5m或临近地下设施(深度未知)或在现场有火灾、爆炸、有毒、有害气体泄漏可能性的场所施工或施工受天气影响或施工能见度不高(夜间作业)

2. 动土作业风险影响因子量化

根据动土作业相关要求，其风险影响因子量化见表 6－55。

表 6－55　动土风险影响因子量化标准

因子分值	1	2	5
F_{11}	≤3 人	(3,10]人	＞10 人
F_{21}	≤8h	(8,24]h	＞24h

则动土作业的风险分级模型为

$$H_1 = D_1 \times \left(\frac{F_{11} + F_{12}}{2}\right) \times G \tag{6-92}$$

3. 其他作业风险分级模型

(1)登高作业

参考《高处作业分级》(GB/T 3608—2008)和《化学品生产单位高处作业安全规范》(AQ 3025—2008)进行分级。见表6-56。

表6-56 登高作业风险分级量化标准

等级标准	好	中	差
D_2	一级登高作业(作业高度在[2,5)m)	有下列情况之一的:二级登高作业(作业高度在[5,15)m)或在无平台、无护栏的罐等化工容器、设备及架空管道上作业或在临近有放空管线的登高作业	有下列情况之一的:三级以上登高作业(作业高度>15m)或在易燃、易爆、易中毒、易灼伤的区域或转动设备附近作业或风力≥5级的室外作或异温登高作业或带电作业或冰冻、降雪、降雨或大雾作业或室外完全采用人工照明的夜间作业或无立足点或无牢靠立足点的悬空作业
F_{12}	1~2人	3~4人	≥5人
F_{22}	≤2h	(2,4]h	>4h

注:异温登高作业指在高温或低温情况下进行的高处作业,高温是指作业地点具有生产热源,其气温高于本地区夏季室外通风设计计算温度的气温2℃及以上的温度;低温是指作业地点的气温低于5℃。

(2)动火作业

参考《化学品生产单位动火作业安全规范》(AQ 3022—2008)的规定,动火作业风险分级见表6-57。

表6-57 动火作业风险分级量化标准

等级标准	好	中	差
D_3	三级动火作业	有下列情况之一的:二级动火作业或经清洗、置换、取样分析合格并采取安全隔离措施的贮罐、输送管道、机泵、容器等装置的动火作业	有下列情况之一的:一级动火作业或特殊动火作业或风力≥5级的室外动火作业
F_{13}	2~3人	(3,10]人	>10人
F_{23}	≤2h	(2,4]h	>4h

注:动火作业分级标准参见《化学品生产单位动火作业安全规范》(AQ 3022—2008)。

(3)吊装作业

参考《化学品生产单位吊装作业安全规范》(AQ 3021—2008)的规定,吊装作业风险分级见表6-58。

表 6－58　吊装作业风险分级量化标准

等级标准	好	中	差
D_4	三级吊装作业（吊装质量＜40t）	有下列情况之一的：二级吊装作业（吊装质量［40t，100t］）或吊装质量不足 40t，但吊装物品形状复杂、刚度小、长径比大、精密贵重、作业条件特殊	有下列情况之一的：一级吊装作业（吊装质量＞100t）或吊装质量≥40t，且吊装物品形状复杂、刚度小、长径比大、精密贵重、作业条件特殊或两台及以上起重机械吊运同一重物或夜间作业
F_{14}	≤3 人	（3，10］人	＞10 人
F_{24}	≤8h	（8，24］h	＞24h

复习思考题

1. 试列举说明安全微观定量、安全宏观定量方法各 3 种。
2. 什么是安全系数、安全裕度？
3. 安全生产指标体系和事故指标体系分别包括哪些内容？
4. 什么是安全的绝对指标和相对指标，请举例说明。
5. 安全指数理论对安全生产状况的分析有哪些作用？
6. 事故标准当量的涵义和测试方法是什么？死亡 1 人的事故当量如何测定？
7. 风险定量分析的优点体现在哪里？
8. 事故经济损失程度分为哪四级？
9. 如何区分安全的微观、中观和宏观定量方法？
10. 安全绩效测评的常用的方法有哪些？
11. 如何对企业安全文化进行测评？
12. 试说出安全的定量和半定量测评方法各 3 种。

第7章　安全科学基本理论

● 本章知识框架

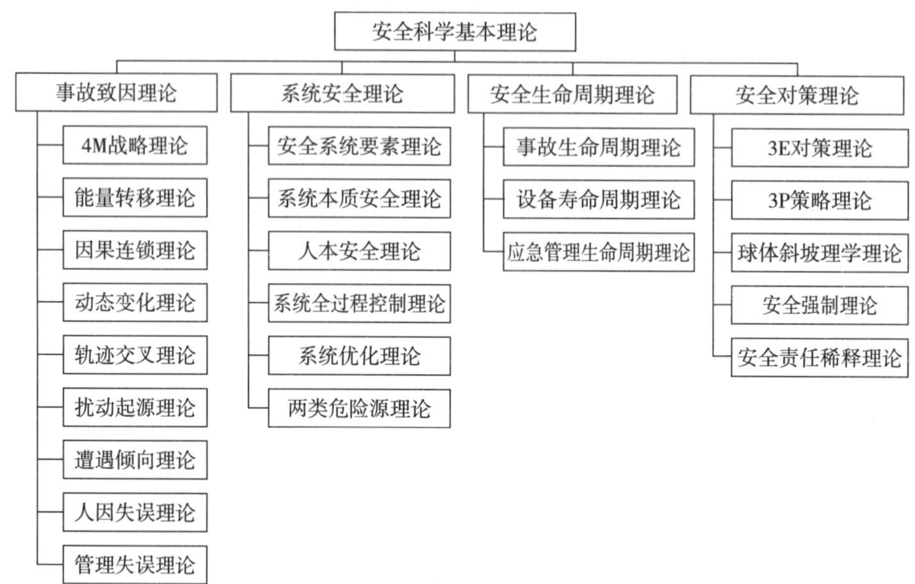

● 知识引导

安全科学基本理论是安全科学的基础，是从事安全工作的必备理论知识。安全科学基本理论包括事故致因理论、系统安全理论、生命周期理论和安全对策理论等，事故致因理论从不同角度分析事故发生的原因，系统安全理论从系统安全的角度分析安全要素、系统本质安全和系统优化，生命周期理论阐释了事故的发生、设备的失效和应急管理的过程，安全对策理论从3E3P理论、系统球体理论和责任稀释理论阐释了安全管理的对策。

● 重点提示

重点：利用事故致因理论分析事故，应用系统安全理论、安全生命周期理论、安全对策理论等指导安全工程、安全管理、安全监察、安全培训等安全活动。

难点：如何利用事故致因理论分析事故，如何利用安全对策理论进行安全管理。

核心概念：事故致因、安全系统、危险源、人本安全、安全生命周期等。

● 主要需要思考的问题

通过本章的学习，需要思考如下问题：

1. 如何利用事故致因理论分析事故原因？
2. 如何从系统安全层面进行安全管理？
3. 如何应用安全对策理论进行安全管理？

● **相关的阅读材料**

学习阅读安全原理、事故致因理论、系统安全理论、生命周期理论、安全对策理论等相关资料。

● **学习目标**

1. 了解掌握 9 种事故致因理论,并学会利用事故致因理论分析事故、预防事故。

2. 了解如何从系统安全角度进行功能安全设计、安全科学管理。

3. 利用生命周期理论分析事故的发生、设备的失效和应急管理工作的开展。

4. 利用“4M”要素、“3E”对策、“3P”策略等理论,以及安全系统、安全文化等理论进行安全思维和安全分析。

7.1 事故致因理论

事故致因理论是从大量典型事故的本质原因的分析中所提炼出的事故机理和事故模型。这些机理和模型反映了事故发生的规律性,能够为事故原因的定性、定量分析,为事故的预测预防,为改进安全管理工作,从理论上提供科学的、完整的依据。随着科学技术和生产方式的发展,事故发生的本质规律在不断变化,人们对事故原因的认识也在不断深入,因此先后出现了十几种具有代表性的事故致因理论和事故模型。

事故致因理论的发展虽还很不完善,还没有给出对于事故调查分析和预测预防方面的普遍和有效的方法。然而,通过对事故致因理论的深入研究,必将在安全管理工作中产生以下深远影响:①从本质上阐明事故发生的机理,奠定安全管理的理论基础,为安全管理实践指明正确的方向。②有助于指导事故的调查分析,帮助查明事故原因,预防同类事故的再次发生。③为系统安全分析、危险性评价和安全决策提供充分的信息和依据,增强针对性,减少盲目性。④有利于从定性的物理模型向定量的数学模型发展,为事故的定量分析和预测奠定基础,真正实现安全管理的科学化。⑤增加安全管理的理论知识,丰富安全教育的内容,提高安全教育的水平。

7.1.1 “4M”要素战略理论

基于事故致因的分析,事故系统涉及 4 个基本要素,通常称“4M”要素,即:人的不安全行为(men);设备的不安状态(machinery);环境的不良影响(medium);管理的欠缺(management)。认识事故系统要素,应用于事故预防战略思维中,对保障安全有了基本的战略目标和对象。事故“4M”是事故形成的致因,反之,也是建立预防事故和安全保障系统的战略因素。由此理论出发,通过控制 4M 要素来建立安全保障体系,从而使安全的战略具有主动性和超前性。

1. 人因要素战略

由于人为因素导致的事故在工业生产发生事故中占有较大的比例,有的行业甚至高达 90% 以上,因此,从人因战略的角度控制和预防事故将对安全的保障发挥重要的作用。

人因战略就是要以提高人的安全素质为目标,具体的战略措施有:

(1)基础教育战略措施。即从中小学生的安全素质入手,普及安全教育,提高学生安全意识,丰富安全知识,提高安全能力。

(2)社会人安全战略。推行社区安全建设,普及全民安全知识,提升社会人的安全防灾、应急逃生能力。

(3)文化建设战略措施。推进以人的安全素质为目标的安全文化建设,首先是人的基本层面的安全知识和技能,其次是人的深层的安全观念、意识和态度、本质、素质,“意识决定行为,行为体现素质,素质决定命运”。安全文化建设的战略措施有:提高全民安全素质,规范安全行为;普及安全知识,推进安全理论创新;繁荣安全文艺创作,构建和落实安全文化建设与宣传教育体系;开展丰富多彩的安全文化建设活动,发挥安全文化功能作用,营造有利于安全生产的舆论氛围;通过文化引领,促进经济社会科学发展安全发展,通过建设先进的安全文化,提高全民安全素质,强化全民安全意识,实现安全全民参与、全民共享的安全目标。

(4)企业全员安全战略。企业五类人的安全素质战略措施,即决策者、管理者、专业人员、执行层员工、家属五类人的安全素质工程。同时注重现场员工的能力及素质,通过人员专业化、行为检查制度、教育培训、约束激励等行为管理措施保证作业人员的安全行为。

2. 物因要素战略

物因战略就是“科技强安”战略。安全科技的发展是现代社会工业化生产的要求,是实现安全生产的最本质的路径。安全生产的保障需要科技的支撑,实现科技强安战略,是各级政府决策者和各行业企业家应有的战略意识。企业要采用先进实用的生产技术,推行现代的安全技术,选用高标准的安全装备,追求生产过程的本质安全化,同时,还要积极组织安全生产技术研究开发,自觉引进国际先进的安全生产科技。国家要积极支持安全生产科学理论研究,发展安全科学技术,组织重大安全技术攻关,研究制定行业安全技术标准、规范,积极开展国际安全技术交流,努力提高我国安全生产技术水平。安全生产法规健全,安全生产法规能够落实到位,安全生产标准执行达标,这是一个企业生产经营的最基本的要求和前提条件。每一个企业家和全社会都要建立“依靠安全科技进步,提高安全事故防范能力”的观念。

安全科技决定于安全系统的基本保障能力及条件,因此,安全科技是事故灾难“技防”的基本力量,只有充分依靠安全科学技术的手段和方法,技术系统或生产、生活活动过程中的安全才有根本的保障。

在具体的安全保障和事故预防工程技术对策中,一般有如下战略性原则:

(1)消除潜在危险的原则。即在本质上消除事故隐患,是理想的、积极的、先进的事故预防措施。其基本的做法是以新的系统、新的技术和工艺代替旧的不安全系统和工艺,从根本上消除发生事故基础。例如,用不可烯材料代替可烯材料;以导爆管技术代替导致火绳起爆方法;改进机器设备,消除人体操作对象和作业环境的危险因素,排队噪声、尘毒对人体的影响等,从本质上实现职业安全健康。

(2)降低潜在危险因素数值的原则。即在系统危险不能根除的情况下,尽量地降低系统的危险程度,使系统一旦发生事故,所造成的后果严重程度最小。如手电钻工具采用双层绝缘措施;利用变压器降低回路电压;在高压容器中安装安全阀、泄压阀抑制危险发生等。

(3)冗余性原则。就是通过多重保险、后援系统等措施,提高系统的安全系数,增加安全余量。如在工业生产中降低额定功率;增加钢丝绳强度;飞机系统的双引擎;系统中增加备用装置或设备等措施。

(4)闭锁原则。在系统中通过一些原器件的机器连锁或电气互锁,作为保证安全的条件。如冲压机械的安全互锁器,金属剪切机室安装出入门互锁装置,电路中的自动保安器等。

(5)能量屏障原则。在人、物与危险之间设置屏障,防止意外能量作用到人体和物体上,以保证人和设备的安全。如建筑高空作业的安全网,反应堆的安全壳等,都起到了屏障作用。

(6)距离防护原则。当危险和有害因素的伤害作用随距离的增加而减弱时,应尽量使人与危险源距离远一些。噪声源、辐射源等危险因素可采用这一原则减小其危害。化工厂建在远离居民区,爆破作业时的危险距离控制,均是这方面的例子。

(7)时间防护原则。是使人暴露于危险、有害因素的时间缩短到安全程度之内。如开采放射性矿物或进行有放射性物质的工作时,缩短工作时间;粉尘、毒气、噪声的安全指标随工作接触时间的增加而减少。

(8)薄弱环节原则。即在系统中设置薄弱环节,以最小的、局部的损失换取系统的总体安全。如电路中的保险丝、锅炉的熔栓、煤气发生炉的防爆膜、压力容器的泄压阀等。它们在危险情况出现之前就发生破坏,从而释放或阻断能量,以保证整个系统的安全性。

(9)坚固性原则。这是与薄弱环节原则相反的一种对策。即通过增加系统强度来保证其安全性。如加大安全系数,提高结构强度等措施。

(10)个体防护原则。根据不同作业性质和条件配备相应的保护用品及用具。采取被动的措施,以减轻事故和灾害造成的伤害或损失。

(11)代替作业人员原则。在不可能消除和控制危险、有害因素的条件下,以机器、机械手、自动控制器或机器人代替人或人体的某些操作,摆脱危险和有害因素对人体的危害。

(12)警告和禁止信息原则。采用光、声、色或其他标志等作为传递组织和技术信息的目标,以保证安全。如宣传画、安全标志、板报警告等。

3. 环境要素战略

安全系统的最基础要素就是人 - 机 - 环 - 管四要素。显然,环境因素也是重要方面。通过环境揭示环境与事故的联系及其运动规律,认识异常环境是导致事故的一种物质因素,使之能有效地预防、控制异常环境导致事故的发生,并在生产实践中依据环境安全与管理的需求,运用环境导致事故的规律和预防、控制事故原理联系实际,最终对生产事故进行超前预防、控制的方法,这就是研究环境因素导致事故的目的。

环境,是指生产实践活动中占有的空间及其范围内的一切物质状态。其中,又分为固定环境和流动环境两种类别。固定环境是指生产实践活动所占有的固定空间及其范围内的一切物质状态。流动环境是指流动性的生产活动所占有的变动空间及其范围内的一切物质状态。

4. 管理要素战略

组织管理对安全系统的作用是综合性和条件性的。即,人因、物因、环境都与管理因素有关。在国家实施安全发展战略过程中,具体的安全管理的战略措施可以有:

(1)强化安全责任的战略措施。建立责任体系、明晰责任主体。《安全生产法》明确了我国对安全生产负有责任对象的 4 个方面,即:生产经营单位责任主体;各级政府安全生产监管责任主体;从业人员守法责任主体;中介技术服务咨询责任主体。

(2)优化国家安全生产运行机制战略措施。随着市场经济体制的发展,以及国际经济一体化的要求,国家需要建立一个符合市场经济环境的安全生产工作的运作机制,使国家的安全生产运行机制和监管体制能够与市场经济体制相适应,使国家的安全生产工作充满生机和活力。本着科学、合理、高效的原则,即:提高国家监管层次、加强监察力度;优化国家监察职能、理顺政府监管关系;顺应世界潮流使之本土化,学习先进模式实现国际化。我国需要遵循"借鉴国际先进模式与针对中国国际需要相结合的原则",建立符合社会主义市场经济需要的国家安全生产运行机制。

(3)提高政府安全监管效能的战略措施。实施"监管－协调－服务"三位一体的行政执法系统工程。"监管"就是要把好经营单位的市场准入和安全生产标准关;"协调"就是调动科学研究、技术服务、教育培训等社会各方面力量,应用中介技术服务的机制,通过安全评估、安全检测、人才培训、技术推广等方式,把监督与服务有机地结合起来,从本质上改善我国生产经营单位的安全生产状况;"服务"就是要大力培育安全科技服务市场、安全文化服务市场,让生产经营单位及时了解安全生产方面的法规、科技、文化信息,使生产经营单位真正做到"预防为主"。

创新政府监管策略的具体方式有:建立国家相关职能部门的"监管协调制度"。即安全生产综合监管部门与专项监管部门(公安、检察、工会、技监等部门)定期的工作联席会议制度、情报通报制度、事故处罚协商制度、事故案件协查制度等。推行下级政府安全生产年度报告制度;推行政府领导安全生产述职制度;公布省市安全生产综合状况排行榜;国家将安全生产指标纳入社会发展指标体系;对政府施行"安全生产管理评估标准";高危险行业从安全生产保障的角度,推行特殊、优惠、补助的政策,如在煤矿、建筑等行业实行"二次分配"、"税收返还或减免"、"安全措施经费补助"等技术经济激励政策。

(4)建立企业安全生产自律机制战略措施。"企业自律"就是要建立生产经营单位安全生产的自律机制。这里企业是广义的概念,即我国境内的一切独立经济实体和行政实体,既包括一般概念的企业(工厂等),也包括事业单位、服务性机构等。企业自律的完整含义应该包括,企业在安全生产中的"自我约束"和"自我激励"两个方面。企业自律的基本要求是实现企业在良好法治环境下的自我约束,这是每一个企业都必须做到的,《安全生产法》的制定和实施,就是实现企业基本自律的法治保障。在此基础上,应该进一步实现企业自律机制中的自我激励。

(5)加强从业人员安全维权机制的战略措施。"员工维权"是指企业职工群众在生产劳动过程中,依据法律法规,对自身应该享有的安全和健康权利自觉地进行维护。国家通过制定法律、监督法律和执行法律,保护职工在生产劳动中的权利;企业必须遵守国家法律,避免法律制裁而保障职工的安全生产权利。靠国家和企业保护职工在生产经营活动中的安全生产权利仅是一方面,职工还应该主动维护自己的合法权益。

7.1.2 能量转移理论

事故能量转移理论是美国的安全专家哈登(Haddon)于1966年提出的一种事故控制理论。其理论的立论依据是对事故的本质定义,即哈登把事故的本质定义为:事故是能量的不正常转移。这样,研究事故的控制的理论则从事故的能量作用类型出发,即研究机械能(动能、势能)、电能、化学能、热能、声能、辐射能的转移规律;研究能量转移作用的规律,即从能级的控制技术,研究能转移的时间和空间规律;预防事故的本质是能量控制,可通过对系统能量的消除、限值、疏导、屏蔽、隔离、转移、距离控制、时间控制、局部弱化、局部强化、系统闭锁等技术措施来控制能量的不正常转移。

1. 能量在事故致因中的地位

能量在人类的生产、生活中是不可缺少的,人类利用各种形式的能量做功以实现预定的目的。生产、生活中利用能量的例子随处可见,如机械设备在能量的驱动下运转,把原料加工成产品;热能把水煮沸等。人类在利用能量的时候必须采取措施控制能量,使能量按照人们的意图产生、转换和做功。从能量在系统中流动的角度,应该控制能量按照人们规定的能量流通渠道流动。如果由于某种原因失去了对能量的控制,就会发生能量违背人的意愿的意外释放或逸出,使进行中的活动中止而发生事故。如果事故时意外释放的能量作用于人体,并且能量的作用超过人体的承受能力,则将造成人员伤害;如果意外释放的能量作用于设备、建筑物、物体等,并且能量的作用超过它们的抵抗能力,则将造成设备、建筑物、物体的损坏。生产、生活活动中经常遇到各种形式的能量,如机械能、热能、电能、化学能、电离及非电离辐射、声能、生物能等,它们的意外释放都可能造成伤害或损坏。

麦克法兰特(McFartand)在解释事故造成的人身伤害或财物损坏的机理时说:"所有的伤害事故(或损坏事故)都是因为:①接触了超过机体组织(或结构)抵抗力的某种形式的过量的能量;②有机体与周围环境的正常能量交换受到了干扰(如窒息、淹溺等)。因而,各种形式的能量构成伤害的直接原因。"

人体自身也是个能量系统。人的新陈代谢过程是个吸收、转换、消耗能量,与外界进行能量交换的过程;人进行生产、生活活动时消耗能量,当人体与外界的能量交换受到干扰时,即人体不能进行正常的新陈代谢时,人员将受到伤害,甚至死亡。

事故发生时,在意外释放的能量作用下人体(或结构)能否受到伤害(或损坏),以及伤害(或损坏)的严重程度如何,取决于作用于人体(或结构)的能量的大小、能量的集中程度、人体(或结构)接触能量的部位、能量作用的时间和频率等。显然,作用于人体的能量越大、越集中,造成的伤害越严重;人的头部或心脏受到过量的能量作用时会有生命危险;能量作用的时间越长,造成的伤害越严重。

美国运输部安全局局长哈登引申了吉布林提出的观点——"人受伤害的原因只能是某种能量的转移",并提出了"根据有关能量对伤亡事故加以分类的方法",见表 7-1 和表 7-2。第一类伤害是由于施加了超过局部或全身性损伤阈限的能量引起的;第二类伤害是由于影响了局部或全身性能量交换引起的。

表 7-1　第 1 类伤害的实例

施加的能量类型	产生的原发性损伤	举例与注释
机械能	移位、撕裂、破裂和压榨、主要损及组织	由于运动的物体如子弹、皮下针、刀具和下落物体冲撞造成的损伤,以及由于运动的身体冲撞相对静止的设备造成的损伤,如在跌倒时、飞行时和汽车事故中。具体的伤害结果取决于合力施加的部位和方式。大部分的伤害属于本类型
热能	凝固、烧焦和焚化、伤及身体任何层次	第一度、第二度和第三度烧伤。具体的伤害结果取决于热能作用的部位和方式
电能	干扰神经—肌肉功能,以及凝固、烧焦和焚化,伤及身体任何层次	触电死亡、烧伤、干扰神经功能,如在电休克疗法中。具体伤害结果取决于电能作用的部位和方式

续表

施加的能量类型	产生的原发性损伤	举例与注释
电离辐射	细胞和亚细胞成分与功能的破坏	反应堆事故、治疗性与诊断性照射、滥用同位素、放射性坠尘的作用。具体伤害结果取决于辐射能作用的部位和方式
化学能	伤害一般要根据每一种或每一组的具体物质而定	包括由于动物性和植物性毒素引起的损伤，化学烧伤如氢氧化钾、溴、氟和硫酸，以及大多数元素和化合物在足够剂量时产生的不太严重而类型很多的损伤

表7－2　第2类伤害的实例

影响能量交换的类型	产生的损伤或障碍的种类	举例与注释
氧的利用	生理损害，组织或全身死亡	全身——有机械因素或化学因素引起的窒息（例如溺水、一氧化碳中毒和氰化氢中毒） 局部——"血管性意外"
热能	生理损害，组织或全身死亡	由于体温调节障碍产生的损害、冻伤、冻死

2. 应用能量转移理论预防伤害

Haddon认为，在一定条件下某种形式的能量能否产生伤害，造成人员伤亡事故，应取决于：①人接触能量的大小；②接触时间和频率；③力的集中程度。他认为预防能量转移的安全措施可用屏障树（防护系统）的理论加以阐明；④屏障设置得越早，效果越好。

防护能量逆流于人体的典型系统可大致分为12个类型：

（1）限制能量的系统：如限制能量的速度和大小，规定极限量和使用低压测量仪表等等。

（2）用较安全的能源代替危险性大的能源，如用水力采煤代替爆破；应用CO_2灭火剂代替CCl_4等等。

（3）防止能量蓄积：如控制爆炸性气体CH_4的浓度；应用低高度的位能；应用尖状工具（防止钝器积聚热能）等；控制能量增加的限度。

（4）控制能量释放：如在贮放能源和实验时，采用保护性容器（如耐压氧气缶、盛装放射性同位素的专用容器）以及生活区远离污染源等等。

（5）延缓能量释放，如采用安全阀、逸出阀，以及应用某些器件吸收振动等。

（6）开辟释放能量的渠道：如接地电线，抽放煤体中的瓦斯等等。

（7）在能源上设置屏障：如防冲击波的消波室，除尘过滤或氡子体的滤清器、消声器，以及原子辐射防护屏等等。

（8）在人物与能源之间设屏障，如防火罩、防火门、密闭门、防水闸墙等。

（9）在人与物之间设屏蔽，如安全帽、安全鞋和手套、口罩等个体防护用具等。

（10）提高防护标准，如采用双重绝缘工具、低电压回路、连续监测和远距遥控等等；增强对伤害的抵抗能力（人的选拔，耐高温、高寒、高强度材料）。

（11）改善效果及防止损失扩大，如改变工艺流程，变不安全为安全流程，搞好急救。

(12)修复或恢复,治疗、矫正以减轻伤害程度或恢复原有功能。

从系统安全观点研究能量转移的另一概念是,一定量的能量集中于一点要比它大面铺开所造成的伤害程度更大。我们可以通过延长能量释放时间,或使能量在大面积内消散的方法以降低其危害的程度对于需要保护的人和财产应用距离防护远离与释放能量的地点,以此来控制由于能量转移而造成的伤亡事故。

最理想的是,在能量控制系统中优先采用自动化装置,而不需要操作者再考虑采取什么措施。

安全工程技术人员应充分利用能量转移的理论在系统设计中克服不足之外,并且对能量加以控制,使其保持在容许限度之内。

7.1.3 因果连锁理论

1. 海因里希因果连锁论

海因里希因果连锁论又称海因里希模型或多米诺骨牌理论,该理论由海因里希首先提出了,用以阐明导致伤亡事故的各种原因及与事故间的关系。该理论认为,伤亡事故的发生不是一个孤立的事件,尽管伤害可能在某瞬间突然发生,却是一系列事件相继发生的结果。

海因里希把工业伤害事故的发生、发展过程描述为具有一定因果关系的事件的连锁发生过程,即:

(1)人员伤亡的发生是事故的结果。

(2)事故的发生是由于:①人的不安全行为;②物的不安全状态。

(3)人的不安全行为或物的不安全状态是由于人的缺点造成的。

(4)人的缺点是由于不良环境诱发的,或者是由先天的遗传因素造成的。

在该理论中,海因里希借助于多米诺骨牌形象地描述了事故的因果连锁关系,即事故的发生是一连串事件按一定顺序互为因果依次发生的结果。如一块骨牌倒下,则将发生连锁反应,使后面的骨牌依次倒下,见图 7-1。

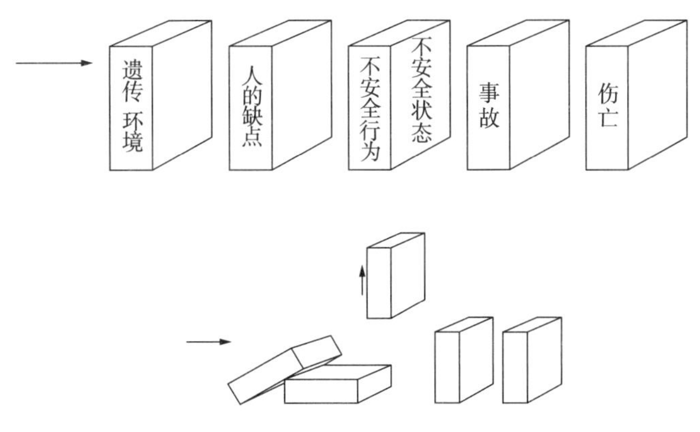

图 7-1 海因里希多米诺骨牌模型

海因里希模型这 5 块骨牌依次是:

(1)遗传及社会环境(M)。遗传及社会环境是造成人的缺点的原因。遗传因素可能使人具有鲁莽、固执、粗心等不良性格;社会环境可能妨碍教育,助长不良性格的发展。这是事故因果链上最基本的因素。

(2)人的缺点(P)。人的缺点是由遗传和社会环境因素所造成,是使人产生不安全行为或使物产生不安全状态的主要原因。这些缺点既包括各类不良性格,也包括缺乏安全生产知识和技能等后天的不足。

(3)人的不安全行为和物的不安全状态(H)。所谓人的不安全行为或物的不安全状态是指那些曾经引起过事故,或可能引起事故的人的行为,或机械、物质的状态,它们是造成事故的直接原因。例如,在起重机的吊荷下停留、不发信号就启动机器、工作时间打闹或拆除安全防护装置等都属于人的不安全行为;没有防护的传动齿轮、裸露的带电体或照明不良等属于物的不安全状态。

(4)事故(D)。即由物体、物质或放射线等对人体发生作用受到伤害的、出乎意料的、失去控制的事件。例如,坠落、物体打击等使人员受到伤害的事件是典型的事故。

(5)伤亡(A)。直接由于事故而产生的人身伤害。

人们用多米诺骨牌来形象地描述这种事故因果连锁关系,得到图中那样的多米诺骨牌系列。在多米诺骨牌系列中,一颗骨牌被碰倒了,则将发生连锁反应,其余的几颗骨牌相继被碰倒。如果移去连锁中的一颗骨牌,则连锁被破坏,事故过程被中止。海因里希认为,企业安全工作的中心就是防止人的不安全行为,消除机械的或物质的不安全状态,中断事故连锁的进程而避免事故的发生。

该理论的积极意义在于,如果移去因果连锁中的任一块骨牌,则连锁被破坏,事故过程即被中止,达到控制事故的目的。海因里希还强调指出,企业安全工作的中心就是要移去中间的骨牌,即防止人的不安全行为和物的不安全状态,从而中断事故的进程,避免伤害的发生。当然,通过改善社会环境,使人具有更为良好的安全意识,加强培训,使人具有较好的安全技能,或者加强应急抢救措施,也都能在不同程度上移去事故连锁中的某一骨牌改增加该骨牌的稳定性,使事故得到预防和控制。

当然,海因里希理论也有明显的不足,它对事故致因连锁关系描述过于简单化、绝对化,也过多地考虑了人的因素。但尽管如此,由于其的形象化和其在事故致因研究中的先导作用,使其有着重要的历史地位。后来,博德(Frank BLrd)、亚当斯(Edward Adams)等人都在此基础上进行了进一步的修改和完善,使因果连锁的思想得以进一步发扬光大,收到了较好的效果。

2. 博德事故因果连锁理论

博德(Frank Bird)在海因里希事故因果连锁理论的基础上,提出了现代事故因果连锁理论。

博德事故因果连锁理论认为:事故的直接原因是人的不安全行为、物的不安全状态;间接原因包括个人因素及与工作有关的因素。根本原因是管理的缺陷,即管理上存在的问题或缺陷是导致间接原因存在的原因,间接原因的存在又导致直接原因存在,最终导致事故发生。

博德的事故因果连锁过程同样为5个因素,但每个因素的含义与海因里希的都有所不同,见图7-2。

(1)管理缺陷。对于大多数企业来说,由于各种原因,完全依靠工程技术措施预防事故既不经济也不现实,只能通过完善安全管理工作,经过较大的努力,才能防止事故的发生。企业管理者必须认识到,只要生产没有实现本质安全化,就有发生事故及伤害的可能性,因此,安全管理是企业管理的重要一环。安全管理系统要随着生产的发展变化而不断调整完善,十全十

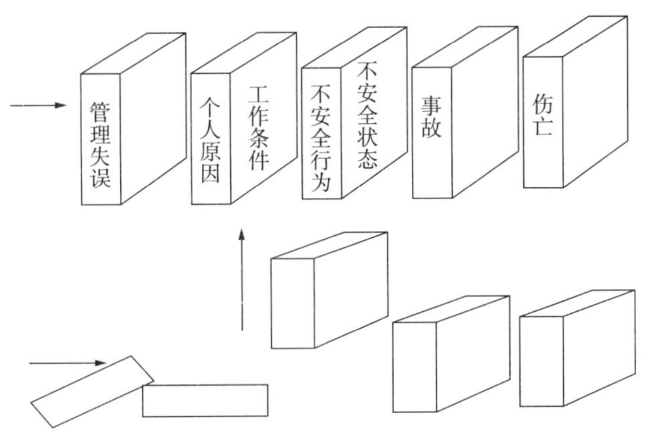

图 7－2 博德的事故因果连锁

美的管理系统不可能存在。由于安全管理上的缺陷，致使能够造成事故的其他原因出现。

(2)个人及工作条件的原因。这方面的原因是由于管理缺陷造成的。个人原因包括缺乏安全知识或技能、行为动机不正确、生理或心理有问题等；工作条件原因包括安全操作规程不健全，设备、材料不合适，以及存在温度、湿度、粉尘、气体、噪声、照明、工作场地状况(如打滑的地面、障碍物、不可靠支撑物)等有害作业环境因素。只有找出并控制这些原因，才能有效地防止后续原因的发生，从而防止事故的发生。

(3)直接原因。人的不安全行为或物的不安全状态是事故的直接原因。这种原因是安全管理中必须重点加以追究的原因。但是，直接原因只是一种表面现象，是深层次原因的表征。在实际工作中，不能停留在这种表面现象上，而要追究其背后隐藏的管理上的缺陷原因，并采取有效的控制措施，从根本上杜绝事故的发生。

(4)事故。这里的事故被看作是人体或物体与超过其承受阈值的能量接触，或人体与妨碍正常生理活动的物质的接触。因此，防止事故就是防止接触。可以通过对装置、材料、工艺等的改进来防止能量的释放，或者操作者提高识别和回避危险的能力，佩带个人防护用具等来防止接触。

(5)损失。人员伤害及财物损坏统称为损失。人员伤害包括工伤、职业病、精神创伤等。在许多情况下，可以采取恰当的措施使事故造成的损失最大限度地减小。例如，对受伤人员进行迅速正确地抢救，对设备进行抢修以及平时对有关人员进行应急训练等。

如果移去一枚骨牌，也就是使某一因素出现的概率为零，例如不安全状态和不安全行为发生概率为零，这时随机事件变成不可能事件，即可避免伤亡事故的发生。

安全管理工作的中心是防止人为的不安全动作，消除机械或物的危害，这就必须加强探测技术和控制技术的研究。人为的失误常常是事故的直接原因，是问题的中心。控制事故的方法也必然针对人的失误，包括防止管理者失误，加强工人的安全教育和培训。

3. 亚当斯因果连锁理论

亚当斯(Edward Adams)提出了一种与博德事故因果连锁理论类似的因果连锁模型，在该理论中，事故和损失因素与博德理论相似。这里把人的不安全行为和物的不安全状态称作现场失误，其目的在于提醒人们注意不安全行为和不安全状态的性质。

该模型以表格的形式给出，见表 7－3。

表 7－3　亚当斯因果连锁理论模型

管理体制	管理失误		现场失误	事故	伤害或损坏
目标组织 机能	领导者在下述方面决策错误或没做决策： • 政策 • 目标 • 权威 • 责任 • 职责 • 注意范围 • 权限授予	安全技术人员在下述方面管理失误或疏忽： • 行为 • 责任 • 权威 • 规则 • 指导主动性 • 积极性 • 业务活动	不安全行为 不安全状态	伤亡事故 损坏事故 无伤害事故	对人 对物

在该因果连锁理论中，第四、五个因素基本上与博德的事故因果连锁理论相似。这里把事故的直接原因，人的不安全行为及物的不安全状态称作现场失误。不安全行为和不安全状态是操作者在生产过程中的错误行为及生产条件方面的问题，采用现场失误这一术语，其主要目的在于提醒人们注意不安全行为及不安全状态的性质。

该理论的核心在于对现场失误的背后原因进行了深入的研究。操作者的不安全行为及生产作业中的不安全状态等现场失误，是由于企业领导者及事故预防工作人员的管理失误造成的。管理人员在管理工作中的差错或疏忽，企业领导人决策错误或没有做出决策等失误，对企业经营管理及事故预防工作具有决定性的影响。管理失误反映企业管理系统中的问题，它涉及管理体制，即有组织地进行管理工作，确定怎样的管理目标，如何计划、实现确定的目标等方面的问题。管理体制反映作为决策中心的领导人的信念、目标及规范，它决定各级管理人员安排工作的轻重缓急、工作基准及指导方针等重大问题。

4. 北川彻三事故因果连锁理论

日本的北川彻三认为，工业伤害事故发生的原因是很复杂的，企业是社会的一部分，一个国家、一个地区的政治、经济、文化、科技发展水平等诸多社会因素，对企业内部伤害事故的发生和预防有着重要的影响。

北川彻三认为，事故的基本原因包括 3 个方面的原因：

（1）管理原因。企业领导者安全意识不足，作业标准不明确，维修保养制度方面有缺陷，人员安排不当，职工积极性不高等管理上的缺陷。

（2）学校教育原因。小学、中学、大学等教育机构的安全教育不充分。

（3）社会或历史原因。社会安全观念落后，工业发展的一定历史阶段，安全法规或安全管理、监督机构不完备等。

北川彻三的事故因果连锁理论被用作指导事故预防工作的基本理论。北川彻三从 4 个方面探讨事故发生的间接原因：

（1）技术原因。机检、装置、建筑物等的设计、建造、维护等技术方面的缺陷。

（2）教育原因。由于缺乏安全知识及操作经验，不知道、轻视操作过程中的危险性和安全操作方法，或操作不熟练、习惯操作等。

(3)身体原因。身体状态不佳,如头痛、昏迷、癫痫等疾病,或近视、耳聋等生理缺陷,或疲劳、睡眠不足等。

(4)精神原因。消极、抵触、不满等不良态度,焦躁、紧张、恐怖、煽激等精神不安定,狭隘、顽固等不良性格,白痴等智力缺陷。

北川彻三正是基于对事故基本原因和间接原因的考虑,对海因里希的理论进行了一定的修正,提出了另一种事故因果连锁理论,见表7-4。

表7-4 北川彻三事故因果连锁理论

基本原因	间接原因	直接原因	事故	伤害
学校教育的原因 社会的原因 历史的原因	技术的原因 教育的原因 身体的原因 精神的原因	不安全行为 不安全状态		

在北川彻三的因果连锁理论中,基本原因中的各个因素,已经超出了企业安全工作的范围。但是,充分认识这些基本原因因素,对综合利用可能的科学技术、管理手段来改善间接原因因素,达到预防伤害事故发生的目的,是十分重要的。

7.1.4 动态变化理论

世界是不断运动、变化的,工业生产过程也在不断变化之中。针对客观世界的变化,我们的安全工作也要随之改进,以适应变化了的情况。如果管理者不能或没有及时地适应变化,则将发生管理失误;操作者不能或没有及时地适应变化,则将发生操作失误。外界条件的变化也会导致机械、设备等的故障,进而导致事故的发生。

约翰逊认为:事故是由意外的能量释放引起的,这种能量释放的发生是由于管理者或操作者没有适应生产过程中物的或人的因素的变化,产生了计划错误或人为失误,从而导致不安全行为或不安全状态,破坏了对能量的屏蔽或控制,即发生了事故,由事故造成生产过程中人员伤亡或财产损失。图7-3和图7-4为约翰逊的变化—失误理论示意图。

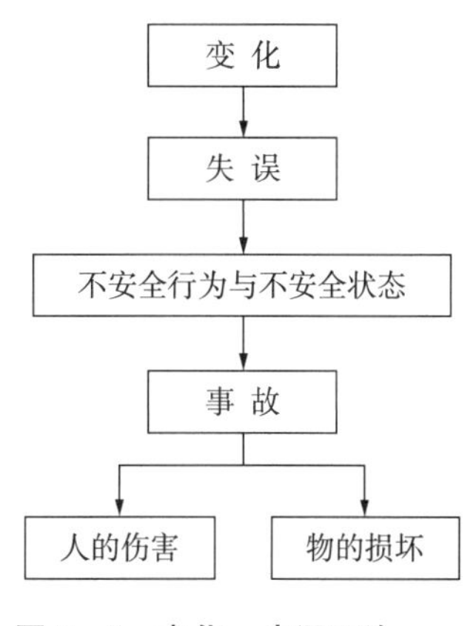

图7-3 变化-失误理论

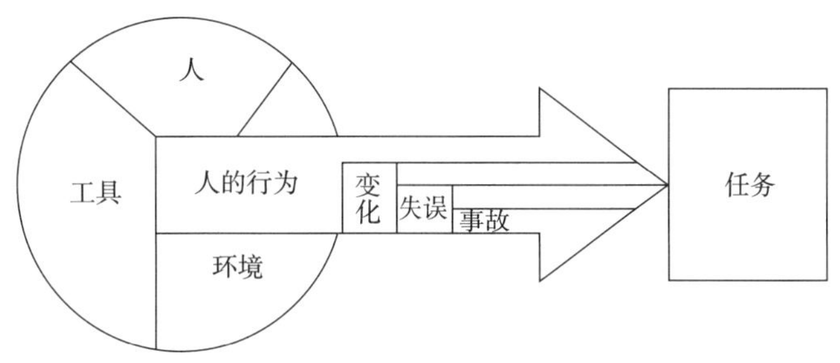

图7-4 变化-失误理论模型

按照变化的观点，变化可引起人失误和物的故障，因此，变化被看作是一种潜在的事故致因，应该被尽早地发现并采取相应的措施。作为安全管理人员，应该对下述的一些变化给予足够的重视：

(1)企业外部社会环境的变化。企业外部社会环境，特别是国家政治或经济方针、政策的变化，对企业的经营理念、管理体制及员工心理等有较大影响，必然也会对安全管理造成影响。例如，从对新中国成立以后全国工业伤害事故发生状况的分析可以发现，在大跃进和“文化大革命”两次大的社会变化时期，企业内部秩序被打乱，伤害事故均大幅度上升。

(2)企业内部的宏观变化和微观变化。宏观变化是指企业总体上的变化，如领导人的变更，经营目标的调整，职工大范围的调整、录用，生产计划的较大改变等。微观变化是指一些具体事物的改变，如供应商的变化，机器设备的工艺调整、维护等。

(3)计划内与计划外的变化。对于有计划进行的变化，应事先进行安全分析并采取安全措施；对于不是计划内的变化，一是要及时发现变化，二是要根据发现的变化采取正确的措施。

(4)实际的变化和潜在的变化。通过检查和观测可以发现实际存在着的变化；潜在的变化却不易发现，往往需要靠经验和分析研究才能发现。

(5)时间的变化。随着时间的流逝，人员对危险的戒备会逐渐松弛，设备、装置性能会逐渐劣化，这些变化与其他方面的变化相互作用，引起新的变化。

(6)技术上的变化。采用新工艺、新技术或开始新工程、新项目时发生的变化，人们由于不熟悉而易发生失误。

(7)人员的变化。这里主要指员工心理、生理上的变化。人的变化往往不易掌握，因素也较复杂，需要认真观察和分析。

(8)劳动组织的变化。当劳动组织发生变化时，可能引起组织过程的混乱，如项目交接不好，造成工作不衔接或配合不良，进而导致操作失误和不安全行为的发生。

(9)操作规程的变化。新规程替换旧规程以后，往往要有一个逐渐适应和习惯的过程。

需要指出的是，在管理实践中，变化是不可避免的，也并不一定都是有害的，关键在于管理是否能够适应客观情况的变化。要及时发现和预测变化，并采取恰当的对策，做到顺应有利的变化，克服不利的变化。

约翰逊认为，事故的发生一般是多重原因造成的，包含着一系列的变化－失误连锁。从管理层次上看，有企业领导的失误、计划人员的失误、监督者的失误及操作者的失误等。该连锁的模型见图7－5。

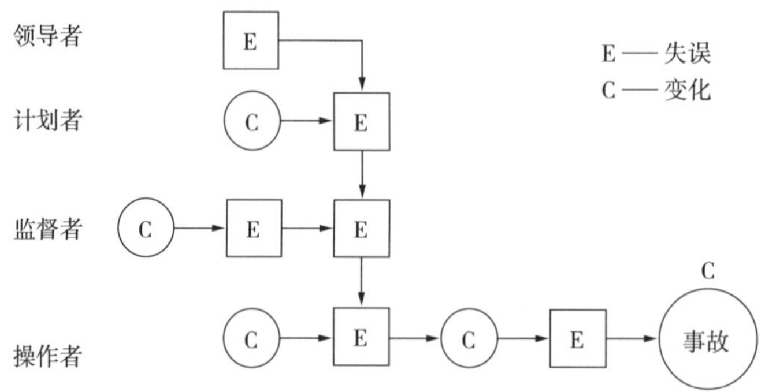

图7－5　变化－失误连锁模型

7.1.5 轨迹交叉理论

轨迹交叉理论是一种研究事故致因的理论，可以概括为设备故障（或缺陷）与人失误，两事件链的轨迹交叉就会构成事故。轨迹交叉论的基本思想是：伤害事故是许多相互联系的事件顺序发展的结果。这些事件概括起来不外乎人和物（包括环境）两大发展系列。当人的不安全行为和物的不安全状态在各自发展过程中（轨迹），在一定时间、空间发生了接触（交叉），能量转移于人体时，伤害事故就会发生。而人的不安全行为和物的不安全状态之所以产生和发展，又是受多种因素作用的结果。

轨迹交叉理论的示意图见图 7－6。图中，起因物与致害物可能是不同的物体，也可能是同一个物体；同样，肇事者和受害者可能是不同的人，也可能是同一个人。

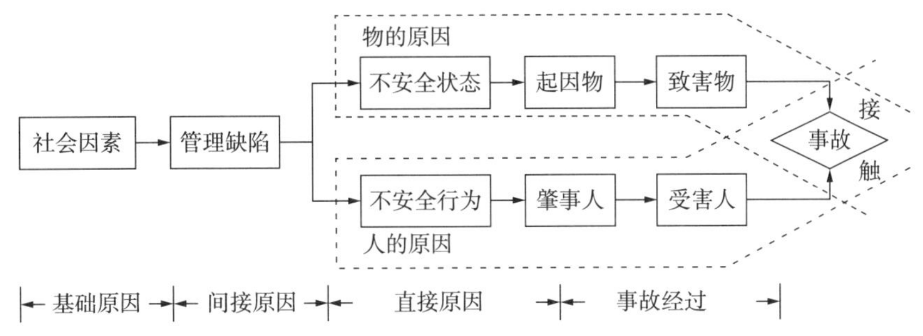

图 7－6　轨迹交叉事故模型

轨迹交叉理论反映了绝大多数事故的情况。在实际生产过程中，只有少量的事故仅仅由人的不安全行为或物的不安全状态引起，绝大多数的事故是与二者同时相关的。例如：日本劳动省通过对 50 万起工伤事故调查发现，只有约 4% 的事故与人的不安全行为无关，而只有约 9% 的事故与物的不安全状态无关。

在人和物两大系列的运动中，二者往往是相互关联、互为因果、相互转化的。有时人的不安全行为促进了物的不安全状态的发展，或导致新的不安全状态的出现；而物的不安全状态可以诱发人的不安全行为。因此，事故的发生可能并不是简单地按照人、物两条轨迹独立地运行，而是呈现较为复杂的因果关系。

人的不安全行为和物的不安全状态是造成事故的表面的直接原因，如果对它们进行更进一步的考虑，则可以挖掘出二者背后深层次的原因。这些深层次原因的示例见表 7－5。

表 7－5　事故发生的原因

基础原因（社会原因）	间接原因（管理缺陷）	直接原因
遗传、经济、文化、教育培训、民族习惯、社会历史、法律	生理和心理状态、知识技能情况、工作态度、规章制度、人际关系、领导水平	人的不安全状态
设计制造缺陷、标准缺陷	维护保养不当、保管不良、故障、使用错误	物的不安全状态

轨迹交叉理论作为一种事故致因理论，强调人的因素和物的因素在事故致因中占有同样重要的地位。按照该理论，若设法排除机械设备或处理危险物质过程中的隐患或者消除人为

失误和不安全行为，使两事件链连锁中断，则避免人与物两种因素运动轨迹交叉，危险就不能出现，就可避免事故发生。同时，该理论对于调查事故发生的原因，也是一种较好的工具。

7.1.6 扰动起源理论

本尼尔（Benner，1972）认为，事故过程包含着一组相继发生的事件。所谓事件是指生产活动中某种发生了的事物，一次瞬间的或重大的情况变化，一次已经避免了或已经导致了另一事件发生的偶然事件。因而，可以把生产活动看作是一组自觉地或不自觉地指向某种预期的或不测的结果的相继出现的事件，它包含生产系统元素间的相互作用和变化着的外界的影响。这些相继事件组成的生产活动是在一种自动调节的动态平衡中进行的，在事件的稳定运动中向预期的结果方向发展。

事件的发生一定是某人或某物引起的，如果把引起事件的人或物称为“行为者”，则可以用行为者和行为者的行为来描述一个事件。在生产活动中，如果行为者的行为得当，则可以维持事件过程稳定地进行；否则，可能中断生产，甚至造成伤害事故。

生产系统的外界影响是经常变化的，可能偏离正常的或预期的情况。这里称外界影响的变化为扰动（perturbation），扰动将作用于行为者。

当行为者能够适应不超过其承受能力的扰动时，生产活动可以维持动态平衡而不发生事故。如果其中的一个行为者不能适应这种扰动，则自动动态平衡过程被破坏，开始一个新的事件过程，即事故过程。该事件过程可能使某一行为者承受不了过量的能量而发生伤害或损坏；这些伤害或损坏事件可能依次引起其他变化或能量释放，作用于下一个行为者，使下一个行为者承受过量的能量，发生串联的伤害或损坏。当然，如果行为者能够承受冲击而不发生伤害或损坏，则依据行为者的条件、事件的自然法则，过程将继续进行。

综上所述，可以把事故看作由相继事件过程中的扰动开始，以伤害或损坏为结束的过程。这种对事故的解释叫做扰动理论。图7－7为该理论的示意图。

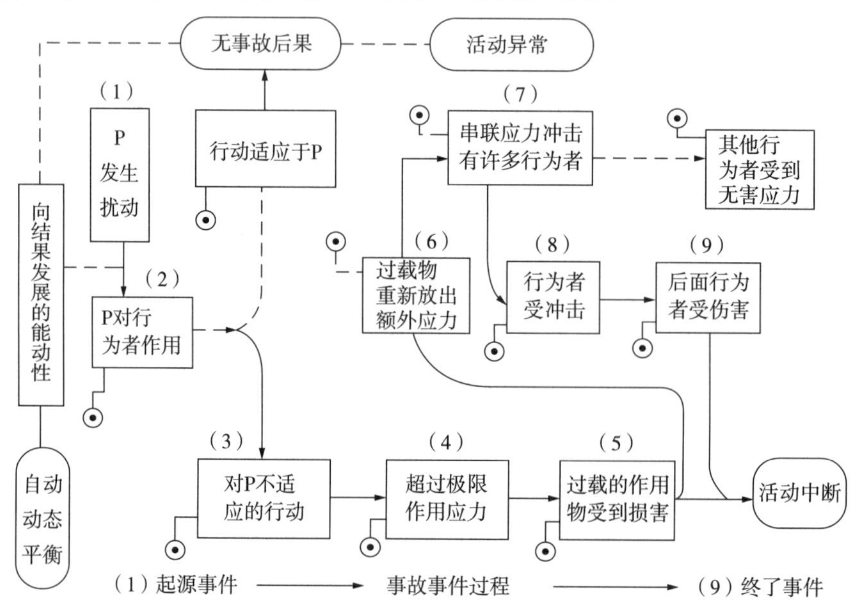

图7－7 扰动理论模型图

7.1.7 事故倾向理论

1. 事故遭遇倾向理论

事故遭遇倾向是指某些人员在某些生产作业条件下容易发生事故的倾向。许多研究结果表明,前后不同时期里事故发生次数的相关系数与作业条件有关。例如,Roche(罗奇)发现,工厂规模不同,生产作业条件也不同,大工厂的场合相关系数大约在0.6左右,小工厂则或高或低,表现出劳动条件的影响。P. W. Gobb(高勃)考察了6年和12年间两个时期事故频发倾向稳定性,结果发现:前后两段时间事故发生次数的相关系数与职业有关,变化在-0.08~0.72的范围内。当从事规则的、重复性作业时,事故频发倾向较为明显。

A. Mintz(明兹)和M. L. B(布卢姆)建议用事故遭遇倾向取代事故频发倾向的概念,认为事故的发生不仅与个人因素有关,而且与生产条件有关。根据这一见解,W. A. Kerr(克尔)调查了53个电子工厂中40项个人因素及生产作业条件因素与事故发生频度和伤害严重程度之间的关系,发现影响事故发生频度的主要因素有搬运距离短、噪声严重、临时工多、工人自觉性差等;与事故后果严重程度有关的主要因素是工人的"男子汉"作风,其次是缺乏自觉性、缺乏指导、老年职工多、不连续出勤等,证明事故发生与生产作业条件有密切关系。

事故遭遇倾向理论主要论点为:

(1)当每个人发生事故的概率相等且概率极小时,一定时期内发生事故次数服从泊松分布。根据泊松分布,大部分工人不发生事故,少数工人只发生一次,只有极少数工人发生两次以上事故。大量的事故统计资料是服从泊松分布的。例如,D. L. Morh(莫尔)等研究了海上石油钻井工人连续两年时间内伤害事故情况,得到了受伤次数多的工人数没有超出泊松分布范围的结论。

(2)许多研究结果表明,某一段时间里发生事故次数多的人,在以后的时间里往往发生事故次数不再多了,该人并非永远是事故频发倾向者,通过数十年的实验及临床研究,很难找出事故频发者的稳定的个人特征,换言之,许多人发生事故是由于他们行为的某种瞬时特征引起的。

(3)根据事故频发倾向理论,防止事故的重要措施是人员选择。但是许多研究表明,把事故发生次数多的工人调离后,企业的事故发生率并没有降低。例如,Waller(韦勒)对司机的调查,Berncki(伯纳基)对铁路调车员的调查,都证实调离或解雇发生事故多的工人,并没有减少伤亡事故发生率。

在我国,事故频发倾向的现象及应用也十分普遍。例如:有的煤矿企业定期分析识别"问题员工",以针对性地管理或干预,防止可能发生的事故;有钢铁公司把容易出事故的人称作"危险人物",把这些"危险人物"调离原工作岗位后,企业的伤亡事故明显减少;某运输公司把出事故多的司机定为"危险人物",规定这些司机不能担负长途运输任务,也取得了较好的预防事故效果。

一些研究表明,事故的发生与工人的年龄有关。青年人和老年人容易发生事故。此外,与工人的工作经验、熟练程度有关。米勒等人的研究表明,对于一些危险性高的职业,工人要有一个适应期间,在此期间,新工人容易发生事故。大内田对东京都出租汽车司机的年平均事故件数进行了统计,发现平均事故数与参加工作后的一年内的事故数无关,而与进入公司后工作时间长短有关。司机们在刚参加工作的头3个月里事故数相当于每年5次,之后的3年里事故数急剧减少，在第 5 年里则稳定在每年 1 次左右。这符合经过练习而减少失误的规律，表明熟练可以大大减少事故。

其实，工业生产中的许多操作对操作者的素质都有一定的要求，或者说，人员有一定的职业适合性。当人员的素质不符合生产操作要求时，人在生产操作中就会发生失误或不安全行为，从而导致事故发生。危险性较高的、重要的操作，特别要求人的素质较高。例如，特种作业的场合，操作者要经过专门的培训、严格的考核，获得特种作业资格后才能从事。因此，尽管事故频发倾向论把工业事故的原因归因于少数事故频发倾向者的观点是错误的，然而从职业适合性的角度来看，关于事故频发倾向的认识也有一定可取之处。

自格林伍德的研究起，迄今有无数的研究者对事故频发倾向理论的科学性问题进行了专门的研究探讨，关于事故频发倾向者存在与否的问题一直有争议。有学者认为事故遭遇倾向是事故频发倾向理论的修正，事故频发倾向者并不存在。作者认为不能片面评价事故频发倾向论和海因里希因果连锁论（侧重于人的不安全行为）以及事故遭遇倾向论（侧重于物的不安全状态）谁对谁错以及谁好谁差，它们只是从不同的侧面来认识事故所得出的不同结论，虽然它们都具有片面性：事故频发倾向论主要从人的不安全行为角度来认识事故而把事故归因于人；海因里希因果连锁论主要从变化发展的观点来认识事故演化的过程并分析事故的原因；事故遭遇倾向论主要从物的不安全状态角度来认识事故而把事故发生归因于物。但 3 种理论都从不同侧面反映了事故发生发展的不同本质特征，应当同时综合 3 种理论来全面地看待事故。

2. 事故频发倾向论

事故频发倾向论是阐述企业工人中存在着个别人容易发生事故的、稳定的、个人的内在倾向的一种理论。1919 年，格林伍德和伍慈对许多工厂里伤害事故发生次数资料按如下 3 种统计分布进行另外统计检验；

（1）泊松分布。当员工发生事故的概率不存在个体差异时，即不存在事故频发倾向者时，一定时间内事故发生次数服从泊松分布。在这种情况下，事故的发生是由于工厂里的生产条件、机械设备方面的问题，以及一些其他偶然因素引起的。

（2）偏倚分布。一些工人由于存在着精神或心理方面的毛病，如果在生产操作过程中发生过一次事故，则会造成胆怯或神经过敏，当再继续操作时，就有重复发生第二次、第三次事故的倾向。造成这种统计分布的是人员中存在少数有精神或心理缺陷的人。

（3）非均等分布。当工厂中存在许多特别容易发生事故的人时，发生不同次数事故的人数服从非均等分布，即每个人发生事故的概率不相同。在这种情况下，事故的发生主要是由于人的因素引起的。

为了检验事故频发倾向的稳定性，他们还计算了被调查工厂中同一个人在前 3 个月和后 3 个月里发生事故次数的相关系数，结果发现，工厂中存在着事故频发倾向者，并且前、后 3 个月事故次数的相关系数变化在（0.37 ±0.12）~（0.72 ±0.07）之间，皆为正相关。

1926 年纽鲍尔德研究大量工厂中事故发生次数分布，证明事故发生次数服从发生概率极小，且每个人发生事故概率不等的统计分布。他计算了一些工厂中前 5 个月和后 5 个月事故次数的相关系数，其结果为（0.04 ±0.009）~（0.71 ±0.06）。这也充分证明了存在着事故频发倾向者。

1939 年，法默和查姆勃明确提出了事故频发倾向的概念，认为事故频发倾向者的存在是工业事故发生的主要原因。

对于发生事故次数较多、可能是事故频发倾向者的人，可以通过一系列的心理学测试来判别。例如，日本曾采用内田－克雷贝林测验测试人员大脑工作状态曲线，采用YG测验测试工人的性格来判别事故频发倾向者。另外，也可以通过对日常工人行为的观察来发现事故频发倾向者。一般来说，具有事故频发倾向的人在进行生产操作时往往精神动摇，注意力不能经常集中在操作上，因而不能适应迅速变化的外界条件。

事故频发倾向者往往有如下的性格特征：①感情冲动，容易兴奋；②脾气暴躁；③厌倦工作、没有耐心；④慌慌张张、不沉着；⑤动作生硬而工作效率低；⑥喜怒无常、感情多变；⑦理解能力低，判断和思考能力差；⑧极度喜悦和悲伤；⑨缺乏自制力；⑩处理问题轻率、冒失；⑪运动神经迟钝，动作不灵活。日本的丰原恒男发现容易冲动的人、不协调的人、不守规矩的人、缺乏同情心的人和心理不平衡的人发生事故次数较多，见表7－6。

表7－6　事故频发者的特征

性格特征	事故频发者/%	其他人/%
容易冲动	38.9	21.9
不协调	42.0	26.0
不守规矩	34.6	26.8
缺乏同情心	30.7	0
心理不平衡	52.5	25.7

7.1.8　人因失误理论

人失误（Human Error）是指人的行为结果偏离了规定的目标，超出了可接受的界限，并产生不良的影响。这类事故理论都有一个基本的观点，即：人失误会导致事故，而人失误的发生是由于人对外界刺激（信息）的反应失误造成的。

1. 威格里斯沃思模型

威格里斯沃思在1972年提出，人失误构成了所有类型事故的基础。他把人失误定义为“（人）错误地或不适当地响应一个外界刺激”。他认为：在生产操作过程中，各种各样的信息不断地作用于操作者的感官，给操作者以“刺激”。若操作者能对刺激作出正确的响应，事故就不会发生；反之，如果错误或不恰当地响应了一个刺激（人失误），就有可能出现危险。危险是否会带来伤害事故，则取决于一些随机因素。

威格里斯沃思的事故模型可以用图7－8中的流程关系来表示。该模型绘出了人失误导致事故的一般模型。

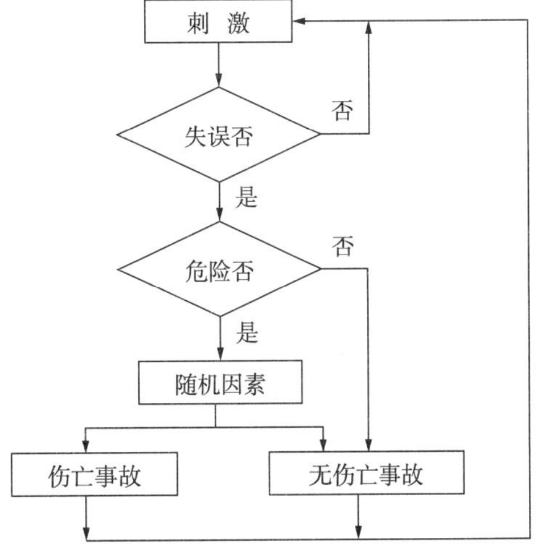

图7－8　威格里斯沃思事故模型

2. 瑟利模型

瑟利把事故的发生过程分为危险出现和危险

释放两个阶段,这两个阶段各自包括一组类似人的信息处理过程,即知觉、认识和行为响应过程。在危险出现阶段,如果人的信息处理的每个环节都正确,危险就能被消除或得到控制;反之,只要任何一个环节出现问题,就会使操作者直接面临危险。在危险释放阶段,如果人的信息处理过程的各个环节都是正确的,则虽然面临着已经显现出来的危险,但仍然可以避免危险释放出来,不会带来伤害或损害:反之,只要任何一个环节出错,危险就会转化成伤害或损害。瑟利模型见图7-9。

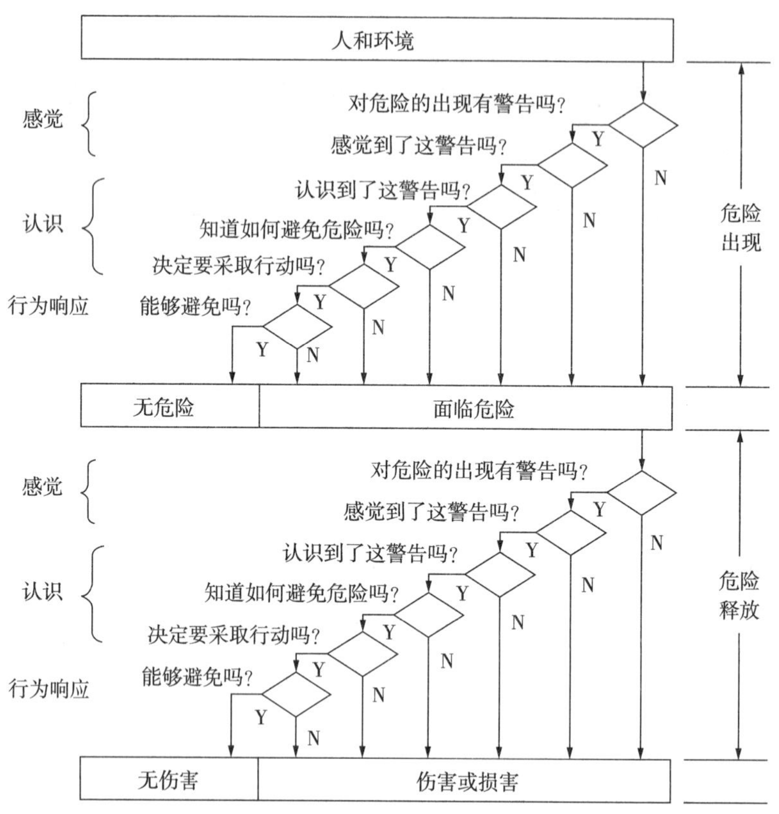

图7-9　瑟利事故模型

由图7-9可以看出,两个阶段具有相类似的信息处理过程,每个过程均可被分解成6个方面的问题。

第一问题:对危险的出现有警告吗?这里警告的意思是指工作环境中是否存在安全运行状态和危险状态之间可被感觉到的差异。如果危险没有带来可被感知的差异,则会使人直接面临该危险。在生产实际中,危险即使存在,也并不一定直接显现出来。这一问题给我们的启示,就是要让不明显的危险状态充分显示出来,这往往要采用一定的技术手段和方法来实现。

第二问题:感觉到了这警告吗?这个问题有两个方面的含义:一是人的感觉能力如何,如果人的感觉能力差,或者注意力在别处,那么即使有足够明显的警告信号,也可能未被察觉;二是环境对警告信号的"干扰"如何,如果干扰严重,则可能妨碍对危险信息的察觉和接受。根据这个问题得到的启示是:感觉能力存在个体差异,提高感觉能力要依靠经验和训练,同时训练也可以提高操作者抗干扰的能力;在干扰严重的场合,要采用能避开干扰的警告方式(如在噪声大的场所使用光信号或与噪声频率差别较大的声信号）或加大警告信号的强度。

第三问题：认识到了这警告吗？这个问题问的是操作者在感觉到警告之后，是否理解了警告所包含的意义，即操作者将警告信息与自己头脑中已有的知识进行对比，从而识别出危险的存在。

第四问题：知道如何避免危险吗？问的是操作者是否具备避免危险的行为响应的知识和技能。为了使这种知识和技能变得完善和系统，从而更有利于采取正确的行动，操作者应该接受相应的训练。

第五问题：决定要采取行动吗？表面上看，这个问题毋庸置疑，既然有危险，当然要采取行动。但在实际情况下，人们的行动是受各种动机中的主导动机驱使的，采取行动回避风险的“避险”动机往往与“趋利”动机（如省时、省力、多挣钱、享乐等）交织在一起。当趋利动机成为主导动机时，尽管认识到危险的存在，并且也知道如何避免危险，但操作者仍然会“心存侥幸”而不采取避险行动。

最后问题：能够避免危险吗？问的是操作者在作出采取行动的决定后，是否能迅速、敏捷、正确地作出行动上的反应。

上述 6 个问题中，前两个问题都是与人对信息的感觉有关的，第 3 ~ 5 个问题是与人的认识有关的，最后一个问题是与人的行为响应有关的。这 6 个问题涵盖了人的信息处理全过程并且反映了在此过程中有很多发生失误进而导致事故的机会。

瑟利模型适用于描述危险局面出现得较慢，如不及时改正则有可能发生事故的情况。对于描述发展迅速的事故，也有一定的参考价值。

3. 劳伦斯模型

劳伦斯在威格里斯沃思和瑟利等人的人失误模型的基础上，通过对南非金矿中发生的事故的研究，于 1974 年提出了针对金矿企业以人失误为主因的事故模型，见图 7 - 10，该模型对一般矿山企业和其他企业中比较复杂的事故情况也普遍适用。

在生产过程中，当危险出现时，往往会产生某种形式的信息，向人们发出警告，如突然出现或不断扩大的裂缝、异常的声响、刺激性的烟气等。这种警告信息叫做初期警告。初期警告还包括各种安全监测设施发出的报警信号。如果没有初期警告就发生了事故，则往往是由于缺乏有效的监测手段，或者是管理人员事先没有提醒人们存在着危险因素，行为人在不知道危险存在的情况下发生的事故，属于管理失误造成的。

在发出了初期警告的情况下，行为人在接受、识别警告，或对警告作出反应等方面的失误都可能导致事故。

当行为人发生对危险估计不足的失误时，如果他还是采取了相应的行动，则仍然有可能避免事故；反之，如果他麻痹大意，既对危险估计不足，又不采取行动，则会导致事故的发生。这里，行为人如果是管理人员或指挥人员，则低估危险的后果将更加严重。

矿山生产作业往往是多人作业、连续作业。行为人在接受了初期警告、识别了警告并正确地估计了危险性之后，除了自己采取恰当的行动避免伤害事故外，还应该向其他人员发出警告，提醒他们采取防止事故的措施。这种警告叫做二次警告。其他人接到二次警告后，也应该按照正确的系列对警告加以响应。

劳伦斯模型适用于类似矿山生产的多人作业生产方式。在这种生产方式下，危险主要来自于自然环境，而人的控制能力相对有限，在许多情况下，人们唯一的对策是迅速撤离危险区

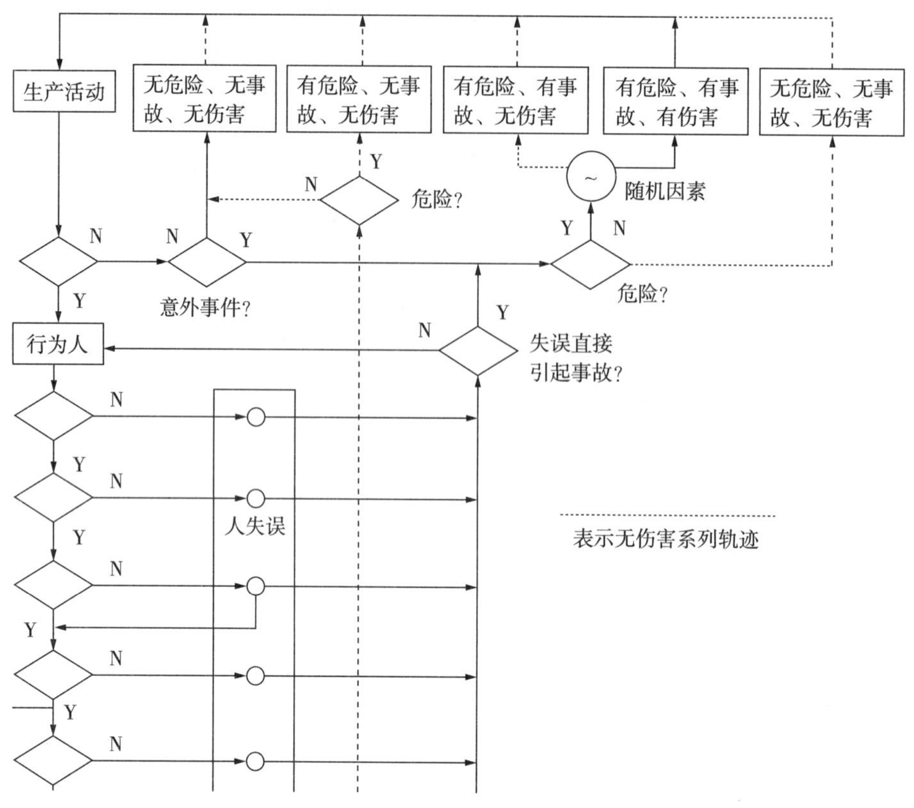

图7-10 劳伦斯事故模型

域。因此，为了避免发生伤害事故，人们必须及时发现、正确评估危险，并采取恰当的行动。

7.1.9 作用—变化与作用连锁理论

作用—变化与作用连锁模型(Action—Change and Action Chain Model)是日本佐藤吉倍提出的，这是一种着眼于系统安全观点的事故致因理论。该理论认为，系统元素在其他元素或环境因素的作用下发生变化，这种变化主要表现为元素的功能发生变化——性能降低。作为系统元素的人或物的变化可能是人失误或物的故障。该元素的变化又以某种形态作用于相邻元素，引起相邻元素的变化。于是，在系统元素之间产生一种作用连锁。系统中作用连锁可能造成系统中人失误和物的故障的传播，最终导致系统故障或事故。该模型简称为 A—C 模型。

通常，系统元素间的作用形式可以分成以下4类：

·能量传递型作用，用"a"表示；

·信息传递型作用，用"b"表示；

·物质传递型作用，用"c"表示；

·不履行功能型作用、即元素故障，用"f"表示。

为了表示元素间的作用，采用下面的特殊记号：

Xa—w，作用 a 从元素 X 传递到 W；

Xa—w(·)，作用 a 从元素 X 传递到 W，并引起伤害或损坏(·)。

这样，可以根据导致某种事故的作用链来识别事故致因。例如，图7-11所示的间歇处理

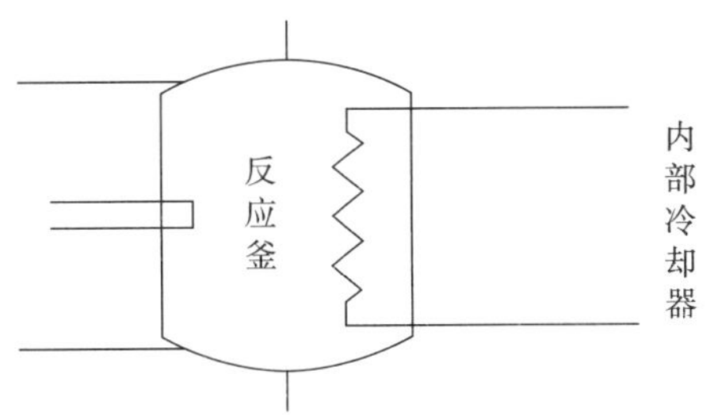

图 7－11　间歇处理反应器

反应器,反应釜 R 内物质发生放热反应,釜内温度、压力上升,当釜内温度超过正常反应温度 91 摄氏度并达到 82 摄氏度时反应釜破裂;反应釜内的生成物泄漏将严重地污染环境。该事故的原因可由下述作用连锁描述

$$M(m)a\xrightarrow[3]{}M(m)a\xrightarrow[2]{}M(m'')a\xrightarrow[1]{}R(\cdot)c\xrightarrow[0]{}E(\cdot)$$

系统要素及其变化如下:

$M(m)$——反应物质 M 及其反应(m);

$M(m')$——反应物质 M 及其温度上升到 1 的状态(m');

$M(m'')$——反应物质 M 及其温度上升到 2 的状态(m'');

$R(\cdot)$——反应釜 R 只及其破裂$(\cdot)$;

$E(\cdot)$——环境 $E(\cdot)$ 及其污染$(\cdot)$。

式中箭头下面的数字为作用的编号,按从结果到原因的方向排序。

根据 A—C 模型,预防事故可以从以下 4 个方面采取措施:

· 排除作用源。把可能对人或物产生不良作用的因素从系统中除去或隔离开来,或者使其能量状态或化学性质不会成为作用源。

· 抑制变化。维持元素的功能,使其不发生向危险方面的变化。具体措施有采用冗余设计、质量管理、采用高可靠性元素、通过维修保养来保持可靠性、通过教育训练防止人失误、采用耐失误技术等。

· 防止系统进入危险状态。发现、预测系统中的异常或故障,采取措施中断作用连锁。

· 使系统脱离危险状态。通过应急措施控制系统状态返回到正常状态,防止伤害、损坏或污染发生。

例如,针对图 7－11 所示的间歇处理反应器,可以采取如下的预防事故措施:

(1)排除故障源

· 采用不生成污染性物质的工艺或原料;

· 将装置隔离起来。

(2)抑制变化

· 采用虽能生成污染性物质却不发生放热反应的工艺或原料;

· 增加反应釜等装置的结构强度或改善运行条件,增加安全系数;

· 提高装置、系统元素的可靠性;

· 教育、训练操作者防止发生人失误;

· 采用人机学设计防止人失误;

·加强维修保养。

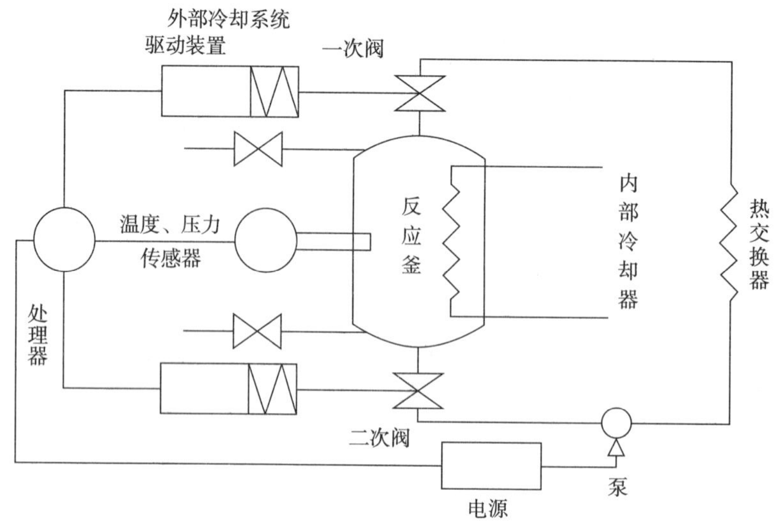

图7-12　增加事故预防措施后的间歇反应器

(3)防止系统进入危险状态

·设置与工艺过程连锁的异常诊断装置,发现、预测异常;

·设置保持反应釜内温度91℃低于92℃的内部冷却系统。

(4)使系统脱离危险状态

·设置应急反应控制系统;

·设置外部冷却系统。

采取这些预防事故措施后,间歇反应器及其安全措施形成图7-12所示的系统。

7.2　系统安全理论

系统安全是指在系统生命周期内应用系统安全工程和系统安全管理方法,辨识系统中的危险源,并采取有效的控制措施使其危险性最小,从而使系统在规定的性能、时间和成本范围内达到最佳的安全程度。系统安全理论是人们为解决复杂系统的安全性问题而开发、研究出来的安全理论、方法体系。复杂的系统往往由数以千万计的元素组成,元素之间的非常复杂的关系相连接,在被研究制造或使用过程中往往涉及到高能量,系统中微小的差错就会导致灾难性的事故。大规模复杂系统安全性问题受到了人们的关注,于是,出现了系统安全理论和方法。

7.2.1　安全系统要素理论

从安全系统的动态特性出发,人类的安全系统是人、社会、环境、技术、经济等因素构成的大协调系统。无论从社会的局部还是整体来看,人类的安全生产与生存需要多因素的协调与组织才能实现。安全系统的基本功能和任务是满足人类安全的生产与生存,以及保障社会经济生产发展的需要,因此安全活动要以保障社会生产、促进社会经济发展、降低事故和灾害对人类自身生命和健康的影响为目的的。为此,安全活动首先应与社会发展基础、科学技术背景和经济条件相适应和相协调。安全活动的进行需要经济和科学技术等资源的支持,安全活动既是一种消费活动(为生命与健康安全为目的),也是一种投资活动(以保障经济生产和社会发展为目的)。

从安全系统的静态特性看,安全系统论原理要研究两个系统对象,一是事故系统(见图 7-13),二是安全系统(见第四章中)。

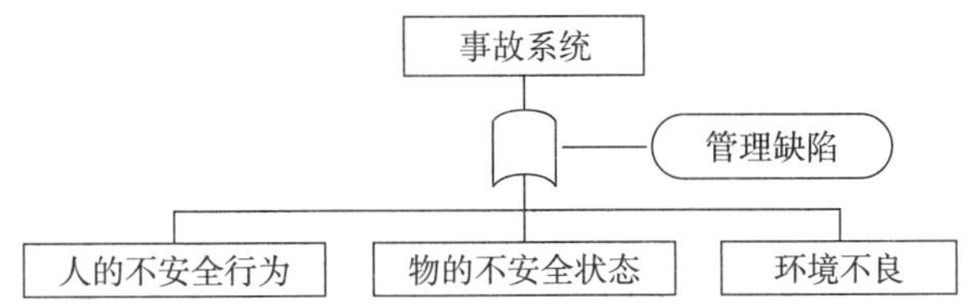

图 7-13　事故系统要素及逻辑关系

事故系统涉及 4 个要素,见图 7-13。事故要素涉及 4 个方面,即:人因(men)——人的不安全行为;物因(machine)——物的不安全状态;环境因素(medium)——生产环境的不良;管理因素(management)——管理的欠缺。其中,人、机、环境与事故关系是逻辑“或”,而管理与事故关系是逻辑“与”,因此,管理因素非常重要,因为管理对人、机、环境都会产生作用和影响。认识事故系统因素,使我们对防范事故有了基本的目标和对象。建立了事故系统的综合认识,认识到了人、机、环境、管理事故综合要素,主张工程技术硬手段与教育、管理软手段综合措施。其具体思想和方法有:全面安全管理的思想;安全与生产技术统一的原则;讲求安全人机设计;推行系统安全工程;企业、国家、工会、个人综合负责的体制;生产与安全的管理中要遵循同时计划、布置、检查、总结、评比的“五同时”原则;企业各级生产领导在安全生产方面向上级、向职工、向自己的“三负责”制;安全生产过程中要查思想认识、查规章制度、查管理落实、查设备和环境隐患,进行定期与非定期检查相结合,普查与专查相结合,自查、互查、抽查相结合等安全监察系统工程。

重要和更具现实意义的系统对象是安全系统(图 4-3)。其要素是:人——人的安全素质(心理与生理;安全能力;文化素质);物——设备与环境的安全可靠性(设计安全性;制造安全性;使用安全性);环境——决定安全的自然、人工环境因素及状态;信息——充分可靠的安全信息流(管理效能的充分发挥)是安全的基础保障。

认识事故系统要素,可以指导我们通过控制、消除事故系统来保障安全,这种认识是必要的,并且可以通过事故规律及原因的认知,来促进预防。但更有意义的是从安全系统的角度,通过研究安全系统规律,应用超前、预防方法论来建立创造安全系统,实现本质安全。因此,从建设安全系统的角度来认识安全原理更具有理性的意义,更符合科学性原则。

从事故系统和安全系统的分析中,我们看到,人、机、环境 3 个因素具有三重特性,即:首先三者都是安全的保护对象,二是事故的因素,三是安全的因素。如果人、机、环境仅仅认识到事故因素是不够的,比如人因,从事故因素的角度,我们想到的是追责、查处、监督、检查,从安全因素的角度,我们就应该激励、自律、自责,变“要他安全”为“他要安全”。显然,重视安全因素建设是高明的、治本的。

7.2.2 系统本质安全理论

1. 系统本质安全涵义

本质安全源于20世纪50年代世界宇航技术界，主要是指电气系统具备防止可能导致可燃物质燃烧所需能量释放的安全性。

在我国交通体系中，本质安全化理论认为由于受生活环境、作业环境和社会环境的影响，人的自由度增大，可靠性比机械差，因此要实现交通安全，必须有某种即使存在人为失误的情况下也能确保人身及财产安全的机制和物质条件，使之达到"本质的安全化"。在我国电力行业中，对本质安全是这样界定的：本质安全可以分解为两大目标，即"零工时损失，零责任事故，零安全违章"长远目标与"人、设备、环境和谐统一"终极目标。我国石油行业对本质安全最具有代表性的定义是：所谓本质安全是指通过追求人、机、环境的和谐统一，实现系统无缺陷、管理无漏洞、设备无故障。在我国煤炭行业中所说的"本质安全"，其实是指安全管理理念的变化。即，煤矿发生事故是偶然的，不发生事故是必然的，这就是"本质安全"。

上述关于本质安全的定义大多是从系统自身及其构成要素的零缺陷上来阐述本质安全的，对于技术系统来说是合适的。由于技术系统的构成元素间的关系是线性的、确定的，系统的本质安全性等于所有元器件本质安全性的乘积，只要能够保证所有元器件的本质安全性，整个技术系统也就是本质安全的。但是我们上面提到的各个行业所涉及的系统都不是单纯的技术系统，而是复杂的社会技术系统，是由其构成要素（个人、物、信息、文化）通过复杂的交互作用形成的有机整体，系统具有自组织性，系统构成部分之间是一种非线性关系，系统的大部分构成要素是一种智能体，客观地讲，这些智能体是无法达到本质安全性的，对于这些智能体来说，安全性本身就是一个具有相对性的概念，会随着时代发展和技术进步而不断得到提升。虽然复杂社会技术系统的构成要素也许永远达不到本质安全性要求，但这并不意味着系统作为一个整体无法达到本质安全性。这里我们需要特别强调的一点是，对于复杂的社会技术系统，系统的本质安全性并不代表系统的构成要素是本质安全的，由于系统自身及其要素都具有一定的容错性和自组织性，只要在保证系统的构成元素是相对可靠的条件下，完全可以通过系统的和谐交互机制使系统获得本质安全性。

系统本质安全是通过微观层面的和谐交互以达到系统整体的和谐所取得的，本质安全形成应该是由外而内的，最终通过文化交互的和谐性而达到系统的内在本质安全性。

2. 本质安全理论的现实意义

首先，它给人们带来了安全管理理念的变化，使得人们认识到事故不是必然存在的，只是偶然发生的，不发生事故才是必然的，即使是复杂社会技术系统的事故也是可以绝对预防的，只不过这种绝对是指对系统可控事故的长效预防。其次，该理论的出现改变了人们对事故预防模式的认识，从过去建立在功能分割和经验判断基础之上的事故预防模式转变为从系统和谐及系统整体交互作用的匹配性来重新思考复杂系统安全问题的控制模式。由于过去建立在功能分割基础之上的事故预防模式过分强调职能分工和经验判断在预防事故过程中的重要作用，通过对系统层层分解，试图从事故源头入手，将事故隐患扼杀在摇篮里，但由于缺乏有效系统集成技术，虽然能够找到事故源头，但仍然缺乏对事故成因的整体认识，最终导致"只见树木，不见森林"，无法把握事故成因的整体交互机制，最终还是难以有效预防事故。

3. 系统本质安全的实现

系统本质安全实现是有前提条件的。首先,系统必须具备内在可靠性。即要达到内在安全性,能够抵抗一定的系统性扰动,也就是说能够应付系统内部交互作用波动引起的系统内部不和谐性。其次,系统能够适应环境变化引起的环境性扰动,即要具备抵御系统与外部交互作用的不和谐性能力。第三,本质安全的必须能够合理配置系统内外部交互作用的耦合关系,实现系统和谐,这将涉及技术创新、规范制度、法律完善、文化建设等方方面面。第四,本质安全概念体现了事故成因的整体交互机制,因此,事故预防应该从系统整体入手,最终实现全方位的系统安全。由此可见,本质安全是一个动态演化的概念,也是一个具有一定相对性的概念,它会随着技术进步、管理理论创新而演化;它是安全管理的终极目标,最终达到对可控事故的长效预防;其主要措施是理顺系统内外部交互关系,提高系统和谐性;实现方式是对事故进行超前管理,从源头上预防事故。

4. 本质安全模式及技术方法

技术系统的本质安全具有如下两种基本模式:

- 失误—安全功能(Fool - Proof)。指操作者即使操作失误,也不会发生事故或伤害。
- 故障—安全功能(Fail - Safe)。指设备、设施或技术工艺发生故障或损坏时,还能暂时维持正常工作或自动转变为安全状态。

本质安全有如下基本的技术方法:

- 最小化(minimize)或强化(intensify):减少危险物质库存量,不使用或使用最少量的危险物质;在必须使用危险物质的情况下,应尽可能减小危险物质的数量。强化工艺设备,减小设备尺寸,使其更有效、更经济、更安全。系统内存在的危险物质的量越少,发生事故所造成的后果越小。在生产的各个环节都应考虑减少危险物质的量。
- 替代(substitute):用安全的或危险性小的物质或工艺替代或置换危险的物质或工艺。例如用不可燃物质替代可燃性物质、用不使用危险材料的方法替代使用危险材料的方法。使用危险性小的物质或不含危险物质的工艺代替使用危险物质的工艺,也包括设备的替代。该措施可以减去附加的安全防护装置,减少设备的复杂型和成本。
- 稀释(attenuate)或缓和(moderate):采用危险物质的最小危害形态或最小危险的工艺条件(如在室温、常压、液相条件下);在进行危险作业时,采用相对更加安全的工艺条件,或者用相对更加安全的方式(溶解、稀释、液化等)存储、运输危险物质。
- 简化(simplify):通过设计,简化操作,减少使用安全防护装置,以减少人为失误的机会。简单的工艺、设备比复杂的更加安全,简单的工艺、设备所包含的部件较少,可以减少失误,节约成本。
- 限制危害后果(limitation of effects):通过改进设计和操作,限制或减小故障可能造成的损坏程度,例如安全隔离或使所设计的设备即使在发生泄漏时,也只能以小的流速进行,以便容易阻止或控制。开发新的或改进已有工艺、设备,使其即使发生失误,所造成的损坏也最小。
- 容错(error tolerance):使工艺、设备具有容错功能。如使设备坚固,装置可承受倾翻,反应器可承受非正常反应等。
- 改进早期化(change early):在工艺、设备设计过程中,尽可能早地使用各种安全评价方法对其中存在的危险因素进行辨识,为改进或选择新的工艺、新设备提供决策依据。
- 避免碰撞效应(avoiding knock - on effect):使设备、设施布局宽敞,采用失效保险系统,使所设计的工艺、设备即使在发生故障时,也不会产生碰撞或多米诺骨牌效应。例如在机器设备的各部件之间设置隔板,使其在发生火灾时,可以阻止火焰蔓延,或者将设备置于室外,从而使泄漏的有毒物质可以依靠自然通风进行扩散。

• 状况清楚(making status clear):对作业中存在的物质进行清晰的解释说明,有利于操作者对可能存在的危险进行辨识和控制。

• 避免组装错误(making incorrect assembly impossible):通过设计,使阀门或管线等系统标准化,减少人为失误,使设备无法依据错误的形式组装而避免失效,如设计标准化,使用特定的工序、阀门、管线等。

• 容易控制(ease of control):减少手动控制装置和附加的控制装置;使用容易理解的计算机软件;如果一个过程很难控制,应该在投资建造复杂的控制系统之前设法改变工艺或控制原理。

• 管理控制/程序(management control/procedure):人失误是导致生产事故的主要原因之一。因此,要对员工进行严格培训和上岗资格认证。其他一些本质安全原理,诸如容易控制、状况清楚、容错和避免组装错误等在此处也适用。

5. 本质安全的应用

在不同的技术系统或行业领域,本质安全具体应用举例如下:

(1)电气本质安全系统:安全电压(或称安全特低电压);自动闭锁系统;接零、接地保护系统;漏电保护系统;绝缘系统;电器隔离;屏护和安全距离;连锁保护系统……

(2)机械本质安全系统:自动闭锁系统;连锁保护系统;超载保护装置;端站极限开关;限位开关;越程开关;限速器;缓冲器……

(3)消防本质安全系统:自动喷淋系统;阻燃材料;防爆电气;消除可燃可爆系统;控制引燃能源……

(4)汽车本质(主动)安全系统:ABC 主动车身控制、ABD 自动制动力分布、ABS 防抱死制动系统、ASC + T 自动稳定及牵引力控制、ASR 防打滑修正、BA 制动助力器、BAS 电子刹车辅助、CBC 转弯制动控制器、DSC 动态稳定系统、EBA:紧急制动辅助;EBV:电子制动分配;EDL:电子差速锁、ESP:车身稳定程序、HDC 下坡车速控制系统、MSR 发动机滞力矩控制、RSC 防翻滚稳定系统、STC 循迹牵引力防侧滑系统、TCS 牵引力控制系统、VDC 车辆动态控制系统、VSC 汽车稳定控制系统、前碰撞预警、车道偏离预警、车距的监控和预警、行人保护系统(防撞系统)……

7.2.3 人本安全理论

1. “人本”安全与“物本”安全

任何系统仅仅依靠技术来实现全面的本质安全是不可能的,俗话说:“没有最安全的技术,只有最安全的行为”。科学的本质安全概念,是全面的安全、系统的安全、综合的安全。任何系统既需要物的本质安全,更需要人的本质安全,“人本”与“物本”的结合,才能构建全面本质安全的系统。

“物本”是安全的硬实力,“人本”是安全的“软实力、硬道理”。根据安全科学“3E 对策理论”为基础的研究,安全“软实力”具有重要的作用,例如,针对特种设备安全系统的分析,得到的研究结论是:安全科技对特种设备安全的贡献率大约为 58%,安全管理为 27%,安全文化约

15%，软实力的贡献率接近一半。显然，对于不同行业或地区处于不同的发展阶段和发展背景基础，安全对策 3E 要素的贡献或作用是不一样的，比如，劳动密集型的建筑行业，安全文化的贡献率就相对要大一些。但可以肯定的是，目前在我国多数地区和行业企业，应有的安全管理和安全文化软实力的贡献和作用还处于缺乏不足的状态，还有发展和提升的空间。

2.“人本”安全原理

基于安全文化学理论，人们提出了“人本安全原理”，其基本理论规律，见图 7－14。即人本安全的目标是塑造“本质安全型”人，本质安全型人的标准是：时时想安全的安全意识，处处要安全的安全态度，自觉学安全的安全认知，全面会安全的安全能力，现实做安全的安全行动，事事成安全的安全目的。塑造和培养本质安全型人，需要从安全观念文化和安全行为文化入手，同时，需要创造良好的安全物态及环境文化。

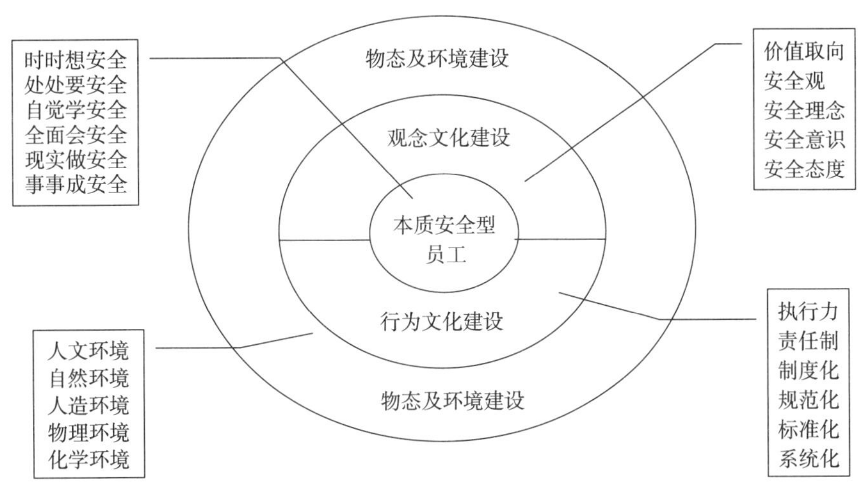

图 7－14　安全文化建设“人本安全原理”示意图

依据“人本安全理论”在安全生产领域，提出了企业安全文化建设的策略，即安全文化建设的范畴体系：安全观念文化建设，安全行为文化建设，安全制度文化建设，安全物态文化建设。

3. 人员安全素质

人员安全素质是安全生理素质、安全心理素质、安全知识与技能要求的总和。其内涵非常丰富，主要包括：安全意识、法制观念、安全技能知识、文化知识结构、心理应变能力、心理承受适应性能力和道德行为约束能力。安全意识，法制观念是安全素质的基础；安全技能知识、文化知识结构是安全素质的重要条件；心理应变能力，承受适应能力和道德、行为规范约束力是安全素质的核心内容。三个方面缺一不可，相互依赖，相互制约，构成人员安全素质。

（1）安全生理素质。指人员的身体健康状况、感觉功能、耐力等。

①感觉功能。人的感觉功能由眼、鼻、耳、舌、皮肤等 5 个器官产生的视、听、嗅、味、触觉五感。此外还有运动、平衡、内脏感觉，综合起来即为 8 种感觉。这些感觉器官都有其独特的作用，又有相互补充的作用。

②力量与速度。不同体格的人所表现出的力量和速度差别很大，不同职业对人体的力量和速度要求也不同。

③耐力。人在作业或活动过程中，由于肌肉或心理过度紧张而引起疲劳现象。疲劳是一

种复杂的生理和心理现象。当出现疲劳时，在生理上表现为：全身感到疲乏、头痛、站立不稳、手脚不灵活、两腿发软、行动呆板、头昏目眩、呼吸局促等疲劳感觉。而在精神上表现为感觉到思考有困难、注意力难以集中、对事物失去兴趣、健忘、缺乏自信心、失去耐心、遇事焦虑不安等。

(2)安全心理素质。指个人行为、情感、紧急情况下的反应能力，事故状态的个人承受能力等。人的心理素质取决于人的心理特征。心理素质标准一般包括：

①气质。主要表现为人的心理活动的动力方面的特点。人的气质可分为胆汁质、多血质、黏液质、抑郁质 4 种类型。

②性格。性格是人们在对待客观事物的态度和社会行为方式中区别于他人所表现出来的那些比较稳定的心理特征的总和。人的性格可以通过各种行为表现来认识他所具有的性格特征。

③情绪与情感。情绪与情感是人对客观事物的一种特殊反映形式。不良情绪发展到一定程度能够主宰人的身体及活动情况，使人的意识范围变得狭窄，判断力降低，失去理智和自制力。带着这种情绪操纵机器极易导致不安全行为的发生。

④意志。意志就是人自觉地确定目标，并调节自己的行动克服困难，以实现预定目标的心理过程，它是意志的能动作用表现。

⑤能力。能力是指一个人完成任务的本领，或者说是人们顺利完成某种任务的心理特征。如感觉、知觉和观察力、注意力、记忆力、思维能力、操作能力。

(3)安全知识与技能要求。从业人员不仅要掌握生产技术知识，还应了解安全生产有关的知识。生产技术知识内容包括生产经营单位基本生产概况、生产技术过程、作业方法或工艺流程，专业安全技术操作规程，各种机具设备的性能以及产品的构造、性能、质量和规格等。安全技术知识内容包括生产经营单位内危险区域和设备设施的基本知识及注意事项，安全防护基本知识和注意事项，机械、电气和危险作业的安全知识，防火、防爆、防尘、防毒安全知识，个人防护用品的使用，事故的报告处理等。

7.2.4 系统全过程管理理论

1. 过程安全管理

过程安全(process safety)是指可避免任何处理、使用、制造及贮存危险性化学物质工艺过程所产生重大意外事故的操作方式，须考虑技术、物料、人员与设备等动态因素，其核心是一个化工过程得以安全操作和维护，并长期维持其安全性。

过程安全管理是利用管理的原则和系统的方法，来辨识、掌握和控制化工过程的危害，确保设备和人员的安全。从过去的事故案例看，单一的管理或技术途径无法有效地避免安全事故的发生。对一个复杂的石化生产过程而言，涉及到化学品安全、工艺安全、设备安全和作业环境安全多个方面，要防止因单一的失误演变成重大灾难事故，就必须从过程控制、人员操控、安全设施、应急响应等多方面构筑安全防护体系，即建立完备的“保护层”。因此，作为过程安全工作的重点就是通过技术、设施及员工建立完备的“保护层”，并维持其完整性和有效性。

技术——首先要考虑的是只要可行就必须选择危害性最小或本质安全的技术，并从技术上保证设备本体的安全。

设施——硬件上的安全考虑应包括：安全控制系统、安全泄放系统、安全隔离系统、备用电力供应等。

员工——最后的保护措施是员工适当的训练,提高应对紧急情况的能力。

2. 设备完整性管理

过程安全管理极其重要的一环是相关设备的设计、制造、安装及保养,不符合规格或规范的设备是造成化学灾害及安全事故的主要原因之一。设备完整性管理技术对应于PSM中的第八条款,是从设备上保障过程安全。设备完整性管理技术是指采取技术改进措施和规范设备管理相结合的方式,来保证整个装置中关键设备运行状态的完好性。其特点为:①设备完整性具有整体性,是指一套装置或系统的所有设备的完整性。②单个设备的完整性要求与设备的装置或系统内的重要程度有关。即运用风险分析技术对系统中的设备按风险大小排序,对高风险的设备需要加以特别的照顾。③设备完整性是全过程的,从设计、制造、安装、使用、维护,直至报废。④设备资产完整性管理是采取技术改进和加强管理相结合的方式来保证整个装置中设备运行状态的良好性,其核心是在保证安全的前提下,以整合的观点处理设备的作业,并保证每一作业的落实与品质保证。⑤设备的完整性状态是动态的,设备完整性需要持续改进。

设备完整性管理是以风险为导向的管理系统,以降低设备系统的风险为目标,在设备完整性管理体系的构架下,通过基于风险技术的应用而达到目的,见图7-15。

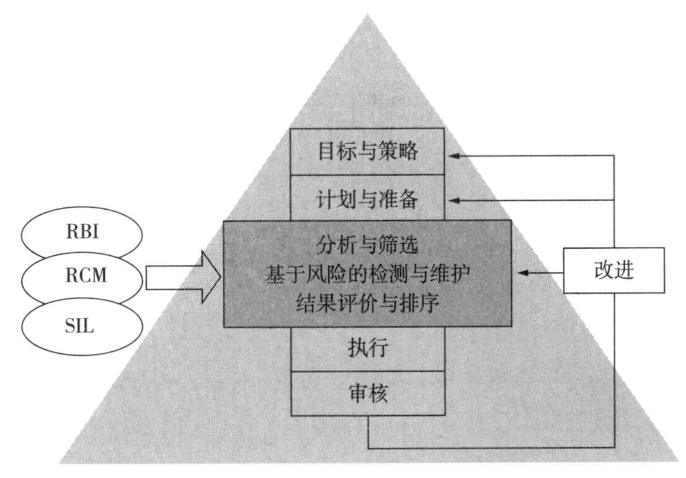

图7-15　设备完整性安全管理体系

设备完整性管理包括基于风险的检验计划和维护策略,即基于时间的、基于条件的、正常运行情况或故障情况下的维护。其核心是利用风险分析技术识别设备失效的机理、分析失效的可能性与后果,确定其风险的大小;根据风险排序制定有针对性的检维修策略,并考虑将检维修资源从低风险设备向高风险设备转移;以上各环节的实施与维持用体系化的管理加以保证。因此,设备完整性管理的实施包括管理和技术两个层面,即在管理上建立设备完整性管理体系;在技术上以风险分析技术作支撑,包括针对静设备、管线的RBI技术,针对动设备的RCM技术和针对安全仪表系统的SIL技术等。

7.2.5　安全细胞理论

安全细胞理论是针对组织(企业)安全管理系统提出的一种形象化方法论。一般认为班组是企业的细胞,模仿生命细胞特征和形象的规律,指导企业安全建设。

1. 班组是企业的细胞

班组是企业组织生产经营活动的基本单位，是企业最基层的生产管理组织。企业的所有生产活动都在班组中进行，班组工作的好坏直接关系着企业经营的成败。

细胞是由膜包围着含有细胞核的原生质所组成，细胞能够通过分裂而增殖，是生物体个体发育和系统发育的基础。细胞或是独立的作为生命单位，或是多个细胞组成细胞群体或组织、或器官和机体。班组在企业所处的地位，人们一般都形象地用表现生命现象的基本结构和功能等单位的细胞来形容。这是因为班组是企业组织生产经营活动的基本单位，是企业中最基层的生产管理组织，班组处于增强企业活力的源头、精神文明建设的前沿阵地、企业生产活动和推进技术进步的基本环节的地位上，它在形式上与细胞构成生命现象有些相似。

机体的坏死是从一个个细胞的坏死开始的，要想机体健康成长，就要着眼于细胞，同样的，“班组细胞”是企业这个“有机体”杜绝违章操作和人身伤亡事故的主体。只有人体的所有细胞全都健康，人的身体才有可能健康，才能充满了旺盛的活力和生命力。所以说班组是增强企业安全活力和安全生命力的源头。

2.“细胞理论”模型

企业安全基础管理工作的好坏与3个要素密切相关，它们分别员工、岗位和现场。企业要取得安全基础管理的成功，关键要在这3个基本要素上下功夫，使其可以健康运行和动态整合。这3大要素相互联系所构成的模型就是班组细胞理论模型，见图7-16。

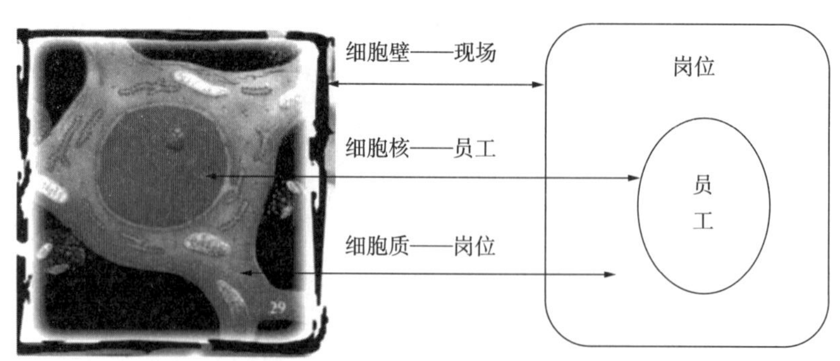

图7-16　班组安全细胞模型

3. 班组安全细胞健康工程

实施班组安全细胞工程要从如下方面入手：

(1)细胞核——员工素质工程。细胞核是细胞的控制中心，在细胞的代谢、生长、分化中起着重要作用，是遗传物质的主要存在部位。一般说真核细胞失去细胞核后，很快就会死亡。安全管理大师海因里希认为，88%的事故都是由人的原因引起的，人因是安全系统的首要保障和关键因素，是班组细胞中的细胞核。强健有力的细胞核是细胞成长的核心。

强化教育培训，提高员工的素质是增强企业“细胞核”生命力的最有效途径。加强教育培训，主要是指对班组进行技能、安全生产、岗位职责和工作标准等方面的教育培训，同时将培训成绩记入个人档案，与个人的工资、奖金、晋级、提拔挂钩。

(2)细胞质——岗位安全标准化。班组管理的好坏直接影响着企业的管理效果，班组管理的关键体现在工作岗位上，员工是班组的细胞核，岗位则是班组细胞的细胞质。而大多数生命活动都在细胞质里面完成,提供细胞代谢所需的营养。细胞质的“营养”程度,就决定了细胞核的成长。因此,在企业中实行岗位责任制,保证了岗位的“营养”。岗位安全责任制,就是对企业中所有岗位的每个人都明确地规定在安全工作中的具体任务、责任和权利,以便使安全工作事事有人管、人人有专责、办事有标准、工作有检查,职责明确、功过分明,从而把与安全生产有关的各项工作同全体职工联结、协调起来,形成一个严密的、高效的安全管理责任系统。实行岗位安全责任制的主要意义在于:是组织集体劳动,保证安全生产,确保安全管理的基本条件;是把企业安全工作任务,落实到每个工作岗位的基本途径;是正确处理人们的安全生产中的相互关系,把职工的创造力和科学管理密切结合起来的基本手段;是把安全管理建立在广泛的群众基本之上,使安全生产真正成为全体职工自觉得行动的基本要求。

(3)细胞壁——现场安全规范化。继 20 世纪 30 年代海因里希的事故多米诺骨牌理论之后,70 年代哈登提出了能量意外释放的事故致因理论,认为所有事故的发生都是由于能量的意外释放,或能量流入了不该流通的渠道以及人员误闯入能量流通的渠道造成的,可通过消除能量、减少能量或以安全能量代替不安全能量、设置屏蔽等方式阻止事故的发生。能量理论是事故致因理论的另一重要分支,而企业又是一个集热能、动能、势能、化学能等于一体的场所,避免事故发生的重要手段是对能量的控制,而控制能量的关键在班组,班组的重心在现场,现场是班组细胞的细胞壁,现场管理是班组细胞成长的屏障。如同细胞壁在细胞中起着保护和支撑的作用一样,现场同样也在“班组细胞”中起着相似的作用。据统计,90% 以上工伤事故发生在生产作业现场,70% 以上事故是由于职工违章作业和思想麻痹所造成的。首先,现场是班组员工进行各种作业活动的区域范围,现场硬件条件和软件条件的好坏,直接关系到员工的生命安全。其次,现场是提高职工队伍建设,提高职工素质的基本场所。现代社会是学习型社会,终身学习和终身职业培训,已是现代企业建设的重要标志,在企业同样适用,提倡建立学习型企业企业,便要鼓励员工在工作中学习,使工作场所成为员工学习提高的场所,那么现场就在其中起到了细胞壁一样的支撑作用。

7.2.6 两类危险源理论

在系统安全研究中,认为危险源的存在是事故发生的根本原因,防止事故就是消除、控制系统中的危险源。危险源为可能导致人员伤害或财物损失的事故的、潜在的不安全因素。按此定义,生产、生活中的许多不安全因素都是危险源。

根据危险源在事故发生、发展中的作用,把危险源划分为两大类,即第一类危险源和第二类危险源。

1. 第一类危险源

根据能量意外释放论,事故是能量或危险物质的意外释放,作用于人体的过量的能量或干扰人体与外界能量交换的危险物质是造成人员伤害的直接原因。于是,把系统中存在的、可能发生以外释放的能量或危险物质称作第一类危险源。

一般的,能量被解释为物体做功的本领。做功的本领是无形的,只有在做功时才显现出来。因此,实际工作中往往把产生能量的能力源或拥有能量的能力载体看作第一类危险源来处理。例如,带电的导体、奔驰的车辆等。

可以列举常见的第一类危险源见表 7-7。

表 7－7　伤害事故类型与第一类危险源

事故类型	能量源或危险物的产生、贮存	能量载体或危险物
物体打击	产生物体落下、抛出、破裂、飞散的设备、场所、操作	落下、抛出、破裂、飞散的物体
车辆伤害	车辆,使车辆移动的牵引设备、坡道	运动的车辆
机械伤害	机械的驱动装置	机械的运动部分、人体
起重伤害	起重、提升机械	被吊起的重物
触　电	电源装置	带电体、高跨步电压区域
灼　烫	热源设备、加热设备、炉、灶、发热体	高温物体、高温物质
火　灾	可燃物	火焰、烟气
高处坠落	高差大的场所、人员借以升降的设备、装置	人体
坍　塌	土石方工程的边坡、料堆、料仓、建筑物、构筑物	边坡土(岩)体、物料、建筑物、构筑物、载荷
冒顶片帮	矿山采掘空间的围岩体	顶板、两帮围岩
放炮、火药爆炸	炸药	
瓦斯爆炸	可燃性气体、可燃性粉尘	
锅炉爆炸	锅炉	蒸汽
压力容器爆炸	压力容器	内容物
淹　溺	江、河、湖、海、池塘、洪水、贮水容器	水
中毒窒息	产生、贮存、聚积有毒有害物质的装置、容器、场所	有毒有害物质

2. 第二类危险源

在生产和生活中,为了利用能量,让能量按照人们的意图在系统中流动、转换和做功,必须采取措施约束、限制能量,即必须控制危险源。约束、限制能量的屏蔽应该可靠地控制能量,防止能量以外释放。实际上,绝对可靠的控制措施并不存在。在许多因素的复杂作用下,约束、限制能量的控制措施可能失效,能量屏蔽可能被破坏而发生事故。导致约束、限制能量措施失效或破坏的各种不安全因素称为第二类危险源。

人的不安全行为和物的不安全状态是造成能量或危险物质以外释放的直接原因。从系统安全的观点来考察,使能量或危险物质的约束、限制措施失效、破坏的原因,即第二类危险源,包括人、物、环境 3 个方面的问题。

在系统安全中涉及人的因素问题时,采用术语"人失误"。人失误是指人的行为的结果偏离了预定的标准,人的不安全行为可被看作是人失误的特例。人失误可能直接破坏对第一类危险源的控制,造成能量或危险物质的意外释放。例如,合错了开关使检修中的线路带电;误开阀门使有害气体泄放等。人失误也可能造成物的故障,物的故障进而导致事故。例如,超载起吊重物造成钢丝绳断裂,发生重物坠落事故。

物的因素问题可以概括为物的故障。故障是指由于性能低下不能实现预定功能的现象,物的不安全状态也可以看作是一种故障状态。物的故障可能直接使约束、限制能量或危险物质的措施失效而发生事故。例如,电线绝缘损坏发生漏电;管路破裂使其中的有毒有害介质泄漏等。有时一种物的故障可能导致另一种物的故障,最终造成能量或危险物质的意外释放。

例如,压力容器的泄压装置故障,使容器内部介质压力上升,最终导致容器破裂。物的故障有时会诱发人失误;人失误会造成物的故障,实际情况比较复杂。

环境因素主要指系统运行的环境,包括温度、湿度、照明、粉尘、通风换气、噪声和振动等物理环境,以及企业和社会的软环境。不良的物理环境会引起物的故障或人失误。例如,潮湿的环境会加速金属腐蚀而降低结构或容器的强度;工作场所强烈的噪声影响人的情绪,分散人的注意力而发生人失误。企业的管理制度、人际关系或社会环境影响人的心理,可能引起人失误。

第二类危险源往往是一些围绕第一类危险源随机发生的现象,它们出现的情况决定事故发生的可能性。第二类危险源出现得越频繁,发生事故的可能性越大。

3. 危险源与事故

一起事故的发生是两类危险源共同起作用的结果。第一类危险源的存在是事故发生的前提,没有第一类危险源就谈不上能量或危险物质的意外释放,也就无所谓事故。另一方面,如果没有第二类危险源破坏对第一类危险源的控制,也不会发生能量或危险物质的意外释放。第二类危险源的出现是第一类危险源导致事故的必要条件。

在事故的发生、发展过程中,两类危险源相互依存、相辅相成。第一类危险源在事故时释放出的能量是导致人员伤害或财物损坏的能量主体,决定事故后果的严重程度;第二类危险源出现的难易决定事故发生的可能性的大小。两类危险源共同决定危险源的危险性。见图 7 - 17。

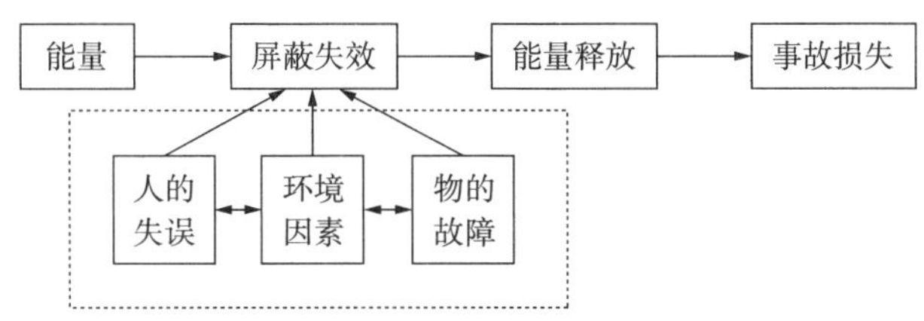

图 7 - 17 系统安全观点的事故因故连锁

在企业的实际事故预防工作中,第一类危险源客观上已经存在并且在设计、建造时已经采取了必要的控制措施,因此事故预防工作的重点乃是第二类危险源的控制问题。

4. 危险源与事故隐患

在我国长期的事故预防工作中经常使用事故隐患一词。所谓隐患(Hidden Peril)是指隐藏的祸患,事故隐患即隐藏的、可能导致事故的祸患,这是一个在长期工作实践中大家形成的共识用语,一般是指那些有明显缺陷、毛病的事物,相当于人的不安全行为、物的不安全状态。

事故祸患包含在危险源的范畴之中,主要是指那些在控制方面存在明显缺陷(不安全状态)的第一类危险源。应该注意,如果在控制方面没有明显的缺陷,则危险源往往不被当作隐患处理,在事故预防工作中可能被忽略,这对危险源控制是非常不利的。从事故预防的角度,查找、治理事故隐患是非常必要的。但是,从危险源控制的角度,这仅仅控制了全部危险源中有明显问题的一部分,其余部分更隐蔽,可能更危险。

7.3 安全生命周期理论

安全生命周期理论是安全科学的基本理论之一,主要包括事故生命周期理论、设备生命周期理论和应急管理生命周期理论。事故生命周期理论对事故的发生过程进行详细说明,对控制事故的发生有着非常重要的指导意义;设备生命周期理论从技术、经济和管理三方面对设备生命周期进行了阐释;应急管理生命周期理论对危机发生的不同阶段进行了分析,并提出了相应的指导策略。

7.3.1 事故生命周期理论

一般事故的发展可归纳为4个阶段:孕育阶段、成长阶段、发生阶段和应急阶段。

1. 事故的孕育阶段

孕育阶段是事故发生的最初阶段,是由事故的基础原因所致的,如前述的社会历史原因,技术教育原因等。在某一时期由于一切规章制度、安全技术措施等管理手段遭到了破坏,使物的危险因素得不到控制和人的素质差,加上机械设备由于设计、制造过程中的各种不可靠性和不安全性,使其先天潜伏着危险性,这些都蕴藏着事故发生的可能,都是导致事故发生的条件。事故孕育阶段具有如下特点:

- 事故危险性看不见,处于潜伏和静止状态中;
- 最终事故是否发生处于或然和概率的领域;
- 没有诱发因素,危险不会发展和显现。

根据以上特点,要根除事故隐患,防止事故发生,这一阶段是很好的时机。因此,从防止事故发生的基础原因入手,将事故隐患消灭在萌芽状态之中,是安全工作的重要方面。

2. 事故的成长阶段

如果由于人的不安全行为或物的不安全状态,再加上管理上的失误或缺陷,促使事故隐患的增长,系统的危险性增大,那么事故就会从孕育阶段发展到成长阶段,它是事故发生的前提条件,对导致伤害的形成起有媒介作用。这一阶段具有如下特点:

- 事故危险性已显现出来,可以感觉到;
- 一旦被激发因素作用,即会发生事故,形成伤害;
- 为使事故不发生,必须采取紧急措施;
- 避免事故发生的难度要比前一阶段大。

因此,最好情况是不让事故发展到成长阶段,尽管在这一阶段还是有消除事故发生的机会和可能。

3. 事故的发生阶段

事故发展到成长阶段,再加上激发因素作用,事故必然发生。这一阶段必然会给人或物带来伤害或损失,机会因素决定伤害和损失的程度,这一阶段的特点为:

- 机会因素决定事故后果的程度;
- 事故的发生是不可挽回的;
- 只有吸取教训,总结经验,提出改进措施,以防止同类事故的发生。

事故的发生是人们所不希望的,避免事故的发展进入发生阶段是我们极力争取的,也是安全工作所追求的目标和安全工作者的职责及任务。

4. 事故的应急阶段

事故应急阶段主要包括紧急处置和善后恢复两个阶段。紧急处置是在事故发生后立即采取的应急与救援行动,包括事故的报警与通报、人员的紧急疏散、急救与医疗、消防和工程抢险措施、信息收集与应急决策和外部求援等;善后恢复应在事故发生后首先应使事故影响区域恢复到相对安全的基本状态，然后逐步恢复到正常状态。应急目标是尽可能地抢救受害人员，保护可能受威胁的人群，尽可能控制并消除事故，尽快恢复到正常状态，减少损失。这一阶段的特点为：①应急预案是前提；②现场指挥很关键；③紧急处置越快，损失越小；④善后恢复越快，综合影响越小。

7.3.2 设备生命周期理论

1. 生命周期理论

生命周期基本涵义可以通俗地理解为“从摇篮到坟墓”的整个过程。对于某个产品而言，就是从自然中来回到自然中去的全过程，也就是既包括制造产品所需要的原材料的采集、加工等生产过程，也包括产品贮存、运输等流通过程，还包括产品的使用过程以及产品报废或处置等回归自然的过程，这个过程构成了一个完整的产品的生命周期。

设备生命周期管理内容包括从产品的设计制造到设备的规划、选型、安装、使用、维护、更新、报废整个生命周期的技术和经济活动，其核心与关键在于正确处理设备可靠性、维修性与经济性的关系，保证可靠型，正确确定维修方案，建立设备生命周期档案，提高设备有效利用率，发挥设备的高性能，以获取最大的经济利益。

大多数产品随着使用时间的变化如图 7－18 所示，故障率的变化模式可分为 3 个时期，这 3 个时期综合反映了产品在整个寿命期的故障特点，有时也称为浴盆曲线。曲线的形状呈两头高，中间低，具有明显的阶段性，可划分为 3 个阶段：

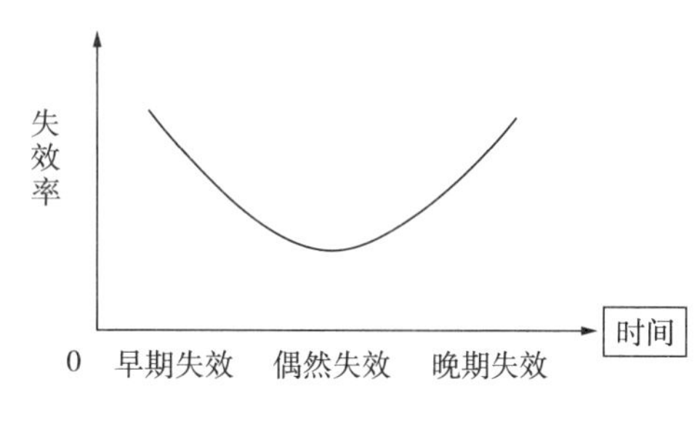

图 7－18 设备安全失效浴盆曲线

(1)初期失效：在设备开始使用的阶段，一般故障率较高但随着设备使用时间的延续，故障率明显降低，此阶段称初期故障期，又称磨合期。这个期间的长短随设备系统的设计与制造质量而异。

(2)偶然失效：设备使用进入阶段，故障率大致趋于稳定状态，趋于一个较低的定值，表明设备进入稳定的使用阶段。在此期间，故障发生一般是随机突发的，并无一定规律，故称此阶段为偶发故障期。

(3)晚期失效：设备使用进入后期阶段，经过长期使用，故障率再一次上升，且故障带有普遍性和规模性，设备的使用寿命接近终了，此阶段称损耗故障期。在此期间，设备零部件经长时间的频繁使用，逐渐出现老化、磨损以及疲劳现象，设备寿命逐渐衰竭，因而处于故障频发状态。

起始与末尾期失效率很高，这就指导我们在起始期要严格筛选，确定保修策略，而在末尾期要及时维修以至大修，改善系统状况并制定合理的报废期限。

2. 设备生命周期管理理论

现代设备管理强调设备生命周期一生的管理，设备生命周期理论是根据系统论、控制论和决策论的基本原理，结合企业的经营方针、目标任务，分析和研究设备生命周期 3 个方面的理论：

(1)设备生命周期的技术理论：依靠技术进步加强设备的技术载体作用，研究寿命周期的故障性和维修性，提高设备有效利用率，采用适用的新技术和诊断修复技术，从而改进设备的可靠性和维修性。

(2)设备生命周期的经济理论:研究磨损的经济规律,掌握设备的技术寿命和经济寿命,对设备的投资、修理和更新改造进行技术经济分析,力争投入少,产出多,效益高,从而达到寿命周期费用最经济和提高设备综合效率的目标。

(3)设备生命周期的管理理论:强调设备一生的管理和控制,由于设备设计、制造和使用各阶段的责任者和所有者往往不是单一的,故其经营管理策略和利益会有很大区别。因此,需要研究和控制三者相结合的动态管理,建立相应的模型和模拟,并实现适时的信息反馈,从而实现设备系统的全面的综合管理,不断提高设备管理的现代化水平。

3. 设备生命周期管理理论指导意义

设备生命周期管理理论分别从技术、经济和管理 3 个层面上提出对设备在其生命周期当中的管理内容和管理要求,对提高设备的生命和整个设备管理方面有着重要的意义。

(1)设备生命的技术理论对设备管理的重要意义

设备的技术生命就是指新设备投入使用以后,由于科技进步出现了性能更好的新设备,其使用起来更简单方便、故障率低、产品质量好,老设备显得技术落后,如继续使用则不经济、不合算、划不来,而需要提前淘汰更新所经历的时间,简言之:设备由于技术落后而提前淘汰所决定的性能寿命的时间就是设备的技术寿命。运用设备的技术寿命理论来加强企业设备的技术形态管理,对保证设备的技术先进性以适应企业生产有着重要的作用。设备的技术寿命和物质寿命是紧密相连的,设备的技术形态管理是物质形态管理的发展,技术管理来源于物质管理,高于物质管理。因此,设备的技术管理既要考虑设备的物质形态,更要考虑设备技术含量所体现出来的高新技术的发展。

(2)设备生命的经济理论对设备管理的重要意义

设备的经济寿命是指设备从投入使用到由于继续使用不再经济而被淘汰所经历的时间,它主要受到有形磨损和无形磨损共同影响而产生。设备有形磨损使得其维修费用增加,使用成本提高,继续使用已经不能保证产品质量;无形磨损使得设备的使用在经济上已不合算,大修理或改装费用又太大的情况下,其经济寿命也就到了终点,这时就必须进行设备更新。设备经济寿命的确定对生产性企业的费用核算有一定的关系,进而会对产品成本产生影响,影响企业经济效益。设备的经济寿命理论是把生产设备作为一种投资行为,企业运用生产手段来取得最高的经济效益,因此,正确地运用设备寿命周期的经济理论,把其作为设备管理的基本指导思想可以优化资产、补偿费用、提高效益、控制投入产出,从而使设备寿命周期费用最低和综合经济效益达到最高。要想科学地运用设备寿命周期的经济理论,应该做到以下几点。首先,对设备投资进行必要的可行性研究和经济性论证。其次,设备的物质替换需要价值补偿。最后,运用设备寿命周期费用(LCC)来指导和评价设备的经济效益,以加强企业的设备管理。

(3)设备生命的管理理论对设备管理的重要意义

通常设备的设计制造过程由设计制造部门管理,而设备的使用过程由使用部门管理,有的设备还有专门的设计部门、制造部门、使用部门三分离的形式流程,甚至还有更多流程。作为设计制造部门不能只顾降低设备成本而忽略设备可靠性、耐久性、维修性、环保性、安全性和节能性等。要了解使用单位的工艺要求和使用条件,要考虑到设备运行阶段的运营费用,使研制出来的设备符合用户要求,又有用户采购使用。在设备制造出厂后,研制人员要根据实际情况参加设备安装、调试、使用,并做好技术服务工作。用户应及时地把安装、调试和使用中发现的问题向设计制造部门进行信息反馈,以便改进设备的设计、制造方法。只有各部门互通信息,设计、制造、使用相结合才能相互促长,使产品设计制造部门开发更优质的、更适合用户使用的设备,使设备使用部门能采购到更优质的设备为实验和生产服务,享受到更优质的服务。因此这就需要将这三个部门建立专业的管理团队,正确运用设备寿命的管理理论,建立合理的管理机制,实现三者管理的动态结合。

生命周期的技术、经济和管理三方面理论是现代设备管理的重点研究内容,对企业的设备管理起着十分重要的作用。通过对这三方面理论的学习使对三方面的理论有较为深刻的理解。这三方面的理论是相互联系相互影响的,其中设备寿命的管理理论渗透于设备寿命周期管理的各个方面,所有的这些理论都要建立在一个正确的科学的管理机制上。正确地运用设备寿命周期的这三方面理论,对增强企业的设备管理能力,延长企业的设备使用寿命,实现企业最大的经济利益有着十分重要的意义。

7.3.3 应急管理生命周期理论

根据危机的发展周期,突发事件应急管理生命周期可以分为以下几个过程阶段:危机预警及准备阶段、识别危机阶段、隔离危机阶段、管理危机阶段和善后处理阶段。

1. 应急管理各阶段的主要任务

应急管理各阶段的主要任务如图 7－19 所示:(1)预警及准备阶段。其目的在于有效预防和避免危机的发生。(2)识别危机阶段。监测系统或信息监测处理系统是否能够辨识出危机潜伏期的各种症状是识别危机的关键。(3)隔离危机阶段。要求应急管理组织有效控制突发事态的蔓延,防止事态进一步升级。(4)管理危机阶段。要求采取适当的决策模式并进行有效的媒体沟通,稳定事态,防止紧急状态再次升级。(5)善后处理阶段。要求在危机管理阶段结束后,从危机处理过程中总结分析经验教训,提出改进意见。

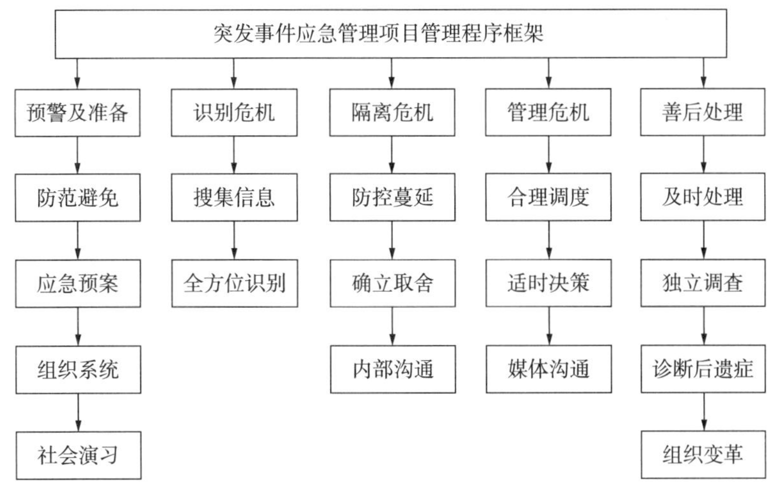

图 7－19　应急管理各阶段的主要任务

2. 突发事件应急管理实施控制

对突发事件应急管理体系进行控制,关键是制定完善的突发事件应急预案,在建立健全突发事件管理机制上下工夫。该预案的工作过程大致包括以下几个步骤:(1)清晰定义突发事件应急管理项目目标,此目标必须尽可能与我国经济社会发展和社会平稳进步的目标相符。(2)

通过工作分解结构(WBS),明确组织分工和责任人,使看似复杂的过程变得易于操作,有效克服应急工作的盲目性(见图7-20)。(3)为了实现应急管理的目标,必须界定每项具体工作内容。(4)根据每项任务所需要的资源类型及数量,明确辨认不同阶段相互交织、循环往复的危机事件应急管理特定生命周期,采取不同的应急措施。

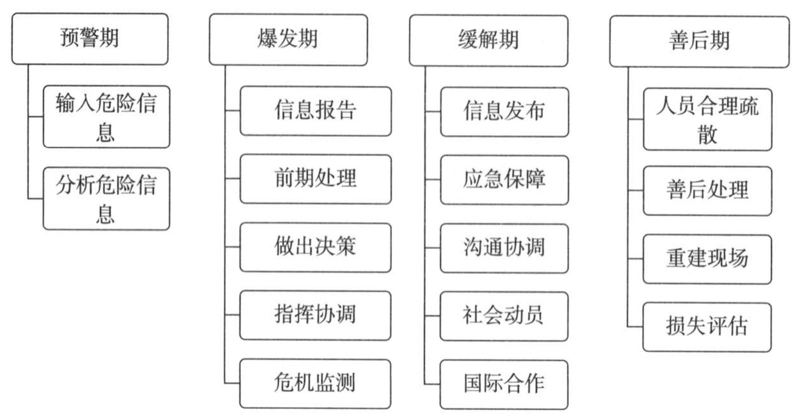

图7-20　突发事件应急管理工作分解结构

3. 突发事件应急管理进度控制

(1)进度控制

进度控制的主要目标是通过完善以事前控制为主的进度控制体系来实现项目的工期或进度目标。通过不断的总结,进行归纳分析,找出偏差,及时纠偏,使实际进度接近计划进度。进度控制包括事前控制、事中控制和事后控制。

(2)事前控制

突发事件应急管理要想从事后救火管理向事前监测管理转变,由被动应对向主动防范转变,就必须建立完善的突发事件预警机制。因此,控制点任务的按时完成对于整个事前控制起着决定作用。预警级别根据突发事件可能造成的危害程度、紧急程度和发展势态,一般划分为4级:Ⅰ级(特别严重)、Ⅱ(严重)、Ⅲ(较重)和Ⅳ级(一般)。只有在信息搜集和分析的基础上,对信息进行全面细致的分类鉴别,才能发现危机征兆,预测各种危机情况,对可能发生的危机类型、涉及范围和危害程度做出估计,并想办法采取必要措施加以弥补,从而减少乃至消除危机发生的诱因。

(3)事中控制

有效进度控制的关键是定期、及时地检测实际进程,并把它和实际进程相比较。危机发生时,政府逐级信息报告必须及时,预案处置要根据特殊情况适时调整,及时掌控危机进展状况和严重程度,并根据危机演化的方向作出分析判断,妥善处理危机。在情况不明、信息不畅的情况下,要积极发挥媒体管理的作用,及时向公众公开危机处理进展情况,保障群众的知情权,减少主观猜测和谣言传播的负面影响。

(4)事后控制

事后控制的重点是认真分析影响突发事件应急管理进度关键点的原因,并及时加以解决。通过有效的资源调度和社会合作,对突发事件应急管理预案的执行情况和实施效果进行评估。在调查分析和评估总结的基础上,详尽地列出危机管理中存在的问题,提出突发事件应急管理改进的方案和整改措施。

7.4 安全对策理论

安全对策理论是安全科学的基本理论，是安全防护的重要保障，是安全管理和事故管理的基本对策，主要包括3E对策理论、3P对策理论、球体斜坡力学理论、安全强制理论和安全责任稀释理论。

7.4.1 安全3E对策理论

通过人类长期的安全活动实践，在国际范围内，安全界确立了3大安全战略对策理论。所谓“3E”，一是指安全工程技术对策（engineering），这是技术系统本质安全化的重要手段；二是指安全管理对策（enforcement），这一对策既涉及物的因素，即对生产过程设备、设施、工具和生产环境的标准化、规范化管理，也涉及人的因素，即作业人员的行为科学管理等；三是指安全教育对策（education），这是人因安全素质的重要保障措施。

安全生产“3E”对策理论是横向的安全保障体系，是形式逻辑，也称为安全生产的3大支柱，或简称为“技防”、“管防”、“人防”。

1. 安全工程技术对策（engineering）

安全工程技术对策是指通过工程项目和技术措施，实现生产的本质安全化，或改善劳动条件提高生产的安全性。如，对于火灾的防范，可以采用防火工程、消防技术等技术对策；对于尘毒危害，可以采用通风工程、防毒技术、个体防护等技术对策；对于电气事故，可以采取能量限制、绝缘、释放等技术方法；对于爆炸事故，可以采取改良爆炸器材、改进炸药等技术对策，等等。在具体的工程技术对策中，可采用如下技术对策措施：

（1）消除潜在危险的对策措施。即在本质上消除事故隐患，是理想的、积极、进步的事故预防措施。其基本的做法是以新的系统、新的技术和工艺代替旧的不安全系统和工艺，从根本上消除发生事故基础。例如，用不可燃材料代替可燃材料；以导爆管技术代替导致火绳起爆方法；改进机器设备，消除人体操作对象和作业环境的危险因素，排除噪声、尘毒对人体的影响等，从本质上实现职业安全健康。

（2）降低潜在危险因素数值的原生措施。即在系统危险不能根除的情况下，尽量地降低系统的危险程度，使系统一旦发生事故，所造成的后果严重程度最小。如手电钻工具采用双层绝缘措施；利用变压器降低回路电压；在高压容器中安装安全阀、泄压阀抑制危险发生等。

（3）系统的冗余性对策措施。就是通过多重保险、后援系统等措施，提高系统的安全系数，增加安全余量。如在工业生产中降低额定功率；增加钢丝绳强度；飞机系统的双引擎；系统中增加备用装置或设备等措施。

（4）系统闭锁对策措施。在系统中通过一些原器件的机器连锁或电气互锁，作为保证安全的条件。如冲压机械的安全互锁器，金属剪切机室安装出入门互锁装置，电路中的自动保安器等。

（5）系统能量屏障对策措施。在人、物与危险之间设置屏障，防止意外能量作用到人体和物体上，以保证人和设备的安全。如建筑高空作业的安全网、反应堆的安全壳等，都起到了屏障作用。

(6)系统距离防护对策措施。当危险和有害因素的伤害作用随距离的增加而减弱时,应尽量使人与危险源距离远一些。噪声源、辐射源等危险因素可采用这一原则减小其危害。化工厂建在远离居民区、爆破作业时的危险距离控制,均是这方面的例子。

(7)时间防护对策措施。是使人暴露于危险、有害因素的时间缩短到安全程度之内。如开采放射性矿物或进行有放射性物质的工作时,缩短工作时间;粉尘、毒气、噪声的安全指标,随工作接触时间的增加而减少。

(8)系统薄弱环节对策措施。即在系统中设置薄弱环节,以最小的、局部的损失换取系统的总体安全。如电路中的保险丝、锅炉的熔栓、煤气发生炉的防爆膜、压力溶器的泄压阀等。它们在危险情况出现之前就发生破坏,从而释放或阻断能量,以保证整个系统的安全性。

(9)系统坚固性对策措施。这是与薄弱环节原则相反的一种对策。即通过增加系统强度来保证其安全性。如加大安全系数、提高结构强度等措施。

(10)个体防护原则。根据不同作业性质和条件配备相应的保护用品及用具。采取被动的措施,以减轻事故和灾害造成的伤害或损失。

(11)代替作业人员的对策措施。在不可能消除和控制危险、有害因素的条件下,以机器、机械手、自动控制器或机器人代替人或人体的某些操作,摆脱危险和有害因素对人体的危害。

(12)警告和禁止信息对策措施。采用光、声、色或其他标志等作为传递组织和技术信息的目标,以保证安全。如宣传画、安全标志、板报警告等。

安全工程技术对策是实现"本质安全"的重要战略对策,因此应将工程技术对策的思想和方法融入安全生产管理战略当中。但是,工程技术对策需要安全技术及经济投入作为基本前提,因此,在实际工作中,要充分地研发和利用安全技术,合理地增加和使用安全经费投入,才能保障安全生产管理战略得到切实、有效的落实和贯彻。

2. 安全管理对策(enforcement)

管理就是创造一种环境和条件,使置身于其中的人们能进行协调的工作,从而完成预定的使命和目标。安全管理是通过制定和监督实施有关安全法令、规程、规范、标准和规章制度等,规范人们在生产活动中的行为准则,使劳动保护工作有法可依,有章可循,用法制手段保护职工在劳动中的安全和健康。安全管理对策是工业生产过程中实现职业安全健康的基本的、重要的、日常的对策。

工业安全管理对策具体由管理的模式、组织管理的原则、安全信息流技术等方面来实现。安全的手段包括:法制手段,监督;行政手段,责任制等;科学的手段,推进科学管理;文化手段,进行安全文化建设;经济手段,伤亡赔偿、工伤保险、事故罚款等。

安全管理也是一门现代科学。企业生产作业的各个环节,要实现安全保障,必须从科学管理、规范管理、标准化管理上下功夫。我们采用先进的管理思想和管理理念,采用先进、高效的管理模式组织生产,完善安全管理制度和标准化体系等,不断追求生产安全管理模式和体系的科学化、现代化。

只有政府和企业实施了科学、高效的安全管理,才能有效地预防安全生产事故的发生,最终实现安全生产管理战略。

3. 安全文化对策(education)

安全文化对策就要是对企业各级领导、管理人员以及操作员工进行安全观念、意识、思想认识、安全生产专业知识理论和安全技术知识的宣教、培训,提高全员安全素质,防范人为事故。安全文化意识培训的内容包括国家有关安全生产、劳动保护的方针政策、安全生产法规法纪、安全生产管理知识、事故预防和应急的策略技术等。通过教育提高各级领导和广大职工的安全意识、政策水平和法制观念,牢固树立"安全第一"的思想,自觉贯彻执行各项安全生产法规政策,增强保护人、保护生产力的责任感。

安全技术知识培训包括一般生产技术知识、一般安全技术知识和专业安全生产技术知识的教育,安全技术知识寓于生产技术知识之中,在对职工进行安全教育时必须把二者结合起来。一般生产技术知识包括企业的基本概况、生产工艺流程、作业方法、设备性能及产品的质量和规格。一般安全技术知识教育包括各种原料、产品的危险、危害特性,生产过程中可能出现的危险因素,形成事故的规律,安全防护的基本措施和有毒有害的防治方法,异常情况下的紧急处理方案,事故时的紧急救护和自救措施等。专业安全技术知识教育是针对特别工种所进行的专门教育,例如锅炉、压力容器、电气、焊接、化学危险品的管理、防尘防毒等专门安全技术知识的培训教育。安全技术知识的教育应做到应知应会,不仅要懂得方法原理,还要学会熟练操作和正确使用各类防护用品、消防器材及其他防护设施。

安全文化的对策可应用启发式教学法、发现法、讲授法、谈话法、读书指导法、演示法、参观法、访问法、实验实习法、宣传娱乐法等,对政府官员、社会大众、企业职工、社会公民、专职安全人员等进行意识、观念、行为、知识、技能等方面的教育。安全教育的对象通常有政府有关官员、企业法人代表、安全管理人员、企业职工、社会公众等。教育的形式有法人代表的任职上岗教育;企业职工的三级教育、特殊工种教育、企业日常性安全教育;安全专职人员的学历教育等。安全文化意识提升的内容涉及专业安全科学技术知识、安全文化知识、安全观念知识、安全决策能力、安全管理知识、安全设施的操作技能、安全特殊技能、事故分析与判断的能力等。

4. "3E"的"三角"关系原理

安全"3E"对策战略是横向的安全保障体系,是形式逻辑,也称为安全生产的3大支柱,或简称为"技防"、"管防"、"人防"。

安全生产"3E"中的各个要素不是简单独立关系,它们具非线性的关系,具有相互的作用和影响,我们可用"三角"关系和原理来表示,见图7-21。在3个对策要素中,安全文化对策具有基础性的作用,安全文化对安全工程对策和安全管理对策具有放大或减少的作用,对安全工程技术功能的发挥和安全管理制度的作用具有根本的影响。因此,可以说安全文化是安全工程技术和安全管理的"因变量"。

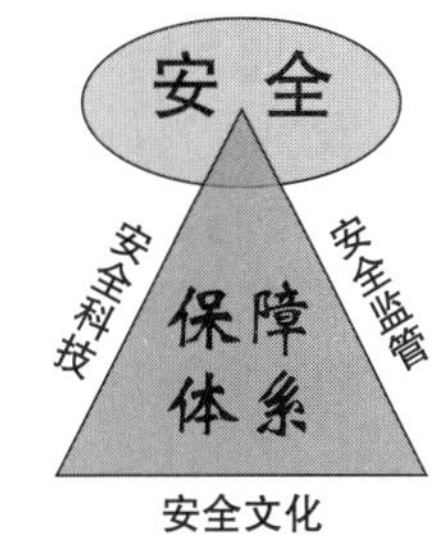

图7-21 安全生产"3E"对策的"三角"原理关系图

7.4.2 安全3P策略理论

基于事故防范战略的思维,人们提出了事故预防的"3P"策略理论,即:先其未然-事前预防策略,发而止之-事中应急策略,行而责之-事后惩戒策略。"3P"是事故防范体系,也是纵向的安全保障体系,是时间逻辑,是事故防范的3个层面的防范体系。简称为"事前"、"事中"和"事后","事前"是上策、"事中"是中策,"事后"是下策。

1. 事前预防策略

在安全保障体系中预防有两层含义:一是事故的预防工作,即通过安全管理和安全技术等手段,尽可能地防止事故的发生,实现本质安全;二是在假定事故必然发生的前提下,通过预先采取的预防措施,来达到降低或减缓事故的影响或后果严重程度,如加大建筑物的安全距离、工厂选址的安全规划、减少危险物品的存量、设置防护墙,以及开展公众教育等。从长远观点看,低成本、高效率的预防措施,是减少事故损失的关键。

事故预防一是应用工程技术手段实现"物本",即物的本质安全,二是强化法制监管,三是推进科学管理,四是推进安全文化建设。在上述系统的战略对策中,针对现代安全管理对策,要实行预防为主、超前管理、关口前移的战略,做到"七个强化":

(1)基础管理——强化"三同时"和风险预评价;

(2)制度建设——强化安全制度和规程的有效执行;

(3)科学管理——强化安全生产管理的科学性和有效性,实现安全生产持续改进;

(4)安全监督——强化高危行业、关键行业、重点岗位和高风险作业的监督和监控;

(5)风险监管——强化对隐患、缺陷、危险源和生产作业风险的动态监控及监管;

(6)协同管理——强化作业员工合同和承包商合同管理;

(7)文化建设——强化人的安全观念文化、安全行为文化的建设,提高全员安全素质。形成"人人、事事、时时、处处"保安全的氛围。

2. 事中应急策略

事中应急策略包括三方面的内容,即应急准备、应急响应和应急恢复,是应急管理过程中一个极其关键的过程。应急准备是针对可能发生的事故,为迅速有效地开展应急行动而预先所做的各种准备,包括应急体系的建立,有关部门和人员职责的落实,预案的编制,应急队伍的建设,应急设备(施)、物资的准备和维护,预案的演习,与外部应急力量的衔接等,其目标是保持重大事故应急救援所需的应急能力。

应急响应是在事故发生后立即采取的应急与救援行动。包括事故的报警与通报、人员的紧急疏散、急救与医疗、消防和工程抢险措施、信息收集与应急决策和外部救援等,其目标是尽可能地抢救受害人员、保护可能受威胁的人群,尽可能控制并消除事故。应急响应可划分为两个阶段,即初级响应和扩大应急。初级响应是在事故初期,企业应用自己的救援力量,使事故得到有效控制。但如果事故的规模和性质超出本单位的应急能力,则应请求增援和扩大应急救援活动的强度,以便最终控制事故。

恢复工作应该在事故发生后立即进行,它首先使事故影响区域恢复到相对安全的基本状态,然后逐步恢复到正常状态。要求立即进行的恢复工作包括事故损失评估、原因调查、清理废墟等,在短期恢复中应注意的是避免出现新的紧急情况。长期恢复包括厂区重建和受影响区域的重新规划和发展,在长期恢复工作中,应吸取事故和应急救援的经验教训,开展进一步的预防工作和减灾行动。

3. 事后惩戒策略

基于事故教训的安全策略,即所谓"亡羊补牢"、"事后改进"的战略。通过分析事故致因,制定改进措施,实施整改,坚持"四不放过"的原则,做到同类事故不再发生。具体的策略有:全面的事故调查取证;科学的原因分析;合理的责任追究;充分的改进措施;有效的整改完善。

7.4.3 安全分级控制匹配原理

安全分级控制匹配(The Match)原理是指"基于风险分级而采取相应级别的安全监控管理

措施的合理性匹配原理，简称“分级控制原理”。”这一原理基于对系统或对象的风险分级，遵循“安全分级监控”的合理性、科学性原则，能够保障和提高安全监控或监管的效能，是现代安全科学控制与管理的发展潮流。

基于风险分级的监控监管匹配原理的方法机制一般采取 4 个风险级别，分别为“Ⅰ”级、“Ⅱ”级、“Ⅲ”级预警和“Ⅳ”级，对应的预警颜色分别用“红色”、“橙色”、“黄色”和“蓝色”的安全色标准表征；相应安全监管措施也分为 4 个防控级别，分别为“高”级预控、“中”级预控、“较低”级预控和“低”级预控，对应的预控颜色同样分别用“红色”、“橙色”、“黄色”和“蓝色”的安全色表征。风险分级预控的“匹配原理”可见表 7－8。这一原理有 3 种监控监管模式：

（1）当风险防控措施等级低于风险预警级别时：这种状态属于“控制不足”的情况，例如对于“Ⅰ级”的风险预警等级，当采用低于其对应预控级别的“中”、“较低”或“低”级的风险防控措施时，企业所投入的风险控制资源有限，达不到有效控制风险的绩效，此时企业生产的安全性不能保证，因此，这种匹配情况在理论上不合理，实际情况也不能接受，故匹配的结果为“不合理、不可接受”。

（2）当风险防控措施等级高于风险预警级别时：这种状态属于“控制过量”的情况，例如对于“Ⅱ级”、“Ⅲ级”或“Ⅳ级”的风险预警等级，如果采用高于其对应预控级别的“高”级风险防控措施时，此时理论上能够有效地控制风险，企业生产的安全性能够得到保证，这种匹配情况在理论上“可接受”，但是，此时显然造成了企业资源的过量投入以及浪费，即从实际情况来看，这种匹配结果“不合理”，故匹配的结果为“不合理、可接受”。

（3）当风险防控措施等级对应于风险预警级别时：这种状态属于“当量控制”的情况，例如对于“Ⅰ级”的风险预警等级，如果采用对应于其预警等级的“高”级风险防控措施，此时理论上能够有效地控制风险，企业生产的安全性能够得到保证，这种匹配情况在理论上“可接受”，而且，此时企业资源的投入量为“当量值”，属于“恰好足以有效控制风险”的状态，即从实际情况来看，这种匹配结果“合理”。因此，只有当采取匹配于风险预警等级的相应级别的风险防控措施时，才能够达到企业资源投入与安全绩效的最优配比，此时的匹配结果为“合理，可接受”。科学的监管模式期望推行这种模式，这也是最优的安全监控或控管方式。

表 7－8　基于风险分级的安全监管匹配原理

风险分级	风险分级监管或预控匹配规律			
	高	中	较低	低
Ⅰ（高）	合理 可接受	不合理 不可接受	不合理 不可接受	不合理 不可接受
Ⅱ（中）	不合理 可接受	合理 可接受	不合理 不可接受	不合理 不可接受
Ⅲ（较低）	不合理 可接受	不合理 可接受	合理 可接受	不合理 不可接受
Ⅳ（低）	不合理 可接受	不合理 可接受	不合理 可接受	合理 可接受

7.4.4　安全保障体系球体斜坡力学理论

安全保障体系的“球体斜坡力学原理”见图 7－22。这一原理的涵义是:组织或系统的安全状态就像一个停在斜坡上的“球”,物的固有安全、安全设施和安全保护装备,以及各单位或组织的安全制度和安全监管措施不力,是“球”的基本“支撑力”,对安全的保证发挥基本性的作用。但是,仅有这一支撑力是不能够使系统安全这个“球”得以稳定和保持在应有的标准和水平上,这是因为,在组织或单位的系统中,存在着一种“下滑力”。这种不良的“下滑力”是由于如下原因造成的:一是事故特殊性和复杂性,如事故的偶然性、突发性,人的不安全行为或安全措施的不到位,不一定有会发生事故,使得人们无意或故意地放弃安全措施,对“系统安全”这一个“球”产生不良的下滑作用力;二是人的趋利主义,稳定安全或提高安全水平需要增加安全成本,反之可以将安全成本变为利润,因此当安全与发展、安全与速度、安全与生产、安全与经营、安全与效益发生冲突时,人们往往放弃前者;三是人的惰性和习惯,保障安全费时、费力,增加时间成本,反之,安全“投机取巧”,获得利益。这种不良的惰性和习惯是因为安全规范需要付出气力和时间,而违章可带来暂时的舒适和短期的“利益”等导致。

这种“下滑力”显然是安全基本的保障措施不能克服的。克服这种“下滑力”需要这针对性的“反作用”力,这种“反作用力”就是“文化力”,即:正确认识论形成的驱动力、价值观和科学观的引领力、强意识和正态度的执行、道德行为规范的亲和力等。

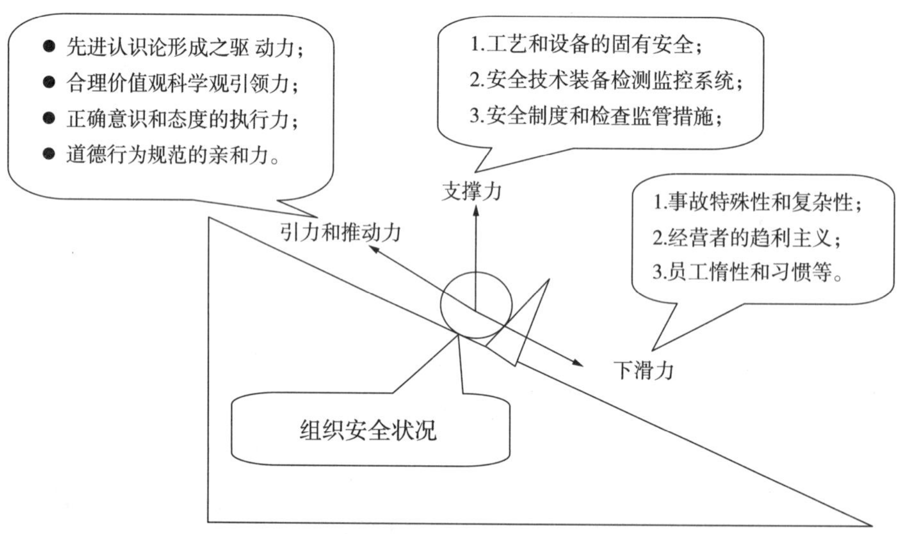

图 7－22　安全保障系统“球体斜坡力学原理”示意图

7.4.5　安全强制理论

1. 强制原理的含义

采取强制管理的手段控制人的意愿和行动,使个人的活动、行为等受到安全管理要求的约束,从而实现有效的安全管理,这就是强制原理。一般来说,管理均带有一定的强制性。管理是管理者对被管理者施加作用和影响,并要求被管理者服从其意志,满足其要求,完成其规定的任务。不强制便不能有效地抑制被管理者的无拘个性,将其调动到符合整体管理利益和目的的轨道上来。

安全管理需要强制性是由事故损失的偶然性、人的“冒险”心理以及事故损失的不可挽回性所决定的。安全强制性管理的实现,离不开严格合理的法律、法规、标准和各级规章制度,这些法规、制度构成了安全行为的规范。同时,还要有强有力的管理和监督体系,以保证被管理者始终按照行为规范进行活动,一旦其行为超出规范的约束,就要有严厉的惩处措施。

2. 强制原理的原则

(1)“安全第一”原则。“安全第一”就是要求在进行生产和其他活动的时候把安全工作放在一切工作的首要位置。当生产和其他工作与安全发生矛盾时,要以安全为主,生产和其他工作要服从安全,这就是“安全第一”原则。

“安全第一”原则可以说是安全管理的基本原则,也是我国安全生产方针的重要内容。贯彻“安全第一”原则,就是要求一切经济部门和生产企业的领导者要高度重视安全,把安全工作当作头等大事来抓,要把保证安全作为完成各项任务、做好各项工作的前提条件。在计划、布置、实施各项工作时首先想到安全,预先采取措施,防止事故发生。该原则强调,必须把安全生产作为衡量企业工作好坏的一项基本内容,作为一项有“否决权”的指标,不安全不准进行生产。

(2)监督原则。为了促使各级生产管理部门严格执行安全法律、法规、标准和规章制度,保护职工的安全与健康,实现安全生产,必须授权专门的部门和人员行使监督、检查和惩罚的职责,以揭露安全工作中的问题,督促问题的解决,追究和惩戒违章失职行为,这就是安全管理的监督原则。

安全管理带有较多的强制性,只要求执行系统自动贯彻实施安全法规,而缺乏强有力的监督系统去监督执行,则法规的强制威力是难以发挥的。随着社会主义市场经济的发展,企业成为自主经营、自负盈亏的独立法人,国家与企业、企业经营者与职工之间的利益差别,在安全管理方面也有所体现。它表现为生产与安全、效益与安全、局部效益与社会效益、眼前利益与长远利益的矛盾。企业经营者往往容易片面追求质量、利润、产量等,而忽视职工的安全与健康。在这种情况下,必须设立安全生产监督管理部门,配备合格的监督人员,赋予必要的强制权力,以保证其履行监督职责,保证安全管理工作落到实处。

7.4.6 安全责任稀释理论

安全责任稀释理论:安全生产,人人有责。

1957 年实施的《安全生产责任制度》规定,“安全生产,人人有责”。“安全生产,人人有责”八字方针,就是要企业做到安全生产责任制,严格执行生产过程安全责任追究制度,生产过程中,人人对安全负责。现今很多企业遇有安全问题就归咎安全管理部门的事,归咎某一个安全管理人员的头上,这是安全管理上最大的误区,所谓“管生产,管安全,生产人员即为安全人员”就是说每个生产人员对自己范围内的安全负责。

实行“一岗双责”制度,每一位生产人员既对生产负责,也对安全负责。传统“一岗双责”制度认为领导者既要管生产,也要管安全。安全责任稀释理论认为,每一位职工既要管生产,也要管安全;既负责生产,也负责安全。

传统的安全责任观念认为,安全是领导者的责任,领导既管生产又管安全,企业的安全责任由领导或安全部门承担,普通职工只负责生产,安全与其无关,因此领导者的安全责任重如泰山,普通职工的安全责任轻如鸿毛。安全责任稀释理论认为,安全生产,人人有责,企业安全既是企业领导的责任，也是部门领导的责任，更是普通职工的责任，人人都对安全负责，因此，企业领导的安全责任不再重如泰山，普通职工的安全责任也不再轻如鸿毛，每个人都承担相应的责任，人人都对安全负责。见图 7－23。

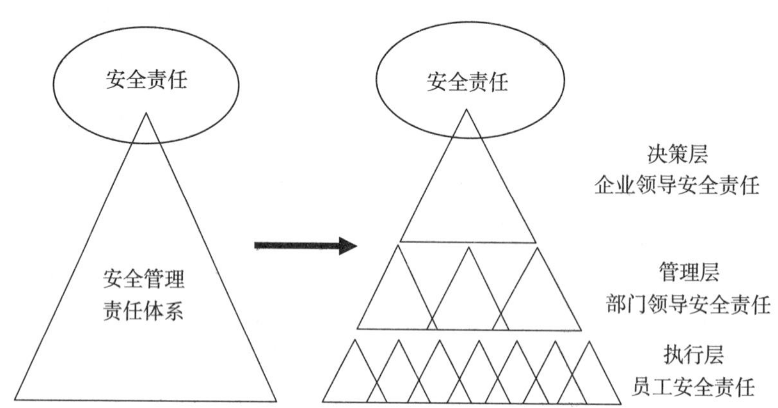

图 7－23　安全责任稀释模型

实施“安全生产，人人有责”要做到“横向到边、纵向到底”。

首先是横向到边，要将所有的单位和部门都纳入到安全管理的体系当中。而安全管理的各项规章制度、管理活动的运行和检查、考核，本身也是一种体系化的运作，是一个综合的整体，节点就是各个单位、部门之间的各负其责、相互协调、相互配合与促进。

其次是纵向到底，每一名职工都和企业安全和自身安全息息相关，安全责任落实到每一名职工。职位不分高低，责任不分大小，不管是谁，在责任面前一律平等，每位职工都承担相应的安全责任，只要一位职工发生了伤害或事故，都将使整个企业处于不利的位置。

企业是一条船，每个人都在这条船上，众人划桨才能开大船、开快船。安全是一张网，每个人都是网上的线，相互连接才能牢固成形。安全人人需要，这就要求人人参与，才能人人共享。因此，需要建立责任体系，实现人人有责任。表 7－9 是某公司建立的各级管理人员的安全责任权重系数表。

表 7－9　企业安全管理责任权重体系矩阵表

类型系数层次（比例）	领导或负责人（20%）		业务主管人员（30%）		安全专管人员（50%）	
	角色	权重	角色	权重	角色	权重
1（40%）	班组长	0.08	项目负责	0.12	现场安全员	0.20
2（30%）	队长或车间主任	0.06	业务分管或值班经理	0.09	车间安全员或负责	0.15
3（20%）	分公司或分厂	0.04	分公司分管领导	0.06	安全环保部门负责	0.10
4（10%）	公司或总厂	0.02	分管领导或部门负责	0.03	安全总监	0.05

复习思考题

1. 事故致因理论有哪些？它们之间有哪些不同？
2. 如何利用事故致因理论分析事故？

3. 如何从系统安全的角度进行安全管理？
4. 系统本质安全的实现需要哪些条件？
5. 如何才能做到人本安全？
6. 如何认识两类危险源？如何进行控制？
7. 如何从系统全过程对设备进行监管控制？
8. 利用事故生命周期理论分析事故的发生。如何对事故的发生进行控制？
9. 如何认识寿命周期理论？其对设备安全管理有哪些指导意义？
10. 如何应用应急管理理论对突发事件进行控制？
11. 如何利用“3E”、“3P”理论进行安全管理？它们有什么不同？
12. 如何认识球体斜坡力学原理？下滑力、支撑力和阻力分别有哪些因素？
13. 安全分级监管匹配原理的基本含义是什么？哪一种监管模式是最优的？
14. 如何理解安全责任稀释理论？对管理者有哪些指导意义？
15. 如何确定企业不同层级、不同管理角色的安全管理权重系数？如何应用这一系数？

参考文献

[1]罗云,许铭,等.公共安全科学公理与定理的分析探讨.中国公共安全·学术版,2012年第3期总第18期.

[2][德]A·库尔曼著,赵云胜,魏伴云,罗云等译.安全科学导论.武汉:中国地质大学出版社,1991.

[3][日]井上威恭著,冯翼译.最新安全科学.南京:江苏科学技术出版社,1988.

[4]牛清义.事故学浅说.北京:群众出版社,1987.

[5]何学秋,等.安全科学与工程.徐州:中国矿业大学出版社,2008.

[6]罗云,黄毅.中国安全生产发展战略——论安全生产五要素.北京:化学工业出版社,2005.

[7]罗云,等.注册安全工程师手册.北京:化学工业出版社,2013,第二版.

[8]吴超.安全科学方法学.北京:中国劳动社会保障出版社,2011.

[9]隋鹏程,陈宝智,隋旭.安全原理.北京:化学工业出版社,2005.

[10]孙华山.安全生产风险管理.北京:化学工业出版社,2006.

[11]周世宁,林柏泉,沈斐敏.安全科学与工程导论.徐州:中国矿业大学出版社,2005.

[12]吴宗之.20世纪安全科学发展回顾与展望.劳动保护,1999(12):9-10.

[13]吴宗之.中国安全科学技术发展回顾与展望[J].中国安全科学学报,2000,10.

[14]吴宗之.安全科学与灾害学探讨.灾害学,1991,6(1):80-83.

[15]吴宗之.我国安全科学及其相关产业发展探讨.中国劳动,1994,(12):29-30.

[16]吴宗之.基于本质安全的工业事故风险管理方法研究[J].中国工程科学,2007,9(5):46-49.

[17]吴宗之,樊晓华,杨玉胜.论本质安全与清洁生产和绿色化学的关系[J].安全与环境学报.2008,8(4):135-138.

[18]吴宗之,任彦斌,牛和平.基于本质安全理论的安全管理体系研究[J].中国安全科学学报.2007,17(7):54-58.

[19]何学秋.安全工程学.徐州:中国矿业大学出版社,2000.

[20]刘潜.安全科学和学科的创立与实践.北京:化学工业出版社,2010.

[21]《安全科学技术百科全书》编委会.安全科学技术百科全书.北京:中国劳动社会保障出版社,2003.

[22][美]威廉·海默著,冯肇瑞,稽敬文,陈震泽译.安全系统工程手册.北京:中国劳动社会保障出版社,1985.

[23]吴宗之,高进东,魏利军.危险评价方法及其应用.北京:冶金工业出版社,2001.

[24]罗云,等.工业安全卫生基本数据手册.北京:中国商业出版社,1997.

[25]罗云,金磊,徐德蜀.人生平安丛书.武汉:中国地质大学出版社,1996.

[26]罗云,等.现代安全管理(第二版).北京:化学工业出版社,2009.

[27]罗云,等.企业安全管理诊断及优化技术.北京:化学工业出版社,2009.

[28]罗云,等.风险分析与安全评价(第二版).北京:化学工业出版社,2009.

[29]罗云,等.安全生产绩效测评——理论方法范例.北京:煤炭工业出版社,2011.

[30]罗云,等.科学构建小康社会安全指标体系.安全生产报,2003-3-1(7).

[31]徐德蜀,金磊,罗云,等.中国安全文化建设——研究与探索.成都:四川科学技术出版社,1995.

[32]罗云,等.企业安全文化建设——实操·创新·优化.北京:煤炭工业出版社,2013,第二版.

[33]罗云.安全经济学导论.北京:经济科学出版社,1993.

[34]罗云.安全经济学(第二版).北京:化学工业出版社,2009.

[35]田水承.现代安全经济理论与实务.徐州:中国矿业大学出版社,2004.

[36]宋大成.企业安全经济学(损失篇).北京:气象出版社,2000.

[37]吴穹,许开立.安全管理学.北京:煤炭工业出版社,2002.

[38]谢正文,周波,李薇.安全管理基础.北京:国防工业出版社,2010.

[39]颜烨.安全社会学.北京:中国社会出版社,2007.

[40]张景林.安全学.北京:化学工业出版社,2009.

[41]张兴容,李世嘉.安全科学原理.北京:中国劳动社会保障出版社,2004.

[42]金龙哲,杨继星.安全学原理.北京:冶金工业出版社,2010.

[43]刘双跃.安全评价.北京:冶金工业出版社,2010.

[44]国家安全生产监督管理总局.安全评价(第3版).北京:煤炭工业出版社,2005.

[45]马英楠.安全评价基础知识.北京:中国劳动社会保障出版社,2010.

[46]于殿宝,廉理,王春霞.事故与灾害预兆现象和理论研究.中国安全科学学报,2009.10.

[47]刘大义,胡建忠.工程安全监测技术.北京:水利水电出版社,2007.

[48]张乃禄,徐竞天,薛朝妹.安全检测技术.西安:西安电子科技大学出版社,2007.

[49]中国安全生产科学研究院.全国注册安全工程师执业资格考试辅导教材——安全生产管理知识.北京:中国大百科全书出版社,2011.

[50]何学秋,等.安全科学与工程 .徐州:中国矿业大学出版社,2008.

[51]计雷,池宏,陈安,等.突发事件应急管理.北京:高等教育出版社,2006.

[52]蒋军成.事故调查及分析技术.北京:化学工业出版社,2004.

[53]金磊,徐德蜀,罗云.中国现代安全管理.北京:气象出版社,1995.

[54]程五一,王贵和,吕建国,系统可靠性理论.北京:中国建筑工业出版社,2010.

[55]金磊,徐德蜀,罗云.21世纪安全减灾战略.郑州:河南大学出版社,1999.

[56]樊运晓,罗云.系统安全工程.北京:化学工业出版社,2009.

[57]孙熙,蒋永清.电气安全.北京:机械工业出版社,2011.

[58]马大猷.噪声与振动控制工程手册.北京:机械工业出版社,2002.

[59]崔政斌,石跃武.防火防爆技术.北京:化学工业出版社,2010.

[60]陈蔷,王生.职业卫生概论.北京:中国劳动社会保障出版社,2008.

[61]冯肇瑞,崔国璋.安全系统工程.北京:冶金工业出版社,1993.

[62]吴宗之,高进东.重大危险源辨识与控制.北京:冶金工业出版社,2002.

[63]《安全科学技术词典》编委会.安全科学技术词典.北京:中国劳动出版社,1991.

[64]中国社会科学院语言研究所词典编辑室.现代汉语词典(第五版).北京:商务印书馆,2005.

[65]Nancy G. Leveson. Applying systems thinking to analyze and learn from events. Safety Science,2011,(49):55-64.

[66]中国安全生产协会注册安全工程师工作委员会,中国安全生产科学研究院.安全生产管理知识(2011 版).北京:中国大百科全书出版社,2011.

[67]徐德蜀.树立大安全观,保持社会可持续发展.科技潮,1997(9):79.

[68]张景林,王晶禹,黄浩.再论科学安全观.中国安全科学学报,2007,17(1):5-9.

[69]廖可兵,刘潜.用安全学科理论指导安全工程本科专业的课程体系建设.中国安全科学学报,2003,13(3):38-41.

[70]苏毅勇,等.中国职业安全健康百科全书.北京:中国劳动出版社,1989.

[71]刘潜.从劳动保护到安全科学.武汉:中国地质大学出版社,1992.

[72]苏汝维,等.安全生产与劳动保护.北京:中国物价出版社,1996.

[73]孙华山.安全生产风险管理.北京:化学工业出版社,2006.5.

[74]陈宝智.系统安全评价与预测.北京:冶金工业出版社,2011.2.

[75]GB/T 28001《职业健康安全管理体系规范》.

[76]中国大百科全书出版社编辑部.中国大百科全书(经济学卷),1988.

[77]GB/T 15236—2008《职业安全健康术语》.

[78]卞耀武,等.《中华人民共和国安全生产法》读本.北京:煤炭工业出版社,2002.

[79]Encyclopdia Britannica online(大英百科全书网络版),“safety.” Encyclopedia Britannica. Encyclopedia Britannica Online. Encyclopedia Britannica,2009. Web. 2 Dec. 2009.

[80]李放.经济法学辞典.沈阳:辽宁人民出版社,1986.

[81]吕时达,张忠修,聂景廉等.简明经济学辞典.兰州:甘肃人民出版社,1986.

[82]王益英.中华法学辞典(劳动法学卷).北京:中国检察出版社,1997.

[83]吕时达,张忠修,聂景廉,等.简明经济学辞典.兰州:甘肃人民出版社,1986.

[84]黄汉江.建筑经济大辞典.上海:上海社会科学院出版社,1990.

[85]萧浩辉.决策科学辞典.北京:人民出版社,1995.第 460 页.

[86]苑茜,周冰,沈士仓,等.现代劳动关系辞典.北京:中国劳动社会保障出版社,2000.

[87]中国乡镇企业管理百科全书编辑委员会.中国乡镇企业管理百科全书.北京:农业出版社,1987.

[88]宋国华,吴耀宗,刘万庆,朱稜,林增余,等.保险大辞典.沈阳:辽宁人民出版社,1989.

[89]孙桂林.劳动保护技术全书.北京:北京出版社,1992.

[90]王玉元,等.安全工程师手册.成都:四川人民出版社,1995.

[91]黎益仕,等.英汉灾害管理相关基本术语集.北京:中国标准出版社,2005.

[92]莫衡,等.当代汉语词典.上海:上海辞书出版社,2001.

[93]司玉琢,吴琦,张永坚,吴焕宁,等.海商法大辞典.北京:人民交通出版社,1998.

[94]武广华,臧益秀,刘运祥,高东宸,陈孝文,李培武,等.中国卫生管理辞典.北京:中国

科学技术出版社,2001.

[95]中国劳改学会. 中国劳改学大辞典. 北京:社会科学文献出版社,1993.

[96]《简明工会学辞典》编辑委员会. 简明工会学辞典. 沈阳:辽宁人民出版社,1988.

[97]《中国冶金百科全书》总编辑委员会《安全环保》卷编辑委员会,冶金工业出版社《中国冶金百科全书》编辑部. 中国冶金百科全书·安全环保. 北京:冶金工业出版社,2000.

[98]美国安全工程师学会(ASSE)编.《英汉安全专业术语词典》翻译组译. 英汉安全专业术语词典. 北京:中国标准出版社,1987.

[99]中国安全生产年鉴编辑委员会. 中国安全生产年鉴(1979~1999). 北京:民族出版社,2000.4.

[100]中国安全生产年鉴编辑委员会. 中国安全生产年鉴(2000,2001,2002,2003,2004,2005,2006,2007,2008,2009,2010,2011). 北京:煤炭工业出版社.

[101]国家安全生产监督管理总局政策法规司. 安全文化新论. 北京:煤炭工业出版社,2002.

[102]中华人民共和国国务院令. 生产安全事故报告和调查处理条例.

[103]章昌顺,郝永梅. 安全生产事故报告和调查处理条例解读. 北京:气象出版社,2007.

[104]中国就业培训技术指导中心,中国安全生产协会. 安全评价师. 北京:中国劳动社会保障出版社,2010.

[105]吴宗之. 基于本质安全的工业事故风险管理方法研究. 中国工程科学. 2007,9(5):46-49.

[106]吴宗之,任彦斌,牛和平. 基于本质安全理论的安全管理体系研究. 中国安全科学学报. 2007,17(7):54-58.

[107]罗云,等. 安全生产成本管理. 北京:煤炭出版社,2007.

[108]罗云,等. 安全生产指标管理. 北京:煤炭出版社,2007.

[109]罗云,等. 落实企业安全生产主体责任. 北京:煤炭工业出版社,2011.

[110]罗云,等. 班组安全建设100法. 北京:煤炭工业出版社,2010.

[111]罗云,等. 班组长安全文化手册. 北京:煤炭工业出版社,2010.

[112]罗云,等. 班组安全百问百答. 北京:煤炭工业出版社,2010.

[113]罗云,等. 安全行为科学. 北京:北京航空航天大学出版社,2012.

[114]罗云,等. 员工安全行为管理. 北京:化学工业出版社,2012.

[115]《中国冶金百科全书》总编辑委员会《安全环保》卷编辑委员会,冶金工业出版社《中国冶金百科全书》编辑部. 中国冶金百科全书·安全环保. 北京:冶金工业出版社,2000.

[116]美国安全工程师学会(ASSE)编,《英汉安全专业术语词典》翻译组译. 英汉安全专业术语词典. 北京:中国标准出版社,1987.